STC公司大学计划推荐教材

STC杯单片机系统设计大赛参考教材

单片机应用技术项目化教程

——基于STC单片机

陈 静 李俊涛 滕文隆 等编著 姚永平 主审

化学工业出版社

·北京·

本书是学习单片机应用技术的项目化教材，也是STC大学推广计划的合作教材、STC杯单片机系统设计大赛的推荐教材，适合C语言零基础的学员，书中通过典型案例——一个单片机I/O口测试仪、一台交通灯控制器、一个仪表显示器、医院病床呼叫系统控制器、一个定时开关、一个数显测量仪、一个智能控制器、一个小型飞行器的设计制作，详尽解说了单片机应用的核心技术，程序完整，循序渐进，引导读者入门并快学速用。

本书适合相关高职高专院校师生使用，也非常适用于本科和相关工程技术人员自学单片机时使用。

图书在版编目(CIP)数据

单片机应用技术项目化教程：基于STC单片机/陈静等编著. —北京：化学工业出版社，2015.9（2018.2重印）
ISBN 978-7-122-24650-9

Ⅰ.①单… Ⅱ.①陈… Ⅲ.①单片微型计算机-教材
Ⅳ.①TP368.1

中国版本图书馆CIP数据核字（2015）第161355号

责任编辑：刘丽宏　　文字编辑：孙凤英
责任校对：王素芹　　装帧设计：刘丽华

出版发行：化学工业出版社（北京市东城区青年湖南街13号　邮政编码100011）
印　　装：北京云浩印刷有限责任公司
787mm×1092mm　1/16　印张22¼　字数577千字　　2018年2月北京第1版第5次印刷

购书咨询：010-64518888（传真：010-64519686）　售后服务：010-64518899
网　　址：http://www.cip.com.cn
凡购买本书，如有缺损质量问题，本社销售中心负责调换。

定　　价：39.80元

序

8051 单片机有 30 多年的应用历史，绝大部分工科院校均有此必修课，有几十万名对该单片机十分熟悉的工程师可以相互交流开发/学习心得，有大量的经典程序和电路可以直接套用，从而大幅降低了开发风险，极大地提高了开发效率。STC 宏晶科技对 8051 单片机进行了全面的技术升级与创新，击溃了欧美竞争对手之后，站在 8051 单片机发展的前沿，正在向 16 位/32 位单片机发展的途中。

宏晶科技累计开发的 8051 单片机有上百种产品：全部采用 Flash 技术（可反复编程 10 万次以上）和 ISP/IAP（在系统可编程/应用可编程）技术；针对抗干扰进行了专门设计，超强抗干扰；进行了特别加密设计，如 STC15 系列现无法解密；对传统 8051 进行了全面提速，指令速度最快可提高 24 倍；大幅提高了集成度，如集成了 A/D、CCP/PCA/PWM （PWM 还可当 D/A 使用）、高速同步串行通信端口 SPI、高速异步串行通信端口 UART、定时器、看门狗、内部高精准时钟（±1%温飘，–40~85℃之间，可彻底省掉外部昂贵的晶振）、内部高可靠复位电路（可彻底省掉外部复位电路）、大容量 SRAM、大容量 EEPROM、大容量 Flash 程序存储器等。针对大学教学，现 STC15 系列一个单芯片就是一个仿真器，定时器改造为支持 16 位自动重载（学生只需学一种模式），串行口通信波特率计算改造为 [系统时钟/4/（65536–重装数）]，极大地简化了教学，针对实时操作系统 RTOS 推出了不可屏蔽的 16 位自动重载定时器，并且在最新的 STC-ISP 烧录软件中提供了大量的贴心工具，如范例程序/定时计算器/软件延时计算器/波特率计算器/头文件/指令表/Keil 仿真设置等。封装也从传统的 PDIP40 发展到 DIP8/DIP16/DIP20/SKDIP28，SOP8/SOP16/SOP20/SOP28，TSSOP20/TSSOP28，DFN8/QFN28/QFN32/QFN48/QFN64，LQFP32/LQFP48/LQFP64S/LQFP64L，每个芯片的 I/O 口从 6 个到 62 个不等，价格从 0.89 元到 5.9 元不等，极大地方便了客户选型和设计。2014 年 4 月，STC 宏晶科技重磅推出了 STC15W4K32S4 系列单片机，它集成了以上芯片优点，此外 IAP15W4K58S4 一个芯片就是一个仿真器（OCD、ICE），人民币 5.6 元，是全球第一个实现一个芯片就可以仿真的，再也不需要 J-Link/D-Link 了。

STC 感恩社会，回馈社会，全力支持我国的单片机/嵌入式系统教育事业。STC 大学计划正在如火如荼地进行中，在国内绝大多数 985/211/一本高校全面建立了 STC 高性能单片机联合实验室，已建和在建的如上海交通大学、复旦大学、同济大学、浙江大学、南京大学、东南大学、武汉大学、吉林大学、中山大学、山东大学、山东大学（威海）、四川大学、中南大学、湖南大学、哈尔滨工业大学、哈尔滨工业大学（威海）、南开大学、天津大学、东北大学、厦门大学、兰州大学、西安交通大学、西北工业大学、西北农林科技大学、中国农业大学、中国海洋大学、中央民族大学、北京师范大学、北京航空航天大学、南京航空航天大学、沈阳航空航天大学、南昌航空大学、北京理工大学、大连理工大学、南京理工大学、武汉理工大学、华东理工大学、太原理工大学、上海理工大学、浙江理工大学、东华理工大学、哈尔滨理工大学、哈尔滨工程大学、国防科技大学、中国人民解放军陆军航空兵学院、合肥工业大学、天津工业大学、西安工业大学、河南工业大学、北京工业大学、北京化工大学、北京科技大学、北京信息科技大学、北京工商大学、华北电力大学（北京）、华北电力大学（保定）、西南交通大学、兰州交通大学、东华大学、上海大学、长安大学、中北大学、南昌大学、福州大学、安徽大学、河南大学、苏州大学、江南大学、河海大学、新疆大学、石河子大学、华侨大学、华南师范大学、广西师范大学、上海师范大学、河南师范大学、福建师范大学、云南师范大学、沈阳师范大学、首都师范大学、河南科技大学、扬州大学、南通大学、宁波大学、深圳大学、大连海事大学、杭州电子科技大学、桂林电子科技大学、成都电子科技大学、南京邮电大学、西安邮电大学、天津财经大学、中国石油大学（华东）、东北石油大学、东北农业大学、安徽农业大学、南京农业大学、东北林业大学、北京林业大学、南京林业大学、中国矿业大学（徐州）、中国矿业大学（北京）等国内著名的 985/211/电类本科高校，以及深圳职业技术学院、深圳信息职业技术学院、广东轻工职业技术学院、上海电子信息职业技术学院、吉林电子信息职业技术学院等著名的职业高校。上海交通大学、西安交通大学、浙江大学、山东大学、成都电子科技大学等著名高校的多位知名教授使用 STC 1T 8051 创作的全新教材也在陆续推出中。多所高校每年都有用 STC 单片机进行全校创新竞赛，如杭州电子科技大学、湖南大学、哈尔滨工业大学（威海）、山东大学等。

现在学校的学生单片机入门到底应该先学 32 位好还是先学 8 位的 8051 好？我觉得还是 8 位的 8051 单片机好。因为现在大学嵌入式只有 64 个学时，甚至只有 48 个学时，学生能把 8 位的 8051 单片机学懂做出产品，今后只要给他时间，他就能触类旁通了。但如果也只给 48 个学时去学 ARM，学生没有学懂，最多只能搞些函数调用，没有意义，培养不出真正的人才。所以大家反思说，还是应该先以 8 位单片机入门。C 语言要与 8051 单片机融合教学，大一第一学期就要开始学，现在有些中学的课外兴趣小组多在学 STC 的 8051 + C 语言。大三学有余力的再选修 32 位嵌入式单片机课程。

对大学工科非计算机专业 C 语言教学的看法。我们现在推教学改革将单片机和 C 语言（嵌入式 C、面向控制的 C）放在一门课中讲，在大一的第一学期就讲，学生学完后就知道他将来能干啥了，大一的第二学期再开一门 Windows 下的 C++开发，正好我们的单片机 C 语言给它打基础。学生学完模电、数电（FPGA）、数据结构、RTOS（实时操作系统）、传感器、自动控制原理、数字信号处理等后，在大三再开一门综合电子系统设计，这样人才就诞生了。我们现在主要的工作是在推进中国的工科非计算机专业高校教学改革，研究成果的具体化，就是大量高校教学改革教材的推出，陈静等老师的这本书，就是我们的研究成果的杰出代表。希望能在我们这一代人的努力下，让我们中国的嵌入式单片机系统设计全球领先。

对全国大学生电子设计竞赛的支持。2016 年、2017 年全国大学生电子设计竞赛，采用可仿真的超高速 STC15 系列 1T 8051 单片机为主控芯片设计，获得最高奖和获得一等奖的参赛队伍将获得一定的高额奖金；另外在校内举办 STC 杯单片机系统设计大赛的 211 高校、普通一本、二本、三本以及高职高专院校，均可获得一定的经济赞助。详见公司网站。

感谢 Intel 公司发明了经久不衰的 8051 体系结构，感谢陈静等老师的新书，保证了中国 30 年来的单片机教学与世界同步，本书是 STC 大学计划推荐教材，是 STC 高性能单片机联合实验室上机实践指导用书，是 STC 推荐的全国大学生电子设计竞赛 STC 单片机参考教材。采用本书作为教材的院校，将优先免费获得我们可仿真的 STC15 系列实验箱的支持〈主控芯片为 STC 可仿真的 IAP15W4K58S4〉。

明知山有虎，偏向虎山行!

STC MCU Limited：Andy.姚

www.STCMCU.com　www.GXWMCU.com

前　言

本书是吉林电子信息职业技术学院陈静老师和她的教学团队，在总结了前一版的教学改革经验基础上，和宏晶科技有限公司合作而成。本书是一本基于工作过程系统化的教材，书中主要项目有：设计制作一个单片机测试仪、设计制作一台交通灯控制器、设计制作一个仪表显示器、设计制作医院病床呼叫系统控制器、设计制作一个带时间显示的定时开关、设计制作一个手持数显测量仪、设计制作一个多功能智能控制器、大型综合实训项目样例——四轴飞行器共八个项目。

本书主要特点如下：

1. 本书编排思想上，按照工作过程系统化的教学法思想编著，内容呈现方式上按 OTPAE 五步训练法，再加一个拓展单元的教学原则呈现。即包含：目标（object）、任务（task）、准备（prepare）、实施或行动（action）、评估（evaluate）、拓展（expand）六步。这样做不但给读者提供了一个实实在在地掌握单片机应用技术的方法，还给读者提供了工作过程实践的训练内容和步骤，做到学习就是学习如何工作。

2. 本书内容编排上，包含了 C 语言知识、单片机知识、单片机外围电路知识，并把三者进行了有机融合。能够使初学者、本科/高职的学生、以及社会上的单片机爱好者从零基础开始学习单片机，还能掌握单片机控制系统设计的精髓，最终达到熟练使用 STC 单片机完成较高复杂程度的控制系统的水平。

总之，本书集成了笔者多年的教学经验，希望把它打造成一个新教师上手快，新学生学得快，满足职业教育发展需求，适应新形势的学习单片机应用技术的精品教材。

本书由吉林电子信息职业技术学院陈静、李俊涛、滕文隆等编著。具体编写任务分工如下：吉林电子信息职业技术学院陈静编写项目一、五、六，吉林电子信息职业技术学院李楠编写项目二，吉林电子信息职业技术学院郑宇平编写项目三，吉林电子信息职业技术学院李俊涛编写项目四，吉林电子信息职业技术学院于秀娜、梁玉文编写项目七，吉林电子信息职业技术学院滕文隆编写项目八，吉林电子信息职业技术学院陈西林编写附录 A、B、C。参与本书编写工作的还有吉林电子信息职业技术学院周莹、张立娟、高艳春、马莹莹、梁亮等。全书由姚永平主审。在此对所有关心和热情帮助本书出版的同志致以衷心的感谢。

由于编者水平有限，书中不足之处难免，诚请广大读者提出宝贵意见（chen2004jing@126.com）。

编著者

目　录

项目一　设计制作一个单片机 I/O 口测试仪

项目目标

1. 认识单片机在改善日常生活水平和提高工业技术水平中的作用，理解单片机学习的重要性，激发学生的学习兴趣，初步了解本门课的学习方法；

2. 认识 IAP15W4K58S4 单片机所有的引脚，能够快速查找到相应的引脚，理解单片机的时钟、复位的作用，知道正常工作中电源、高电平、低电平的电压；

3. 知道每一个 I/O 口允许通过的电压、电流范围，能够正确地把一个发光二极管接到指定的 I/O 口上；

4. 理解软件和硬件的关系；

5. 会使用 Keil C51 软件和相应 STC 单片机的下载软件；

6. 能说出“点亮一个 LED 信号灯”程序中每一个语句的作用；

7. 能够判断 IAP15W4K58S4 单片机的好坏，知道判断单片机好坏的具体要点。

项目任务

单片机是微型计算机应用技术的一个重要分支，以其体积小、功能强、可靠性好、性能价格比高等特点，已成为实现工业生产技术进步、开发机电一体化和智能化测控产品的重要手段。它在工业智能仪器仪表、自动检测、信息处理、家电、低成本的控制系统中有着广泛的应用。

判断单片机芯片 I/O 口好坏，是每个使用单片机的设计人员不能回避的问题，因此第一个项目就来自己做一个单片机测试仪。

在实际工作中，测试单片机 I/O 口好坏，一种情况是在单片机入厂后，由专门的仪器设备完成；另外一种情况是，设计人员在设计调试单片机系统的过程中，为了判断是不是单片机 I/O 口故障而自行设计完成。

今天，假定红光自动化设备公司技术室小王去仓库领了 2 片好的 IAP15W4K58S4 单片机，在整理的过程中，不小心混入了一片内部 I/O 口损坏的同型号芯片。对于这个坏片，不能根据外形判断找出来，只能采取技术手段才能检查出来，请设计一个简单的单片机测试仪，把它找出来。

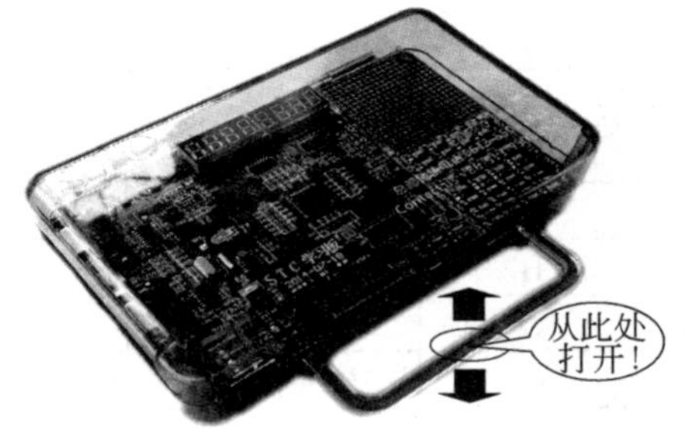

图 1-1　STC 单片机实验箱外形

项目实施条件

1. 仪器：普通万用表一台，STC 单片机实验箱一台。STC 单片机实验箱外形如图 1-1 所示；实验板布局如图 1-2 所示。

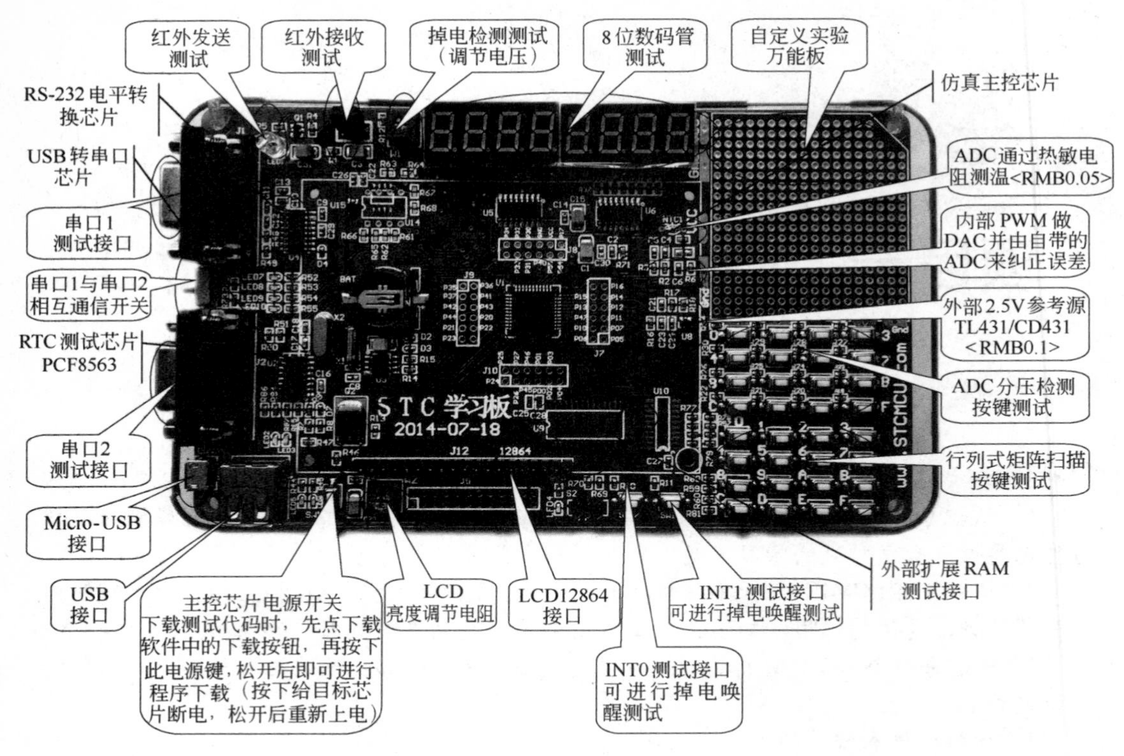

图 1-2　STC 单片机实验板布局

2. 软件：Keil 软件和 STC 单片机下载软件。

3. 如果完全自制还需工具：电烙铁、螺钉旋具、斜口钳、尖嘴钳、剥线钳等。

元器件及材料：按表 1-1 配置元件。

表 1-1　自制单片机 I/O 口测试仪元器件清单

序号	元器件及名称	型号及规格	数量
1	单片机	IAP15W4K58S4 DIP40 封装	3
2	通用电路板	150mm×10mm	1
3	电阻	1kΩ1/8W	12 个左右
4	发光二极管	红色	4 个左右
5	发光二极管	黄色	4 个左右
6	发光二极管	绿色	4 个左右
7	排针	2.54mil	50 个
8	焊锡	ϕ1.0mm	若干
9	杜邦线	2.54mil	40 根
10	导线	单股ϕ0.5mm	若干
11	USB 接口		1 对（一公一母）
12	USB 电脑连接线		1 根（和接头相配）
13	稳压二极管	3.3V	2 个
14	电阻	22Ω	2 个

进阶一　通过与计算机比较，初步认识单片机

王××是×学院的学生。某天，她想去学校附近的×超市买些作业本和水果。她来到超市，发现超市的很多货物上都有条形码，卖水果的电子秤能自动称出水果的重量和打出条形码，收银台能按条形码收取的顾客的钱。

经过查资料，王××知道，能够读条形码、制作条形码、计算金额的核心技术是单片机技术。原来，单片机就在自己身边，这令王××很惊讶。

经过进一步查资料，她还发现单片机不但在超市中使用，还在家用电器、数控机床、自动化生产线上用，单片机的应用真广泛呀。

那么就一起来认识一下单片机吧！

【目标】

通过本进阶内容学习和训练，能够体会到单片机的广泛应用，了解单片机系统组成，知道单片机软硬件的作用，了解 STC 单片机的性能，了解应该如何学习单片机课程。

【任务】

初步了解单片机，主要内容包括：

1. 哪些仪器设备中使用了单片机，单片机给人们的生活和工作带来了哪些便利？
2. 了解单片机的定义及单片机应用系统的组成。
3. 理解单片机的硬件和软件的关系。
4. 了解单片机的应用和发展趋势。
5. 了解学习单片机的方法。

【行动】

一、猜一猜

猜一下下面的设备中，哪些用到了单片机？根据是什么？

1. 全自动血压计
2. 全自动洗衣机
3. 电梯
4. 上下课自动打铃器
5. 机器人
6. 液晶电视机
7. 手机
8. 数控机床

二、议一议

单片机给人们的生活带来了哪些便利？如果没有单片机会怎样？

三、学一学

1. 什么是单片机？什么是单片机应用系统？
2. 单片机是由哪两部分组成的？这两个部分是什么关系？
3. 单片机硬件的基本性能有哪几个方面？

4. IAP15W4K58S4 单片机内部资源都有哪些？IAP15W4K58S4 型号的意义是什么？

【知识内容】

一、单片机的定义及单片机应用系统的组成

单片微型计算机（Single Chip Microcomputer）简称单片机，是指集成在一块芯片上的计算机。它具有结构简单、控制功能强、可靠性高、体积小、价格低等优点，在许多行业都得到了广泛的应用。从航天航空、地质石油、冶金采矿、机械电子、轻工纺织到机电一体化设备、邮电通信、日用设备和器械等，单片机都发挥了巨大的作用。

1. 微型计算机系统

微型计算机系统由硬件系统（Hardware）和软件系统（Software）两大部分组成。

① 硬件系统是指构成微机系统的实体和装置，通常由运算器、控制器、存储器、输入接口电路和输入设备、输出接口电路和输出设备等组成。其中，运算器和控制器，统称中央处理单元（Central Processing Unit，简称 CPU），是微机的核心部件，配上存放程序和数据的存储器、输入/输出（Input/Output，简称 I/O）接口电路及外部设备即构成微机的硬件系统。

下面把组成计算机的五个基本部件作简单说明。

a. 运算器,又称为算术逻辑单元（Arithmetic Logic Unit，ALU）。操作时，控制器从存储器取出数据，运算器进行算术运算或逻辑运算，并把处理后的结果送回存储器。

b. 控制器，是计算机的指挥控制部件，用于自动协调计算机内各部分正常有序地工作。执行程序时，控制器从程序存储器中取出相应的指令数据，然后向其他功能部件发出指令所需的控制信号，完成相应的操作，再从程序存储器中取出下一条指令执行，如此循环，直到程序完成。

c. 存储器，是计算机的记忆部件，存储器既能够接收和保存数据，又能够向其他部件提供数据。存储器分为程序存储器和数据存储器两大类。

d. 输入设备，用于将程序或数据输入到计算机中，如键盘、传感器接口电路等。

e. 输出设备，用于把计算机计算或加工的数据结果，以用户需要的形式显示、保存或输出，如显示器、打印机等。

② 软件系统是指微机系统所使用的各种程序的总体。软件的主体驻留在程序存储器中，人们通过它对微机的硬件系统进行控制并与外部的输入设备、输出设备进行信息交换，使微机的硬件系统按照人的意图完成预定的任务。

软件系统与硬件系统共同构成实用的微机系统，两者相辅相成，缺一不可。

2. 单片机

单片机是指集成在一个芯片上的微型计算机，也就是把组成微型计算机的各种功能部件，包括 CPU、随机存取存储器 RAM（Random Access Memory）、只读存储器 ROM（Read-only Memory）、并行输入/输出(Input/Output)接口电路、串行输入/输出(Input/Output)接口电路、定时器/计数器、中断系统等部件制作在一块集成芯片上，构成一个完整的微型计算机，从而实现微型计算机的基本功能。单片机内部结构示意图如图 1-3 所示。

单片机实质上是一个芯片，在实际应用中，通常很难直接和被控对象进行电气连接，必须外加各种扩展接口电路、输入/输出设备等硬件，才能构成一个单片机硬件系统电路。这些电路能在软件的控制下准确、迅速、高效地完成程序设计者事先规定的任务。

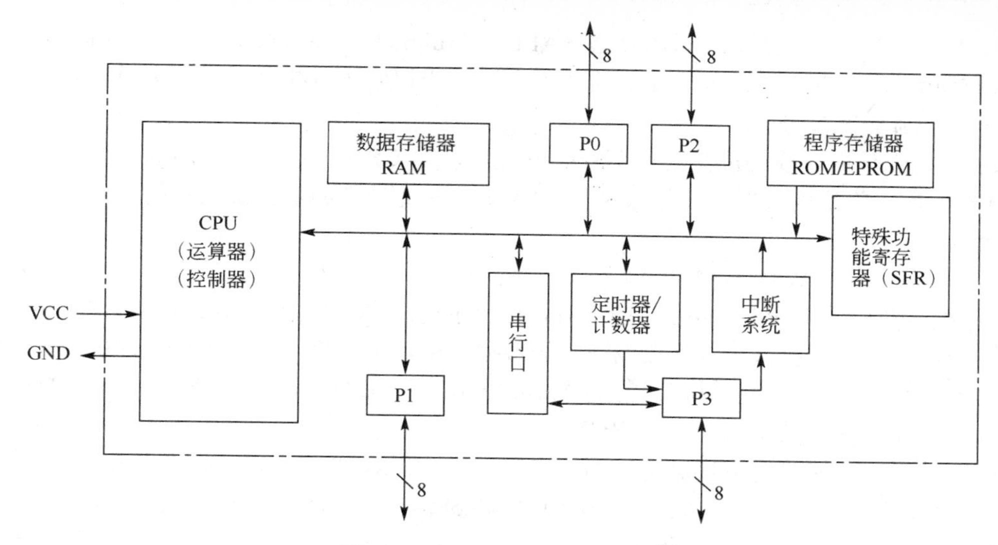

图 1-3　单片机内部结构示意图

3. 单片机应用系统及组成

单片机应用系统是以单片机为核心，配以输入、输出、显示、控制等外围电路和软件，能实现一种或多种功能的实用系统。单片机应用系统由硬件和软件组成，硬件是应用系统的基础，软件是在硬件的基础上对其资源进行合理调配和使用，从而完成应用系统所要求的任务，二者相互依赖，缺一不可，单片机应用系统的组成如图 1-4 所示。

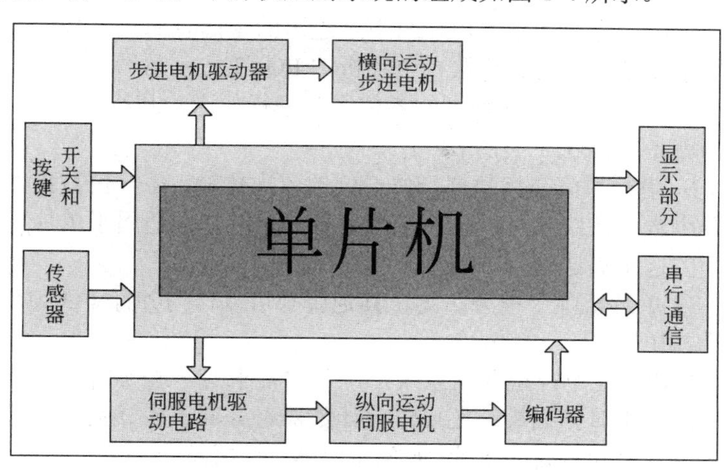

图 1-4　单片机应用系统的组成举例

由此可见，单片机应用系统的设计人员必须从硬件和软件两个角度来深入了解单片机，并能够将二者有机结合起来，才能形成具有特定功能的应用系统或整机产品。

二、单片机的硬件和软件

1. 单片机硬件基本性能

① CPU，即中央处理器。中央处理器（CPU，Central Processing Unit）是一台单片机的

运算核心和控制核心，主要包括运算器（ALU，Arithmetic and Logic Unit）和控制器（CU，Control Unit）两大部件。此外，还包括若干个寄存器和高速缓冲存储器及实现它们之间联系的数据、控制及状态的总线。

CPU 内部数据总线的位数就是单片机的位数，即 CPU 一次能处理的数据位数，而不是 I/O 口的个数。单片机数据总线位数越高，CPU 一次能处理的数据量也就越大，处理速度也就越快。

本书主讲 IAP15W4K58S4 单片机，是 8 位机。

② 程序存储器 ROM (Bytes)。掉电时，存放于程序存储器内部的数据不会消失，因此其主要用于存放程序，也可存放常数或固定的数据表格。单片机生产厂家按单片机内部程序存储器的不同结构，形成不同结构类型，有 Mask ROM 型 、EPROM 型、ROM less 型、OTP ROM 型、Flash ROM(MTP ROM)型、E^2PROM 型。

前三种程序存储器的单片机是早期的产品，目前 EPROM、ROM Less 型已较少使用，Flash ROM 是目前流行的程序存储器类型。IAP15W4K58S4 单片机内部 ROM 为 58KB，属于最新的 E^2PROM 型，能够在线更改程序。

③ 数据存储器 RAM(Bytes)。主要用于存放程序执行过程中产生的中间数据。掉电时，数据自动丢失，好比打字没存盘。IAP15W4K58S4 单片机内部 RAM 为 4KB，是目前市场上单片机的 RAM 中比较大的。

④ 时钟频率(MHz)。一般情况下时钟频率越高，单片机的执行速度越快，IAP15W4K58S4 时钟频率可达 24MHz 以上。

⑤ I/O 口 (Input/Output)的多少。单片机 I/O 口有两种：串行通信口和并行通信口。它们是单片机和外界交换信息的通道。如果把单片机看成一个负责信息处理的“水库”，I/O 口就好比是“水库”上的进水口和出水口，只不过进出的是信息而已。按钮是一种输入设备，而打印机是一种输出设备，它们就连接在单片机的 I/O 口上。

a．并行 I/O 口：并行接口是指数据的各位同时进行传送，其特点是传输速率快。8 位的单片机中一个并口就是 8 位（一个字节）。

b．串行 I/O 口：串行通信是指数据一位一位地依次传输，每一位数据占据一个固定的时间长度，因此只要少数几条线就可以在系统间交换信息，特别适用于单片机与单片机、单片机与外部设备之间的远距离通信。

IAP15W4K58S4 单片机除了电源引脚，其他脚都可以作为并行 I/O 口使用，同时具有 4 个普通串口和 1 个 SPI 串口。

⑥ 定时器/计数器。在单片机应用系统中，常常要求有一些实时时钟，以实现定时或延时控制，如定时检测、定时扫描等；还要求有计数器对外部事件计数，如对外来脉冲的计数等。IAP15W4K58S4 单片机内部有 5 个 16 位定时器/计数器。

除此以外，单片机硬件的其他性能还有中断、A/D 转换通道、加密锁、空闲和掉电模式等。

知识小问答

① 什么是位（bit）？

计算机所能表示的最小的数字单位，即二进制数的位。通常每位只有 2 种状态：0、1。

② 什么是字节（Byte）？

8 位（bit）为 1 个字节，是内存的基本单位，常用 B 表示。

③ 什么是字(Word)?

16 位二进制数称为 1 个字，1 个字等于 2 个字节。

④ 什么是字长？

字长,即字的长度，是一次可以并行处理的数据的位数，即数据线的条数。常与 CPU 内部的寄存器、运算器、总线宽度一致。常用微型计算机字长有 8 位、16 位和 32 位。

⑤ 常见的二进制数量单位有哪些，它们是什么关系？

K(千，Kilo 的符号)，1K=1024B，如 1KB 表示 1024 个字节；

M(兆，Million 的符号)，1M=1K × 1K;

G (吉，Giga 的符号)，1G=1K × 1M;

T (太，Tera 的符号)，1T=1M × 1M。

2. 单片机的软件

单片机的软件是由程序构成的，程序又是由指令构成的。

把要求单片机执行的各种操作，用命令的形式写下来，就是指令。一条指令，对应着一定的基本操作。单片机所能执行的全部指令（为二进制代码，即机器语言代码），就是该单片机的指令系统（Instruction Set）。每种单片机都有自己独特的指令系统，指令系统是单片机开发厂商和生产厂商规定的，要使用某种单片机，用户就必须理解和遵循它的指令标准。

① 源程序。使用单片机时，事先应当把要解决的问题编成一系列程序。这些程序必须是选定的单片机能识别和执行的指令构成的。单片机用户为解决自己的问题所编的程序，称为源程序（Source Program）。

② 汇编语言程序。因为单片机是一种可编程器件，只“认得”二进制码“0”、“1”，所以单片机系统中的所有指令，都必须以二进制编码的形式来表示。由一连串的 0 和 1 组成的机器码，没有明显的特征，不好记忆，不易理解，所以，直接用它来编写程序十分困难。因而，人们就用一些助记符（Mue monic）——通常是指令功能的英文缩写来代替操作码，如 MCS-51 系列单片机中数据的传送常用 MOV（Move 的缩写）、加法用 ADD（Addition 的缩写）作为助记符。这样，每条指令有明显的动作特征，易于记忆和理解，也不容易出错。用助记符来编写的程序称为汇编语言程序。因为汇编语言指令基本上同机器语言一一对应，所以单片机指令系统通常用汇编语言来描述。

③ 高级语言（C 语言）程序。汇编语言程序虽然较二进制机器码容易阅读和编写，但还是不如高级语言更接近人们的自然语言和数学逻辑。使用 C 语言，编程人员可以仿照自然语言的书写形式和常见数学表达式，完成程序的编写，降低了程序开发的门槛。另外，单片机的 C 语言还具有可移植性好，易懂易用的特点。

④ 编译。将用高级语言编写的用户程序翻译成某个具体的单片机的机器语言程序，完成编译的软件，称为编译器。C 编译器就是一种能把 C 语言转换成某个具体的机器语言的编译工具。

⑤ 烧录。由机器码构成的用户程序只有“进入”了单片机，再“启动”单片机，它才可能完成用户程序所规定的任务。用烧录器（也称编程器）把机器码构成的用户程序装入单片机程序存储器的过程，称为烧录，也称下载。

3. 单片机的硬件和软件的关系

如果把单片机系统比作人体系统，那么硬件犹如人类的血肉之躯，软件就像是人的大脑思维。没有硬件，单片机系统就像人类四肢瘫痪，只能思考一些问题，但是无法进行操作。

没有软件，系统就像植物人，空有躯体，却不能做最基本的动作。只有硬件和软件都是正常的系统，才是良好的单片机系统。

那么，软件的实质是什么呢？软件的实质就是电信号的代号，比如，用“1”代表高电平（通常是单片机电源电压），“0”代表低电平（通常是 0V）。这些电信号又去控制硬件电路的通和断，硬件电路的通和断再去控制外设的工作，就能达到设计者的目的。

单片机的硬件和软件的关系可以这样描述：一种是单片机软件通过指令改变单片机引脚上的高低电平信息，从而改变连接在单片机引脚上的电路的工作状态；另一种是单片机软件通过读取单片机一部分引脚上的信息，经过一定运算，去改变单片机另一部分引脚上的高低电平信息，从而改变电路的工作状态。

三、单片机的应用和发展趋势

单片机作为微型计算机的一个重要分支，应用面很广，发展很快。

1. 单片机的应用

由于单片机具有显著的优点，它已成为科技领域的有力工具，人类生活的得力助手。它的应用遍及各个领域，主要表现在以下几个方面。

① 单片机在智能仪表中的应用。单片机广泛地用于各种仪器仪表，使仪器仪表智能化，并可以提高测量的自动化程度和精度，简化仪器仪表的硬件结构，提高其性能价格比。

② 单片机在机电一体化中的应用。机电一体化是机械工业发展的方向。机电一体化产品是指集成机械技术、微电子技术、计算机技术于一体，具有智能化特征的机电产品，例如微机控制的车床、钻床等。单片机作为产品中的控制器，能充分发挥它的体积小、可靠性高、功能强等优点，可大大提高机器的自动化、智能化程度。

③ 单片机在实时控制中的应用。单片机广泛地用于各种实时控制系统中。例如，在工业测控、航空航天、尖端武器、机器人等各种实时控制系统中，都可以用单片机作为控制器。单片机的实时数据处理能力和控制功能，可使系统保持在最佳工作状态，提高系统的工作效率和产品质量。

④ 单片机在分布式多机系统中的应用。在比较复杂的系统中，常采用分布式多机系统。多机系统一般由若干台功能各异的单片机组成，各自完成特定的任务，它们通过串行通信相互联系、协调工作。单片机在这种系统中往往作为一个终端机，安装在系统的某些节点上，对现场信息进行实时的测量和控制。单片机的高可靠性和强抗干扰能力，使它可以置于恶劣环境的前端工作。

⑤ 单片机在人类日常生活中的应用。单片机自从诞生以后，它就步入了人类的日常生活，如洗衣机、电冰箱、电子玩具、电视机等家用电器配上单片机后，提高了智能化程度，增加了功能，备受人们喜爱。单片机将使人类生活更加方便、舒适和丰富多彩。

综上所述，单片机已成为计算机发展和应用的一个重要方面。单片机应用的重要意义还在于，它从根本上改变了传统的控制系统设计思想和设计方法。从前必须由模拟电路或数字电路实现的大部分功能，现在已能用单片机通过软件方法来实现了。这种软件代替硬件的控制技术也称为微控制技术，是传统控制技术的一次革命，是智能技术的基石。

2. 单片机的发展趋势

现在可以说单片机是百花齐放、百家争鸣的时期，世界上各大芯片制造公司都推出了自己的单片机，从 8 位、16 位到 32 位，数不胜数，应有尽有，有与主流 C51 系列兼容的，也有不兼容的，但它们各具特色，互相补充，为单片机的应用提供广阔的天地。

纵观单片机的发展过程，可以预测单片机的发展趋势如下。

① 低功耗化。像 80C51 就采用了 HMOS(即高密度金属氧化物半导体工艺)和 CHMOS(互补高密度金属氧化物半导体工艺)。CMOS 虽然功耗较低，但由于其物理特征决定其工作速度不够高，而 CHMOS 则具备了高速和低功耗的特点，这些特征，更适合于在要求低功耗（如电池供电）的应用场合。所以这种工艺将是今后一段时期单片机发展的主要途径。

② 微型单片化。现在常规的单片机普遍都是将中央处理器(CPU)、随机存取数据存储(RAM)、只读程序存储器(ROM)、并行和串行通信接口、中断系统、定时电路、时钟电路集成在一块单一的芯片上，增强型的单片机还集成了如 A/D 转换器、PWM(脉宽调制电路)、WDT(看门狗)，有些单片机将 LCD(液晶)驱动电路都集成在单一的芯片上，这样单片机包含的单元电路越多，功能就越强大。甚至单片机厂商还可以根据用户的要求量身定做，制造出具有自己特色的单片机芯片。

此外，现在的产品普遍要求体积小、重量轻，这就要求单片机除了功能强和功耗低外，还要求其体积要小。现在的许多单片机都具有多种封装形式，其中 SMD（表面封装）越来越受欢迎，使得由单片机构成的系统正朝微型化方向发展。

四、STC 单片机简介

1. 宏晶科技/南通国芯微电子有限公司

宏晶科技/南通国芯微电子有限公司是中国本土的单片机制造企业，主营业务是开发、设计和制造 8051 系列单片机电子产品，凝聚和组建了国内一流的单片机开发设计工程师团队，自身又培养了优秀的电子开发工程队伍，拥有丰富的电子产品开发设计经验与严谨的科学管理系统。

该公司在 8051 单片机原厂技术资源的基础上，进行了全面的技术升级与创新，期间申请了大量技术专利，拥有了大量的自主知识产权，经历了 STC89/90、STC10/11、STC12、STC15、STC8F 系列升级过程，累计上百种产品。现已不但达到了 8051 单片机国内的先进水平，还击败了欧美竞争对手，站在了 8051 单片机的前沿，也正在向 32 位前进的途中。

2. STC 单片机简介

STC 系列单片机是深圳宏晶公司的产品，STC 是芯片的前缀，目前最新的 STC 单片机特点主要有：

① 便宜——价格从 0.89 元到 5.9 元不等，极大地方便了客户选型和设计；

② 功能多——大幅提高了集成度，如集成了 A/D、CCP/PCA/PWM (PWM 还可当 D/A 使用）、高速同步串行通信端口 SPI、高速异步串行通信端口 UART、定时器、看门狗、内部高精准时钟（±1%温飘，–40~ +85℃之间，可彻底省掉外部昂贵的晶振）、内部高可靠复位电路（可彻底省掉外部复位电路）、大容量 SRAM、大容量 EEPROM、大容量 Flash 程序存储器等；

③ 好学——STC15 系列一个单芯片就是一个仿真器，定时器改造为支持 16 位自动重载(学生只需学一种模式),串行口通信波特率计算改造为[系统时钟/4/(65536–重装数)]，极大地简化了教学，针对实时操作系统 RTOS 推出了不可屏蔽的 16 位自动重载定时器；

④ 好用——在 STC-ISP 烧录软件中提供了大量的贴心工具,如范例程序、定时器计算器、软件延时计算器、波特率计算器、头文件、指令表、Keil 仿真设置等；

⑤ 型号多——封装也从传统的 PDIP40 发展到 DIP8/DIP16/DIP20/SKDIP28，SOP8/SOP16/SOP20/SOP28，TSSOP20/TSSOP28，DFN8/QFN28/QFN32/QFN48/QFN64，LQFP32/LQFP48/LQFP64S/LQFP64L，每个芯片的 I/O 口从 6 个到 62 个不等；

⑥ 抗干扰强——针对抗干扰进行了专门设计，超强抗干扰；

⑦ 保密好——进行了特别加密设计，如 STC15 系列现无法解密；

⑧ 速度快——对传统 8051 进行了全面提速，指令速度最快提高了 24 倍。

3. STC 系列单片机的命名规则

为了便于读者选型使用，下面给出 STC 系列单片机的命名规则，如图 1-5 所示。

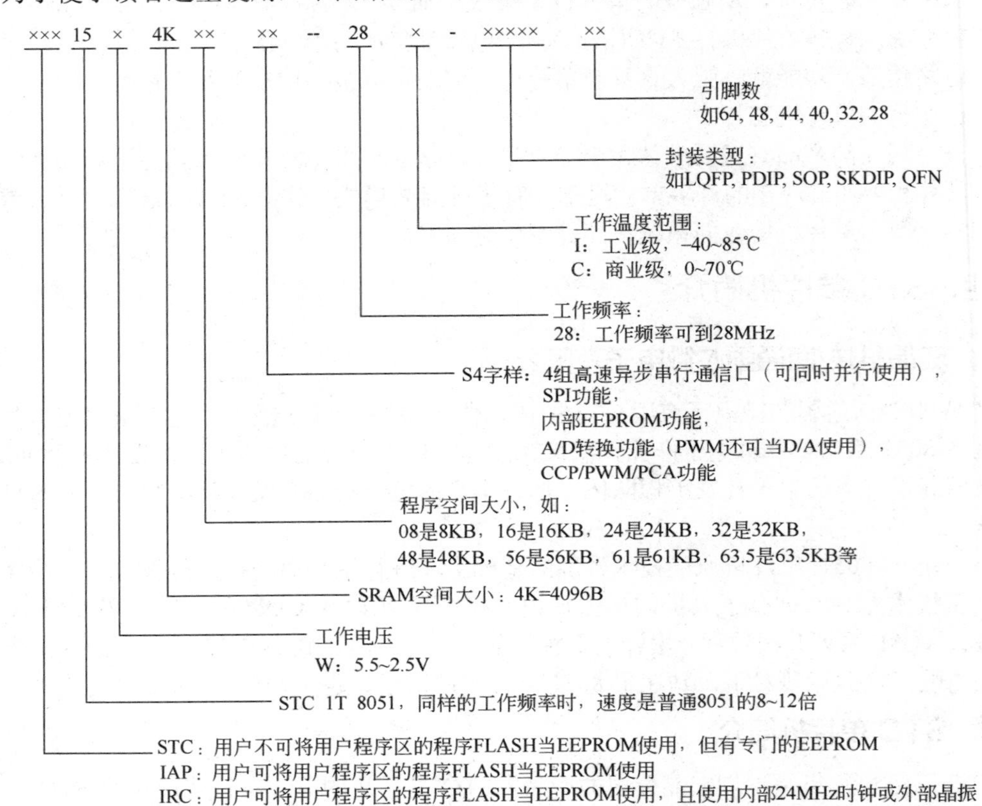

图 1-5 STC 系列单片机的命名规则图示

例如，STC15W4K32S4-28I-SOP28 表示：用户不可以将用户程序区的程序 FLASH 当 EEPROM 使用，但有专门的 EEPROM，该单片机为 1T 8051 单片机，同样工作频率时，速度是普通 8051 的 8~12 倍，其工作电压为 5.5~2.5V，SRAM 空间大小为 4KB，程序空间大小为 32KB，有四组高速异步串行通信端口 UART 及 SPI、内部 EEPROM、A/D 转换、CCP/PCA/PWM 功能，工作频率可到 28MHz，为工业级芯片，工作温度范围为-40 ~ 85℃，封装类型为 SOP 贴片封装，引脚数为 28。

五、IAP15W4K58S4 单片机介绍

IAP15W4K58S4 单片机是深圳宏晶科技有限公司推出的新一代单时钟/机器周期（1T）8051 单片机，是宽电压、高速、高可靠、低功耗、超强干扰、可在线仿真的新一代单片机，

指令代码完全兼容传统的 8051 单片机，但速度快 8～12 倍，采用 STC 第九代加密技术，无法解密。IAP15W4K58S4 单片机几乎包含了设计典型测控系统所必需的全部部件，可以称为片上系统（ SOC，System On Chip）。IAP15W4K58S4 单片机内部功能示意图如图 1-6 所示。

该系列单片机可广泛应用于衡器、电动车、工业控制、汽车电子、医疗设备、智能通信等领域，特别适合于电机控制等强干扰场合。

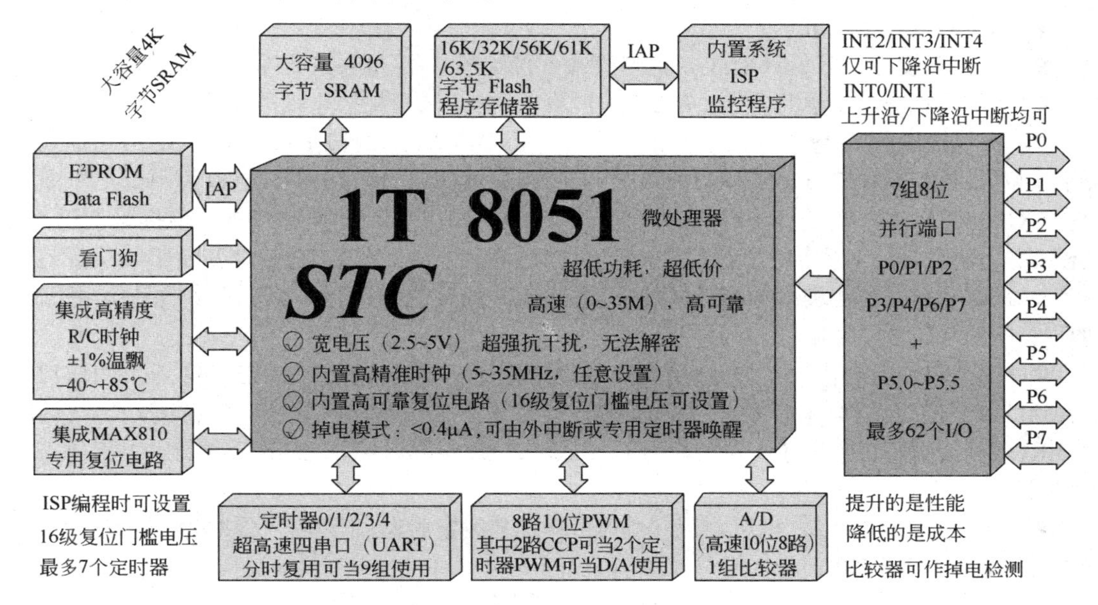

图 1-6　IAP15W4K58S4 单片机内部功能示意图

1. IAP15W4K58S4 单片机典型特点

IAP15W4K58S4 单片机具有以下典型特点。

- 增强型 8051 CPU，1T，单时钟/机器周期，速度比普通 8051 快 8~12 倍。
- 工作电压：2.5~ 5.5V。
- 16K/32K/40K/48K/56K/58K/61K/63.5K 字节片内 Flash 程序存储器，擦写次数 10 万次以上。
- 片内大容量 4096 字节的 SRAM，包括常规的 256 字节 RAM <idata>和内部扩展的 3840 字节 XRAM <xdata>。
- 大容量片内 EEPROM，擦写次数 10 万次以上。
- ISP/IAP，在系统可编程/在应用可编程，无需编程器/仿真器。
- 共 8 通道 10 位高速 ADC，速度可达 30 万次/s，8 路 PWM 还可当 8 路 D/A 使用。
- 6 通道 15 位专门的高速度 PWM（带死区控制）+ 2 通道 CCP（利用它的高速脉冲输出功能可实现 11~16 位 PWM）——可用来再实现 8 路 D/A，或 2 个 16 位定时器，或 2 个外部中断（支持上升沿/下降沿中断）。
- 内部高可靠复位，ISP 编程时 16 级复位门槛电压可选，可彻底省掉外部复位电路。
- 工作频率范围：5 ~ 28MHz，相当于普通 8051 的 60～336MHz。
- 内部高可靠 R/C 时钟(±0.3%)，±1%温飘(–40~+85℃)，常温下，温飘±0.6%(–20~+65℃)，ISP 编程时内部时钟从 5~35MHz 可设（5.5296MHz / 11.0592MHz / 22.1184MHz

/33.1776MHz）。

- 不需外部晶振和外部复位，还可对外输出时钟和低电平复位信号。
- 四组完全独立的高速异步串行通信端口，分时切换可当 9 组串口使用。
- 一组高速 SPI 同步串行通信端口。
- 支持程序加密后传输，防拦截。
- 支持 RS-485 下载。
- 低功耗设计：有低速模式、空闲模式、掉电模式/停机模式等节能模式。
- 可将掉电模式/停机模式唤醒的定时器：有内部低功耗掉电唤醒专用定时器。
- 可将掉电模式/停机模式唤醒的资源有：INT0/P3.2，INT1/P3.3 (INT0/INT1 上升沿下降沿中断均可)， INT2 /P3.6，INT3/P3.7， INT4/P3.0(INT2/INT3 /INT4 仅可下降沿中断)；引脚 CCP0/CCP1；外部引脚 RxD/RxD2/RxD3/RxD4（下降沿，不产生中断，前提是在进入掉电模式/停机模式前，相应的串行口中断已经被允许）；外部引脚 T0/T1/T2/T3/T4（下降沿，不产生中断，前提是在进入掉电模式/停机模式前，相应的定时器中断已经被允许）；内部低功耗掉电唤醒专用定时器。
- 共 7 个定时器，5 个 16 位可重装载定时器/计数器（T0/T1/T2/T3/T4，其中 T0/T1 兼容普通 8051 的定时器/计数器），并均可独立实现对外可编程时钟输出（5 通道），另外引脚 MCLKO 可将内部主时钟对外分频输出（÷1 或÷2 或÷4 或÷16），2 路 CCP 还可再实现 2 个定时器。
- 定时器/计数器 2，也可实现 1 个 16 位重装载定时器/计数器，定时器/计数器 2 也可产生时钟输出 T2CLK0。
- 新增可 16 位重装载定时器 T3/T4，也可产生可编程时钟输出 T3CLKO/T4CLKO。
- 可编程时钟输出功能（对内部系统时钟或对外部引脚的时钟输入进行时钟分频输出）。
- 比较器，可当 1 路 ADC 使用，可作掉电检测，支持外部引脚 CMP+与外部引脚 CMP–进行比较，可产生中断，并可在引脚 CMPO 上产生输出（可设置极性），也支持外部引脚 CMP+与外部参考电压进行比较。
- 硬件看门狗（WDT）。
- 先进的指令集结构，兼容普通 8051 指令集，有硬件乘法/除法指令。
- 通用 I/O 口(62/46/42/38/30/26 个)，复位后为：准双向口/弱上拉（普通 8051 传统 I/O 口），可设置为四种模式：准双向口/弱上拉，强推挽/强上拉，仅为输入/高阻，开漏，每个 I/O 口驱动能力均可达到 20mA，但 40-pin 及 40-pin 以上单片机的整个芯片电流最大不要超过 120mA，16-pin 及以上/32-pin 及以下单片机的整个芯片电流最大不要超过 90mA，如果 I/O 口不够用，可外接 74HC595 来扩展 I/O 口，并可用芯片级联扩展几十个 I/O 口。
- 封装：LQFP64L（16mm×16mm），LQFP64S（12mm×12mm），QFN64（8mm×8mm），LQFP48（9mm×9mm），QFN48（7mm×7mm），LQFP44（12mm×12mm），LQFP32（9mm×9mm），SOP28，SKDIP28，PDIP40。
- 全部 175℃8h 高温烘烤，高品质制造保证。
- 开发环境：在 Keil C 开发环境中，选择 Intel 8052 编译，头文件包含<reg51.h>即可。

2. IAP15W4K58S4 单片机与传统单片机 STC89C52 比较

传统的单片机 AT89C52 单片机引脚排列如图 1-7 所示，可见其引脚功能比较单一，具体详情见表 1-2 的 IAP15W4K58S4 内部资源与传统单片机 STC89C52 的内部资源比较。

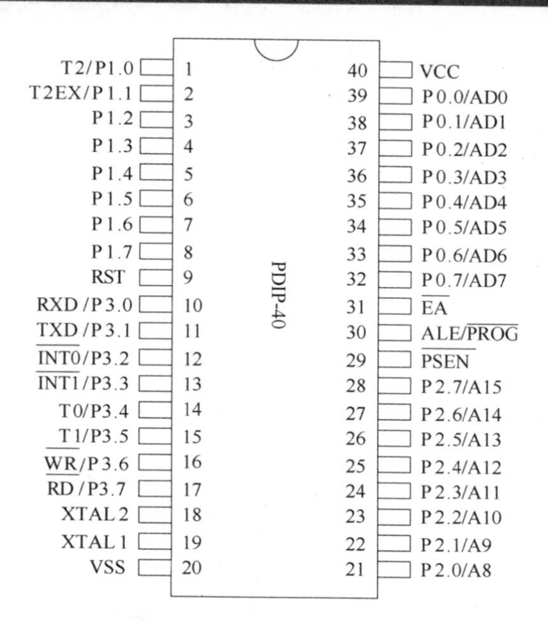

图 1-7 AT89C52 单片机引脚排列

表 1-2 IAP15W4K58S4 内部资源与传统单片机 STC89C52 的内部资源比较

序号	功能	IAP15W4K58S4	STC89C52
1	CPU 内核	8 位	8 位
2	时钟	1T	12T
3	ROM	58K	4K
4	RAM	256B	128B
5	I/O	引脚数–2	引脚数–6
6	定时器	5 个，功能强	3 个，功能弱
7	中断	20 个	5 个
8	串口	4 个+SPI	1 个
9	其他功能	很多	没有了

六、单片机的学习方法

学习单片机最好的方法是理论与实践相结合，边学习、边实践。每学完一个进阶和一个项目，就通过做实验，感受系统产生的控制效果，只有眼睛看得见、耳朵听得到，才能更深刻地理解系统是怎样产生控制作用的。这样用不了几次就能将用到的引脚和程序理解，吃透，扎根于脑海。

学习单片机要使用循环学习法才能使之根深蒂固 。根据现代科学的研究，对只短暂学过一遍的知识，充其量只比浮光掠影稍好。就好像上课时很多人觉得单片机好学、学懂了，但在实际应用时对硬件和软件的具体作用就有些淡忘了。因此，学过的东西，过一段时间后（1~2 个星期）要再重新做一遍实验，这样反复循环几次就能彻底弄懂消化。

学习单片机要举一反三，多做尝试。根据现代科学的研究，只有自己参与创新的知识才能长久不忘。就好像上课时怎么都会，过一段时间，自己做时就都不会了。因此，对于上课时学过的东西，一定要自己变变样，再重新做一遍实验，这样反复循环几次，一方面就能彻底弄懂消化，永不忘却，另一方面也能寻找、发现新问题，激发学习欲望。学习单片机还要广泛收集资料，如购买实验器材、书籍资料和上一些网上的单片机的论坛。在学习时要准备必要的学习、实验器材，另外还要经常去图书馆、科技图书店和一些单片机学习网站去看看，寻找一些适合自己学习、提高的内容。

总之，学习单片机不难。

【评估】

1. 比较手机和单片机的异同。

2. 上网查找并下载 IAP15W4K58S4、AT89C52 单片机用户手册，比较这两种单片机的内部组成，写出你的比较结论。

3. 根据 STC 单片机命名规则，解释 IAP15W4K58S4 的含义。

进阶二　单片机正常工作时的状态

某化工厂全厂断电后，突然送电过来，经常造成锅炉液位与压力调节的二次仪表工作不正常（二次仪表一般是以单片机为核心控制芯片设计完成的）。经查是仪表受到电网浪涌电压（突然的高电压）冲击造成的。避免方法是一旦停电就关闭仪表电源，来电后等待电源电压正常后，再打开仪表电源，避免大电流大电压冲击；或者采用 UPS 电源供电。可见，由单片机构成的仪器仪表，在使用过程中需要注意的问题有很多，那么单片机正常工作的条件和状态是怎样的呢？

【目标】

通过本进阶内容学习和训练，能够认识单片机正常工作的基本条件，能够快速查找到相应的引脚，知道正常工作中电源、高电平、低电平的电压值，了解 I/O 口能允许的最大电压和电流。

【任务】

1. 记录正常工作中 IAP15W4K58S4 单片机电源、高电平、低电平的电压值。

2. 说出 IAP15W4K58S4 单片机每一个引脚的作用和作为 I/O 口使用时，处于弱上拉状态和开漏状态时的电压电流要求。

【行动】

一、找一找

分别在图 1-8 所示的四个图中，找出以下引脚（找到后，用箭头标注出来）：INT1 引脚、P3.7 引脚、电源负极、电源正极、P0.5 引脚、P2.0 引脚、ADC0 引脚、TXD0 和 RXD0 引脚。

（a）IAP15W4K58S4 单片机不同封装的实物图

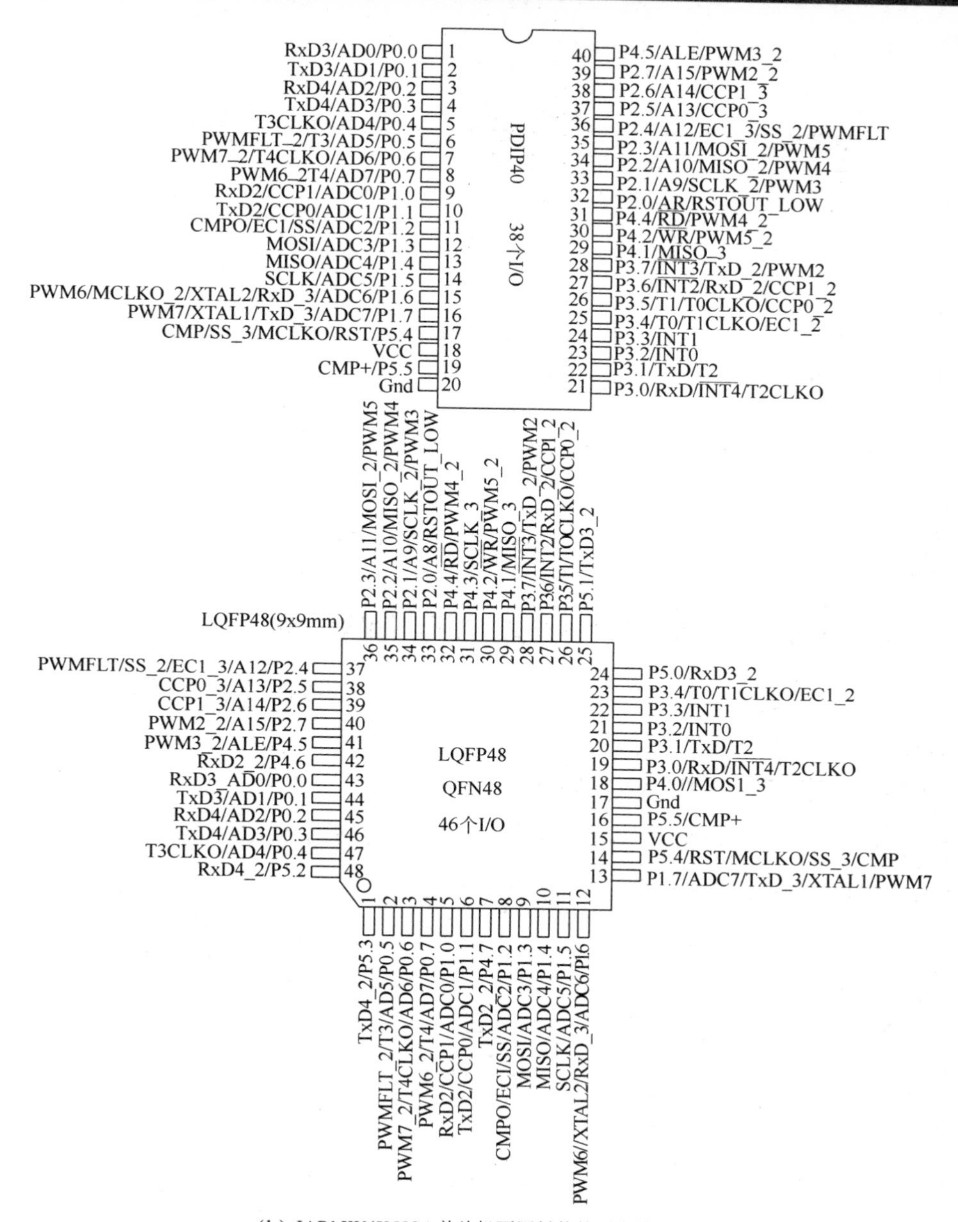

(b) IAP15W4K58S4 单片机不同封装的引脚排列图

图 1-8　IAP15W4K58S4 单片机实物图和引脚排列图

二、写一写

1. 写出复位的作用，说明 IAP15W4K58S4 单片机是如何实现复位功能的。

2. 单片机没有时钟电路行不行？IAP15W4K58S4 单片机允许的时钟频率范围多大？IAP15W4K58S4 的时钟频率如何设定？

3. 本书用的 IAP15W4K58S4 单片机电源电压是多大，电路上如何连接？接错了有什么后果？

4. 上拉电阻的作用是什么？

三、测一测，想一想

把正常工作的单片机电路板通上电，用万用表直流电压挡适当的挡位，分别测量以下引脚对地的电压，填入表1-3中。

表1-3 任务练习表

序号	引脚号	引脚名称	引脚电压	现象解释
1	40			
2	20			
3	9			
4	1			
5	18			
6	19			
7	31			
8	39			

四、说一说

单片机的运行机制是怎样的？和人们日常的学习生活有相似的地方吗？

【知识学习】

一、IAP15W4K58S4单片机典型应用电路介绍

单片机最小系统是能够让单片机正常工作的最少硬件电路，主要包括正常工作的电路和程序下载的电路。

1. 单片机正常工作时的最小电路

如图1-9所示电路是传统的MCS-51系列单片机的典型最小正常工作电路，图1-10是IAP15W4K58S4单片机的典型最小系统电路。通过比较可以看出IAP15W4K58S4简单多了。

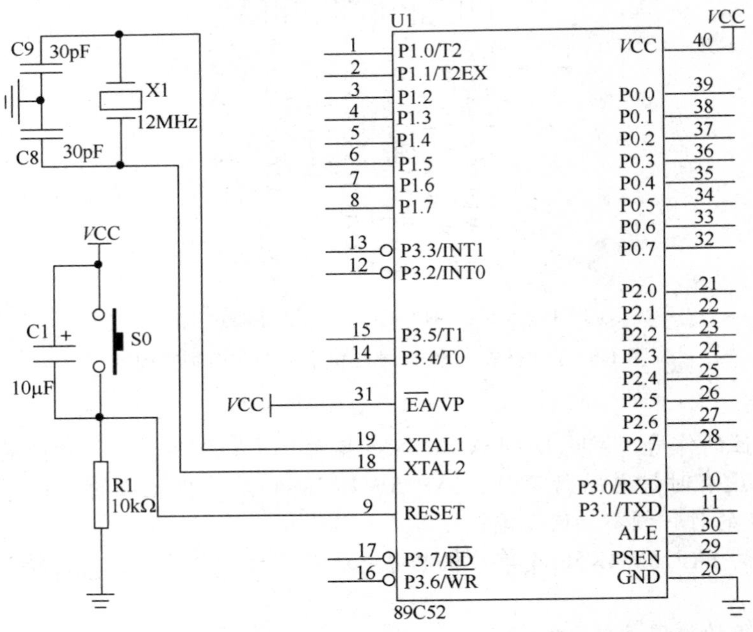

图1-9 MCS-51系列传统单片机的典型最小正常工作电路

（1）单片机电源

单片机电源具体电源电压是多少，接在单片机哪个引脚上，要看单片机的相应手册。本书以 IAP15W4K58S4 芯片为主，其电源电压范围为 2.5～5.5V，VCC（18 脚）接直流+5V（或者 3.3V）电源正极，GND（20 脚）接直流电源负极。电源正负极不允许接错，一旦接错容易烧毁单片机。

（2）复位电路

用于将单片机内部各电路的状态恢复到初始值，比如 IAP15W4K58S4 单片机复位后，I/O 口初始状态都是高电平；程序也从头开始运行。传统单片机设有专门的复位引脚（RESET 脚），如图 1-9 所示。IAP15W4K58S4 单片机的复位功能已经集成在单片机内部了，需要在下载程序的时候，注意选择合适的有关复位的选项（后面有介绍）。

（3）时钟电路

它为单片机工作提供基本时钟。因为单片机内部由大量的时序电路构成，没有时钟脉冲就像学校没有“铃声”，各部门将无法有序稳定工作。IAP15W4K58S4 单片机时钟电路也集成在单片机内部了，时钟频率也在下载程序时选定，可以不需要外部电路。如果没有时钟，或者时钟不振荡，程序不会运行。

可见，随着单片机技术的发展，IAP15W4K58S4 单片机把复位电路和时钟电路都做到单片机里面去了，是当前比较先进的一款单片机。

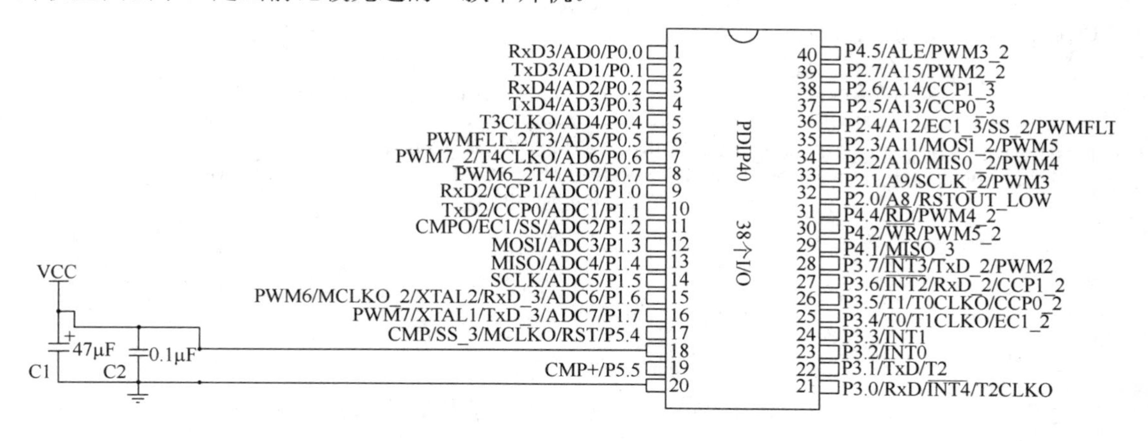

图 1-10　IAP15W4K58S4 单片机的典型最小系统电路

2. IAP15W4K58S4 单片机程序下载电路

IAP15W4K58S4 单片机程序下载有多种方式，分别为用 RS-232 转换器的 ISP 下载、RS-485 下载、用 USB 转串口的 ISP 下载、用 USB 直接下载和用 U8-Mini 进行 ISP 下载。这里只介绍最省钱的 USB 直接下载方式，如图 1-11 所示，与电脑的连接线是普通的 USB 连接线(一定有屏蔽层的才行)，也就是很多手机通用的电源线。USB 连接线的接口定义如图 1-12 所示。特别强调这种下载方式，不支持仿真运行。

二、51 单片机程序的运行机制

51 单片机上电后，在时钟频率的作用下，经过复位电路使整个单片机初始化。初始化结束后，单片机就到 ROM 中去读取第一条指令（51 单片机的第一条指令是从 ROM 的第一个存储单元开始存放的）。然后对这条指令进行译码，译码就是看该指令是要使单片机做什么事情，每条指令的具体含义由单片机厂家已经规定好。译码后就由执行电路开始执行该指令，单片机就做出相应的动作。接下来开始读取第二条指令，以后就重复上述过程：取指令—译码—执行—结果处理—取下一条指令。这 4 个环节由单片机的硬件电路自动完成。

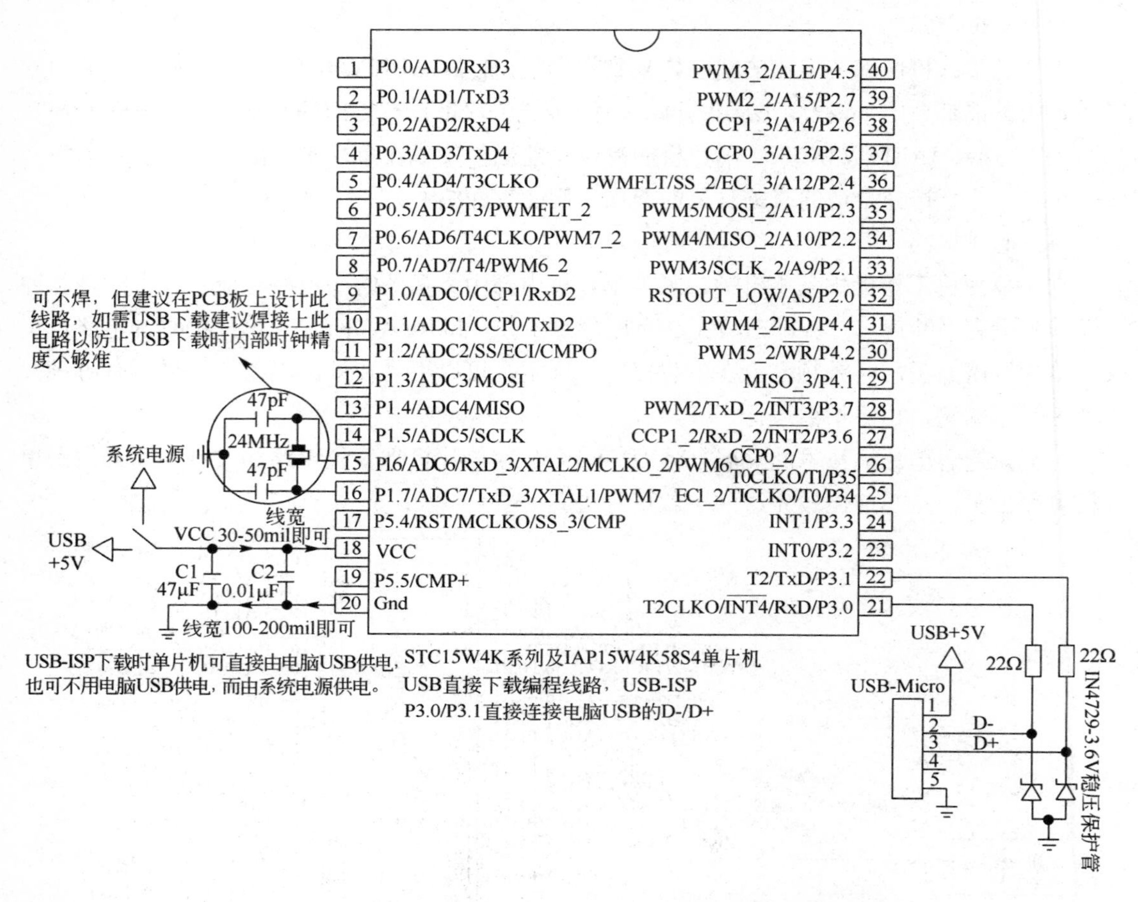

图 1-11 IAP15W4K58S4 单片机 USB 直接下载方式电路图

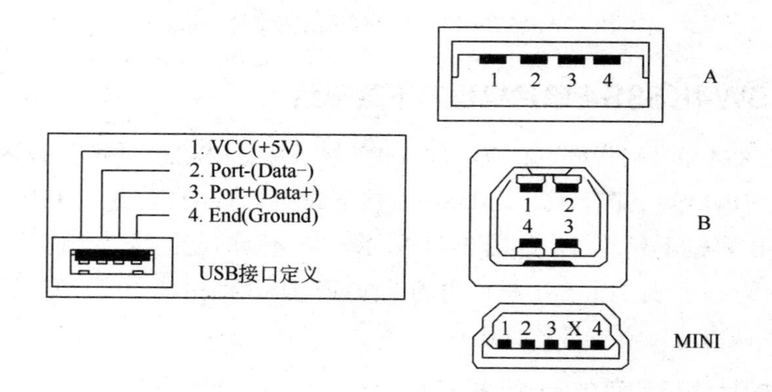

图 1-12 USB 连接线的接口定义

可见，学习单片机主要任务是学习在单片机引脚上接上合适的电路，在 ROM 中存入合适的程序。单片机有什么样的外设，用户存入什么样的程序，单片机就做出什么样的动作。

三、IAP15W4K58S4 单片机 I/O 口

1. IAP15W4K58S4 单片机 I/O 口名称

I 是“in”，进入的意思；O 是“out”，出来的意思。I/O 口就是信息进出单片机的出入口，也是单片机与外部电路的接口。

IAP15W4K58S4 单片机 PDIP40 封装有 38 根 I/O 口线，分别为：

P0 口(8 根)：P0.0、P0.1、P0.2、P0.3、P0.4、P0.5、P0.6、P0.7；

P1 口(8 根)：P1.0、P1.1、P1.2、P1.3、P1.4、P1.5、P1.6、P1.7；

P2 口(8 根)：P2.0、P2.1、P2.2、P2.3、P2.4、P2.5、P2.6、P2.7；

P3 口(8 根)：P3.0、P3.1、P3.2、P3.3、P3.4、P3.5、P3.6、P3.7；

P4 口(4 根)：P4.1、P4.2、P4.4、P4.5；

P5 口(2 根)：P5.4、P5.5。

这些 I/O 口都具有多种功能，使用时，按照需要转换就行了。

2. IAP15W4K58S4 单片机 I/O 口的驱动能力

IAP15W4K58S4 单片机 I/O 口可设置为四种模式，分别为准双向口/弱上拉、强推挽/强上拉、仅为输入/高阻、开漏四种。

每个 I/O 口驱动能力最大均可达到 20mA，但 40-pin 及 40-pin 以上单片机的整个芯片电流最大不要超过 120mA，16-pin 及以上/32-pin 及以下单片机的整个芯片电流最大不要超过 90mA。

因为总电流的限制，绝大多数 I/O 口应处于弱上拉和开漏的状态，这里重点讲 IAP15W4K58S4 单片机 I/O 口处于弱上拉时和开漏时的电压、电流范围。

在项目一到项目四中，需要添加如下指令，否则有个别的 I/O 口可能不好用：“P0M0=0X00；P0M1=0X00；P1M0=0X00；P1M1=0X00；P2M0=0X00；P2M1=0X00；P3M0=0X00；P3M1=0X00；P4M0=0X00；P4M1=0X00；P5M0=0X00；P5M1=0X00；”，目的是把所有的引脚定义为准双向口/弱上拉模式。其他模式的设定方法在项目五和项目六中讲。

知识小问答

① 什么是上拉？

答：所谓上拉，就是指拉到高电平。如图 1-13（a）所示，如果 VT2 输出端是开路，输入信号无论是高还是低，输出都没有信号。如图 1-13（b）所示，当通过一个 10kΩ电阻（这个电阻，一端接在了电源的正极上，所以称为上拉电阻）将输出信号接电源 15V 正极时，输出端可以输出高低电平信号；不但如此，它还改变了高低电平的电压范围和扩大了被控制的电流的范围。

② 什么是弱上拉？

如果图 1-13（b）在单片机内部，VT1 和 VT2 是 MOS 管，10kΩ电阻的电源电压是单片机电源电压 5V，当上拉电阻很大的时候，一般是 10kΩ以上，就称为弱上拉了。

③ 如何把引脚设置为弱上拉？

如果要把 P0 的 8 个引脚设置为弱上拉,可以在程序中加“P0M0=0;P0M1=0;”；如果要把 P1.6 和 P1.7 引脚设置为弱上拉,可以在程序中加“P1M0=0xc0;P1M1=0;”。

④ 什么是开漏状态？

如果图 1-13（a）在单片机内部，如果 VT2 是 MOS 管，就称为开漏状态了。

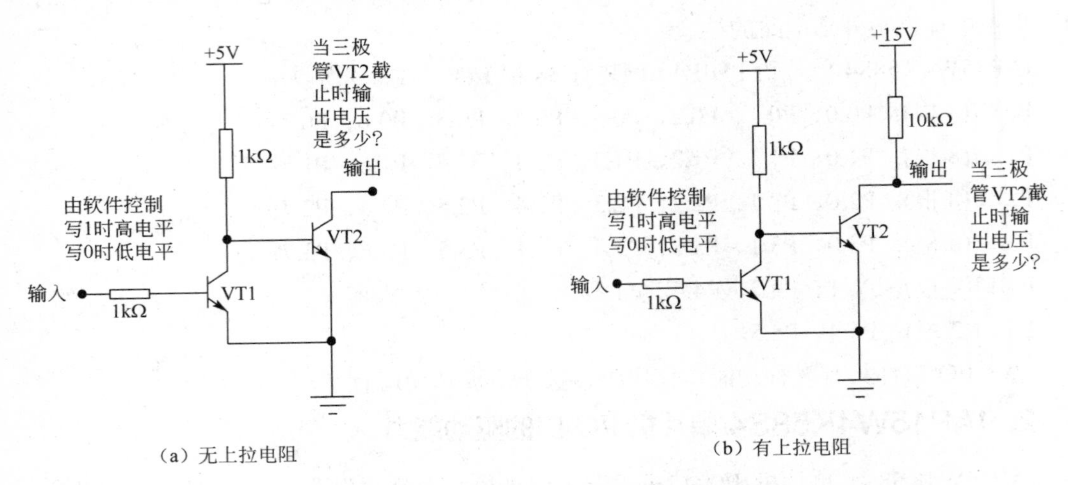

（a）无上拉电阻　　（b）有上拉电阻

图 1-13　上拉电阻对单片机引脚输出电平的影响

上拉电阻使得单片机引脚上输出的高低电平的电压范围和电流大小变得灵活了，IAP15W4K58S4 单片机为了应用这个特点，把所有的 I/O 口都设计成可选择无上拉电阻的开漏状态和有上拉电阻的弱上拉状态。

IAP15W4K58S4 单片机 I/O 口使用时必须事先设定工作模式。

处于弱上拉时，I/O 口一个引脚最大输入电流（引脚低电平时）为 8~12 mA，输出电流（引脚高电平时）只有 100~200 μA。很多 51 单片机引脚输出高电平时，电流都很小，当接外部电路的时候，这一点非常值得注意。比如，当在 P1.1 口与地之间直接接一个 500Ω电阻时，希望 P1.1 引脚输出高电平，但是实际输出电压为 500Ω×200 μA = 100 mV 也就接近 0 V 了，因此不可能得到高电平（电源电压）。

IAP15W4K58S4 单片机 I/O 口处于开漏状态时，做输入、输出通道用时，最大输入电流是 20 mA，最大输出电流由外电路来定。具体如图 1-14 所示，当输出 P0.X 为低电平时，VT 导通，电流是灌入电流，最大不超过 20 mA；当输出 P0.X 为高电平时，VT 不导通，电流由电源正极流出，经过上拉电阻输出，不经过单片机，电流大小由外电路决定。

【评估】

1. 说出 IAP15W4K58S4 单片机 P0.2、P2.3、P1.6、P3.7 引脚在弱上拉时，输出高电平和低电平，允许通过的电流最大值；在开漏时，电路如何设计，输出高电平和低电平，允许通过的电流最大值是多少？完成老师布置的引脚电压测试任务。

2. P0.2、P2.3、P1.6、P3.7 其他功能分别是什么？

3. P0.2、P2.3、P1.6、P3.7 在芯片上的位置在哪里？

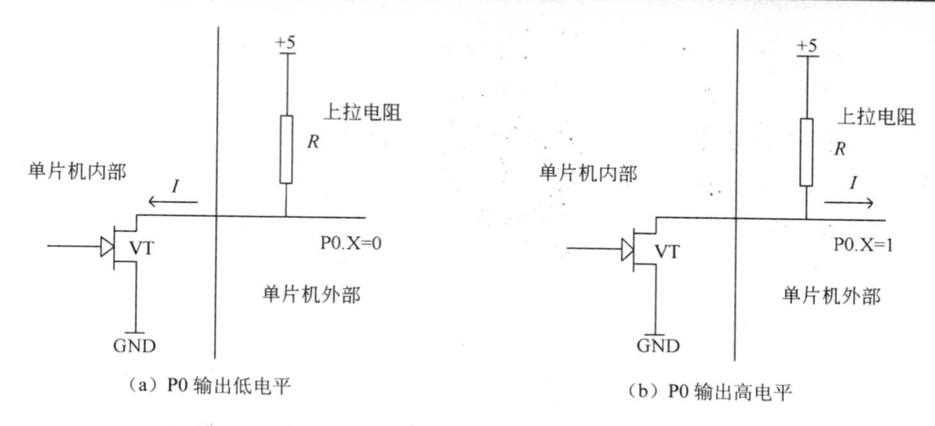

图 1-14 上拉电阻对单片机引脚输出电压电流的影响

进阶三 用单片机点亮 LED 指示灯

很多单片机控制的机器上和设备上都有指示灯。比如汽车的转向指示灯、电表上的指示灯等。今天就直接用单片机来点亮 LED 指示灯。

【目标】

通过本进阶内容学习和训练，能够用单片机自己完成点亮多个 LED 指示灯的程序和电路。

【任务】

掌握用单片机完成点亮一个 LED 指示灯的程序和电路。

【行动】

一、画一画

画出点亮一个 LED 信号灯电路图，要求 LED8 接在 P1.6、LED7 接在 P1.7 上。

二、算一算

当用红色超亮 LED 时，R2 取值多少合适？当用绿色超亮 LED 时，R2 取值多少合适（电流按 10mA 计算）？

三、试一试，说一说

1. 试着看一遍知识学习内容，填写“点亮一个 LED 信号灯的程序”注释。

```
//程序功能:
#include "stc15xxxxx.h"          //____________________
sbit  led8=P1^6;                 // led1 接在____________引脚上
sbit  led7=P1^7;                 //_________接在 P1.7 引脚上
/*******以下主程序（函数）********/
void main( )
{
led8=1;                          //使 P1.6 输出________电平，发光二极管 LED1 不亮
led7=0;                          //使 P1.7 输出______电平，发光二极管 LED2 亮
}
```

2. 这个程序是从什么地方开始执行的，又是按什么顺序执行的？

四、练一练

1. 使用 Keil C51 软件输入、编译、调试“点亮一个 LED 信号灯的程序”，并生成其 HEX 文件。

2. 正确使用 STC 下载软件和 USB 连接线，把“点亮一个 LED 信号灯的程序”下载到单片机中，观察运行结果。使用仿真模式，观察仿真效果。

五、记一记

把调试过程中出错的地方记录下来，填入任务练习表 1-4 中。

表 1-4 任务练习表

序号	出错现象	改正方法	现象解释
1			
2			
3			

【知识学习】

一、LED 基础知识

LED 是取自 Light Emitting Diode 三个字的缩写，中文译为“发光二极管”，顾名思义，发光二极管是一种可以将电能转化为光能的电子器件，具有二极管的特性。LED 不仅仅是一种指示灯，现在已经成为一种绿色照明光源的代名词。但是在本书中，特指用于指示的发光二极管。

普通发光二极管常见三种颜色，然而三种发光二极管的压降不相同。其中红色的压降为 1.5~2.2V，黄色的压降为 1.8~2.0V，绿色的压降为 3.0~3.2V，正常发光时的额定电流（最大电流）均为 20mA。

LED 的分类如下。

① 按发光二极管发光颜色分，可分成红色、橙色、绿色（又细分黄绿、标准绿和纯绿）、蓝光等。另外，有的发光二极管中包含两种或三种颜色的芯片。根据发光二极管出光处掺或不掺散射剂、有色还是无色，上述各种颜色的发光二极管还可分成有色透明、无色透明、有色散射和无色散射四种类型。散射型发光二极管适合做指示灯用。

② 按发光管出光面特征分，可分为圆灯、方灯、矩形灯、面发光管、侧向管、表面安装用微型管等。圆形灯按直径分为ϕ2mm、ϕ3mm、ϕ5mm、ϕ8mm、ϕ10mm 及ϕ20mm 等，一般来说ϕ越大，需要的电流也越大。

③ 按发光强度和工作电流分有普通亮度的 LED（发光强度<10mcd）、超高亮度的 LED（发光强度>100mcd）、高亮度发光二极管（发光强度在 10～100mcd 之间）。一般 LED 的工作电流在十几毫安至几十毫安，而低电流 LED 的工作电流在 2mA 以下（亮度与普通发光二极管相同）。

二、点亮一个 LED 信号灯电路

点亮一个 LED 信号灯电路如图 1-15 所示。在图 1-15 中，LED8（发光二极管）的阳极已经接在电源上，只要阴极是低电平，LED8 就会亮。因此只要 P1.6 引脚输出低电平，也就是“0”信号，LED8 就会亮。

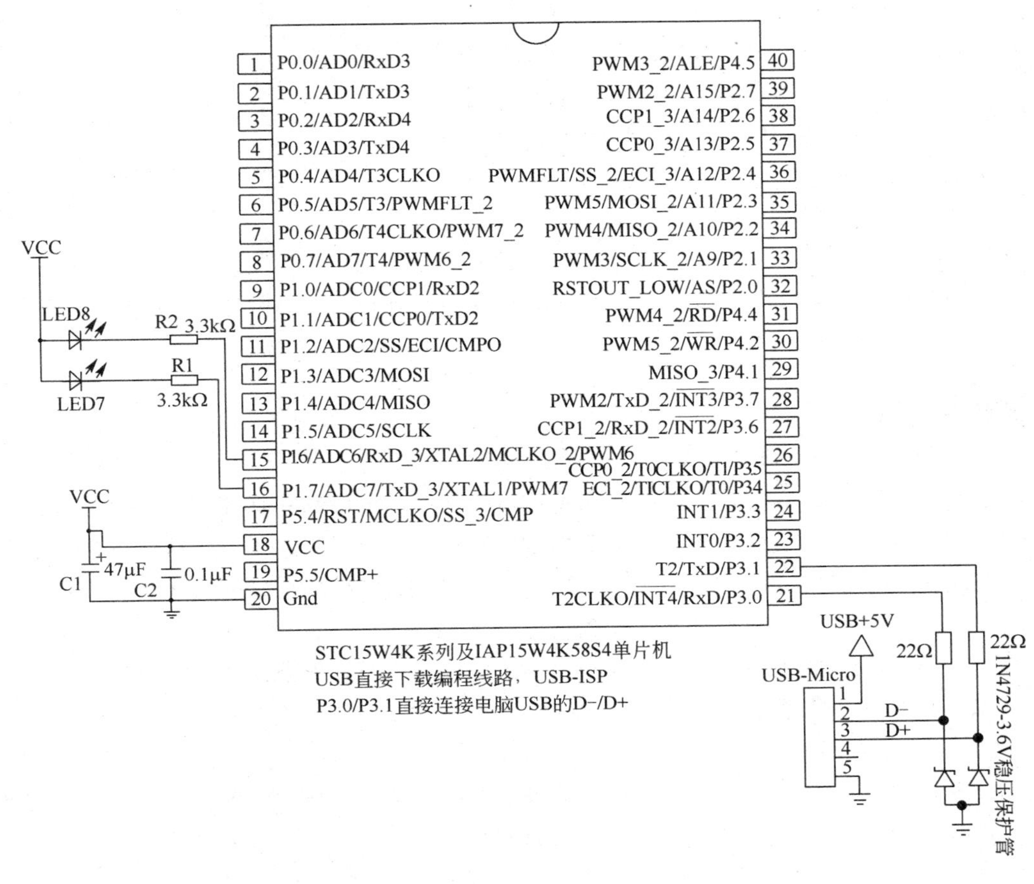

图 1-15　用 IAP15W4K58S4 单片机点亮一个发光二极管电路

电路小问答

1. 电阻 R1 用途是什么？

答：分压和限流。小型指示用发光二极管的正常导通电压为 2V 左右和电流取 10mA 左右（不需要特亮，只要能区分亮和不亮就行）。当电源电压为 5V 时，需要分压和限流电阻 R，最小的电阻计算过程是：$R_{min}=(5-2)/(10\times10^{-3})=300\Omega$，通常实际取 1~5.1kΩ之间。

2. 发光二极管反接可以吗？

答：不可以。正常点亮发光二极管，用 P1 口输出 0V 的状态比较合适。因为当单片机 P1 口输出电压为 5V 时，只能对外输出微安级电流，P1 口只有当输出电压为 0V 时，可吸收约几毫安电流。如果发光二极管反接，需要单片机输出很大的电流，这样做不合理。

三、点亮一个 LED 信号灯的程序

//程序名称：dianliangLED.c

```
//程序功能：点亮 LED 信号灯
#include   "stc15xxxxx.h" //包含头文件 stc15xxxxx.h，定义 IAP15W4K58S4 单片机特殊功能寄存器
sbit   led8=P1^6；         // led8 接在 P1.6 引脚上（P 是大写）
sbit   led7=P1^7；         // led7 接在 P1.7 引脚上（P 是大写）
/*******以下主程序（函数）********/
void main( )
{ P0M0=0；P0M1=1；
led8=0；                          // 使 P1.6 输出低电平，发光二极管 LED8 亮
led7=1；                          // 使 P1.7 输出高电平，发光二极管 LED7 不亮
}
```

程序小问答

1. 这里每条语句后面都有“//”，为什么？

答：“//”的右面是程序编写人员填写的注释，方便程序员理解程序功能，并不参与单片机的程序运行，程序编译成机器代码时不编译这些注释。注释格式为：单行注释用//，多行注释用“/*…注释…*/”，实际应用中可以没有注释。

2. 程序中“;”的作用是什么？

答：C 语言程序使用“;”作为简单语句的结束符，一条语句可以多行书写，也可以一行书写多条语句。

3. 主程序必须有吗？

答：一个 C 语言源程序由一个或若干个函数（子程序）组成，每一个函数完成相对独立的功能。但是，每个 C 程序都必须有且仅有一个主函数 main ( )。

4. 程序是从什么地方开始执行的，又是按什么顺序执行的？

答：程序的执行总是从主程序的第一条语句开始，按照从上到下的先后顺序执行。

5. “sbit”的作用是什么？

答：定义特殊功能寄存器的位变量。P1 是单片机内部 1 字节的数据存储器地址名称（因为这样的数据存储器功能特殊，因此称为特殊功能寄存器），该地址存储的 8 位二进制数分别同单片机的实际硬件接口 P1 口(单片机 9~16 脚）的电气状态相对应（“0”—低电平，“1”—高电平）。“sbit”是把 P1.6 和 P1.7 用 led8 和 led7 表示。

四、Keil C51 软件和 STC Monitor51 仿真器使用方法

这里需要事先在电脑安装好如下软件：Keil μVision4 和 STC-ISP 软件，其中 STC-ISP 需要 V6.79 以上版本，可以到 www.stcmcu.com 网站中下载最新版。这里还需要使用实验板或者事先把电路板做好。

1. 在 STC-ISP 软件中安装 Keil 版本的仿真驱动

把实验板和电脑的 USB 连接线接好，双击电脑窗口中的图标，打开 STC-ISP 软件，出现如图 1-16 所示界面，然后按照提示的步骤完成。

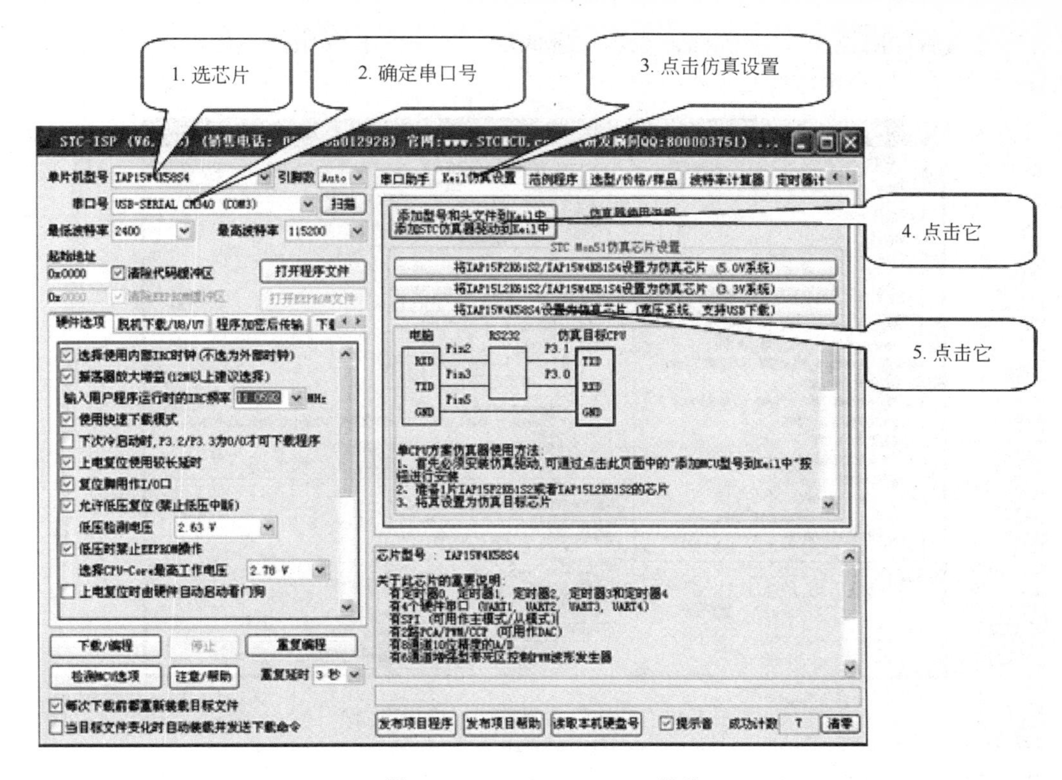

图 1-16 STC-ISP(V6.79B)软件

先选择单片机型号为 IAP15W4K58S4；串口号选择时，单击扫描，自动出现（如提示未安装 USB 驱动，请先安装驱动，安装驱动所需软件可以到 STC 网站查找），单击“Keil 仿真设置”页面，再单击“添加型号和头文件到 Keil 中 添加 STC 仿真器驱动到 Keil 中”，出现如图 1-17 所示窗口。在图 1-17 所示窗口中，定位到 Keil 的安装目录（一般可能为“C:\Keil\”），单击确定。若出现图 1-18 所示提示框，表示安装成功。

图 1-17 找到 Keil C51 软件安装目录 图 1-18 “STC MCU 型号添加成功”提示框

型号添加成功后，单击将“将 IAP15W4K58S4 设置为仿真芯片（宽压系统，支持 USB

下载）”选项后，出现图 1-19 界面，表示设置成功。只有 IAP 开头的单片机才有这个功能，STC 开头的单片机不能进行这些操作。

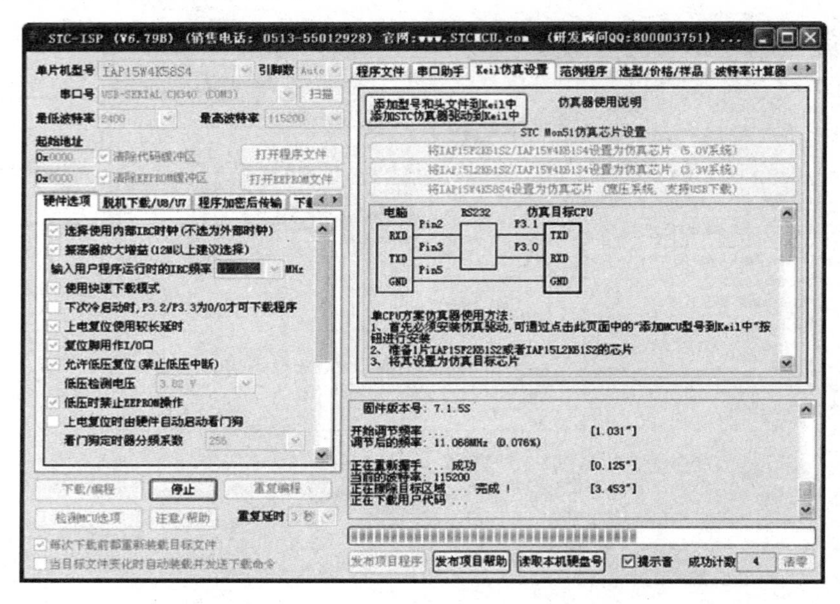

图 1-19　Keil 仿真驱动添加成功界面

2. 在 Keil 中创建项目

首先在电脑桌面新建一个文件夹：单片机学习项目 1。

在电脑中找到 Keil μ Vision4 软件，找到 Keil μ Vision4 图标，双击它，几秒钟后出现编辑界面。屏幕如图 1-20 所示。

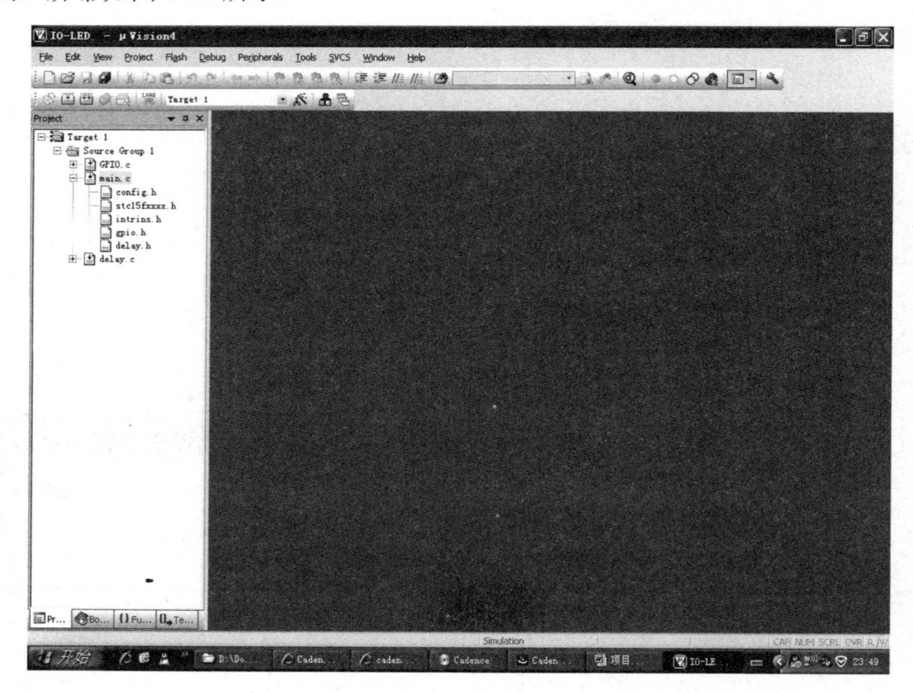

图 1-20　进入 Keil　μ Vision4 后的编辑界面

（1）新建工程

单击“Project”菜单，在弹出的下拉菜单中，选中“New　μ Vision Project”选项，单击。如图 1-21 所示。

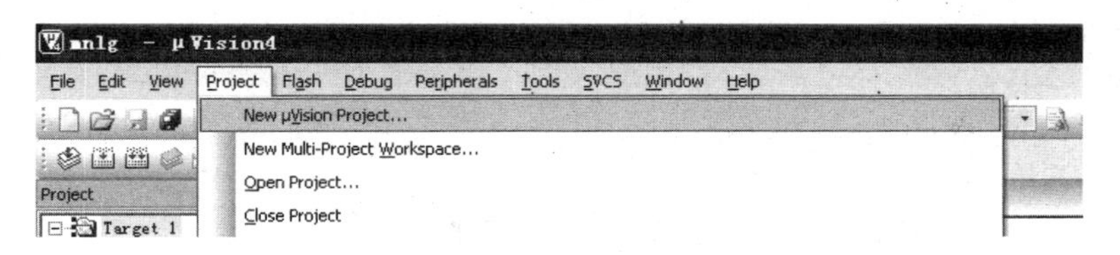

图 1-21　“New　μ Vision Project”选项位置

然后选择要保存的路径：桌面的“单片机学习项目 1”文件夹，输入工程文件的名字“点亮 LED”。如图 1-22 所示，然后单击“保存”。

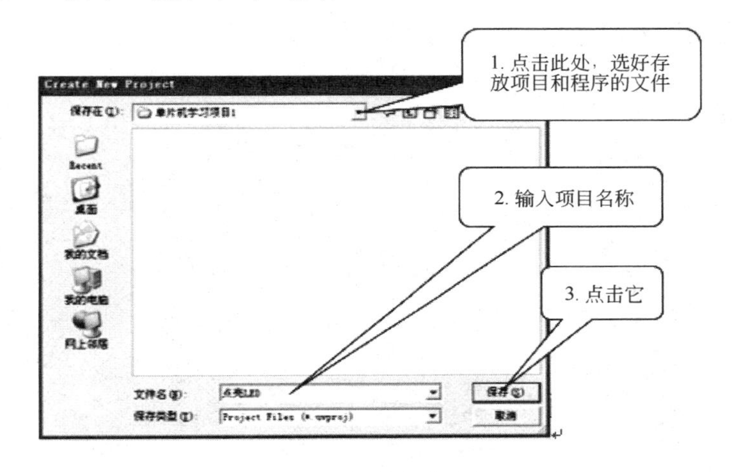

图 1-22　工程文件的保存和命名页面

这时会弹出一个对话框，要求选择单片机的型号，若第一步的驱动安装成功，则在 Keil 中新建项目选择芯片型号时，便会有 STC MCU Database 选项，如图 1-23 所示。如果没有，需要重新做第一步。

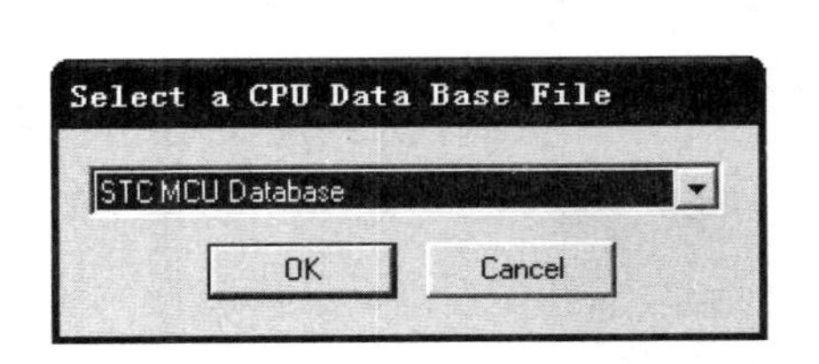

图 1-23　选择 STC MCU Database 页面

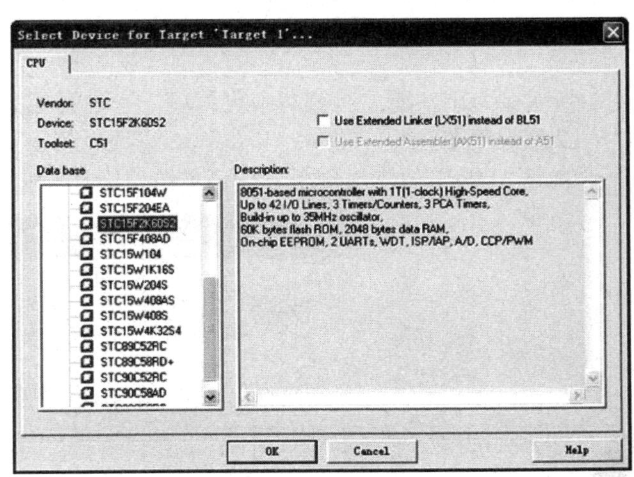

图 1-24　选择芯片型号页面

单击图 1-23 中“OK”后，选择 MUC 型号，选择“IAP15W4K58S4”的型号，如图 1-24 所示，单击“OK”完成选择。此时会提示询问，是否将标准 51 初始化程序（STARTUP.51）加入到项目中，如图 1-25 所示。这里一般选“是”。

图 1-25　是否添加 51 初始化程序页面

单击确定后屏幕如图 1-26 所示。

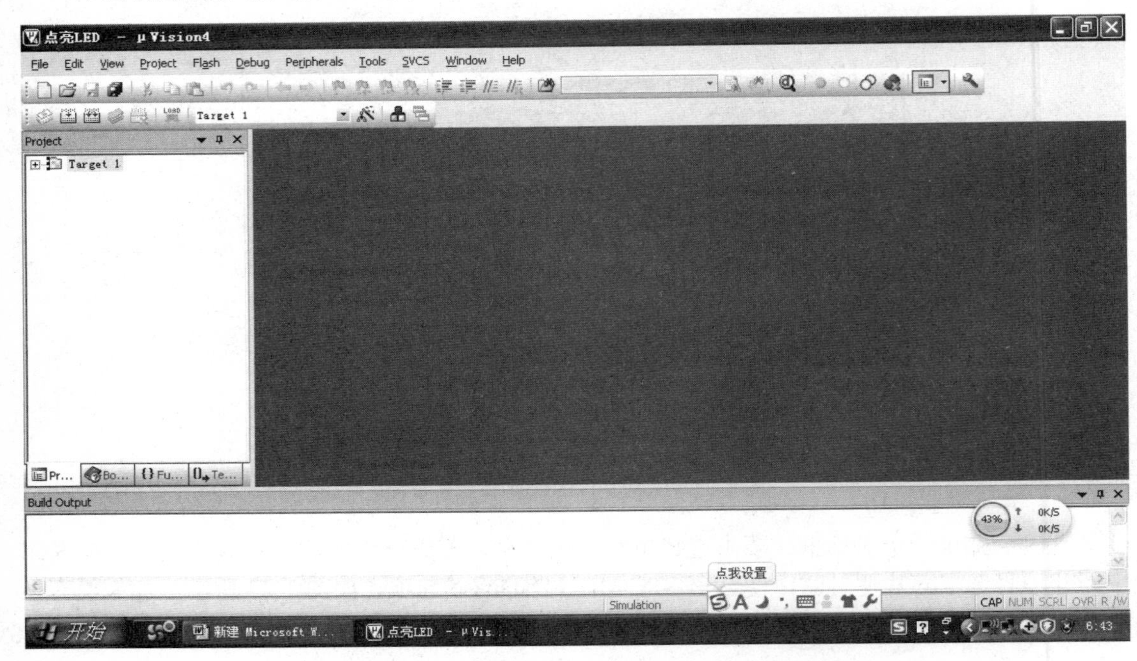

图 1-26　项目建立完成后页面

到现在为止，还没有编写一句程序，下面开始编写第一个程序。

（2）新建文件

单击“File”菜单，再在下拉菜单中单击“New…”选项，如图 1-27 所示。

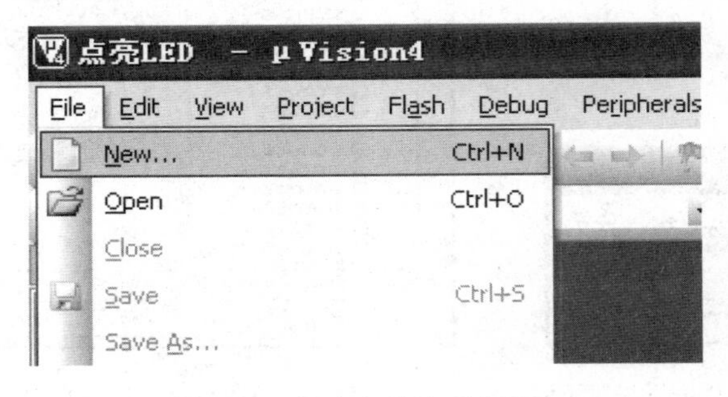

图 1-27　新建文件选项卡页面

新建文件后屏幕如图 1-28 所示。

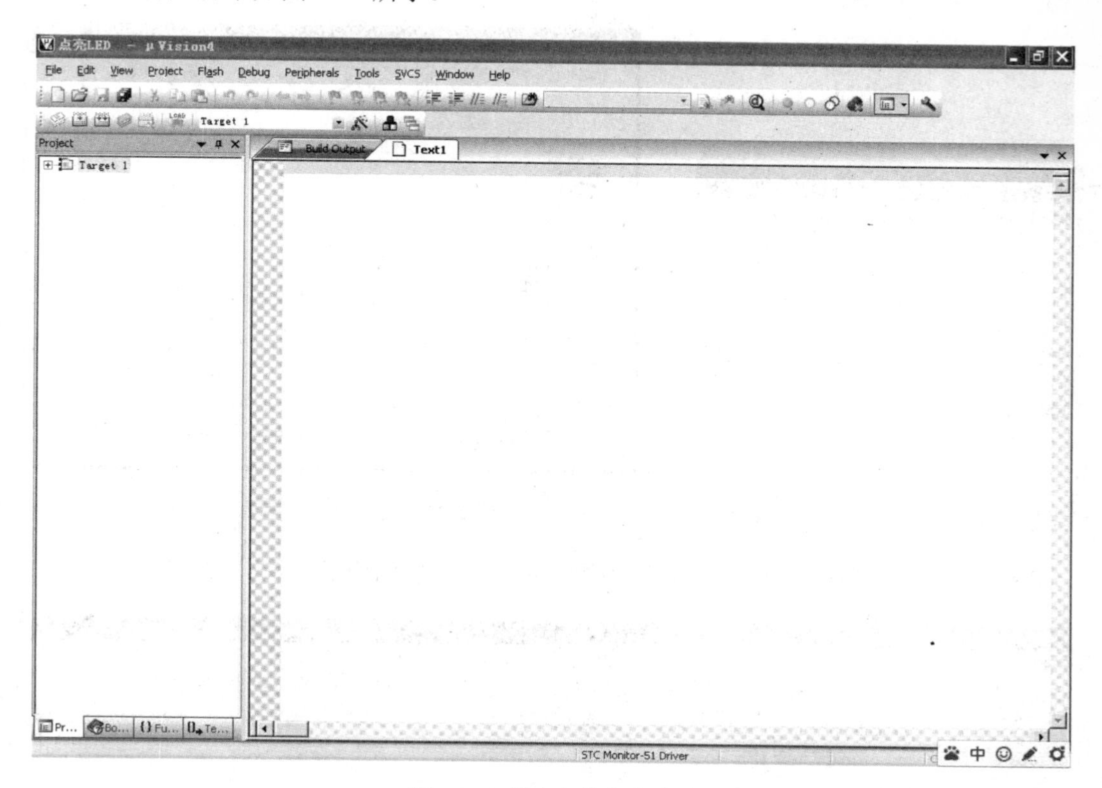

图 1-28 新建文件完成页面

此时光标在编辑窗口里闪烁，这时可以键入用户的应用程序了。键入程序后界面如图 1-29 所示。

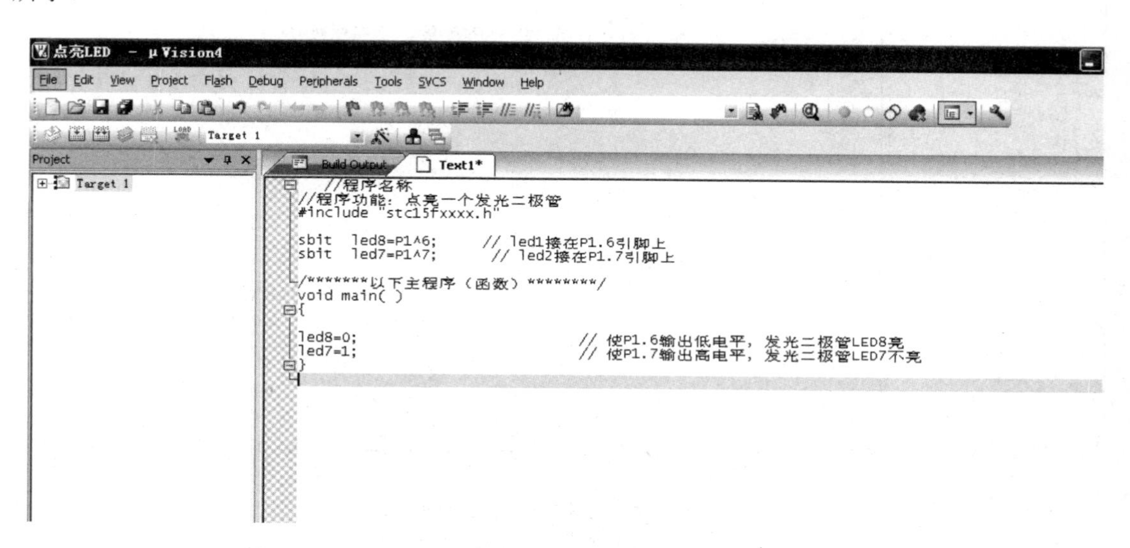

图 1-29 程序键入后页面

单击“File”菜单下的“Save As…”，界面如图 1-30 所示。

出现一个对话框，键入文件名，后缀名为“.c”，继续保存到“单片机学习项目 1”文件夹中，如图 1-31 所示。

图 1-30　选“Save　As…”页面

图 1-31　文件名命名和保存页面

单击“保存”即可。出现如图 1-32 所示界面，字体颜色变了。

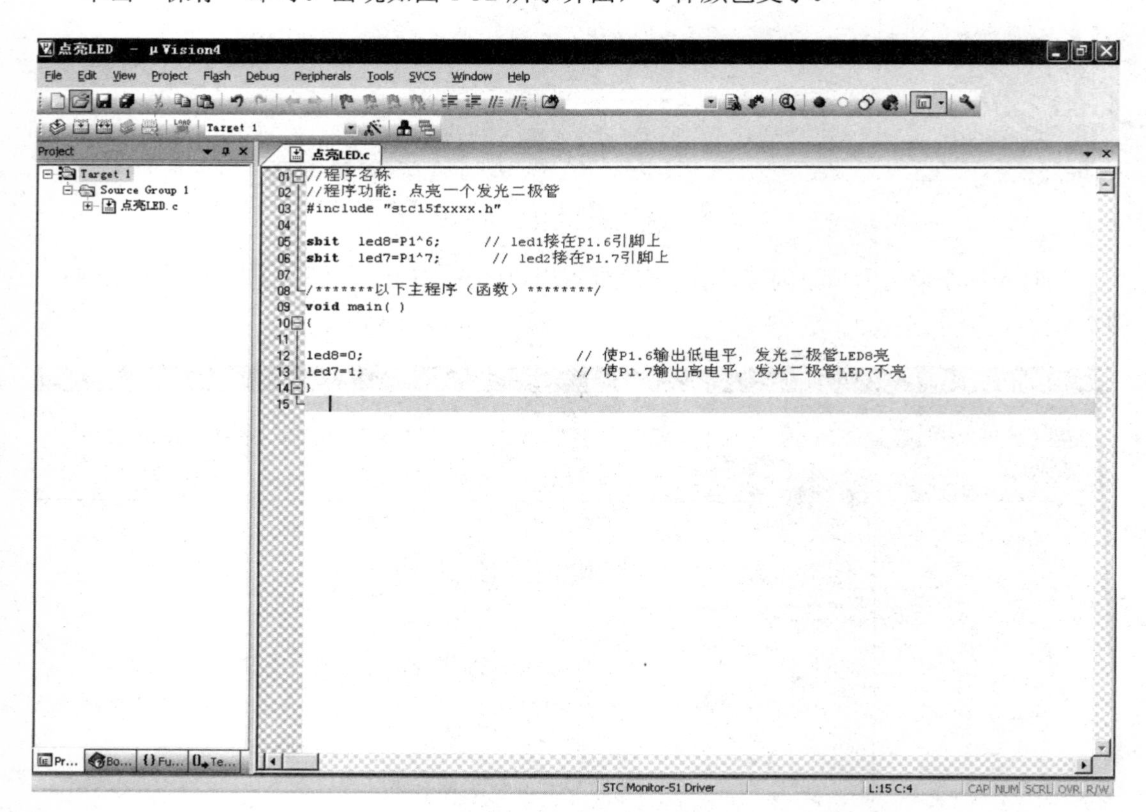

图 1-32　文件保存成功页面

（3）添加文件

单击“Target 1”前面的“＋”号，然后在“Source Group 1”上单击右键，弹出如图 1-33 所示菜单。

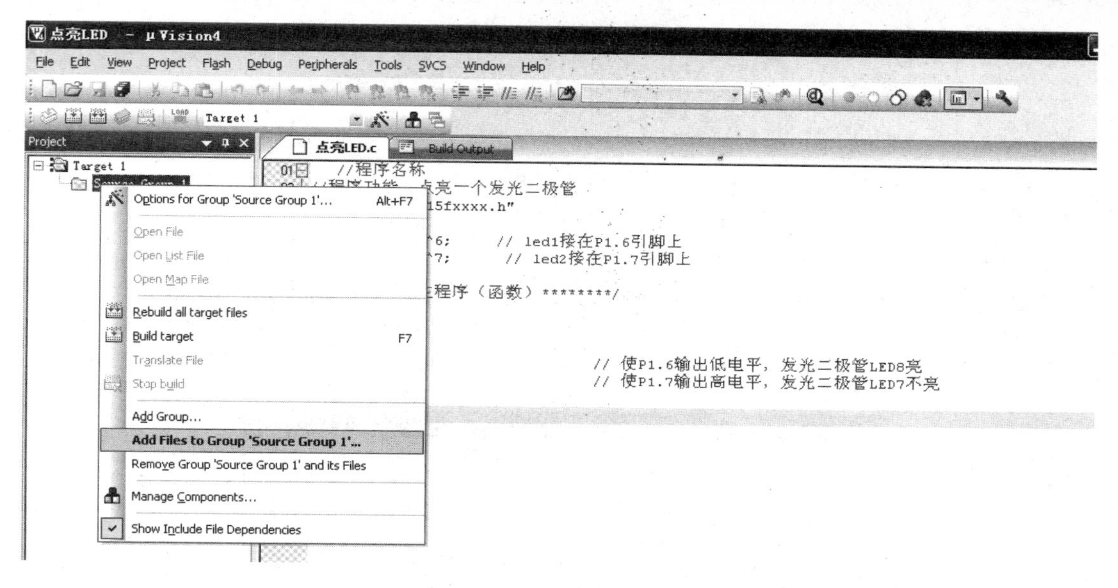

图 1-33　文件添加选项页面

单击“Add File to Group ‘Source Group 1’”。屏幕如图 1-34 所示。选择需要添加文件，选中“点亮 LED.c”，然后单击“Add”一下，再单击“Close”。

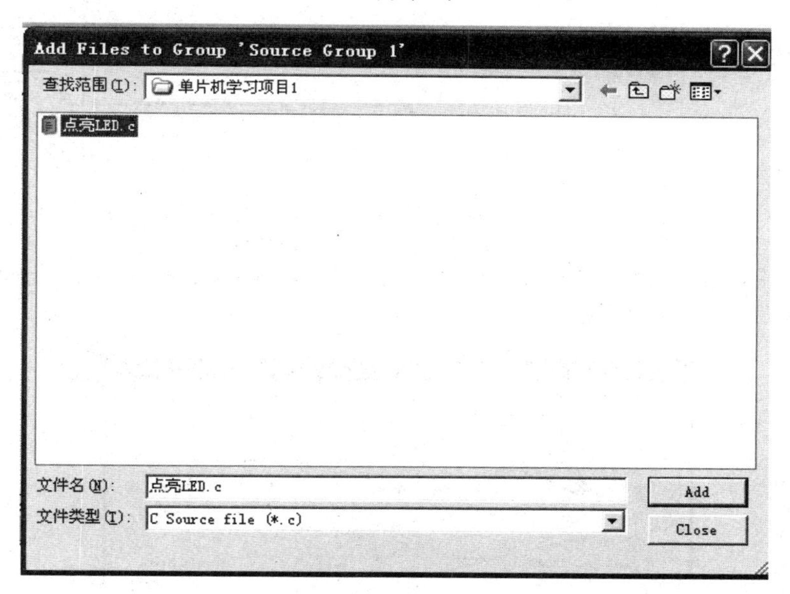

图 1-34　文件添加页面

文件就添加到项目里了。单击“‘Source Group 1’”前面的“+”号，就可以看到“点亮 LED.c”。

（4）编译连接

编译的目的是生成“.HEX”文件。只有“.HEX”“ .BIN”才能够装载进入单片机中，单片机中只有装入了“.HEX”文件，才能正常工作。

右击 Project 窗口中的“Target 1”图标，如图 1-35 所示。

图 1-35 “Target 1”图标页面

在出现的对话框中，单击 Options for Target 'Target 1'... Alt+F7 ，出现如图 1-36 所示屏幕。

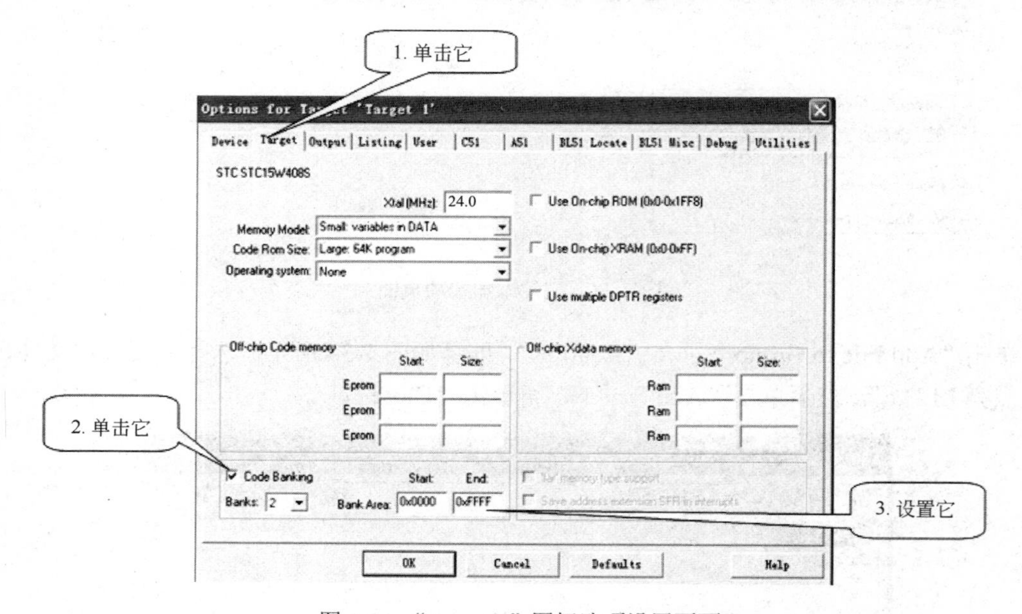

图 1-36 “Target 1”图标选项设置页面

设置完成后，单击页面中的“Output”选项，单击“Create HEX File”选项前的小方框，使之出现小勾，如图 1-37 所示。

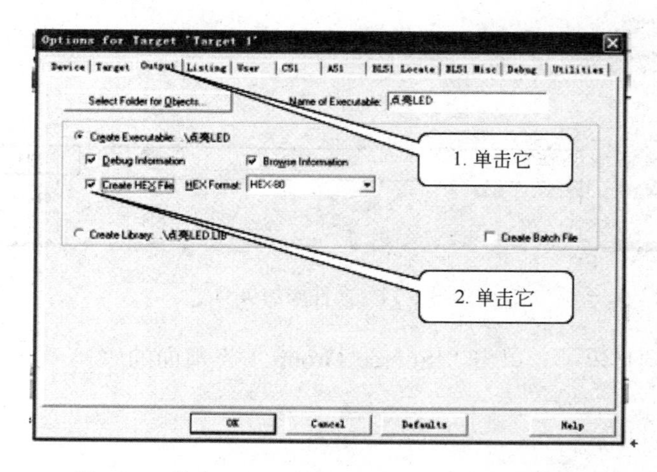

图 1-37 单击“Create HEX File Format”选项页面

如果不进行在线仿真，图 1-38 和图 1-39 可以不做。设置完成后，单击页面中的“Debug”选项，此时画面如图 1-38 所示，再选择右上角的“Use”选项，使之出黑点，在下拉列表中选择“STC Monitor-51 Driver”。将右边的“Run to main()”选项前打钩，单击右边的“Settings”选项，会出现如图 1-39 所示的对话框，COM Port 选择和 IAP 软件中设置一定要一致，单击“OK”，窗口自动变成图 1-32 所示，设置结束。

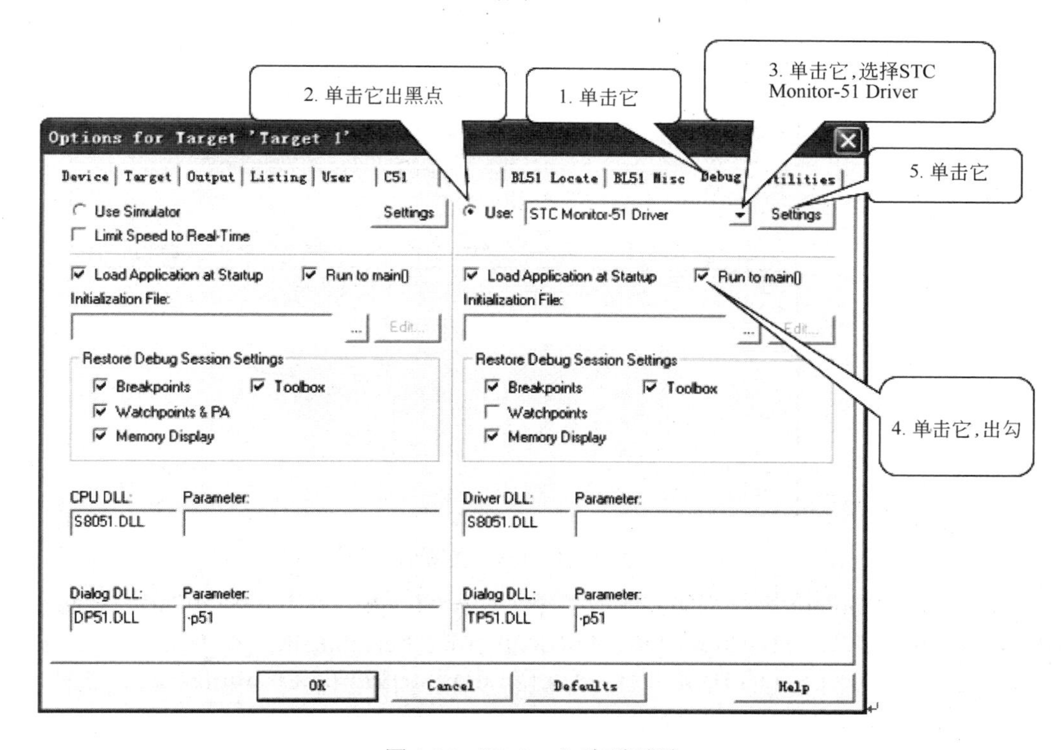

图 1-38 “Debug”选项页面

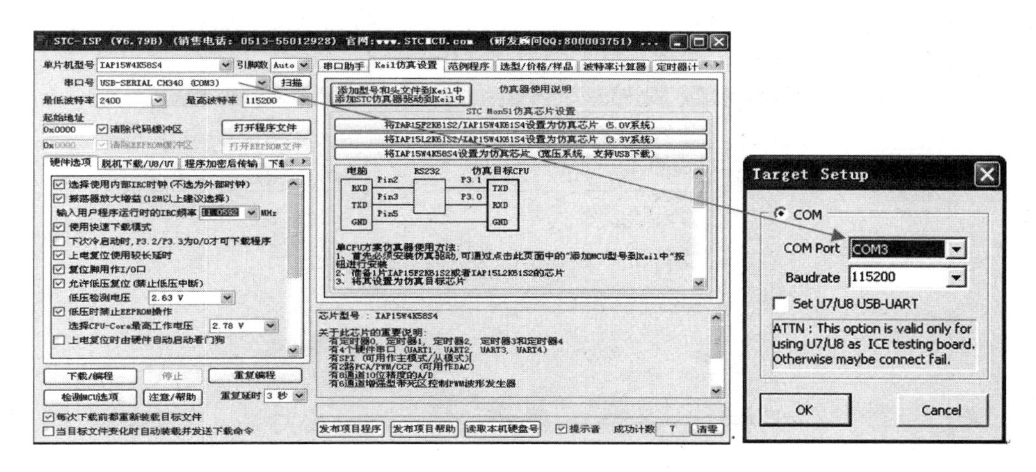

图 1-39 端口和波特率选项页面

接下来添加头文件。方法是：在 STC-ISP 软件右侧，找到头文件选项卡并单击，在出现的窗口中选择一个最相近的芯片型号 IAP15W4Kxx，这个头文件就出现在窗口中了，单击保存文件按钮，把文件保存在前面我们自己所建文件夹里，文件名为“stc15fxxxx.h”，单击保存即可。下面开始编译。单击图 1-32 所示页面上方的图标（rebuilt all target files），界面变化如图 1-40 所示。

图 1-40　编译成功的页面

重点看 Build Output 窗口。“Program Size：date=9.0 xdate=0　code=20”中，date=9.0 说明RAM用了9个字节，code=20说明ROM用了20字节。“creating hex file from‘点亮LED’”说明生成了项目点亮 LED 的 HEX 文件。“点亮 LED”-0 Error(s)，0 Warning（s）说明“点亮LED”项目编译有 0 个错误，0 个警告。至此，程序编译完成。

下面看一个编译出错的例子。如果把指令“led7=1”改成“led9=1”。再单击图标编译，结果如图 1-41 所示。在 Build Output 窗口中，指明了出错的地点在“点亮 LED.c”的 13 行，出错原因是 led9 变量没有定义，一共有 1 个错误，0 个警告。

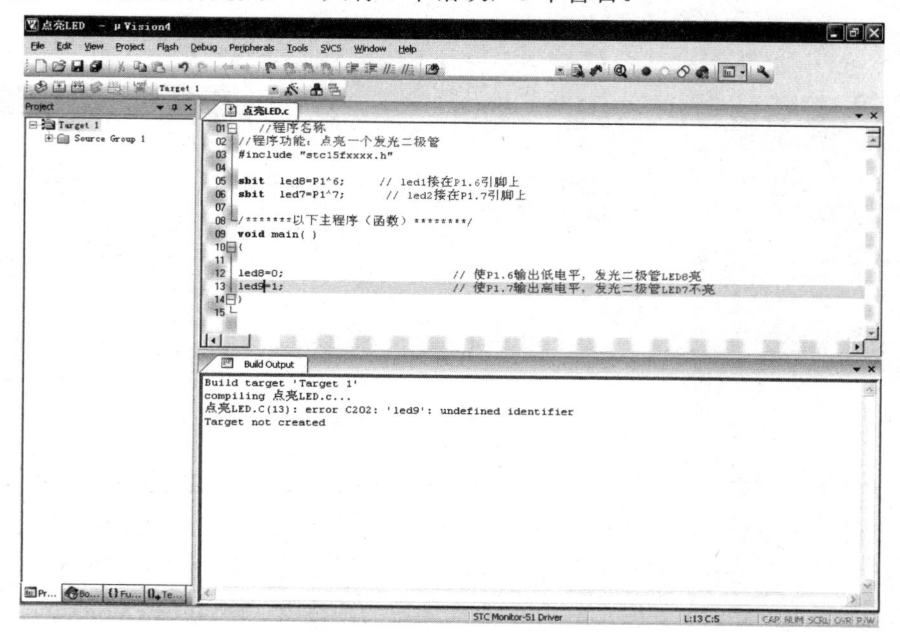

图 1-41　编译出错的页面

（5）通过仿真调试，观察每个语句的作用

当编译无错误后，单击页面上方的图标 （Start/Stop Debug Session），界面变化如图 1-42 所示。

图 1-42　仿真运行初始页面

单击页面上方的图标 （Run）,程序开始仿真全速运行，如图 1-43 所示，可以看到实验板上面 LED8 亮，LED7 不亮,这就是程序正常运行的结果。想知道为什么会这样吗？每条语句的执行是什么结果呢？请接着往下看。

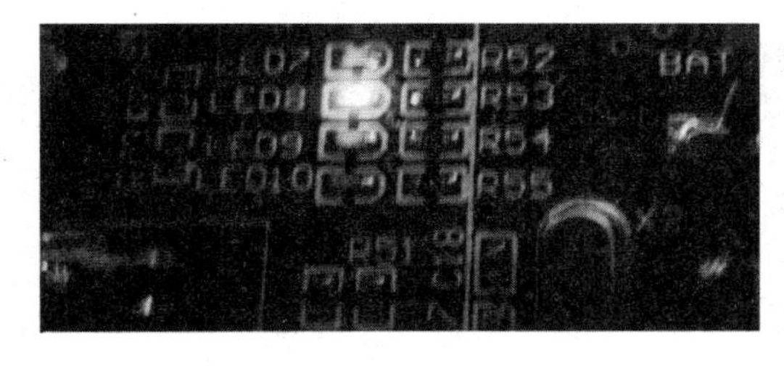

图 1-43　开发板上 LED 灯亮情况

仿真界面问答

1．控制程序仿真运行的按钮都在哪里？什么意思？

Keil C51 能够实现程序单步和全速运行，具体由工具栏上的按钮来实现，详情如下。

- 复位按钮“RST”：单击此图标，能够使程序复位，程序将从地址 C:0000H 处执行。
- 全速运行“”：单击此图标，能够使程序全速运行，就是和真单片机一样。
- 停止运行“”：该图标原来是灰色（不可操作），在进入全速运行状态后会变成红色。如果要停下来，则可以按此图标。
- 单步进入“”：按此图标可以实现程序的单步执行。在遇到函数调用时，会跟踪进入函数体。

● 单步跳过“{}”：单步执行，遇到函数时视作“1 条指令”来执行，不会跟踪进入。

● 单步跳出“{}”：在调试 C 语言程序时，如果希望从某个函数中提前返回，则可以按此图标。

● 执行到光标“{}”：用鼠标单击某条可执行的代码（深灰色标记的程序行）。然后按此图标，则程序开始全速执行，当遇到光标所在的行时，会自动停下来。如果单击不可执行的程序行（有浅灰色标记），试图让程序执行到该行，是不允许的，“{}”图标也会立即变成灰色，无法操作。

● 设置/清除断点“”：Keil C51 支持断点设置功能。单击需要设置断点的行，再单击此图标，会看到该行被一个红色的小方块标记。当程序全速运行时遇到断点，便会自动停下来。Keil C51 允许在同一个程序里设置多个断点。清除某个断点的方法是，将光标停在该行上，再按一次“”图标。另外一种设置/清除断点的快捷方法是，用鼠标在目标程序行的空白处双击。

● 清除所有断点“”：如果设置了多个断点，想一并清除，则可以按此图标。

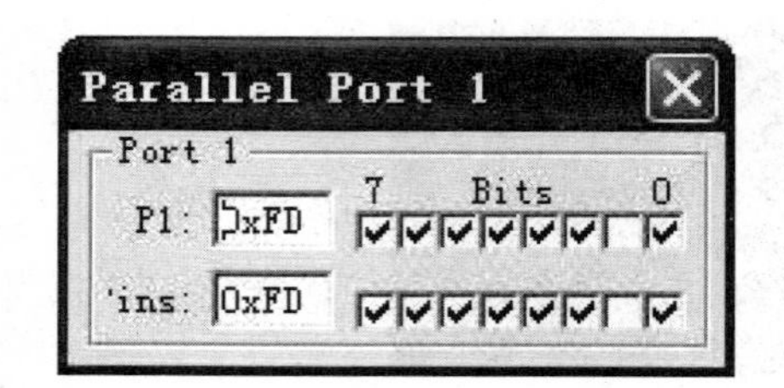

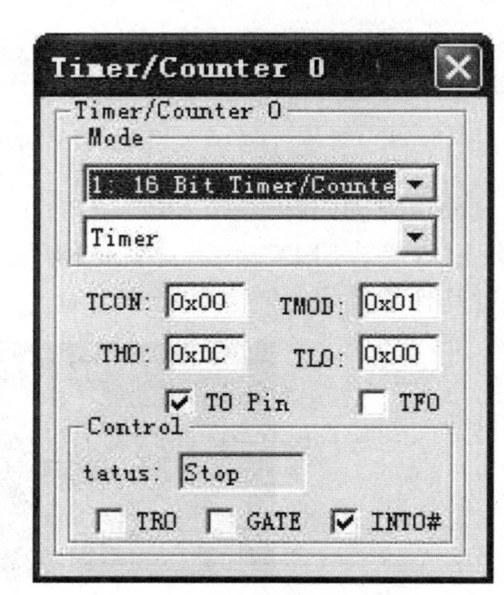

图 1-44　外围设备中的 P1 和 T0 对话框

2. 如何在软件界面观察外部引脚状态和设置引脚状态？

单击菜单“Peripherals”，会弹出外围设备菜单。在 Peripherals 菜单里列出了标准 8051 的外围设备（相对于 CPU 内核而言）：中断、I/O 端口、串行口和定时器等。现在执行菜单“Peripherals | I/O-Ports | Port 1”，弹出 P1 端口的界面。在位 0 ~ 7 中，用√表示高电平，无√表示低电平。执行菜单“Peripherals | Timer | Timer 0”，弹出定时器 T0 的界面。参见图1-44，弹出的外围设备菜单是可以操作的。

3. 软件界面中各个窗口是什么意思？

Keil C51 调试界面的中间是源程序窗口，参见 1-45。箭头“”所指为当前即将执行但还没有执行的代码。以深灰色标记的程序行是可以执行的代码（当然，在调试过程中未必一定要去执行）。以浅灰色标记的程序行不可作为代码来执行，它们是注释、空行、标号或 ROM 数据表。以绿色标记的程序行表示曾经执行过的代码。

Keil C51 调试界面的左边是寄存器窗口 register 和工程项目窗口。

单击工具栏的“”图标，源程序窗口会自动切换成汇编窗口。在汇编窗口里，可以看到每条指令的存储地址和编码等信息，这些汇编指令是编译自动生成的。再次单击“”，回到源程序窗口。

单击工具栏的“”图标，将显示出存储器窗口。8051 单片机的存储器分为多个不同的逻辑空间。如果要观察代码存储器的内容，就在地址栏“Address:”内输入“C:地址”，例如“C:0080H”。同理，观察内部数据存储器输入“I:地址”，观察外部数据存储器输入“X:地址”。拖动存储器窗口右边的滚动条可观察其他存储单元。存储器窗口有“Memory #1 ~ Memory #4”共 4 个观察子窗，可以用来分别观察代码存储器、内部数据存储器和外部数据存储器。存储器的内容是可以修改的。用鼠标右击打算要修改的存储单元，选择“Modify Memory at …”项，弹出修改对话框，可以随意修改存储单元的内容。

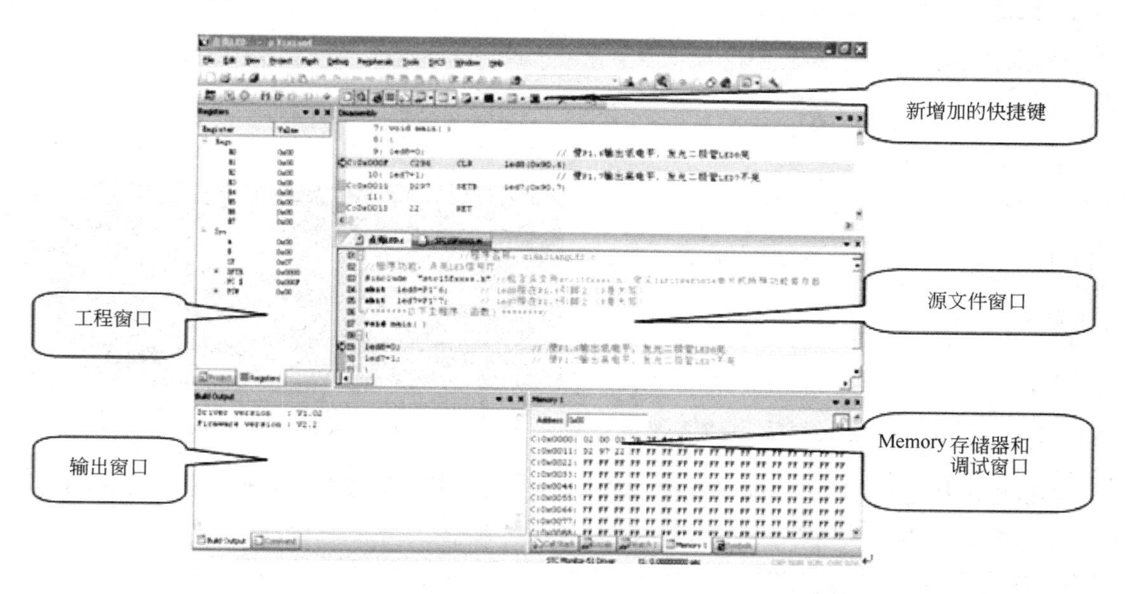

图 1-45　Keil 仿真调试界面

单击工具栏的“”图标，将显示变量观察和堆栈窗口（Watch & Call Stack Window）。在 Locals 标签页，会自动显示局部变量的名称和数值。在 C 语言程序的函数中，每一对花括号“{}”内定义变量都是局部变量，能够自动显示。

在“Watch”标签页内，先用鼠标单击一次“type F2 to edit”，再按功能键“F2”，输入所要观察的局部或全局变量的名称，回车后就能显示出当前数值。

在“Call Stack”标签页内，可以实时地观察到堆栈的使用情况。

为了观察程序的执行过程，现在增加几条语句，如图 1-46 所示。单击编译图标编译，检查程序有没有错误。如没有错误，单击图标，看到在第 15 行代码前，表示这是将要执行还未执行的第一条指令。此时开发板上灯都不亮，如图 1-47 所示。

```
点亮LED.c    STC15FXXXX.H
04
05 sbit   led8=P1^6;      // led1接在P1.6引脚上
06 sbit   led7=P1^7;       // led2接在P1.7引脚上
07
08
09 /*******以下主程序（函数）********/
10 void main( )
11 {
12
13   while(1)
14   {
15     led8=0;
16     led8=1;
17     led7=0;
18     led7=1;
19   }
20 }
```

图 1-46　进入仿真状态时的位置

图 1-47　程序运行前的实验板的状态

单击一次单步运行，此时程序运行情况如图 1-48 所示，表示第 15 行 “led8=0” 指令已经执行完了，LED8 亮了；在第 16 行，表示这是下一次将要执行的指令。开发板上结果如图 1-49 所示。

```
点亮LED.c    STC15FXXXX.H
04
05 sbit   led8=P1^6;      // led1接在P1.6引脚上
06 sbit   led7=P1^7;       // led2接在P1.7引脚上
07
08
09 /*******以下主程序（函数）********/
10 void main( )
11 {
12
13   while(1)
14   {
15     led8=0;
16     led8=1;
17     led7=0;
18     led7=1;
19   }
20 }
21
```

图 1-48　点击一次单步运行后运行情况图

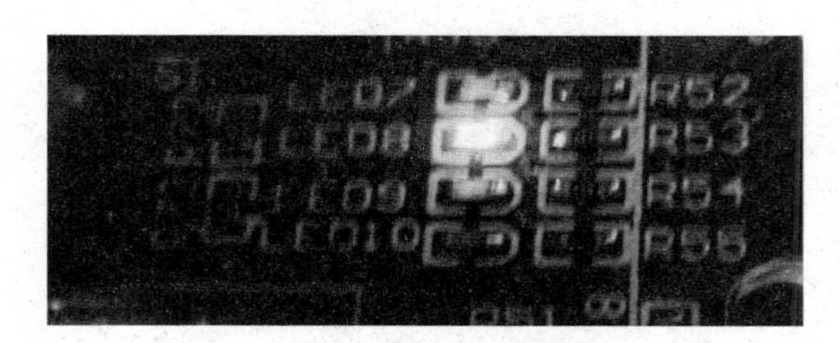

图 1-49　开发板上 LED 灯亮情况

再次单击运行，此时程序执行了 16 行，将要执行 17 行，程序运行情况如图 1-50 所示，此时开发板上 LED8 和 LED7 都不亮，如图 1-51 所示。

```
点亮LED.c    STC15FXXXX.H
04
05 sbit   led8=P1^6;      // led1接在P1.6引脚上
06 sbit   led7=P1^7;       // led2接在P1.7引脚上
07
08
09 /*******以下主程序（函数）********/
10 void main( )
11 {
12
13   while(1)
14   {
15     led8=0;
16     led8=1;
17     led7=0;
18     led7=1;
19   }
20 }
```

图 1-50　再次点击单步运行后运行情况

图 1-51　开发板上 LED 灯不亮情况

再次单击运行，此时程序执行了 17 行，18 行准备，此时开发板上 LED8 不亮，LED7 亮，如图 1-52 所示。

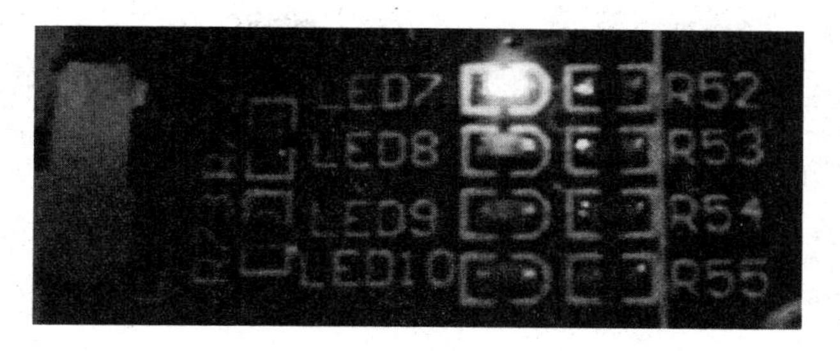

图 1-52　开发板上 LED 灯亮情况

下面再次单击运行，程序会执行 18 行，这个毋庸置疑，但是哪一条指令准备接下来执行呢？想要知道结果，就自己动手吧。反复单击运行，观察的位置变化，可以总结出程序的执行过程。

（6）直接下载程序

如果不进行仿真，可以直接下载程序进入单片机，此时的操作过程如下：

把电脑和 STC 实验板的 USB 连接线接好，双击电脑窗口中的图标，打开 STC-ISP 软件，出现如图 1-53 所示界面，看左上角，先选择单片机型号为 IAP15W4K58S4；单击“扫描”，软件自动确定串口号；选择程序下载波特率，如图 1-53 所以即可；起始地址为 0x0000，“清除代码缓冲区”前打钩，打开程序文件，按照提示操作即可，特别强调的是只有.hex 和.bin 文件才能下载；如果有 E^{2}PROM 文件就也打开；接下来是硬件选项，选择内部时钟要打钩，选择时钟频率，填写与程序编写时对应的时钟频率（这是单片机实际工作的频率），其他的酌情处理即可，最后单击“下载”即可。下载成功的界面如图 1-54 所示。程序下载完，单片机就会自动运行。

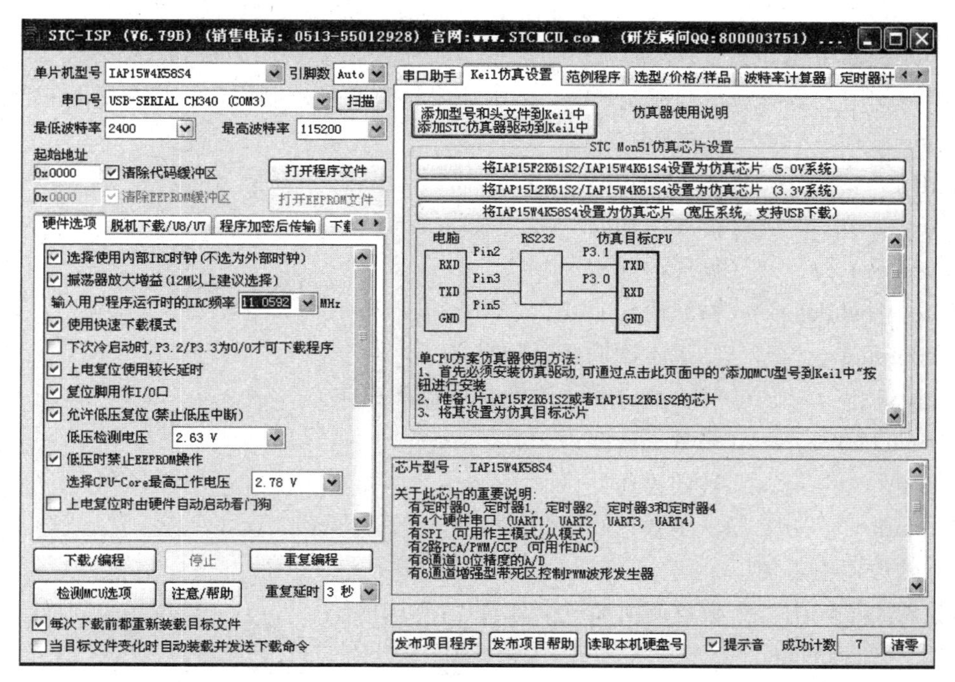

图 1-53　STC-IAP(V6.79B)软件

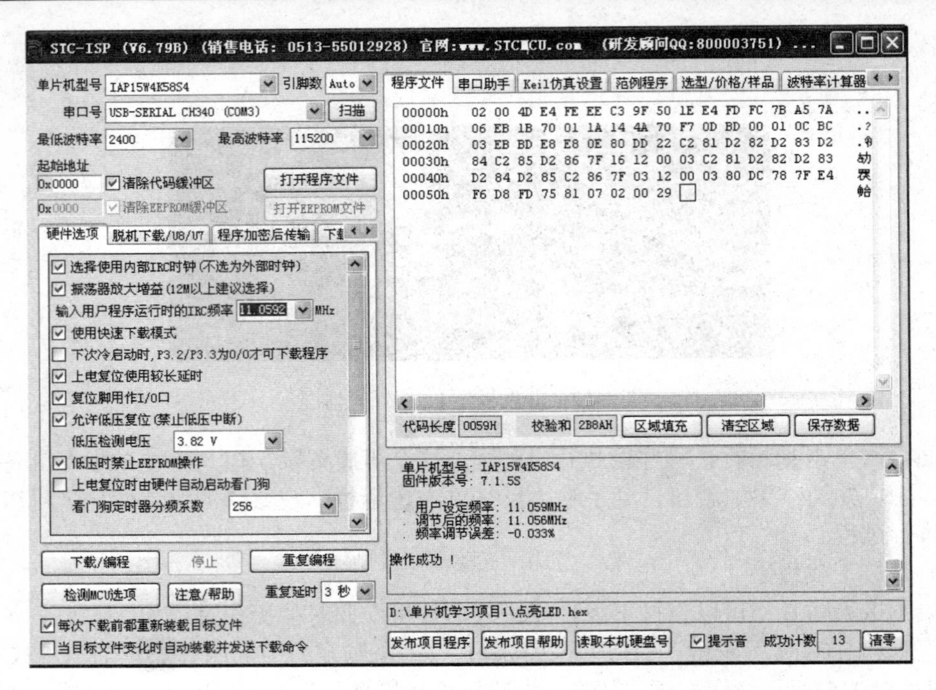

图 1-54　下载成功界面

五、C 语言知识学习（一）——C 语言的基本语句

C 语言作为计算机的基本编程语言，它和汉语一样，也是由一个一个的句子构成的，不过在 C 语言里，把句子称为语句，其语法规则非常简单。

1. C 语言常见语句

（1）控制语句

控制语句用于完成一定的控制功能。C 语言中只有 9 种控制语句，将在后面的项目中陆续学习。

① if( ) …else …　（条件语句）

② for( ) …　（循环语句）

③ while( ) …　（循环语句）

④ do …while( )　（循环语句）

⑤ continue　（结束本次循环语句）

⑥ break　（终止执行 switch 语句或循环语句）

⑦ switch( )　（多分支选择语句）

⑧ goto　（转向语句）

⑨ return　（从函数返回语句）

（2）函数调用语句

函数调用语句由一个函数调用加一个分号“;”构成。

例如：　yanshi();

（3）表达式语句

表达式语句由一个数学表达式加一个分号构成，比如由赋值表达式构成一个赋值语句。

例如：　　x=5；　//是一个赋值语句，意思是把 5 送给 x

　　　　　z=x+y；　//是一个赋值表达式，即把 x+y 的和送给 z

（4）空语句

只有一个分号“；”的语句是空语句。

2. 注意事项

① C 语言中分号“；”是语句的终结符，是语句的组成部分，而不是语句之间的分隔符，不可以省略。

② 一个控制语句在语法上等同于一个语句，因此，在程序中，凡是单个语句能够出现的地方都可以出现控制语句。控制语句作为一个语句又可以出现在其他复合语句的内部。控制语句是以右花括号“}”为结束标志的，因此，在控制语句右花括号“}”的后面不必加分号。但是，需要注意的是，在控制语句里，最后一个非控制语句的后面必须要有一个分号，此分号是语句的终结符。

【评估】

1. 程序的执行顺序是怎样的，在仿真运行时，哪些语句看得见执行，哪些语句看不见执行？为什么？

2. 使用全速运行加断点的方式调试一下程序，观察运行结果。

【拓展】

1. 编程序完成点亮 LED9 和 LED10。

2. 查看 STC-IAP 软件右侧窗口中，给编程带来了哪些便利?

项目实施

实施时，技术目标要求如下:

① 能认识基本的元器件,通晓其使用方法和计算方法;

② 器件摆放规划要有余量,走线美观,线路查找方便;

③ 具备基本的焊接技能;

④ 通晓项目实施的目标——不是把项目的效果简单做出来，而是积累制作项目的经验:熟识工作原理,通晓使用中的器材知识，掌握基本的调试技能。

实施过程:

1. 画出电路图。

2. 备材料：把电路图中所涉及的元器件知识查清并列出来，大纲如下。

① 电阻的知识：外形、阻值大小、功率大小、识别方法、选择依据等。

② 导线知识：材质、绝缘、线径、是否镀锡等，杜邦线接头与配套插针、接插件知识。

③ 线路板知识：大小、单/双面板、材质。

④ 助焊剂知识：为什么用、什么时候用、使用的危害是什么、清理方法。

⑤ 其他材料知识（略）。

3. 电路布局。

推荐的电路布局如图 1-55，它是整书大项目——智能仪表控制器功能模块布局示意图。

单片机核心区布局如 1-56 图所示，建议如下：电源引脚、程序下载引脚应该和 USB 接口用导线直接连好，不要只走插针。

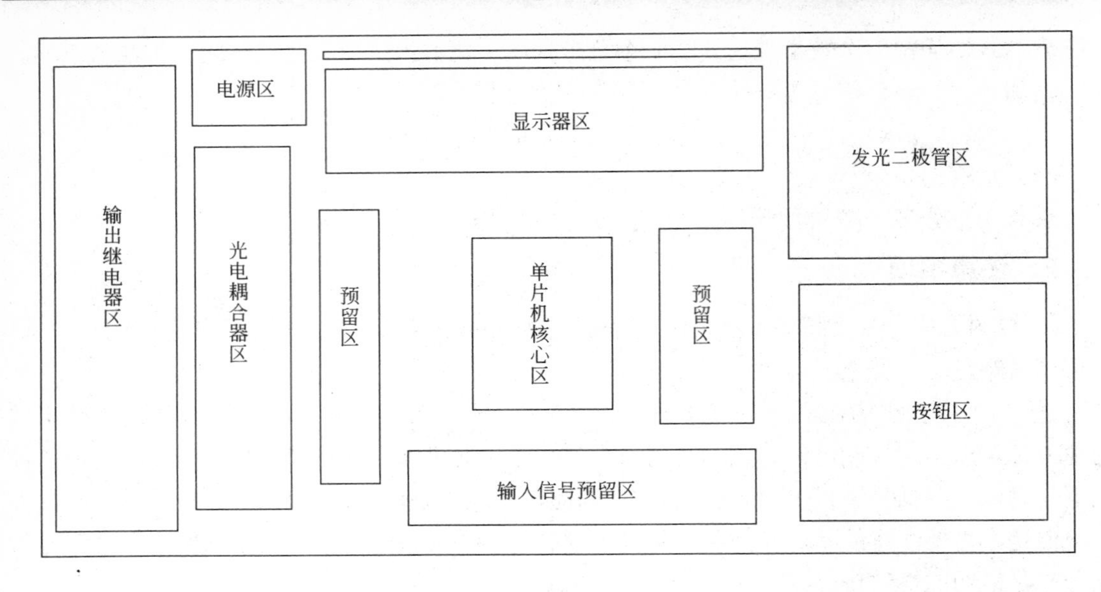

图 1-55 整书大项目——智能仪表控制器功能模块布局示意图

发光二极管区布局如图 1-57 所示，建议如下：发光二极管颜色要交替排列，注意发光二极管颜色不同，所需限流电阻大小也不一样。

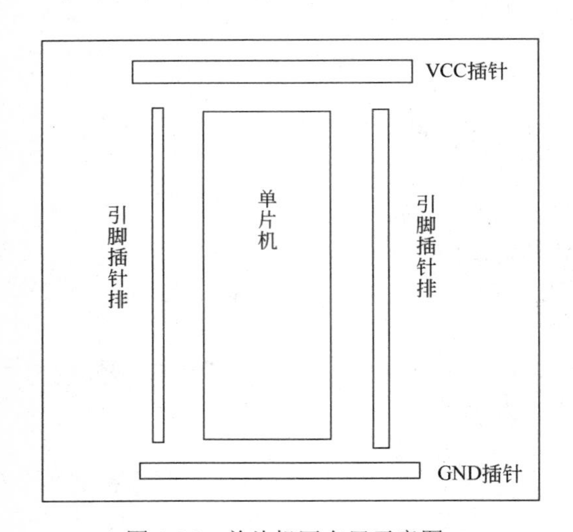

图 1-56 单片机区布局示意图

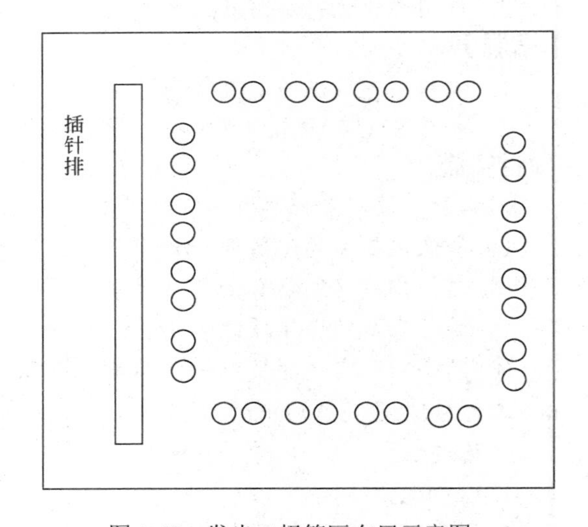

图 1-57 发光二极管区布局示意图

4. 焊接与拆焊练习。

焊接技术概括如下。

① 工具准备。电烙铁（30W 为宜）、斜口钳、剥线钳、镊子、焊锡膏等。

② 布局准备。在电路板上，用器件模拟摆放电路。摆放满意后，用铅笔在电路板上标记每个器件的位置。

③ 器件分类准备。按器件在电路板上的高矮取下器件，同时按高矮分好类，焊接顺序是先焊矮的后焊高的。

④ 焊接技术要点。稳比快重要，一定不要着急。具体焊接过程如下：摆放好电路板和

器件以后，左手拿焊锡，右手拿电烙铁，首先，把电烙铁的尖放置在元件引脚和焊盘连接处，放稳后，用焊锡接触电烙铁的尖，此时能看见焊锡在融化，缓慢推送焊锡，当融化的焊锡布满整个焊盘时，双手立即顺着引脚抬起，焊接结束。

⑤ 拆焊技术。拆焊方法有很多，空心针管、吸锡器、吸锡绳等，具体用法可上网学。

a. 在电路板的一角练习几遍焊、拆练习，过关后再完成电路板焊接。

b. 电路检查。对照电路图，检查每个连线，看看有没有错误，如果有错误及时更正。

c. 编写程序、下载程序。

d. 根据程序的要求，用杜邦线连好电路，观察效果和自己预想是否相符，不相符则改进它。

项目评估

1. 使用测试仪测试几块同型号的单片机，判断这几块单片机中，哪些是好的，哪些是坏的并指出问题是什么。

2. 项目答辩，主要问题如下：

① 用实例说明单片机软件与硬件的关系。

② 说明完成一个单片机项目应按照什么步骤进行。

③ 完成单片机项目需要准备哪些物品，各有何用？

④ 完成单片机项目需要准备哪些软件，如何使用？

⑤ 在完成项目过程中，走了哪些弯路，把经验收获和大家分享一下。

3. 提交项目报告。

项目二　设计制作一台交通灯控制器

项目目标

1. 通过项目电路设计，初步建立硬件设计思维，了解一般单片机硬件电路的设计要点；

2. 通过用 C 语言写程序,了解基本的程序设计思维,掌握基本的 C 语言程序结构;

3. 了解把实际问题转化成单片机问题的方法和步骤，了解使用单片机去完成实际项目时需要思考的问题，通过项目实践掌握单片机系统及其他智能设备的工作原理；

4. 能说出在本项目中，硬件电路的设计与哪些因素有关，软件是根据什么内容编写出来的，单片机项目的开发流程是如何安排的，说出流程图中每一个框与程序的对应关系；

5. 能说出 while、for 语句的执行过程，能分析用 while、for 语句编写的简单的循环程序；

6. 能说出在本项目中，IAP15W4K58S4 单片机是如何执行程序的，执行的速度是怎样的，软件和硬件是如何联系在一起的；

7. 能完成简易交通灯的电路设计和电路制作，完成程序编写，而且完成的质量好。

项目任务

交通灯是大家都非常熟悉的一种单片机控制的设备。这里有一份某区人大代表的提案，提案内容如下：

<table>
<tr><td>编　号</td><td colspan="4">第 001 号</td></tr>
<tr><td>提案人</td><td colspan="4">**</td></tr>
<tr><td>标　题</td><td colspan="4">关于加强有关十字路口交通安全管理的提案</td></tr>
<tr><td>承办单位</td><td>主办</td><td>**区公安分局</td><td>协办</td><td></td></tr>
<tr><td>提案内容</td><td colspan="4">随着各种车辆的迅速增多，我区道路交通日益繁忙，如燕岭路与银川东路十字路口已成为我区的交通要道。因此，加强该路口的交通安全管理已刻不容缓
该路口附近有**三中，区实验小学以及一批幼儿园，住在银川东路南侧的孩子很多。在学校和幼儿园上学、放学时，家长们要带孩子横过银川东路，但该路口绿色信号灯只有 25s，而且行人还要躲避从燕岭路右转弯和左转弯的车辆，25s 的通过时间（尤其是老人和较小的孩子）根本不够用，如图所示。因此，过路人提心吊胆，险象环生，群众对安全问题十分担忧，反映也比较强烈。该路口没有发生大事故已属侥幸，为了杜绝此路口的安全事故，特建议：</td></tr>
</table>

续表

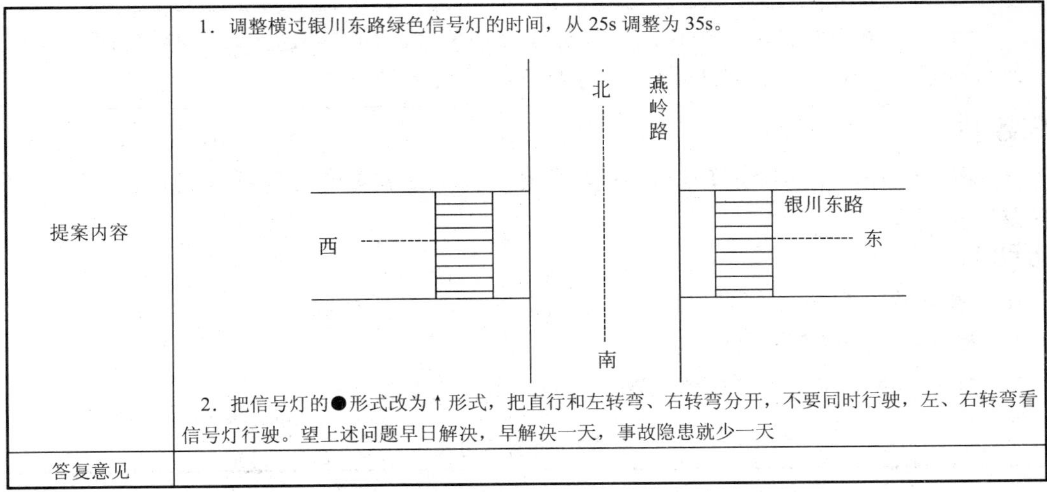

提案内容	1．调整横过银川东路绿色信号灯的时间，从25s调整为35s。 2．把信号灯的●形式改为↑形式，把直行和左转弯、右转弯分开，不要同时行驶，左、右转弯看信号灯行驶。望上述问题早日解决，早解决一天，事故隐患就少一天
答复意见	

现在试着和**区公安分局交通灯管理负责人一起，共同解决一下这个问题。当然最好观察一下自己学校附近的路口，设计完成一个能解决实际问题的交通灯方案并模拟实施。

项目实施条件

1．仪器：普通万用表一台，STC单片机实验箱一台。

2．工具：电烙铁、螺钉旋具、斜口钳、尖嘴钳、剥线钳等。

3．元器件及材料：除了STC学习板一台还需按表2-1配置元件,也可以在项目一自制的电路板上酌情加减。

表2-1　自制简易交通灯控制仪元器件清单

序号	元器件及名称	型号及规格	数量
1	单片机	IAP15W4K58S4 DIP40封装	3
2	通用电路板	150mm×100mm	1
3	电阻	1kΩ　1/8W	32个左右
4	发光二极管	红色	8个左右
5	发光二极管	黄色	8个左右
6	发光二极管	绿色	8个左右
7	发光二极管	白色	8个左右
8	焊锡	ϕ1.0mm	若干
9	导线	单股ϕ0.5mm	若干
10	USB接口		1对
11	USB电脑连接线		1根

进阶一　设计一个LED闪烁信号灯控制系统

李同学在马路上看到了一闪一闪的汽车转向灯，她认为这很简单。她的思路是：灯亮一次，再灭一次，再亮一次，再灭一次……就这样一直循环下去，就能实现闪烁。可是，她试了很多次，都没有成功。

【目标】

通过本进阶内容学习和训练，能够体会到单片机的工作速度，了解单片机程序的执行顺序，完成一个 LED 闪烁信号灯系统的设计任务。

【任务】

完成一个 LED 闪烁信号灯系统的设计任务，具体要求是按亮 1s 灭 1s 的规律循环，不间断闪烁。

【行动】

一、画一画，列一列

1. 画出本进阶任务电路图。

2. 列出本进阶任务中用到的元器件清单，填入表 2-2 中。

表 2-2 任务练习表 1

序号	名称	型号	位号	数量	序号	名称	型号	位号	数量
1	单片机				4	电路板			
2	发光二极管				5				
3	电阻				6				

二、写一写

1. 在仿真界面下，分别使用全速运行、单步运行、设置断点等不同的方式，观察本进阶任务的程序是从哪条指令开始，按照什么顺序执行的。

2. 在主程序中去掉一个延时程序，先分析可能出现的现象，再在实验板验证结果，指出现象出现的原因，为什么去掉不同位置的、相同的延时程序，有时看不到灯灭、有时看不到灯亮呢？

3. 延时程序的执行过程是怎么样的？

三、试一试

试着不看书，填写程序注释。

```
#include "stc15xxxxx.h"          //______________________________
#include "intrins.h"             //________________________（查附录）
sbit led7=P1^7;                  //定义单片机__________引脚
void Delay1000ms( );             //_________函数声明
/*******以下          程序（函数）********/
void main( )
{
  P1M0=0X00;P1M1=0X00;//定义 P1 的 8 个脚都是_______模式
  while(1)
  {
    led7=0;                      //使 P1.7 输出_______电平，发光二极管_________
    Delay1000ms( );              //调用_______子程序,延时_______ms
```

```
        led7=1;                    //使 P1.7 输出_______电平，发光二极管_______
        Delay1000ms( );            //调用_______子程序,延时_______ms
      }
  }
  /*******以下是_______子程序********/
  void Delay1000ms( )              //@11.0592MHz 是__________________意思.
  {
        unsigned char i, j, k;
        _nop_( );
        _nop_( );
        i = 43;
        j = 6;
        k = 203;
        do{
                do{
                while (--k); // "--" 是______的意思
              } while (--j);
          } while (--i);
  }
```

四、练一练

1. 使用 Keil C51 软件输入、编译、调试本进阶程序，并生成其 HEX 文件。

2. 正确使用 STC 下载软件和下载工具，把程序下载到单片机中，并观察运行结果。

五、记一记

1. 分别使用多种单步运行、设置断点、全速运行等方式调试、观察程序运行顺序，并记录程序运行顺序，体会程序的执行过程。

2. 把调试过程中出错的地方记录下来，填入表 2-3 中。

表 2-3　任务练习表 2

序号	出错现象	改正方法	现象解释
1			
2			
3			
4			
5			

【知识学习】

一、一个 LED 信号灯的闪烁电路

一个 LED 信号灯的闪烁电路如图 2-1 所示，这里多一个灯，可以用来做练习。

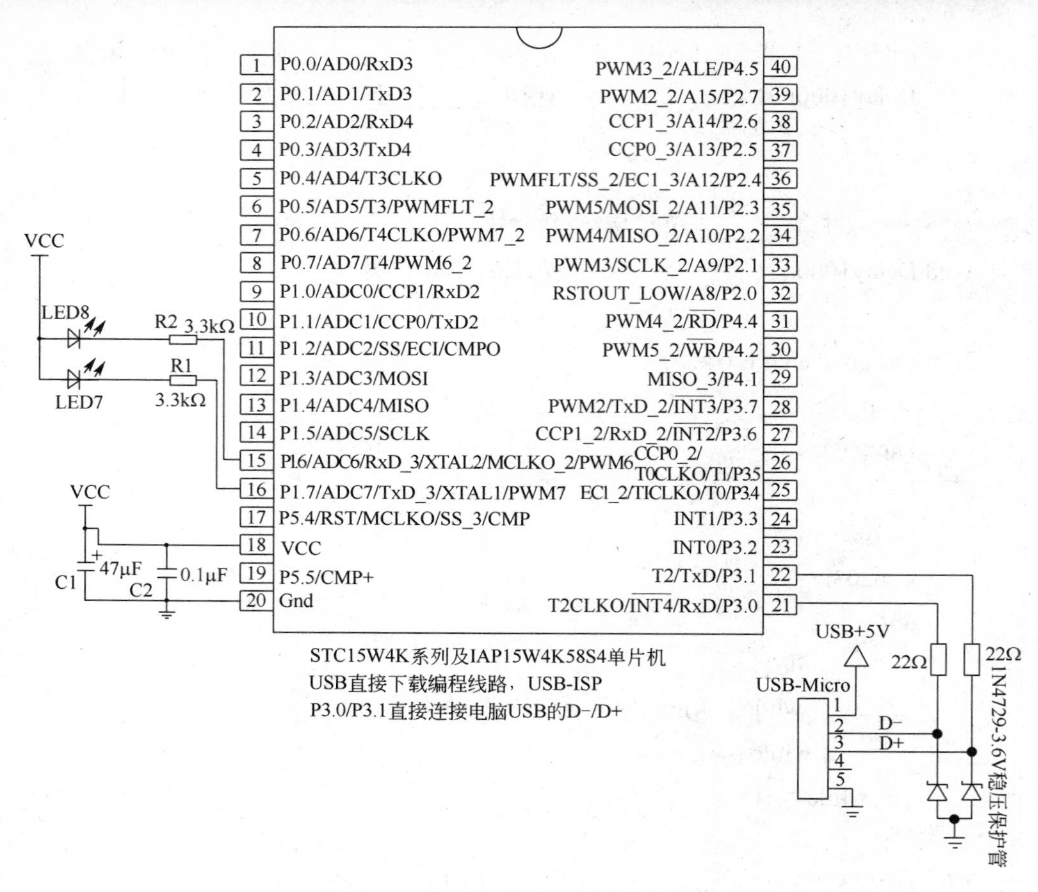

图 2-1　一个 LED 信号灯的闪烁电路

二、任务分析

根据项目一的分析过程，只要和发光二极管连接的引脚 P1.7 上不断地输出高电平和低电平就可以了。按照题意，这样编程行不行呢？

```
led7=0；//使 P1.7 输出低电平，发光二极管亮
led7=1；//使 P1.7 输出高电平，发光二极管灭
led7=0；//使 P1.7 输出低电平，发光二极管亮
     ……
```

这样是不行的。因为：

第一，单片机执行一条指令的时间可以是纳秒级的。执行完“led7=0”后，发光二极管是亮了，但在 100ns 左右后，单片机又执行“led7=1”，发光二极管又灭了，100ns 左右后，又是“led=0” ……人眼根本分辨不出发光二极管曾经灭过。

第二，单片机程序的执行顺序是：从主程序的第一条语句开始，按指令书写的先后顺序执行，除非遇到改变执行顺序的控制类语句，才会改变程序执行的方向。按照这个规律，只用“led7=0”和“led7=1”两条指令，要使发光二极管不停地亮灭，需要重复写很多遍。

为了解决这两个问题，可以做如下设想：

第一，在执行完“led7=0”后，延时几秒或零点几秒，等人眼看清灯亮后，再执行第二

条指令，人就可以分辨出发光二极管曾经亮过了。在执行完“led7=1”后，也延时几秒或零点几秒，等人眼看清灯灭后，再执行下一条指令，人就可以分辨出发光二极管曾经灭过了。

第二，要循环起来。比如在执行完“led7=0”指令后，延时一段时间，执行 “led7=1”指令，再延时一段时间，让单片机又回去执行“led7=0”指令，如此循环下去。

亮、灭都很清晰，又循环不已，灯自然就闪烁了，问题就解决了。

知识小问答

1. 如何使用 STC 下载软件生成延时程序。

STC 下载软件提供了很多的帮助用户编程的资源，精确的延时程序编写，就是其中之一。打开 STC-ISP（V6.79B 以上版本）软件，具体过程参考图 2-2。注意在程序的开头添加头文件 intrins.h。

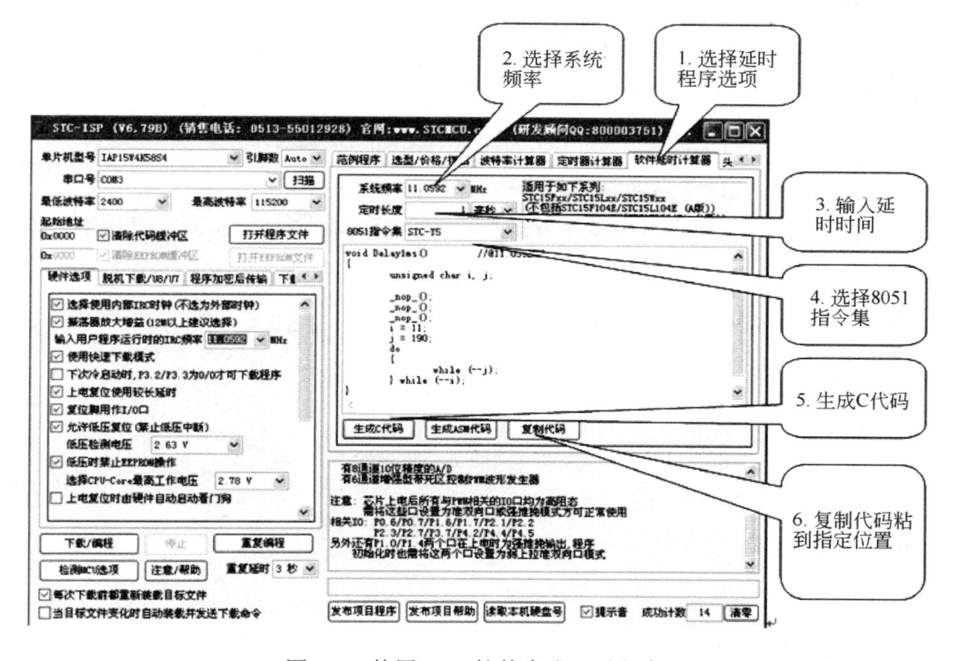

图 2-2　使用 STC 软件生成延时程序

2. 单片机执行一条指令的时间是多少？

答：单片机执行指令是在时序电路的控制下一步一步进行的，所以时钟频率越高，单片机运行速度越快。IAP15W4K58S4 单片机是 1T 的单片机，这是指 IAP15W4K58S4 单片机大多数汇编指令是在一个时钟周期内执行完的，少数几条汇编指令需要 2~4 个时钟周期，它比普通的单片机要快 8~12 倍。

例如时钟（晶振）频率 f=1MHz，那么周期 T=1μs，像执行 “led7=0”指令就是 1μs 时间。通常选择的时钟频率多在 10 MHz 以上，因此执行 “led7=0” 指令就不到 0.1μs（100ns）了。

三、IAP15W4K58S4 单片机控制一个 LED 信号灯闪烁的程序

//程序名称：ledshanliang.c

```
//程序功能：一个发光二极管闪亮
#include "stc15xxxxx.h"                    // stc15xxxxx.h 头文件
#include "intrins.h"                       //空操作函数_nop_，库函数
sbit led7=P1^7;                            //定义单片机 P1^7 引脚为 led7
void delay1000ms( );                       //延时函数声明，延时 1s（1000ms）
/*******以下主程序（函数）********/
void main( )
{ P1M1=0; P1M0=0;
    while(1)
    {
     led7=0;            //使 P1.7 输出低电平，发光二极管亮
     delay1000ms( );      //  调用延时子程序,延时 1s
     led7=1;            //使 P1.7 输出高电平，发光二极管灭
     delay1000ms( );      //  调用延时子程序,延时 1s
    }
}
/*******以下是延时子程序********/
void delay1000ms( )        //@11.0592MHz 是晶振频率,不同的晶振频率延时程序不同
{
      unsigned char i, j, k;
      _nop_( );
      _nop_( );
      i = 43;
      j = 6;
      k = 203;
      do{
                do{
                while (--k); // “--”是减 1 的意思
              } while (--j);
         } while (--i);
}
```

四、C 语言知识学习（二）——while 语句

1. 基本 while（ ）

格式：while(条件表达式)

```
{
循环体；//可以为空
}
```

组成：

① 语句名称 while；

② 一对小括号“（）”；

③ “（）”中的条件表达式；

④ 一对“{}”；

⑤ “{}”中的语句——循环体。

执行过程：当程序执行到 while 语句时，先计算“条件表达式”的值，如果“条件表达式”的值为“假”（等于 0），循环体不被执行，直接执行相应“}”后面的语句。如果“条件表达式”的值为“真”（不等于 0），就去执行循环体，直到相应“}”时，再次回去计算“条件表达式”的值，然后重复以上过程。其执行过程的流程图如图 2-3 所示。

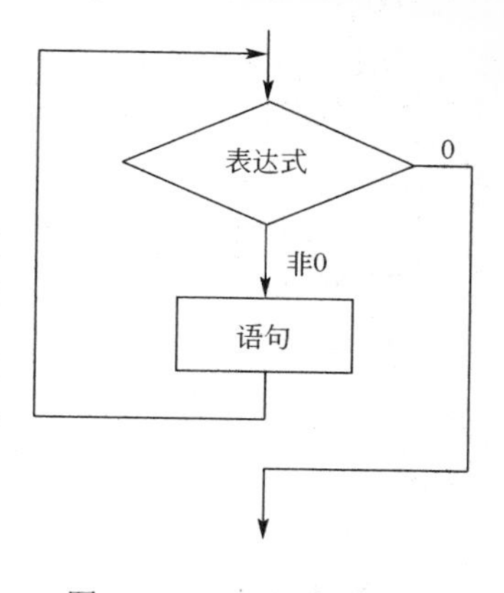

图 2-3　while 语句流程图

实例分析：用 while 语句计算从 1 加到 100 的值。

```
1   void   jisuanzonghe(void)   //计算总和子程序
2     {
3      int i,sum=0;              //定义变量，编译时完成
4      i=1;                      //把 1 送给 i，这里“=”是传送的意思
5      while(i<=100)             //while 语句及循环条件
6          {
7           sum=sum+i;           //计算每一次相加的和
8           i++;                 //修改参数，为下一次相加做准备
9          }
10    }
```

这个程序的执行过程是：第 4 行，把 1 送给 i，给变量赋值“i=1;”；

第 5 行，执行“i<=100”条件满足；

第 7 行，“sum=sum+i;”，sum 先加 1，然后送回 sum，最后 sum=1；

第 8 行，“i++;”，i 原来是 1，再加 1，i=2；

第 9 行，转到第 5 行计算条件“i<=100”，满足；

继续循环,直到 i=101 时为止。

比较两个特例:

① 死循环：“while(1){ …… }”和“while(1);”。前者经常使用在主程序中需要死循环的地方；后者是需要程序停止的地方，没有“{}”，表示没有程序需要执行，什么都不用干。

② 条件等待语句：“while(anniu1==1){ …… }”和“while(anniu1==1);”。前者表示按钮的状态满足条件就一直执行“{}”里的程序，直到不满足才离开；后者表示如满足条件就在此处一直停住，不满足才离开。这里“==”是“等于”的意思。

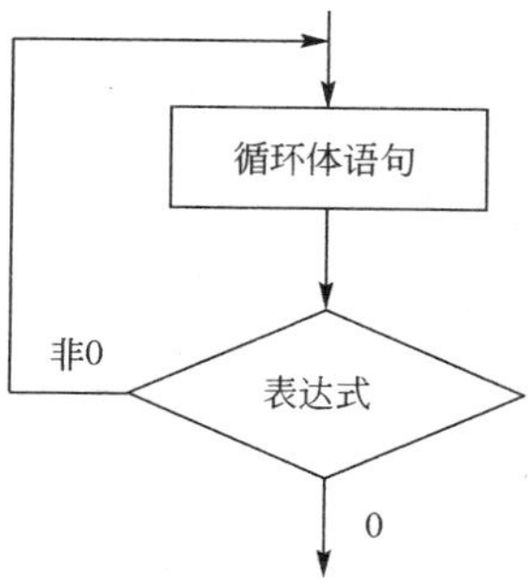

2. do-while（ ）语句

do-while 语句的一般形式与 while 语句的区别：

```
do{
循环体;
}while(表达式);
```

这个循环与 while 循环的不同在于：它先执行循环中的语句，再判断表达式是否为真，如果为真则继续循环；如果为假，则终止循环。因此，do-while 循环至少要执行一次循环语句。其执行过程可用图 2-4 表示。

图 2-4　do-while 语句流程图

实例分析：用 do-while 语句计算从 1 加到 100 的值。

```
1    void  jisuanzonghe(void)  //计算总和子程序
2    {
3      int i,sum=0;
4      i=1;
5      do{
6          sum=sum+i;
7          i++;
8        }while(i<=100);
9    }
```

这个程序的执行过程是：第 4 行，把 1 送给 i，给变量赋值“i=1;”;

第 5 行，去第 6 行；

第 6 行，“sum=sum+i;”，sum 先加 1，然后送回 sum，最后 sum=1;

第 7 行，“i++;”，i 原来是 1，再加 1，i=2;

第 8 行，计算条件“i<=100”，满足，转到第 5 行；

继续循环,直到 i=101 时为止。

3. While 语句的嵌套

先看实例：这是 LED 亮灭时间不断递加的程序，第一次亮 1s 灭 1s，第二次亮 2s 灭 2s，以此类推。

```
1    #include    < stc15xxxxx.h >
2    void   main( ) //时间递加亮
3    {
4       int   x = 1, y = 1; //x 表示次数，y 表示亮的时间长度
5       while(x <= 5)
6            {
7             led7=0;             //使 P1.7 输出低电平，发光二极管亮
8              y = 1;
9              while (y <= x)
10               {
11               y++;
12               delay1000ms( );
13              }
14              led7=1;            //使 P1.7 输出高电平，发光二极管灭
15              y = 1;
16              while (y <= x)
17             {
18               y++;
19             delay1000ms( );
20             }
21        x++;
22          }
```

```
23    }
```

把程序输入电脑，在仿真环境下分析一下这个程序的执行过程：

5-7-8-9-11-12-9-14-15-16-18-19-16-21-5-7-8-9-11-12-9-11-12-9-14-15-16-18-19-16-18-19-16-21…

其实就是内层循环被当成外层循环的循环体的一部分在执行。

知识小问答

1. 为什么写程序要对齐呢?

虽然C语言程序的书写格式非常自由，但从程序结构清晰，便于阅读、理解、维护的角度出发，建议在书写程序时应遵循以下规则，以养成良好的编程习惯。

(1) 一个说明或一条语句占一行。

(2) 用花括号括起来的部分，通常表示了程序的某一层次结构，左花括号一般与该结构语句的第一个字母对齐并单独占一行；右花括号同样单独占一行，与该结构开始处的左花括号对齐。

(3) 低一层次的语句或说明可比高一层次的语句或说明缩进若干格后书写（一般为2个或4个空格），以便看起来更加清晰，增强程序的可读性。

2. 在程序输入过程中，如何保证配对出现的各种括号不出错呢?

在源程序中，很多符号都是成对匹配出现的，为避免遗漏必须配对使用的符号，在输入时，可连续输入这些起止标识符，然后再在其中进行插入来完成内容的编辑。

五、单片机程序结构

1. 主程序分析

本进阶中，执行主程序时，首先执行 while( )语句。此时先执行 while()语句的条件表达式，判断结果是等于“1”，是真，去执行循环体。“led=0”是让发光二极管亮，“delay1000ms( );”是延时，“led=1”是让发光二极管灭，delay1000ms( )；也是延时。当这4条语句执行完，就到了 while()语句的“}”，程序直接转到 while()语句的条件判断语句，结果依然满足，还要继续循环，程序又回到“led=0”让发光二极管亮。

可见 while()语句中，条件表达式是“1”时，是死循环。

主程序完整的执行过程是：第一条指令发光二极管亮→第二条指令延时子程序→第三条指令发光二极管灭→第四条指令延时子程序→第一条指令发光二极管亮……，如此周而复始，发光二极管就在不断地亮、灭了。

读者可以自己分析一下延时子程序的执行过程。

2. 单片机C语言程序的基本结构模型

```
#include   <stc51.h>              //预处理命令，可能会有很多
sbit     P1-0=P1^0;               //引脚定义，可能定义很多引脚
int   a;                          //变量定义，可能定义很多变量

/************子程序，可能会很多**********/
/************子程序 1**********/
void   zichengxu1(unsigned char i)      //子程序 1
```

```
{
程序 1;
}

/***********子程序 2************/
void   zichengxu2(unsigned char j)         //子程序 2
{
程序 2;
}

/************主程序************/
void   main(void)                          // 主程序
{
P1M0=0X00;P1M1=0X00;                       //需要事先执行且只执行一次的语句
while(1)
{
″主程序的主体″;                             //根据任务需要编写的程序
zichengxu1(100);                           //调用声明过的子程序
……
}
}                                          // {}都是成对出现的，注意配对关系
```

可见，单片机程序结构非常清晰，每一个组成部分都完成一个具体的工作。每个程序只有唯一的一个主程序，其他部分可能有很多，所有的其他部分都是为主程序服务，为主程序做准备的。

编写程序时，总是准备工作在前，主程序在后。如果希望把子程序放到主程序后面，那就必须提前声明，具体如下：

```
#include   <stc51.h>                       //预处理命令，可能会有很多
sbit    P1-0=P1^0;                         //引脚定义
int   a;                                   //变量定义，可能定义很多变量
/************子程序声明************/
void   zichengxu1(unsigned char i);        //子程序 1 声明
void   zichengxu2(unsigned char j);        //子程序 2 声明

 /************主程序***********.*/
void   main(void)                          // 主程序
{
P1M0=0X00;P1M1=0X00;                       //需要事先执行且只执行一次的语句
while(1)
{
″主程序的主体″;                             //根据任务需要编写的程序
zichengxu1(100);                           //调用声明过的子程序
……;
```

```
}
}                                          // {}都是成对出现的，注意按配对关系对齐

/************子程序 1************/
void   zichengxu1(unsigned char i)        //子程序 1
{
程序 1;
}

/************子程序 2************/
void   zichengxu2(unsigned char j)        //子程序 2
{
程序 1;
}
```

3. 单片机的程序

学习单片机的C语言编程，可以简单地认为C语言函数就是单片机的程序。C语言的主函数就是单片机的主程序，C语言的子函数就是单片机的子程序。

单片机程序主要分为三类：主程序、子程序、中断子程序。中断子程序在项目五中讲解。

主程序：主程序只能有1个，其名字必须为main，它是程序的入口和循环起、止点。单片机CPU执行程序时，总是从main程序的第一条语句开始，按照书写的先后顺序执行；当遇到转移类语句时，按照转移条件转移；当遇到调用子程序时，就去执行子程序，直到子程序执行完后，回到调用子程序的下一条语句继续执行。主程序可以调用任何一个子程序，子程序不能调用主程序；子程序之间可以相互调用。

子程序：实现某个特殊功能的模块。子程序的名字可以根据模块的功能任意取（但应避开C语言的关键字）。子程序必须在主程序前面声明过才能使用。

4. 子程序的定义和调用

定义一个子程序其实就是确定一个小的功能模块。

子程序定义的一般形式有两种：一种是无参数返回的子程序，一种有参数返回的子程序。

（1）无参数返回的子程序

一般形式如下：

```
返回值类型说明符　子程序名()
{
类型说明
语句
}
```

其中类型说明符和子程序名称为子程序头。类型说明符指明了本子程序的返回值的类型。子程序名是由用户自己定义的标识符，子程序名后有一个空括号，其中无参数，但括号不可少。{}中的内容称为子程序体。在子程序体中也有类型说明，这是对子程序体内部所用到的变量类型的说明。在很多情况下都不要求无参子程序有返回值，此时类型说明符可以写为void。

例如：定义一个延时程序，主调函数调用延时程序。

```
void  yanshi(  )        //子程序说明部分
{
unsigned int y=10000;
while(y--);                          //子程序体
}
void  diaoyong（）                  //主调函数
{
yanshi(  );
……
}
```

第 1 行说明 yanshi 子程序是一个无返回值的子程序，标志为 void。第 2~4 行说明在{ }中的函数体内，是子程序的内容，定义 y=10000，然后对 y 减 1，直到减到 0 为止，因为没有什么实际的意义，只起占用时间的作用。第 6~8 行，说明在 diaoyong 函数体中调用了 yanshi( )程序，注意后面有分号。

再看一个例子：

```
void  yanshi(unsigned int y)            //子程序说明部分，有形式参数
{
while(y--);                             //子程序体
}
void  diaoyong（）                      //主调函数
{
yanshi(10000);                          //给形参赋值，实参
……
}
```

第 1 行说明 yanshi 子程序是一个无返回值的子程序，但是有一个需要主调函数赋值的变量，就是（）中的 unsigned int y，y 称为形式参数，简称形参。第 7 行说明主调函数调用了 yanshi( )程序，并给 y 赋值 10000，y 的实际参数，简称实参。

函数的形参和实参具有以下特点：

① 形参只有在函数内部有效。 函数调用结束返回主调函数后则不能再使用该形参变量。

② 实参可以是常量、变量、表达式、函数等，无论实参是何种类型的量，在进行函数调用时，它们都必须具有确定的值， 以便把这些值传送给形参。因此应预先用赋值、输入等办法使实参获得确定值。

③ 实参和形参在数量上、类型上、顺序上应严格一致，否则会发生“类型不匹配”的错误。

④ 函数调用中发生的数据传送是单向的。即只能把实参的值传送给形参，而不能把形参的值反向地传送给实参。 因此在函数调用过程中，形参的值发生改变，而实参中的值不会变化。

（2）有参数返回的子程序

一般形式如下：

返回值类型说明符 子程序名(形式参数表)

```
{
类型说明
语句
return ****
}
```

有参子程序比无参子程序多了两个内容，其一是形式参数表，其二是形式参数类型说明。在形参表中给出的参数称为形式参数，它们可以是各种类型的变量，各参数之间用逗号间隔。在进行子程序调用时，主调子程序将赋予这些形式参数实际的值。形参既然是变量，当然必须给以类型说明。

例如，定义一个子程序， 用于求两个数中的大数，可写为：

```
int max(int a, int    b)
{
if (a>b) return a;
else return b;
}
```

第一行说明 max 子程序是一个返回值为整型的子程序，其返回的子程序值是一个整数，形参为 a,b。第二行说明在{}中的函数体内，除形参外没有使用其他变量，因此只有语句而没有变量类型说明，a,b 的具体值是由主调函数在调用时传送过来的。第三行说明在 max 函数体中的 return 语句是把 a(或 b)的值作为函数的值返回给主调函数。有返回值函数中至少应有一个 return 语句。

完整的示例程序如下：

```
int max(int a,int b)
{
if(a>b)return a;
else return b;
}
void main()
{
int z;
z=max(8,12);
……
}
```

程序的第 1~5 行为 max 函数定义。程序第 9 行为调用 max 函数，并将结果(a 或 b)将返回给变量 z。

函数的值是指函数被调用之后，执行函数体中的程序段所取得的并返回给主调函数的值。

① 函数的值只能通过 return 语句返回主调函数。return 语句的一般形式为：

return 表达式；

或者为：

return (表达式)；

该语句的功能是计算表达式的值，并返回给主调函数。在函数中允许有多个 return 语句，但每次调用只能有一个 return 语句被执行， 因此只能返回一个函数值。

② 函数值的类型和函数定义中函数的类型应保持一致。如果两者不一致，则以函数类型为准，自动进行类型转换。

③ 如函数值为整型，在函数定义时可以省去类型说明。

④ 不返回函数值的函数，可以明确定义为“空类型”，类型说明符为“void”。一旦函数被定义为空类型后，就不用return语句了，在主调函数中可以直接使用，主调函数也不用为它准备一个变量了。

【评估】

1. 改变闪烁时间长短，程序怎么改？

2. 如果是两个LED交替闪亮，电路和程序怎么变？

【拓展】

1. 完成多位流水灯系统设计。

2. 观察街道上的霓虹灯变换花样，自行设计一个多变化霓虹灯系统。

进阶二　简单的城市路口交通灯控制系统实例

这里用最简单的十字路口的交通灯为例，大家可以模仿它，完成更复杂的交通灯系统。

【目标】

通过本进阶内容学习和训练，能够了解把实际问题转化成单片机问题的方法和步骤，发现用单片机去解决实际问题中需要注意的问题。

【任务】

设计制作一个交通灯控制器，主要任务包括：

1. 确定需要添加哪些元器件。

2. 设计交通灯电路，完成元器件合理布局和焊接。

3. 绘制交通指示灯工作流程图。

4. 按照流程图设计程序。

5. 研究探讨保证单片机产品制作质量的方法。

【行动】

一、看一看，记一记

1. 到一个现实中的十字路口看一看，一个交通灯系统都有哪些设备？看不到的还有哪些设备？

2. 自己设计一个要求改造它，思考不用添加哪些设备，哪些设备需要添加。

3. 找一个把直行和左转弯、右转弯、人行道分开指示的路口，记录该路口每个指示灯的时间工作流程（亮几秒灭几秒）。

二、边画图，边统计，边思考，边查资料

1. 请画出符合要求的交通灯示意图，统计一共需要多少个红灯、绿灯、黄灯，它们如何排列？

2. 一共需要使用多少个I/O口？如何分配的？列出引脚分配表。

3. 观察实际的灯是什么样的，思考这些灯能否直接接在单片机引脚上，如不能怎么办。

4. 统计实际交通灯系统中用到的设备和材料，在不算设计费、人工费的情况下，估算一下总成本大约是多少，单片机控制系统的成本占所有材料成本的多少。

5. 记录各个灯亮的时间和路口放行规律，填入表2-4中。

表2-4　任务练习表3

灯	东路口			南路口			西路口			北路口		
	黄灯	绿灯	红灯	黄灯	绿灯	红灯	黄灯	绿灯	红灯	黄灯	绿灯	红灯
亮的时间												
放行规律												

6. 根据表2-4的规律，推演交通灯系统中各个灯的亮灭规律，填入图2-5的坐标系中，其中以北绿灯开始亮为计时起点，把其他的灯按照配合规律填入，并标注好实际时间。

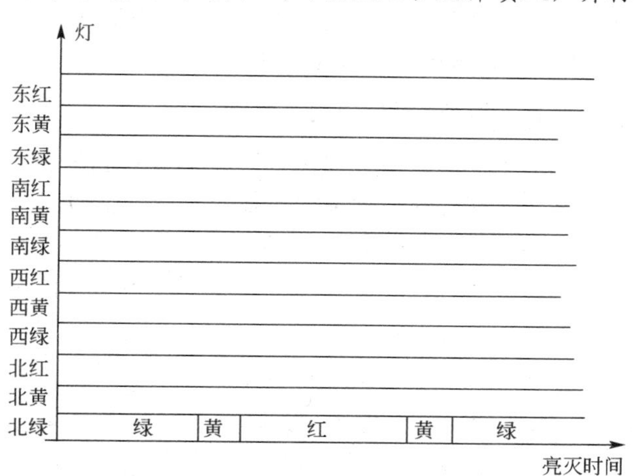

图2-5　交通灯亮灭时间顺序

7. 根据图2-5的时间顺序，画出程序流程图。

三、做一做

根据电路原理图和路口指示灯排列图，完成模拟交通灯系统的电路焊接和制作。注意制作前，要向老师提交“制作质量保证办法”，每组一份，只有“制作质量保证办法”通过老师审批的组，才可以领取元器件、材料和工具。

四、编一编

根据流程图，编写任务程序。

五、调一调

完成整机调试。

六、比一比

在作品展示会上，比较各组的产品，把比较后的心得写出来。

七、荐一荐

审视一下自己的得失，向招聘人员展示自己的能力。

【知识学习】

一、程序流程图的基本结构

程序流程图是程序分析中最基本、最重要的分析技术，它是进行程序分析过程中最基本的工具。程序流程图表示了程序内各语句（或程序块）的操作内容、各语句（或程序块）间的逻辑关系、各语句（或程序块）的执行顺序。

画程序流程图的目的是，可以按照程序流程图顺利地写出程序，而不必在编写时临时构思，甚至出现逻辑错误。如果框图是正确的而结果不对，则按照框图逐步检查程序是很容易发现其错误的。

这里，每个方框表示一个功能块，每个菱形框表示一个条件判断框，带箭头的线表示程序的走向，带箭头的线必须是单向的。程序的结构有三种：顺序结构、分支结构、循环结构。

1. 顺序结构

各操作是按先后顺序执行的，是最简单的一种基本结构。结构如图 2-6 所示。其中 A 和 B 两个框是顺序执行的。即在完成 A 框所指定的操作后，就接着执行 B 框所指定的操作。

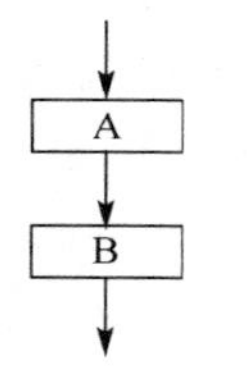

图 2-6 顺序结构示意图

2. 分支结构

分支结构又称选择结构。根据是否满足给定条件，从两组操作中选择一种操作执行。某一部分的操作可以为空操作。结构如图 2-7（a）所示。条件 P 成立，执行 A，否则执行 B。结构如图 2-7（b）所示，说明条件 P 不成立，直接出去。结构如图 2-7（c）所示，说明条件 P 成立，直接出去。

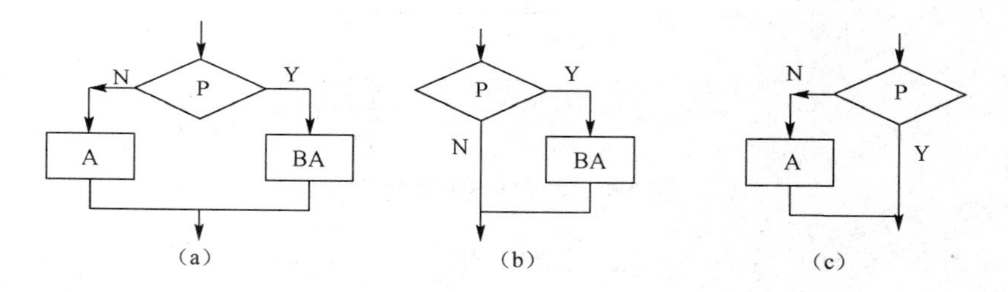

图 2-7 分支结构示意图

3. 循环结构

循环结构又称重复结构。即在一定条件下，反复执行某一部分的操作。循环结构又分为直到型结构和当型结构。当型结构：当条件成立时，反复执行某一部分的操作，当条件不成立时退出循环，见图 2-8，A 可能一次也没执行到。直到型结构：先执行某一部分的操作，再判断条件，直到条件成立时，退出循环；条件不成立时，继续循环，见图 2-9，特点是先执行，后判断，A 最少要执一次。

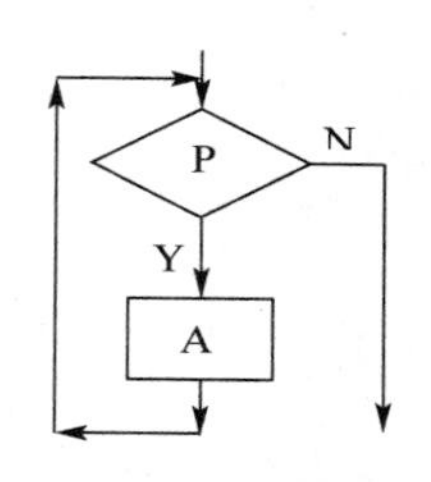

图 2-8 当型循环结构示意图

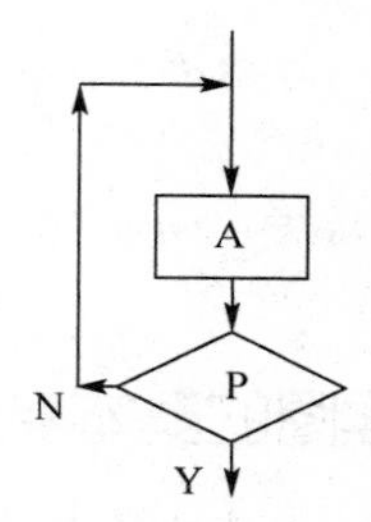

图 2-9 直到型循环结构示意图

二、模拟城市路口交通灯控制系统举例

1. 任务要求

十字路口的交通指挥信号灯如图 2-10 所示。

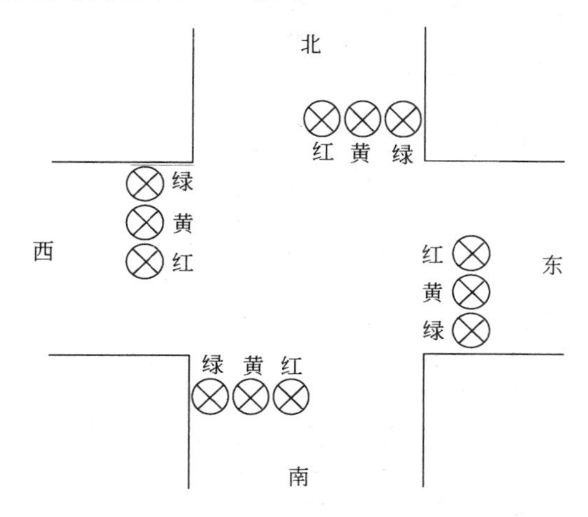

图 2-10　十字路口交通灯位置示意图

控制要求如下：

① 先南北红灯亮，东西绿灯亮。

② 南北绿灯和东西绿灯不能同时亮。

③ 南北红灯亮，同时东西绿灯也亮，维持 22s。到 22s 后，南北红灯亮，东西绿灯熄灭东西黄灯亮，维持 3s。然后，南北红灯灭，南北绿灯亮，东西黄灯灭，东西红灯亮，维持 27s。东西红灯亮，南北绿灯灭，同时南北黄灯亮，维持 3s 后熄灭。然后从头循环。

④ 周而复始。

2. 电路图

根据实际情况来看，实际中的交通灯是不可能直接连在单片机引脚上的，因为单片机引脚的驱动能力不够。如何扩展单片机 I/O 口的驱动能力，到下一个项目中再学。这里就做一个模拟的交通灯控制器，设计一个电路能够模拟一下交通灯的工作流程，因此就用一个发光二极管代替一个大灯。具体电路如图 2-11 所示。

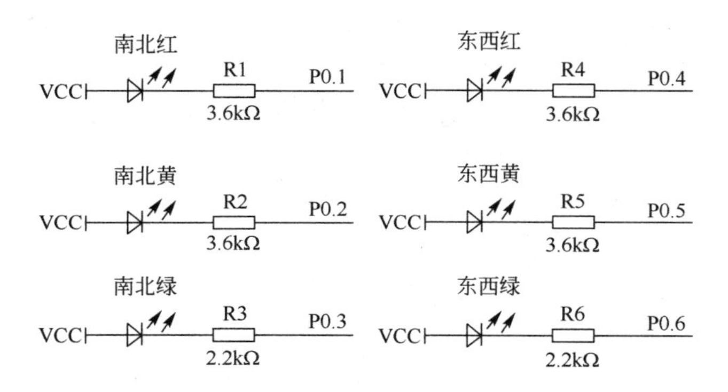

图 2-11　交通灯 LED 模拟灯电路

3. 程序流程图

这里程序流程图如图 2-12 所示。

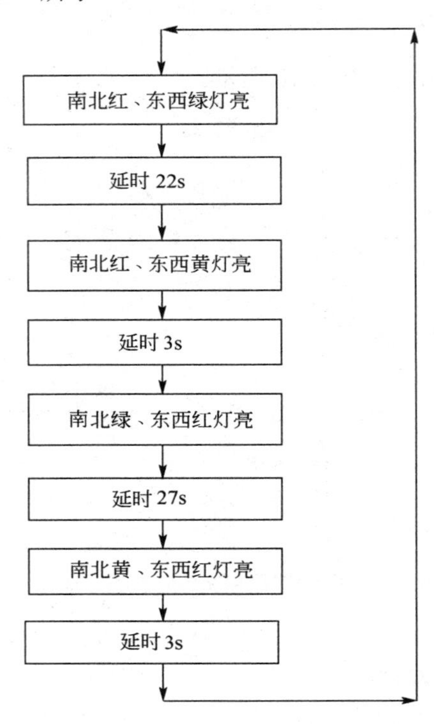

图 2-12 交通灯控制系统流程图

4. 程序

```
//程序名称 jiaotongdeng.c
#include "intrins.h"
#include "stc15fxxxx.h"
sbit NanBeiHong =P0^1;        //定义单片机 P0^1 引脚
sbit NanBeiLv     =P0^3;
sbit NanBeiHuang=P0^2;
sbit DongXiHong =P0^4;
sbit DongXiLv     =P0^6;
sbit DongXiHuang=P0^5;
void Delay1000ms();            //延时函数声明
/*******以下主程序（函数）********/
void main( )
{ P0M0=0; P0M1=0;
   unsigned int i;
   while(1)
   {
/*******对应流程图第一个框********/
```

```
    NanBeiHong   =0;        //南北红亮
    NanBeiLv     =1;        //南北绿灭
    NanBeiHuang =1;         //南北黄灭

    DongXiHong   =1;        //东西红灭
    DongXiLv     =0;        //东西绿亮
    DongXiHuang =1;         //东西黄灭
    /*******对应流程图第二个框********/
    for(i=0;i<22;i++)
    {Delay1000ms();}        //延时22s
/*******对应流程图第三个框********/
    NanBeiHong   =0;        //南北红亮
    NanBeiLv     =1;        //南北绿灭
    NanBeiHuang =1;         //南北黄灭

    DongXiHong   =1;        //东西红灭
    DongXiLv     =1;        //东西绿亮
    DongXiHuang =0;         //东西黄亮
/*******对应流程图第四个框********/
    for(i=0;i<3;i++)
  {Delay1000ms();} //延时3s
  }
    ……//根据流程图，请补全剩余的程序
```

三、C 语言知识学习（三）——for 语句

1. 基本 for（ ）语句

格式：for(表达式 1；表达式 2；表达式 3)

```
{
循环体；//可以为空
}
```

组成：

① 语句名称 for。

② 一对小括号“（）”。

③ “（）”中的条件表达式：“条件 1”一般是给变量赋值，确定循环次数的初值；“条件 2”是条件判断比较语句；“条件 3”是修改变量的值。3 个表达式之间用“；”号隔开。

④ 一对“{}”。

⑤ “{}”中的语句是循环体。

执行过程：

① 计算条件表达式 1 的值；

② 判断是否满足表达式 2，如果满足，去执行循环体，如果不满足，跳出循环；

③ 执行循环体，执行完循环体后，计算表达式 3 ，再转向步骤②。详细执行过程如图 2-13 所示。

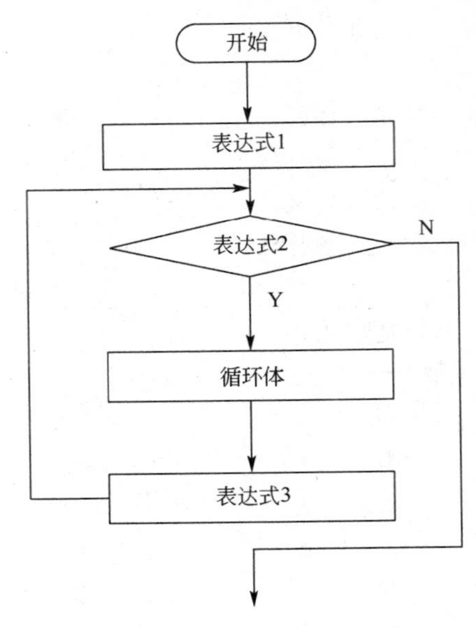

图 2-13 for 语句执行过程示意图

实例分析：

```
for（i=0；i<=21；i++）
{
  yanshi(10000);
}
```

这个程序中，先执行“i=0”，再执行“i<=21”，满足条件，是真，执行循环体 yanshi(10000)，当循环体 yanshi(10000)执行完，执行“i++”，执行完 i=1，小于 21，满足条件 2，继续执行循环体，……，直到执行“i++”使 i 等于 22，不满足“i<=21”条件时，for 语句执行结束。

几个特例：

① 没条件只有循环体。如果某个表达式没有，可以空着，分号却不能少。这是死循环，因为没有条件限制，通常也可以放在主程序里。比如：

```
for（；；）
{
循环体;
}
```

② 只有条件，没有循环体。如果没有循环体，语句可以简写为：

```
for(表达式 1；表达式 2；表达式 3);
```

这里“)”后面的“;”不能少，这可以构成是一个延时程序。

③ 嵌套。如果是嵌套，就是在一个 for 循环中包含另外一个 for 循环结构。值得注意的是，内层 for 循环被当成外层 for 循环的循环体的一部分在执行。for 循环嵌套的一般形式为：

```
for(表达式 11；表达式 12；表达式 13)
{
for(表达式 21；表达式 22；表达式 23)
```

```
{
for(表达式 31；表达式 32；表达式 33)
{
循环体;
}
}
}
```

【评估】

如果加上人行道控制灯，看系统中需要改变的是哪些内容。

【拓展】

做自己规律的交通灯。

项目实施

自己制作一个项目任务书，并按任务书实施。

模仿，是社会学习的重要形式之一，尤其在职业技能、职业习惯、职业品质等的形成和养成过程中都离不开模仿。对于初学者来说，不要急于求成，把模仿做好，做懂就可以了。模仿多了，慢慢地就可以自己设计了。

要求:

1. 尽量按照某个实际路口的交通灯运行时间流程和实际交通灯布局来做，这样才能获得比较大的成就感。驱动电路因为成本的关系这里就省略了，只做模拟控制器。

2. 在制作过程中，希望大家始终牢记：尽量保证此次设计的交通灯控制器能长期稳定正常工作。把为此做的努力记录下来，哪怕是想法也记录下来。

项目评估

1. 对照项目介绍展示自己的作品，评价项目任务完成情况。

2. 项目答辩，主要问题如下:

① 流程图与程序是什么关系？

② 电路图是如何画出来的，为什么要统计电路元器件填写元器件列表？

③ 比较 while 语句和 for 语句的异同。

④ 用语言描述本项目中程序的执行过程。

⑤ 为了保证此次设计的交通灯控制器长期稳定工作，拿出自己的文件记录展示一下。

⑥ 从各方面展示本组作品，并推销产品给公安局。同时制作一个广告展板，写出广告展板主要思路。

⑦ 如果向“*****自动化有限公司”自荐，希望公司能够聘用自己为工程师，自荐的要点是什么？

⑧ 在完成项目过程中，走了哪些弯路，把经验收获和大家分享一下。

3. 提交项目报告。

项目拓展

1. 查找关于交通灯产品有关的国家标准，并对照自己制作的产品，说出自己的成功之处。

2. 查找资料，回答什么是 6S 管理。据此比较一下，在 6S 管理方面，自己哪些方面做得好，哪些方面还需要改进。

项目三　设计制作一个仪表显示器

项目目标

1. 知道任何一个需要连接到单片机上的器件，在使用它之前，一定要了解以下几项内容：器件的工作原理、器件的硬件结构、器件的电气参数、对单片机的控制要求等。

2. 了解动态显示技术，会编写动态显示程序和调试动态显示程序。

3. 学习如何使数码显示器显示确定的数值。

4. 能使用静态数组，完成数码管显示数据的赋值。

5. 能够用 74HC595 驱动多位数码管，并能够描述电路的工作原理。

6. 了解仪表中 PV 和 SV 的含义，并能用数码显示器正确显示出来。

7. 掌握 C51 中变量的定义方法和运算符的用法。

8. 能用液晶显示器 12864 完成汉字和数据的显示。

项目任务

一个单片机应用系统的开发，一般是从显示部分开始的，因为有了显示才会知道电路、程序等做的对不对。大多数单片机应用系统（比如控制仪表）中，显示器部分都比较简单，常见的有数码显示和液晶显示两种。

图 3-1　5 位数码显示器实例

变频器（Variable-frequency Drive，VFD）是应用变频技术与微电子技术，通过改变电机工作电源频率方式来控制交流电动机转速的电力控制设备。变频器可实现电机软启动、补偿功率因素、通过改变设备输入电压频率达到节能调速的目的，而且能给设备提供过流、过压、过载等保护功能。

本项目要求设计完成一个 5 位数码显示器，如图 3-1 所示。

项目实施条件

仪器：普通万用表一台，STC 单片机实验箱一台。

软件：Keil 和 STC 单片机下载软件。

器件：液晶显示器 12864 一个，两个 4 位共阴极的数码管，一个共阳极的数码管，1~10kΩ电阻 10 个，74HC595 两个。

进阶一　用单片机控制一位数码管显示数字

丁 × 同学今天在食堂当拿饭卡打饭时，看见 IC 卡收银机上显示着很多数字，他很好奇。

下午上课前，他迫不及待地问老师：IC 卡收银机也是单片机控制的吗？上面的数字是怎么显示出来的呢？

【目标】

通过本内容学习和训练，能够掌握数码管的工作原理，会区分共阴极和共阳极数码管，了解数码管的编程要点，完成用单片机控制一位数码管显示数字的设计任务。

【任务】

用单片机控制一位数码管显示数字“6”。

【行动】

一、测一测

观察一个数码管的实物，用万用表的欧姆挡测一下数码管的 a、b、c、d、e、f、g、dp 各在什么位置，并说出它是共阴极还是共阳极的。解释一下为什么可以用万用表的欧姆挡测小型数码管的引脚。

二、算一算

如何能让共阴极数码管显示 0、1、2、3、4、5、6、7、8、9、a、b、c、d、e、f。列出其真值表。

三、画一画

画出单片机控制一个数码管的电路原理图。

四、写一写

写出单片机控制一位数码管显示“0”的程序。

【知识学习】

一、数码管工作原理

1. 数码管结构

数码管由 8 个发光二极管（以下简称字段）构成，通过不同的组合可用来显示数字（0~9）、字符（A~F、H、L、P、R、U、Y 等）、符号“–”及小数点“.”等字符。数码管的外形结构如图 3-2（a）所示；数码管又分为共阴极和共阳极两种结构，如图 3-2（b）所示；两位数码管外形如图 3-2（c）所示。

2. 数码管工作原理

共阳极数码管的 8 个发光二极管的阳极连接在一起，公共阳极接高电平（一般接电源），其他引脚接段驱动电路输出端，如图 3-2（b）所示。当某段驱动电路的输出端为低电平时，该端所连接的字段导通并点亮，根据发光字段的不同组合，可显示出各种数字或字符。此时，要求段驱动电路能吸收额定的段导通电流，还需根据外接电源及额定段导通电流来确定相应的限流电阻。

共阴极数码管的 8 个发光二极管的阴极连接在一起，如图 3-2（b）所示，通常公共阴极接低电平（一般接地），其他引脚接段驱动电路输出端，当某段驱动电路的输出端为高电平时，该端所连接的字段导通并点亮，根据发光字段的不同组合可显示出各种数字或字符。同样，要求段驱动电路能提供额定的段导通电流，还需根据外接电源及额定段导通电流来确定相应的限流电阻。

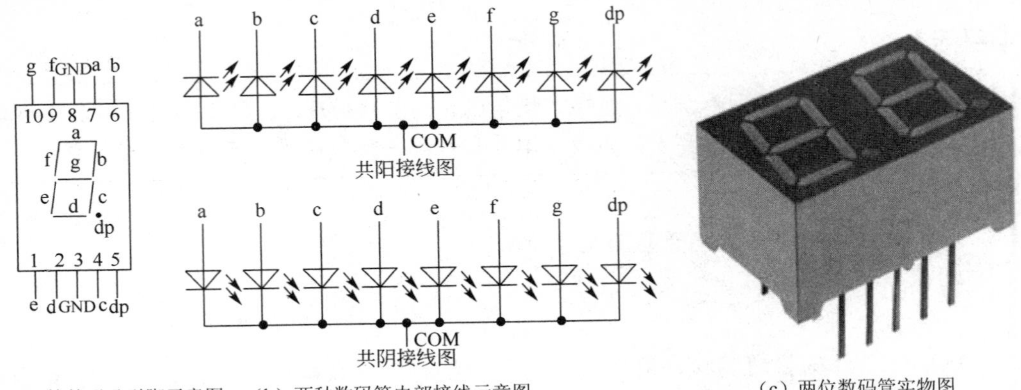

（a）共阴极数码管外形及引脚示意图　（b）两种数码管内部接线示意图　（c）两位数码管实物图

图 3-2　常用的 7 段 LED 数码管的结构

3. 数码管字形编码

要使数码管显示出相应的数字或字符必须使段数据口输出相应的字形编码。对照图 3-2（a）和图 3-2（b），字形码各位定义如下：

数据线 D0 与 a 字段对应，D1 与 b 字段对应……，依此类推。如使用共阳极数码管，数据为“0”表示对应字段亮，数据为“1”表示对应字段灭；如使用共阴极数码管，数据为“0”表示对应字段灭，数据为“1”表示对应字段亮。例如要显示“0”，共阳极数码管的字形编码应为：11000000B（即 C0H）；共阴极数码管的字形编码应为：00111111B（即 3FH）。依此类推可求得数码管字形编码如表 3-1 所示。

表 3-1　数码管字形编码表

显示字符	字形	共阳极									共阴极								
		D7	D6	D5	D4	D3	D2	D1	D0		D7	D6	D5	D4	D3	D2	D1	D0	
		dp	g	f	e	d	c	b	a	字形码	dp	g	f	e	d	c	b	a	字形码
0	0	1	1	0	0	0	0	0	0	C0H	0	0	1	1	1	1	1	1	3FH
1	1	1	1	1	1	1	0	0	1	F9H	0	0	0	0	0	1	1	0	06H
2	2	1	0	1	0	0	1	0	0	A4H	0	1	0	1	1	0	1	1	5BH
3	3	1	0	1	1	0	0	0	0	B0H	0	1	0	0	1	1	1	1	4FH
4	4	1	0	0	1	1	0	0	1	99H	0	1	1	0	0	1	1	0	66H
5	5	1	0	0	1	0	0	1	0	92H	0	1	1	0	1	1	0	1	6DH
6	6	1	0	0	0	0	0	1	0	82H	0	1	1	1	1	1	0	1	7DH
7	7	1	1	1	1	1	0	0	0	F8H	0	0	0	0	0	1	1	1	07H
8	8	1	0	0	0	0	0	0	0	80H	0	1	1	1	1	1	1	1	7FH
9	9	1	0	0	1	0	0	0	0	90H	0	1	1	0	1	1	1	1	6FH
A	A	1	0	0	0	1	0	0	0	88H	0	1	1	1	0	1	1	1	77H
B	B	1	0	0	0	0	0	1	1	83H	0	1	1	1	1	1	0	0	7CH
C	C	1	1	0	0	0	1	1	0	C6H	0	0	1	1	1	0	0	1	39H
D	D	1	0	1	0	0	0	0	1	A1H	0	1	0	1	1	1	1	0	5EH
E	E	1	0	0	0	0	1	1	0	86H	0	1	1	1	1	0	0	1	79H
F	F	1	0	0	0	1	1	1	0	8EH	0	1	1	1	0	0	0	1	71H

续表

显示字符	字形	共阳极									共阴极								
		D7	D6	D5	D4	D3	D2	D1	D0		D7	D6	D5	D4	D3	D2	D1	D0	
		dp	g	f	e	d	c	b	a	字形码	dp	g	f	e	d	c	b	a	字形码
H	H	1	0	0	0	1	0	0	1	89H	0	1	1	1	0	1	1	0	76H
L	L	1	1	0	0	0	1	1	1	C7H	0	0	1	1	1	0	0	0	38H
P	P	1	0	0	0	1	1	0	0	8CH	0	1	1	1	0	0	1	1	73H
R	R	1	1	0	0	1	1	1	0	CEH	0	0	1	1	0	0	0	1	31H
U	U	1	1	0	0	0	0	0	1	C1H	0	0	1	1	1	1	1	0	3EH
Y	Y	1	0	0	1	0	0	0	1	91H	0	1	1	0	1	1	1	0	6EH
–	–	1	0	1	1	1	1	1	1	BFH	0	1	0	0	0	0	0	0	40H
.	.	0	1	1	1	1	1	1	1	7FH	1	0	0	0	0	0	0	0	80H
熄灭	灭	1	1	1	1	1	1	1	1	FFH	0	0	0	0	0	0	0	0	00H

二、一位数码管与单片机的连接电路

一位数码管显示电路如图 3-3 所示。

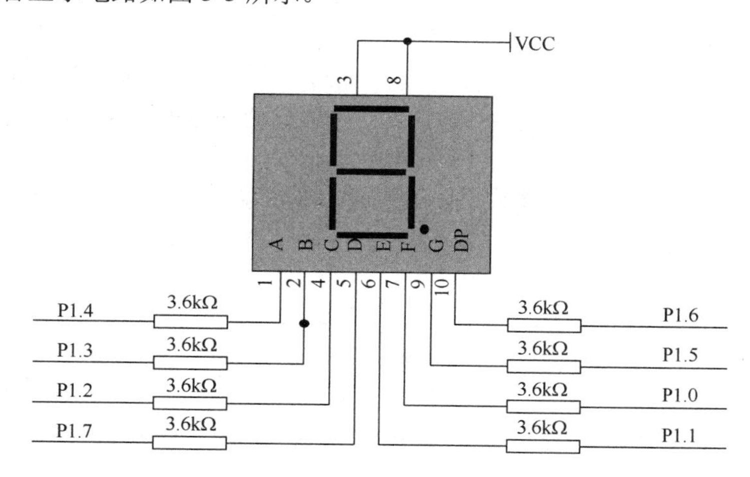

图 3-3　一位数码管的显示电路

三、用单片机控制数码管显示“6”程序

任务程序如下：

```
//程序名称：yiweishumaguan.c
//功能：一个数码管显示 6(共阳极）
#include "stc15xxxxx.h" //头文件 stc15fxxxx.h，定义了 stc15f 系列单片机的特殊功能寄存器
#define   duanma   P1 //宏定义
/*******以下主程序（函数）********/
void main()
{
while(1)
   {
```

```
duanma=0x48;            //段码送 6 的码值，数码显示 6
}
}
```

四、C 语言知识学习（四）——预处理命令和变量

1. C 语言预处理命令

预处理命令以符号“#”开头。预处理的含义是在编译之前进行的处理。C 语言的预处理主要有三个方面的内容：宏定义、文件包含和条件编译。

① 宏定义又称为宏代换、宏替换，简称“宏”。比如：

```
#define  PAI    3.1415
#define  uint   unsigned int
```

以上两个语句的意思很好理解，就是编译之前确定一下 PAI 能代替“3.1415”，uint 能代替“unsigned int”。可见掌握“宏”概念的关键是“代替”。

使用宏的注意事项：宏定义末尾不加分号“；”，宏定义通常写在文件的最开头。

② 文件包含，就是一个文件包含另一个文件的内容。比如：

```
#include  "reg51.h"
```

Keil 软件中，一个项目里面，可以有很多个编写的程序文件，通过这种包含关系，才可以把它们连接在一起。这里的 reg51.h，是别人已经编好的一个头文件，它把 51 单片机中最常见的寄存器和寄存器地址定义好了。例如 P1.2 引脚“reg51.h”里规定是 P1^2。

③ 条件编译。有些语句或文件希望在条件满足时才编译。其标准格式如下：

```
#ifdef    表达式
程序段 1
#else
程序段 2
#endif
```

当表达式成立时，编译程序段 1，当不成立时，编译程序段 2。在大程序中，使用条件编译可以使目标程序变小，运行时间变短。

④ 头文件的编写方法举例。

步骤一：用 Keil 软件，建立 yanshi.c 文件。

输入以下内容：

```
void  yanshi(unsigned int y)
{
 while（y--）；
}
```

步骤二：用 Keil 软件，建立 yanshi.h 文件。

输入以下内容：

```
#ifndef  __yanshi_H__
#define  __yanshi _H__      //此处两句预处理的作用是防止该头文件被重复使用
extern void yanshi (unsigned int y);
#endif
```

步骤三：将 yanshi.h 和 yanshi.c 放在工程的文件夹里，并在 Keil 中将 yanshi.c 添加到工

程中（右键左边的Source Group n，选择Add file to group 'Source group n'），要用到yanshi()函数的话include“yanshi.h”就行了，例如：

```
#include <reg51.h>
#include "yanshi.h"
void main()
{
yanshi(1000);
while(1);
}
```

2. 常量

常量是在程序执行过程中不变的量。常量在程序中经常直接出现，不需要分配存储空间。如123、4.9、0xf8、‘a’、“computer”。

常量的分类如下。

① 不同进制的数据：

a．十进制。例如10，35， –1289。

b．八进制，以0开头。 例如010。对应十进制的8。

c．十六进制，以 0x 开头。例如0x10，对应十进制的16。

② 字符型数据：即普通字符用单引号括起来。在C语言中，字符型数据是用ASCII码来表示和储存的。例如‘A’ 的ASCII码值是65； ‘a’ 其ASCII码（见附录C）值是97。

③ 符号常量：即用符号代替一个指定的常量。对于符号常量应该先定义后使用。一旦定义，在程序中凡是出现常量的地方均可用符号常量名来代替。对使用了符号常量的程序在编译前会以实际常量替代符号常量。

定义格式如下：

#define 符号常量 常量

例如：

```
#define  PAI    3.1415
#define  uint   unsigned int
#define  uchar  unsigned char
```

3. 变量

变量是程序运行时可以随时改变的量。变量存放在存储单元中，通过变量可以对存储单元内的数据进行修改、存取。定义变量时，需要确定变量的数值范围大小，决定占用多大的内存单元。比如延时子程序中的“i、j、k”是一种在程序执行过程中其值不断减一的量，这样的数据应存放在内存的RAM中。

定义变量就是为变量分配合适的内存单元，应根据变量在程序运行中可能出现的最大值和最小值来为变量安排合适的内存单元，即数据类型。

定义变量至少应说明两个方面的内容：

① 变量的名字，用来区分不同的变量（也就是不同的内存单元）。

② 变量所需要的内存空间大小，就是数据类型。

定义变量时应注意：

① 变量名不能与系统的关键字（保留字）同名。

② 变量名不能重复（在同一函数中或所有的全局变量）。

③ 在定义变量时可以同时对变量赋值，如果没有赋值的话默认为 0。

④ 变量的名字区分大小写。

⑤ 如果对变量实际所赋的值超出了变量所定义类型的范围，将产生溢出。

⑥ 变量必须先定义后使用。

4. C 语言数据类型

数据是计算机操作的对象，任何程序设计都要进行数据的处理。具有一定格式的数字或数值叫做数据，数据的不同格式叫做数据类型。

划分数据类型的意义：为了科学地分配单片机内存空间单元，就是根据实际要存储的数据大小来安排适当字节数的内存单元。具体如表 3-2 所示。

① 字符型：占用 1 个内存单元，又分为无符号字符型和有符号字符型。

a．无符号字符型：标示符号为 unsigned char，可以存储数值范围是 0~255。例如：

```
unsigned   char   a;
unsigned   char   b, c;
unsigned   char   z=214;
unsigned   char x= 'm' ;    //将 m 的 ASCⅡ码赋给 x
```

b．有符号字符型：标示符号为 char，可以存储数值范围是–128~+127。例如：

```
char   a;
char   temp, s=–32;
char   b=65;
```

② 整型数据：占用两个内存单元。

a．无符号整型：标示符号为 unsigned int，可以存储数值范围是 0~65535。例如：

```
unsigned int a;
unsigned int c=4325;
```

b．有符号整型：标示符号为 int，可以存储数值范围是–32768~+32767。例如：

```
int a;
int b, d, tem;
int a=435, b=–2139, c=–6553;
```

③ 长整型： 占 4 个字节，包括有符号长整型（signed long）和无符号长整型（unsigned long）。unsigned long 可以存储 0~4294967295；signed long 可以存储–2147483648~+2147483647。

④ 单精度浮点型：占 4 个字节单元，标示符号为 float，可存储数值范围是±1.175494E–38~±3.402823E+38。例如：

```
float   a=9.435;
float   b=–0.98;
```

⑤ 位类型：bit 只占 1 位。其值不是 1 就是 0。

⑥ 特殊功能寄存器 sfr：占用 1 个内存单元。其值必须是 51 单片机的特殊功能器地址。例如：

```
sfr   P1=0X90;   //P1 代表内部 RAM 的 0x90 单元
```

⑦ 16 位特殊功能寄存器：sfr16，占 2 个字节。例如：

IAP15W4K58S4 单片机中的定时器 2 是 1 个 16 位的特殊功能寄存器，其低 8 位和高 8 位的地址分别是 0xcc 和 0xcd；这样就可以用 sfr16　T2 =0xcc；来表示该定时器。

注意：这里用低 8 位的地址来表示，在实际中高 8 位的地址在物理上紧跟在低 8 位之后。

⑧ 特殊功能寄存器的可位寻址位：sbit，用来表示特殊功能寄存器的可位寻址位。例如：

sbit　P00=P0^0; //用 P00 来表示 P0 口的第 0 位

sbit　deng=P2^5; //用 deng 来表示 P2 口的第 5 位

表 3-2　Keil C51 基本数据说明

序号	数据类型	位数	字节数	数值范围
1	unsigned char	8	1	0~255
2	char	8	1	–128~+127
3	unsigned int	16	2	0~65535
4	int	16	2	–32768~+32767
5	unsigned long	32	4	0~4294967295
6	signed long	32	4	–2147483648~+2147483647
7	float	32	4	±1.175494E–38~±3.402823E+38
8	bit	1		1、0
9	sfr	8	1	单片机内部特殊功能寄存器区
10	sfr16	16	2	单片机内部 16 位特殊功能寄存器
11	sbit	1		特殊功能寄存器中的可位寻址位

【评估】

分别编写程序，用单片机控制一位数码管显示不同的数字，如：0、1、2、3、4、5、6、7、8、9、a、b、c、d、e、f。

【拓展】

编写一位数码管轮流显示 0~9 的程序，时间间隔为 1s。

进阶二　用单片机控制多位数码管显示不同的数字

一个数码管需要 8~9 个引脚，如果需要接 8 个数码管，就是要 8 × 8=64 个以上的引脚，单片机 I/O 口不够用，怎么办？

【目标】

通过本内容学习和训练，能够掌握动态显示技术，会分析 8 位数码管与单片机连接的电路图，了解一维数组的用法，完成用单片机控制 8 位数码管显示 8 个不同的数字。

【任务】

用单片机控制 8 位数码管，同时显示 0、1、2、3、4、5、6、7 共 8 个不同数字。

【行动】

一、画一画，分析分析

1. 画出 8 位数码管与单片机的连接电路（不用画单片机），没有画单片机小系统图，为什么也能分析单片机系统电路呢？

2. 看图分析，解答问题：如何实现只有第一位数码管显示数字 0，其他位不显示。

二、写一写

1. 为什么要使用动态显示技术？优点是什么？

2. 写出第二个数码管（从左往右数）显示 5 的程序段。

3. 写出让第 5 位数码管显示 5 的数码管显示程序。

三、说一说

1. 595 中 SER 脚、SRCLK 脚、RCLK 脚的作用是什么？

2. 串行输入数据存储程序和时序图的对应关系是怎样的？

3. 主程序的执行过程。

4. 74HC595 驱动，这里只用到单片机 3 个引脚，而且与数码管的个数无关。无论用到多少个数码管，都只是 3 个引脚。为什么？

【知识学习】

一、8 位数码管与单片机的连接电路

8 位数码管动态显示电路如图 3-4 所示。图中，用到两个四联的数码管和两个 74HC595 芯片。下面分别加以介绍。

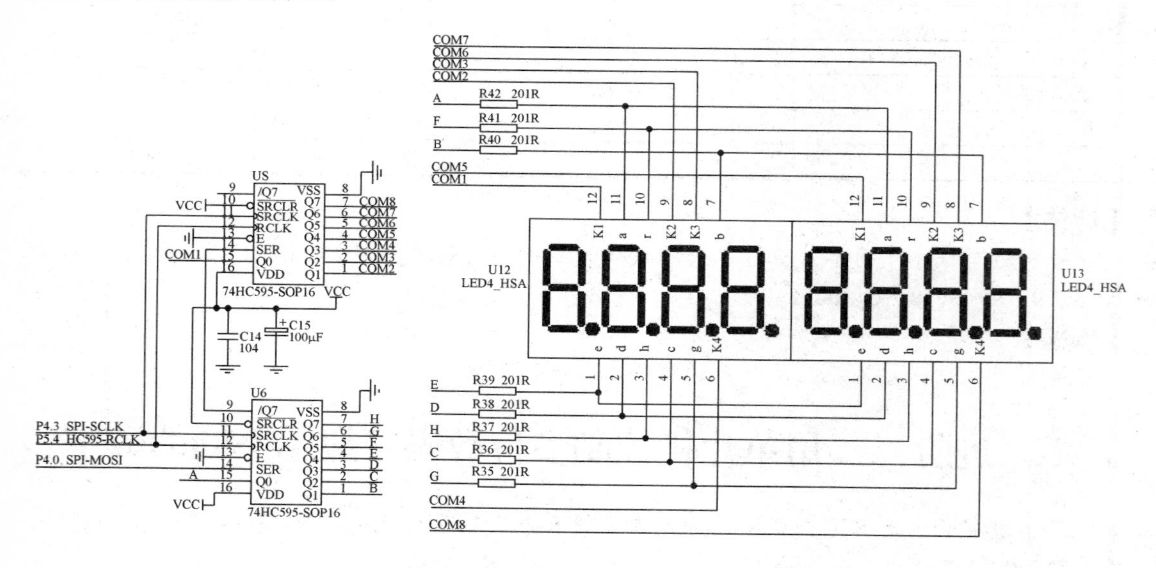

图 3-4 8 位数码管动态显示电路

二、多联数码管与动态显示技术

多联数码管，就是把多个数码管封装为一个整体，常见的有两个、三个和四个的，本系统采用四个的。为了减少封装引脚，多联数码管的每一个单元的字段（a~dp）是公用的，4 个数码管的 a 是连在一起的，b 是连在一起的，c 也是连在一起的，就是说在同一个时刻，各个数码管得到的数据是一样的。数码管的引脚如图 3-5 所示。公共端（COM）是独立的，怎么保证 8 个数码管显示不同的字符呢？

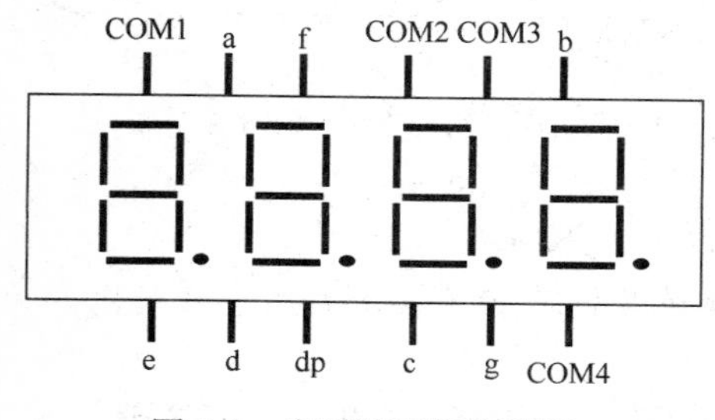

图 3-5 多联数码管的引脚

若要各位数码管能够显示出不同的字符，就必

须采用动态扫描显示方式。即在某一时刻，只让某一位的位选线处于导通状态，而其他各位的位选线处于关闭状态。同时，段线上输出相应位要显示字符的字形码。这样在同一时刻，只有选通的那一位显示出字符，而其他各位则是熄灭的，然后换下一个位码和下一个数字，如此循环下去，就可以使各位数码管显示出将要显示的字符。

虽然这些字符是在不同时刻出现的，而且同一时刻，只有一位显示，其他各位熄灭，由于数码管具有余辉特性和人眼有视觉暂留现象，只要每位数码管显示间隔足够短，给人眼的视觉印象就会是连续稳定地显示。

数码管不同位显示的时间间隔可以通过调整延时程序的延时长短来完成。数码管显示的时间间隔也能够确定数码管显示时的亮度，若显示的时间间隔长，显示时数码管的亮度将亮些，若显示的时间间隔短，显示时数码管的亮度将暗些。若显示的时间间隔过长的话，数码管显示数据时将产生闪烁现象。所以，在调整显示的时间间隔时，既要考虑到显示时数码管的亮度，又要数码管显示数据时不产生闪烁现象。

数码管由 7 个条形的LED和右下方一个圆形的 LED 组成，这样一共有 8 个段线，恰好适用于 8 位的并行系统。数码管有共阴极和共阳极两种，共阴极数码管的公共阴极接地，当各段阳极上的电平为“1”时，该段点亮，电平为“0”时，该段熄灭；共阳极数码管的公共阳极接＋5V，当各段阴极上的电平为“0”时，该段点亮，电平为“1”时，该段熄灭。

多联数码管显示字符的方法解决了，那么单片机是如何控制它的呢？首先单片机的 I/O 口的驱动能力就不够，尤其是对于公共端，显然，这里必须加驱动电路了。数码管的驱动电路有很多种，比如三极管驱动，74LS138 加 74LS245 驱动，等等。在这里采用单片机引脚使用最少的方法：74HC595 驱动，这里只用到单片机 3 个引脚，而且与数码管的个数无关。无论用到多少个数码管，都只是 3 个引脚。

三、74HC595 简介与按时序图编程

1. 74HC595 简介

74HC595 芯片是一种串入并出的芯片，在电子显示屏、数码显示器制作当中有广泛的应用。其引脚排列如图 3-6 所示，各引脚的功能如下。控制脚有：

① 8 脚：GND。

② 16 脚：VCC（+5V）。

③ 13 脚：E，使能端，使之能工作的意思。当该引脚的电压是低电平时，芯片才能正常工作，否则不工作。

④ 10 脚：$\overline{SRCLR}$，输出清零引脚。当该引脚低电平时，输出被清零，并保持不变，因此正常工作时，该引脚为高电平。

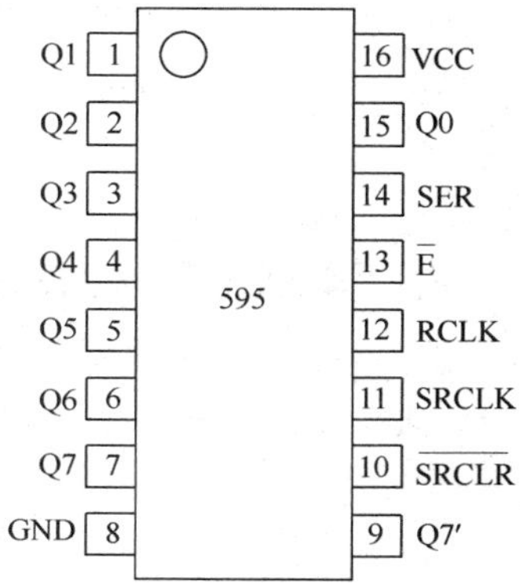

信号输出脚，每个脚驱动电流是 35mA 以上，共有：

1~7、15 脚：Q0~Q7，并行数据输出引脚，接数码管的段码引脚或者位码引脚。

9 脚：Q7′，串行数据输出脚，通常用于多个 74HC595 芯片之间的级联。

Q1 1 | 16 VCC
Q2 2 | 15 Q0
Q3 3 | 14 SER
Q4 4 | 13 $\overline{E}$
595
Q5 5 | 12 RCLK
Q6 6 | 11 SRCLK
Q7 7 | 10 $\overline{SRCLR}$
GND 8 | 9 Q7′

图 3-6　74HC595 引脚排列

信号输入脚有：

SER 脚：串行信号输入脚，所有的位码信号和段码信号都要从这一个脚输入，因此只能

Q00 → Q10
Q10 → Q20
Q20 → Q30
Q30 → Q40
Q40 → Q50
Q50 → Q60
Q60 → Q70
Q70 → Q7′

图 3-7 某时刻 74HC595 串行数据传递示意图

传完一位信号，再传一位信号地输入，是典型的串行输入。

SRCLK 脚：串行时钟输入脚。当信号采用串行输入时，74HC595 中每个传递时刻的传递关系如图 3-7 所示，按时间顺序的 8 次传递过程见图 3-8 的工作时序图。这个传递的时刻就由 SRCLK 脚控制，在它的每一个上升沿传递数据，其他时刻数据保持不变。如果要传递 8 次数据，只需 SRCLK 脚高低电平变化 8 次即可，两次成功传递的时间间隔是几十纳秒（100MHz 的移位频率）。

RCLK 脚：并行输出控制脚。见图 3-8，当 RCLK 脚为上升沿时，原来存放在 Q00~Q70 的数据才会 8 位同时传输到对应的 Q0~Q7 中，因此称为并行传输。当 RCLK 脚为其他情况时，Q0~Q7 中数据保持不变。

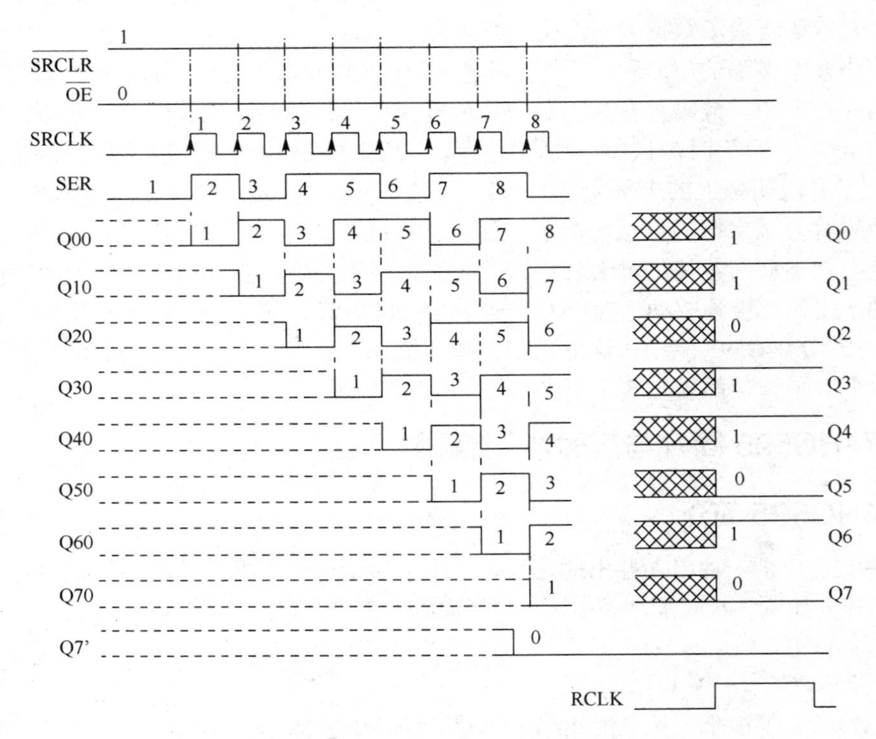

图 3-8 74HC595 芯片在本系统中的工作时序图

2. 74HC595 相关程序说明

串行输入数据存储程序如下：

```
void   Send_595(unsigned char dat)   //595 芯片 8 位串行数据寄存程序
{
    unsigned   char i;              //定义循环次数
    for(i=0; i<8; i++)              //for 语句确定次数循环
    {
        dat <<= 1;                 //左移指令。dat <<= 2 是左移 2 位，dat <<= 3 是左移 3 位
        P_HC595_SER= CY; //左移时最高位将进入 CY 中，最低位补零。最高位数据进入 595
        P_HC595_SRCLK = 1; // SRCLK 上升沿来，最高位数据存入 Q00，其余顺序移位存储
```

```
        P_HC595_SRCLK = 0;   // SRCLK 下降沿来，为下一次数据输入做准备
    }
}
```

并行数据信号直接输出到数码管上，因此 595 输出程序就是数码管显示程序，详细如下：

```
void DisplayScan(unsigned char display_index, unsigned char   display_data)   //显示程序
{
    Send_595(T_COM[display_index]);                 //输出位码到移位寄存器
    Send_595(t_display[t_display[display_data]]);   //输出段码到移位寄存器
    P_HC595_RCLK = 1;                               // RCLK 上升沿来,数据到数码管
    P_HC595_RCLK = 0;                               // RCLK 下降沿来,锁存输出数据
}
```

知识小问答

1. 什么叫三态输出？

答：就是有高电平、低电平和高阻（电阻很大，就是不导通的意思）三种状态。通常在一些输出驱动芯片里常见。74HC595 在不工作的时候输出处于高阻状态。

2. 什么是移位寄存器？

答：所谓的存储器，就是暂时存放数据的意思，就像人们出门在火车站存包一样，把物品暂时存放一下，一段时间后再取走，数据从什么地方进，就从什么地方出。移位寄存器，就是输入信号和输出信号不在同一个位置，比如邮寄物品。

3. 什么是锁存器？

答：就是信号像锁住了一样，只有满足在某个条件时，信号才会发生变化。

4. 怎么看控制信号是低电平有效还是高电平有效？

答：这个可以看引脚真值表。74HC595 芯片引脚真值表见表 3-3。表中，H=高电平状态、L=低电平状态、↑=上升沿、↓=下降沿、Z=高阻、NC=无变化、×=无效或者高低电平均可。表中左边是输入,右边是对应的输出。

表 3-3 74HC595 芯片引脚真值表

输入引脚					输出引脚
SER	SRCLK	SRCLR	RCLK	OE	
×	×	×	×	H	Q0~Q7 输出高阻
×	×	×	×	L	Q0~Q7 输出有效值，0 或者 1
×	×	L	×	×	移位寄存器清零
L	↑	H	×	×	移位寄存器 Q00 存储 L，其他位顺序向上传递
H	↑	H	×	×	移位寄存器 Q00 存储 H，其他位顺序向上传递
×	↓	H	×	×	移位寄存器状态保持
×	×	×	↑	×	输出存储器锁存移位寄存器中的状态值到 Q0~Q7
×	×	×	↓	×	输出存储器状态保持

四、8 位数码管显示不同数字流程图

8 位数码管显示流程图如图 3-9 所示。

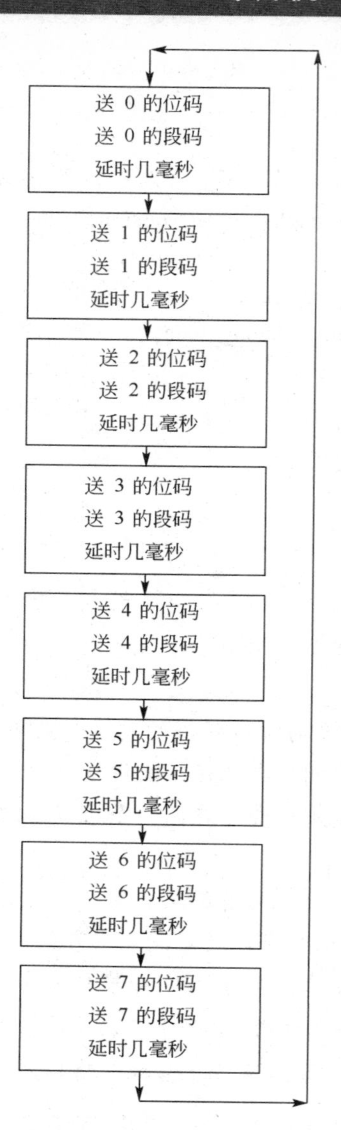

图 3-9　8 位数码管显示流程图

五、编程实现多位数码管显示不同的数字

```
#include   "STC15xxxxx.H"
#include   "intrins.h"
/*************          本地常量声明  **************/
unsigned char code   t_display[ ]={                                           //标准字库
//     0    1    2    3    4    5    6    7    8    9    A    B    C    D    E    F
0x3F,0x06,0x5B,0x4F,0x66,0x6D,0x7D,0x07,0x7F,0x6F,0x77,0x7C,0x39,0x5E,0x79,0x71};//共阴
unsigned   char code   T_COM[ ]={0xfe,0xfd,0xfb,0xf7,0xef,0xdf,0xbf,0x7f};      //位码，共阴

/*************        I/O 口定义      **************/
sbit        P_HC595_SER    = P4^0;        //pin 14    SER
```

```
sbit        P_HC595_RCLK = P5^4;        //pin 12    RCLK
sbit        P_HC595_SRCLK= P4^3;        //pin 11    SRCLK
/*************        本地函数声明 **************/
/*************** 向 HC595 发送一个字节函数 *****************/
void Send_595(unsigned char dat)
{
      unsigned char   i;
      for(i=0; i<8; i++)
      {
            dat <<= 1;
            P_HC595_SER     = CY;
            P_HC595_SRCLK = 1;
           P_HC595_SRCLK = 0;
      }
}
/********************* 显示函数 ***********************/
void   DisplayScan(unsigned char display_index,    unsigned char   display_data)
{
Send_595(T_COM[display_index]);                        //输出位码
Send_595(t_display[display_data]);                     //输出段码
P_HC595_RCLK = 1;
P_HC595_RCLK = 0;                                      //锁存输出数据
}
/*******延时子程序********/
void Delay3ms()                                        //@11.0592MHz
{
      unsigned char i, j;

      _nop_();
      _nop_();
      i = 33;
      j = 66;
      do
      {
            while (--j);
      } while (--i);
}/********************* 主函数 ******************/
void main(void)
{ P4M0=0; P4M1=0; P5M0=0; P5M1=0
```

```
    while(1)
     {
            DisplayScan(0,0);
            Delay3ms( );        //延时 3ms

            DisplayScan(1,1);
            Delay3ms( );        //延时 3ms

            DisplayScan(2,2);
            Delay3ms( );        //延时 3ms

            DisplayScan(3,3);
            Delay3ms( );        //延时 3ms

            DisplayScan(4,4);
            Delay3ms( );        //延时 3ms

            DisplayScan(5,5);
            Delay3ms( );        //延时 3ms

            DisplayScan(6,6);
            Delay3ms( );        //延时 3ms

            DisplayScan(7,7);
            Delay3ms( );        //延时 3ms
        }
}
```

六、C语言知识学习（五）——数组知识

1. 数组知识

① 数组是将类型相同且按照特定顺序排列的一组数存放在存储器（ROM或RAM）中。所以数组在内存中是一个连续的数据块。数据块中的每一个数就是数组的一个元素。数组的每个元素的类型必须一样。数组也是把同一类的数据（比如整数、实数、字符等）放在一起，统一存放，统一定义，方便编程。在C语言中，数组必须先定义后使用。

② 定义一个数组，需要说明该数组的数据类型（也就是各个元素的数据类型）和数组的名字，数组的名字代表这个数组的第一个元素在内存中的地址。

所以只要知道数组的名字就可以找到该数组的第一个元素在内存中的位置，再根据该数组的数据类型，就可以推算出该数组其他元素在内存中的位置（这一点对理解数组指针很重要）。

③ 数组的定义与初始化。

数组可以放在ROM和RAM中，如果是放在RAM中，则可以不初始化（赋初值），在

系统运行时才根据需要进行赋值。如果数组放在 ROM 中就必须赋初值，因为 ROM 在程序运行时不能进行数据更改。所以根据数组放的位置可分为动态数组（放 RAM 中）和静态数组（放 ROM 中）。由于单片机的 RAM 有限，静态数组一般应放 ROM 中。

④ 静态数组的定义方法。

数组类型　code　数组名[元素个数]={…}；

code 表示数组以代码形式存在 ROM 中，这样其元素的值在下载程序时就固化到 ROM 中，运行程序时不能更改。各元素之间用逗号隔开。

例如：数码管的段码一般以数组形式放 ROM 中。

unsigned char　code　t_display[10]={0x3F,0x06,0x5B,0x4F,0x66,0x6D,0x7D,0x07,0x7F,0x6F,0x77}；

当数组已经定义了初值，[ ]中的 10 可以省略，系统会自己计算数组的元素个数。

⑤ 动态数组的定义方法。

数组类型　数组名[元素个数]={…}；

unsigned char　ch[20]；　//定义字符数组 ch，有 20 个元素，各元素默认值为 0

当数组中的元素全为字符时（即字符串数组），可以用如下方法定义：

unsigned char　code　zufu[ ]= “大家好”；

unsigned char　code　zufu[ ]= “abcd”；　这时内存中存放的是对应字符的 ASC-Ⅱ码值

unsigned char code　zufu[ ]= “你好 ab”；

unsigned char　zufu[ ]= “你好 ab”；

⑥ 数组的引用。

数组的元素名与数组元素的位置有关，在确定位置时，必须从 0 开始数数。

例如：

unsigned char　shuzi[ ]={0，7，2，3，8，5}；//无符号字符型 静态 名字是 shuzi

说明：

shuzi[0]　代表数组的第一个元素，即 7。

shuzi[4]=3；//把 3 赋给数组的第五个元素

a=shuzi[2];//把数组的第三个元素赋给 a 变量，即 a=2

P0=shuzi[1]；

shuzi[0]=4；

shuzi[3]=‘e’；//把 e 的 ASCII 码赋给数组的第四个元素

2. 指针简介

① 指针的概念：变量在内存中所在的存储单元的地址即为该变量的指针。

通过指针可以找到某一个变量的地址，从而获得该变量的值。

② 指针的定义：定义指针就是确定一个内存单元来存放另一个变量的地址。定义指针的方法是利用指针说明符“*”。例如：

int *p；　//定义了一个整型指针，p 只能用来存放整型变量的地址

char *m；//定义了一个无符号字符型指针。m 只能用来存放无符号字符变量的地址

③ 指针的初始化：将某一个变量的地址放到该指针中就叫做指针的初始化（赋值）。例如：

int　a;

int *p;

```
a=214;
p=&a;                    //取变量 a 的地址送到指针变量 p 中，&a 表示取 a 的地址
```

④ 通过指针取变量的值，例如：

```
int a=157, u;            //定义变量 a 并赋初值 157 ，定义一个变量 u
int *p;                  //定义指针 p
P=&a;                    //将指针 p 指向变量 a
u=*p;                    //取 p 所指变量的值赋给变量 u=157
```

⑤ 数组的指针就是数组第一个元素的指针，例如：

```
uchar  code  shuzu[]={1, 3, 5, 7, 9};
uchar   *p, *q, t, m;
p=&shuzu[0];
q=&shuzu[4];
t=shuzu[2];
p=shuzu [ ];             //p 指向数组的首元素
```

【评估】

编写 8 位数码管显示 8421563.6 的程序。

【拓展】

通过自己的努力，学习多维数组的用法。

进阶三　设计一个仪表的数码管数值显示器

单片机的使用是系统数字化的标志之一。用单片机完成数值显示是单片机在测量仪表中必须完成的任务。

【目标】

通过本内容学习和训练，能够了解 C 语言的各种运算符用法，完成仪表数码管数值显示器的设计。

【任务】

某温度控制器有 8 个数码管显示器，其外形如图 3-10 所示，请设计程序显示 SV=800.0，PV=798.5。

图 3-10　温度控制器面板示意图

【行动】

一、分析分析

一个数码管只能显示一位数字，多位数码管怎么正确显示不同的多位数呢？最好的方法是分工。

这里把8个数码管的分工规定如下。

上排从右向左数，第一个数码管规定显示PV的末位，起名为WEI0;

第二个数码管规定显示PV的个位，起名为WEI1;

第三个数码管规定显示PV的十位，起名为WEI2;

第四个数码管规定显示PV的百位，起名为WEI3。

下排从右向左数，第一个数码管规定显示SV的末位，起名为WEI4;

第二个数码管规定显示SV的个位，起名为WEI5;

第三个数码管规定显示SV的十位，起名为WEI6;

第四个数码管规定显示SV的百位，起名为WEI7。

每一位数码管要显示的数字如何获取呢？这里以WEI1=8为例，说明求取过程。

第一步，PV乘10使得PV变成整数，结果是7985;

第二步，7985除以1000，此时商是WEI3=7，余数是985;

第三步，985除以100，此时商是WEI2=9，余数是85;

第四步，85除以10，此时商是WEI1=8，余数是5，是WEI0。

二、想一想

1. 进阶三和进阶二的电路图一样吗？为什么？

2. 进阶三和进阶二的区别在哪里？

三、试一试

给本内容程序加上注释。

四、说一说

1. 说出运算符“/”和“%”二者的区别。

2. 本进阶中，有几个子程序，每个子程序完成什么功能？主程序的内容是什么？整个程序是如何组织在一起的？

3. 本进阶中，数据从什么地方输入程序的,经过哪些程序?如何被显示的？

4. 为什么同一个电路，完成的功能却不一样？

5. 本进阶的程序有什么错误？

【知识学习】

一、C语言知识学习（六）——常用运算符

1. C语言的常用运算符

① 赋值运算符及其表达式：= 赋值运算符号。

例如：

```
char a, b, c,f;
a=32;
b=0X57;
c=a+b;
f=c;
```

P0=f;

c=P3;

② 算术运算符及其表达式： +、–、* 、/、%。

/（除）求商：两个浮点数相除结果为浮点数，两个整数相除结果为整数。例如：

7/2=3； 5.76/7.2=0.80001；

%（求余数）：求余运算的两个对象必须是整数。例如：

235%100=35；

③ 自增（自减）运算符：++、– –。

a．前增 1 和前减 1：

++a；//先使 a=a+1，再使用 a；

– –a； //先使 a=a–1，再使用 a

b．后增 1 和后减 1：

a++； //先使用 a，再执行 a=a+1

a– –； //先使用 a，再执行 a=a–1

例如：

int a=4，b，c=4，e；

b=++a；//运行后：a=5，b=5

e=--c；//运行后：e=3，c=3

int a=4，b，c=4， e；

b =a++；//运行后：a=5，b=4

e=c--；//运行后：c=3，e=4

④ 关系运算符：关系运算符的运算结果只有 1 或 0 这两种结果，也就是逻辑真(1)或者假（0）。

运算符有：>、<、>=、<=、==、! =。

【例 3-1】

int a=233，b=54；

a>b； //运算结果为真（1）

a<b； //运算结果为假（0）

a>=b; //运算结果为真（1）

a<=b; //运算结果为假（0）

【例 3-2】要求在 P1 口的状态为 0xff 时将 P0 口的 LED 全部点亮。

```
#include <reg52.h>
void  main()
{
while(P1==0xff)  //判断 P1 口是否为 0xff ， “==”常用来判断循环条件
{
P0=0X00；//点亮 P0 口的灯
}
P0=0Xff；//熄灭 P0 口的灯
}
```

【例 3-3】要求当 P1 口任何一支引脚为低电平（0）时，这时 P0 口的奇数灯点亮，如果 P0 口全是高电平（1），就只让 P0.0 的灯亮，可用下面的程序：

```
#include<reg52.h>
void  main()
{
while(P1! =0XFF)    //括号中是判断 P1 口是否为 0xff
{
P0=0XAA；//点亮 P0 口奇数的灯
}
P0=0XFE；//点亮 P0.0 口的灯
}
```

⑤ 逻辑运算符：&&、||、!。

逻辑运算符的运算结果只有真（1）或假（0）两种。

&&: 逻辑与。当参与运算的各个部分都为真时，其结果就是真，只要有一个是假其结果就是假。例如：

```
int  a=32,b=56,c=47,d;
d=(a>b)&&(b>c);              // d 的值为 0（假）
d=(b>a)&&(b>c);             //d 的值为 1（真）
d=(a<b)&&(b<60)&&(c==47);// (真)
d=(a!=21)&&(b<73); //  真
```

||：逻辑或。当参与运算的各个部分中有一个是真（1）时，其运算结果就是真，当各个部分都是 0（假）时其运算结果就是假。例如：

```
int a=32,b=56,c=47,d;
d=(a>b)||(b>c);              //1
d=(b>a)||(b>c);             //1
d=(a<b)||(b<60)||(c==47);   // 1
d=(a!=21)||(b<73);          // 1
```

!：逻辑非。把逻辑运算的结果取反。例如：

```
int  a=43，b=98，c=56，d;
d=!(a>c);                    //1
d=(a>c)&&(!(b<c));           //0
d=!((a>c)&&(d<a)&&(a!=b)); //1
d=!((a>c)||(d<a)||(a!=b));    //0
d=!((a>c)&&(d<a)||(a!=b));    //0
while(!P0.6)                        //如果 P0.6 为高电平（1）就不执行循环体
{
……
}
```

⑥ 位运算符: &、|、^、<<、>>、~

&: 按位与。用来将某个变量的指定位清 0（置 0）。例如：

```
char  a=0x12;
a=a&0x55; //将该变量的偶数位清 0，奇数位不变
char  b=0xfd;
b=b&0xfe;//将 b 的最低位清 0
```

|：按位或。用来将某个变量的指定位置 1。

```
char   a=0x12;//将该变量的偶数位置 1，奇数位不变
a=a|0x55;
char   b=0x56;
b=b|0xfe;//将 b 的最低位置 1
```

^：按位异或。（相同出 0，不同出 1）。

~：按位取反：将某个变量的每一位都取反（0 变 1、1 变 0）。

<<左移、>>右移。主要用于对变量进行位操作，一般用来取出变量的最低位或最高位。例如：取 a 的最高位。

```
char   a=0x31;
a=a<<1;      //把 a 左移 1 位后再赋给 a，经过此操作后 a 的值会发生变化，
//同时最高位（最左边的一位）被移到了 PSW 的最高位（即 CY）
//所以通过 CY 的值就可得知最高位是 0 还是 1
```

也可以用下面的方法得到 a 的最高位：

```
a=a&0x80;
```

例如：取 a 的最低位

```
int a=0x45，b=0x01，c;
c=a&b;  //通过该运算后，就可以对 c 进行判断，如果 c 不等于 0，就说明 a
//的最低位是 1，否则 c 的最低位是 0
```

二、程序示例

```
#include   "stc15xxxxx.h"
#include   "intrins.h.h"
/*************     本地常量声明 **************/
unsigned char code   t_display[ ]={0x3F,0x06,0x5B,0x4F,0x66,0x6D,0x7D,0x07,0x7F,0x6F,0xBF,
0x86,0xDB,0xCF,0xE6,0xED,0xFD,0x87,0xFF,0xEF,0x46};
//标准字库，共阴。前十位不带小数点数字，后十位带小数点数字
unsigned   char code   T_COM[ ]={0xfe,0xfd,0xfb,0xf7,0xef,0xdf,0xbf,0x7f};      //位码，共阴

/*************     I/O 口定义     **************/
sbit      P_HC595_SER= P4^0;         //pin 14    SER
sbit      P_HC595_RCLK= P5^4;  //pin 12    RCLk
sbit      P_HC595_SRCLK= P4^3;//pin 11    SRCLK

/*************     本地变量声明 **************/
unsigned char   WEI0, WEI1, WEI2, WEI3;
unsigned char   WEI4, WEI5, WEI6, WEI7;
//显示缓冲
unsigned char     display_index=0;
/*************     本地函数声明 **************/
/*******SV、PV 值的按位处理子程序********/
void   shujuchuli(float   PV, float SV)
```

```
{
    unsigned int  shujuPV,shujuSV;
    shujuPV=PV*10;
    shujuSV=SV*10;
    WEI0= shujuPV/1000;                          //PV 千位
    WEI1= (shujuPV%1000)/100;                    //PV 百位
    WEI2= (shujuPV%1000)%100/10+10;              //PV 十位  小数点处理
    WEI3= (shujuPV%1000)%100%10;                 //PV 个位
    WEI4= shujuSV/1000;                          //SV 千位
    WEI5= (shujuSV%1000)/100;                    //SV 百位
    WEI6= (shujuSV%1000)%100/10+10;              //SV 十位  小数点处理
    WEI7= (shujuSV%1000)%100%10;                 //SV 个位
}
/***************延时函数***************************/
void Delay3ms( )                                 //@11.0592MHz
{
    unsigned char i, j;

    _nop_();
    _nop_();
    i = 33;
    j = 66;
    do
    {
        while (--j);
    } while (--i);
}
/**************** 向 HC595 发送一个字节函数 ******************/
void Send_595(unsigned  char dat)
{
    unsigned  char i;
    for(i=0; i<8; i++)
    {
        dat <<= 1;
        P_HC595_SER    = CY;
        P_HC595_SRCLK = 1;
        P_HC595_SRCLK = 0;
    }
}
/********************** 显示函数 ***********************/
void DisplayScan(unsigned char display_index, unsigned char  display_data)
```

```
{
Send_595(T_COM[display_index]);                         //输出位码
Send_595(t_display[display_data]);                      //输出段码
P_HC595_RCLK = 1;
P_HC595_RCLK = 0;                                       //锁存输出数据
}

void  xianshi( )
{
        DisplayScan(0, WEI0);
        Delay3ms();                                     //延时 3ms

        DisplayScan(1, WEI1);
        Delay3ms();                                     //延时 3ms

        DisplayScan(2, WEI2);
        Delay3ms();                                     //延时 3ms

        DisplayScan(3, WEI3);
        Delay3ms();                                     //延时 3ms

        DisplayScan(4, WEI4);
        Delay3ms();                                     //延时 3ms

        DisplayScan(5, WEI5);
        Delay3ms();                                     //延时 3ms

        DisplayScan(6, WEI6);
        Delay3ms();                                     //延时 3ms

        DisplayScan(7, WEI7);
        Delay3ms();                                     //延时 3ms
}


/********************** 主函数 ************************/
void main(void)
{ P4M0=0; P4M1=0; P5M0=0; P5M1=0;
    while(1)
     {
     xianshi( );
```

```
        shujuchuli(798.6,800.0)
    }
}
```

【评估】

编写 8 位数码管，按照“小时-分钟-秒”的格式，显示时间的程序。如 12-53-23。

进阶四　用字符液晶 12864 做显示器，显示汉字和数字

用多位数码管做显示器，需要单片机不停地刷新送数据，会导致单片机很忙，另外也不如液晶显示器节能效果好。

液晶显示器有存储数据的功能，在什么位置显示、显示什么数据，单片机只要送给液晶显示器后，液晶显示器会一直存起来并按要求显示，直到单片机又送来新的数据为止。

存储数据的电路，叫寄存器。液晶内部有 2 种寄存器：指令寄存器和数据寄存器。指令寄存器用来存放对液晶的控制指令（告诉液晶要做些什么），数据寄存器用来存放要显示出来的数据。常见的指令有清除屏幕、在什么位置显示、光标闪烁不闪烁等指令。数据就是要显示的内容，一般为要显示的字符的 ASCII 码值，如要显示 a，则 8 位数据为 97（a 的 ASCII 码，详见附录），也可以显示汉字。

指令和数据的区分：在液晶的接口中，指令和数据一般都是 8 位二进制，并且它们共用一个 8 位数据接口，指令传送或数据传送是通过液晶的 RS 引脚的逻辑电平状态决定的。RS=0:从 8 位数据接口送入的是 8 位二进制指令。RS=1:从 8 位数据接口送入的是 8 位二进制数据。

某控制器外形如图 3-11 所示，它使用了液晶显示屏。

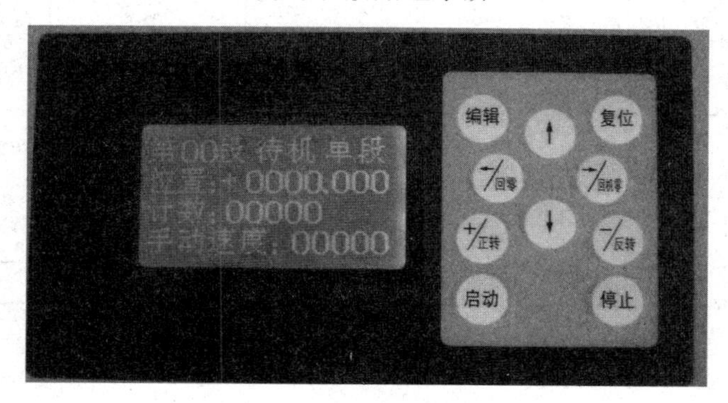

图 3-11　液晶显示屏在控制器上的使用情况

【目标】

通过本内容学习和训练，能够了解字符液晶 12864 显示器用法，完成显示汉字和数字的设计。

【任务】

本任务的具体要求是：请设计程序在 12864 上显示如下内容。

第一行：实际值 798.5

第二行：设定值 800.0

第三行：自定义

第四行：运行状态：工作

【行动】

一、画一画

1. 画出液晶显示器与单片机的连接电路图。

2. 画出液晶显示器显示汉字的程序流程图。

二、修改不同的显示内容

【知识学习】

一、12864显示器介绍

图3-12 12864液晶显示器

12864液晶显示器如图3-12所示。

12864液晶模块是128×64点阵液晶模块的点阵数简称，也是业界约定俗成的简称。

基本用途：该点阵的屏显成本相对较低，适用于各类仪器、小型设备的显示领域。

1. 引脚

12864液晶显示器引脚功能说明见表3-4。

表3-4 12864液晶显示器引脚功能说明

引脚号	引脚名称	功能说明	引脚号	引脚名称	功能说明
1	GND	模块的电源地	15	PSB	并/串行接口选择： H——并行；L——串行
2	VCC	模块的电源正端	16	NC	空脚
3	V0 - LCD	驱动电压输入端	17	/RST	复位（低电平有效）
4	RS(CS)	并行的指令/数据选择信号 串行的片选信号	18	VOUT	倍压输出脚
5	R/W(SID)	并行的读写选择信号 串行的数据口	19	LED_A	背光源正极
6	E(CLK)	并行的使能信号 串行的同步时钟	20	LED_K	背光源负极
7~14	DB0~DB7	并行数据接口			

2. 指令

模块控制芯片提供两套控制命令，基本指令和扩充指令如表3-5、表3-6所示。

表3-5 基本指令

指令	指令码										功 能
	RS	R/W	D7	D6	D5	D4	D3	D2	D1	D0	
清除显示	0	0	0	0	0	0	0	0	0	1	将DDRAM填满“20H”,并且设定DDRAM的地址计数器(AC)到“00H”
地址归位	0	0	0	0	0	0	0	0	1	X	设定 DDRAM 的地址计数器(AC)到“00H”,并且将游标移到开头原点位置;这个指令不改变DDRAM 的内容
显示状态开/关	0	0	0	0	0	0	1	D	C	B	D=1：整体显示 ONC=1：游标 ON B=1:游标位置反白允许
进入点设定	0	0	0	0	0	0	0	1	I/D	S	指定在数据的读取与写入时,设定游标的移动方向及指定显示的移位

续表

指令	指令码										功能
	RS	R/W	D7	D6	D5	D4	D3	D2	D1	D0	
游标或显示移位控制	0	0	0	0	0	1	S/C	R/L	X	X	设定游标的移动与显示的移位控制位;这个指令不改变DDRAM 的内容
功能设定	0	0	0	0	1	DL	X	RE	X	X	DL=0/1：4/8 位数据 RE=1：扩充指令操作 RE=0：基本指令操作
设定 CGRAM 地址	0	0	0	1	AC5	AC4	AC3	AC2	AC1	AC0	设定 CGRAM 地址
设定 DDRAM 地址	0	0	1	0	AC5	AC4	AC3	AC2	AC1	AC0	设定 DDRAM 地址（显示位址） 第一行：80H~87H 第二行：90H~97H
读取忙标志和地址	0	1	BF	AC6	AC5	AC4	AC3	AC2	AC1	AC0	读取忙标志(BF)可以确认内部动作是否完成,同时可以读出地址计数器(AC)的值
写数据到 RAM	1	0	数据								将数据 D7~D0 写入到内部的 RAM (DDRAM/CGRAM/IRAM/GRAM)
读出 RAM 的值	1	1	数据								从内部 RAM 读取数据 D7~D0(DDRAM/CGRAM/IRAM/GRAM)

表 3-6　扩充指令

指令	指令码										功能
	RS	R/W	D7	D6	D5	D4	D3	D2	D1	D0	
待命模式	0	0	0	0	0	0	0	0	0	1	进入待命模式,执行其他指令都可终止待命模式
卷动地址开关开启	0	0	0	0	0	0	0	0	1	SR	SR=1：允许输入垂直卷动 SR=0：允许输入 IRAM 和 CGRAM 地址
反白选择	0	0	0	0	0	0	0	1	R1	R0	选择 2 行中的任一行作反白显示，并可决定反白与否。初始值 R1R0=00，第一次设定为反白显示，再次设定变回正常
睡眠模式	0	0	0	0	0	0	1	SL	X	X	SL=0：进入睡眠模式 SL=1：脱离睡眠模式
扩充功能设定	0	0	0	0	1	CL	X	RE	G	0	CL=0/1：4/8 位数据 RE=1：扩充指令操作 RE=0：基本指令操作 G=1/0：绘图开关
设定绘图 RAM 地址	0	0	1	0AC6	0AC5	0AC4	AC3AC3	AC2AC2	AC1AC1	AC0AC0	设定绘图 RAM 先设定垂直（列）地址 AC6AC5…AC0 再设定水平（行）地址 AC3AC2AC1AC0 将以上 16 位地址连续写入即可

3. 时序

LCD 显示屏 YJ-12864BG 动作时有一定的时序，图 3-13 为读取动作时序图，图 3-14 为写入动作时序图。

二、12864 使用说明

1. 使用前的准备

先给模块加上工作电压，调节 LCD 的对比度，使其显示出黑色的底影。此过程也可以初步检测 LCD 有无缺段现象。

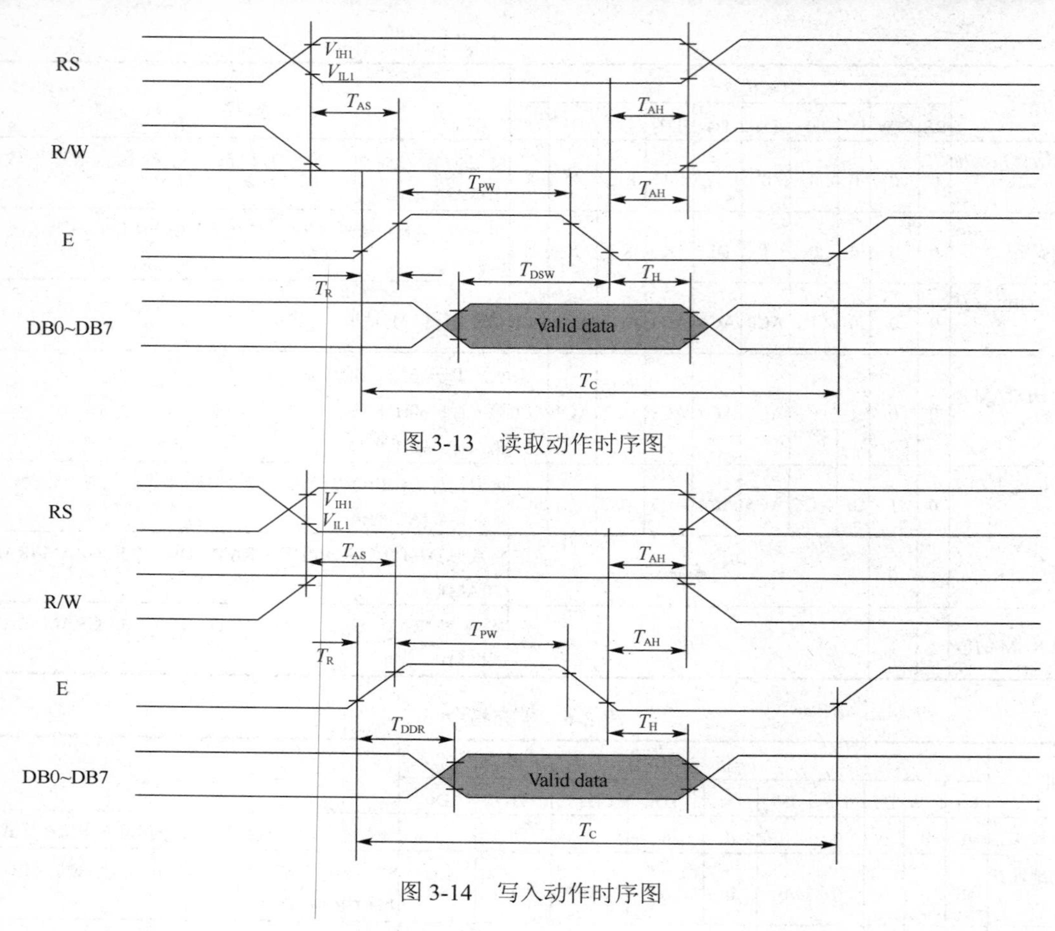

图 3-13　读取动作时序图

图 3-14　写入动作时序图

2. 字符显示

带中文字库的 128X64-0402B 每屏可显示 4 行 8 列共 32 个 16×16 点阵的汉字，每个显示 RAM 可显示 1 个中文字符或 2 个 16×8 点阵全高 ASCII 码字符，即每屏最多可实现 32 个中文字符或 64 个 ASCII 码字符的显示。带中文字库的 128X64-0402B 内部提供 128×2 字节的字符显示 RAM 缓冲区（DDRAM）。

字符显示是通过将字符显示编码写入该字符显示 RAM 实现的。根据写入内容的不同，可分别在液晶屏上显示 CGROM（中文字库）、HCGROM（ASCII 码字库）及 CGRAM（自定义字形）的内容。

三种不同字符/字形的选择编码范围为：0000～0006H（其代码分别是 0000、0002、0004、0006 共 4 个）显示自定义字形，02H～7FH 显示半宽 ASCII 码字符，A1A0H～F7FFH 显示 8192 种 GB 2312 中文字库字形。字符显示 RAM 在液晶模块中的地址 80H～9FH。字符显示的 RAM 的地址与 32 个字符显示区域有着一一对应的关系，其对应关系如表 3-7 所示。

表 3-7　字符显示的 RAM 地址

项目	第 1 字	第 2 字	……	第 7 字	第 8 字
第一行	80H	81H	……	86H	87H
第二行	90H	91H	……	96H	97H
第三行	88H	89H	……	8EH	8FH
第四行	98H	99H	……	9EH	9FH

3. 图形显示

先设垂直地址再设水平地址（连续写入两个字节的资料来完成垂直与水平的坐标地址）。垂直地址范围 AC5…AC0，水平地址范围 AC3…AC0。

绘图 RAM 的地址计数器（AC）只会对水平地址(X 轴)自动加一，当水平地址=0FH 时会重新设为 00H 但并不会对垂直地址做进位自动加一，故当连续写入多笔资料时，程序需自行判断垂直地址是否需重新设定。GDRAM 的坐标地址与资料排列顺序如图 3-15 所示。

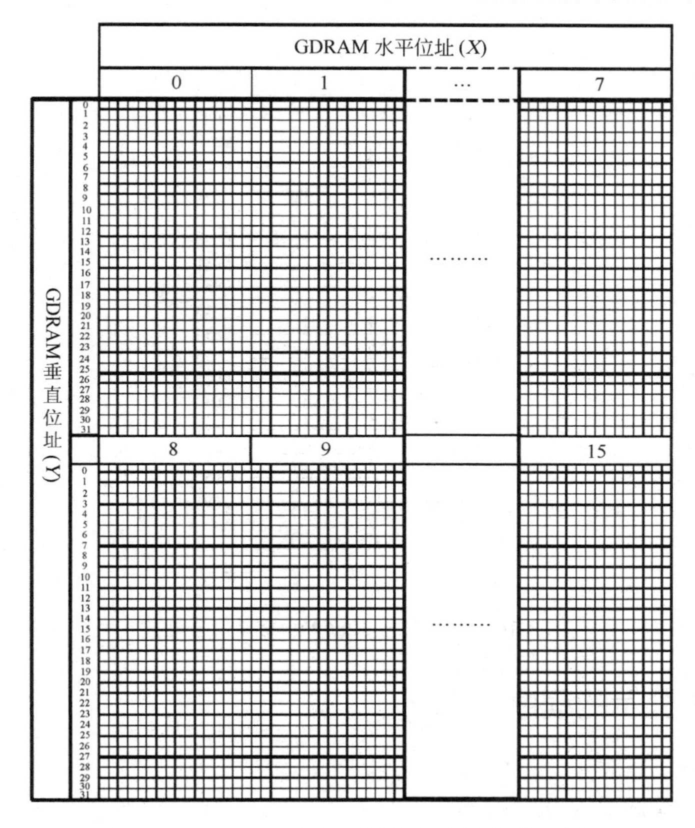

图 3-15　GDRAM 的坐标地址与资料排列顺序图

4. 应用说明

用带中文字库的 128×64 显示模块时应注意以下几点。

① 欲在某一个位置显示中文字符时，应先设定显示字符位置，即先设定显示地址，再写入中文字符编码。

② 显示 ASCII 字符过程与显示中文字符过程相同。不过在显示连续字符时，只须设定一次显示地址，由模块自动对地址加 1 指向下一个字符位置，否则，显示的字符中将会有一个空 ASCII 字符位置。

③ 当字符编码为 2 字节时，应先写入高位字节，再写入低位字节。

④ 模块在接收指令前，处理器必须先确认模块内部处于非忙状态，即读取 BF 标志时 BF 需为“0”，方可接收新的指令。如果在送出一个指令前不检查 BF 标志，则在前一个指令和这个指令中间必须延迟一段较长的时间，即等待前一个指令确定执行完成。指令执行的时间请参考指令表中的指令执行时间说明。

⑤ “RE”为基本指令集与扩充指令集的选择控制位。当变更“RE”后，以后的指令集将维持在最后的状态，除非再次变更“RE”位，否则使用相同指令集时，无需每次均重设“RE”位。

三、电路

单片机与 12864 液晶显示器连接如图 3-16 所示。

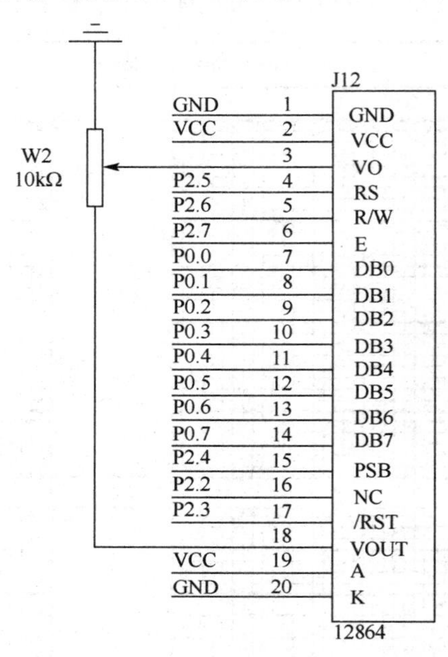

图 3-16 单片机与 12864 液晶显示器连接

四、12864 显示的程序

```
#include "stc15xxxxx.h"
sbit LCD_RS = P2^5;        //定义引脚
sbit LCD_RW = P2^6;
sbit LCD_E   = P2^7;
sbit PSB      = P2^4;        //PSB 脚为 12864-12 系列的串、并通信功能切换，使用 8 位并行接口，PSB=1
sbit LCD_RES= P2^3;    //    17---RESET    L-->Enable
unsigned char    FirstLine[15]="实际值：";
unsigned char    SecondLine[15]= "设定值：";
unsigned char    ForthLine[15]= "运行状态：工作";
#define io_LCD12864_DATAPORT    P0
#define SET_DATA    LCD_RS=1;
#define SET_INC    LCD_RS=0;
#define SET_READ    LCD_RW=1;
#define SET_WRITE    LCD_RW=0;
#define SET_EN    LCD_E=1;
```

```
#define CLR_EN    LCD_E=0;
/*******SV、PV 值的按位处理子程序********/
void  DisplaySV_PV(float  PV, float    SV)
{
    unsigned int   shujuPV,shujuSV;
    shujuPV=PV*10;
    shujuSV=SV*10;
    FirstLine[8]= shujuPV/1000+48;                  //千位
    FirstLine[9]= (shujuPV%1000)/100+48;            //百位
    FirstLine[10]= (shujuPV%1000)%100/10+48;        //十位
    FirstLine[11]='.';
    FirstLine[12]= (shujuPV%1000)%100%10+48;        //个位
    FirstLine[13]=0;
    SecondLine[8]= shujuSV/1000+48;
    SecondLine[9]= (shujuSV%1000)/100+48;
    SecondLine[10]= (shujuSV%1000)%100/10+48;
    SecondLine[11]='.';
    SecondLine[12]= (shujuSV%1000)%100%10+48;
    SecondLine[13]=0;
}

/*******忙检测子程序********/
void v_Lcd12864CheckBusy_f(void)
{
    unsigned int nTime=0;
    SET_INC             //LCD_RS=0;
    SET_READ            //LCD_RW=1;
    CLR_EN              //LCD_E=0;
    SET_EN              //LCD_E=1;
    while((io_LCD12864_DATAPORT & 0x80 ) && (++nTime !=0))
    CLR_EN
    SET_INC
    SET_READ
}
/*******发送命令子程序********/
void v_Lcd12864SendCmd_f( unsigned char byCmd )
{
 v_Lcd12864CheckBusy_f() ;
 SET_INC
 SET_WRITE
 CLR_EN
 io_LCD12864_DATAPORT = byCmd ;
```

```
 _nop_();
 _nop_();
 SET_EN
 _nop_();
 _nop_();
 CLR_EN
 SET_READ
 SET_INC
}
/*******发送数据子程序********/
void v_Lcd12864SendData_f( unsigned char byData )
{
 v_Lcd12864CheckBusy_f() ;
 SET_DATA
 SET_WRITE
 CLR_EN
 io_LCD12864_DATAPORT = byData ;
 _nop_();
 _nop_();
 SET_EN
 _nop_();
 _nop_();
 CLR_EN
 SET_READ
 SET_INC
}
/*******延时 50ms********/
void Delay50ms()          //@11.0592MHz
{
    unsigned char i, j, k;
    _nop_();
    _nop_();
    i = 3;
    j = 26;
    k = 223;
    do
    {
        do
        {
            while (--k);
        } while (--j);
    } while (--i);
```

```
}
/*******液晶初始化********/
void v_Lcd12864Init_f( void )              //初始化
{
  PSB=1;
  LCD_RES=1;
  v_Lcd12864SendCmd_f( 0x30 ) ;          //基本指令集
  Delay50ms();
  v_Lcd12864SendCmd_f( 0x01 ) ;          //清屏
  Delay50ms();
  v_Lcd12864SendCmd_f( 0x06 ) ;          //光标右移
Delay50ms();
  v_Lcd12864SendCmd_f( 0x0c ) ;          //开显示
}
/*******液晶地址转换********/
void v_Lcd12864SetAddress_f( unsigned char x, y )
{
 unsigned char byAddress ;
 switch( y )
 {
   case 0 :   byAddress = 0x80 + x ;   break;
   case 1 :   byAddress = 0x90 + x ;   break ;
   case 2 :   byAddress = 0x88 + x ;   break ;
   case 3 :   byAddress = 0x98 + x ;   break ;
   default :   break ;
 }
 v_Lcd12864SendCmd_f( byAddress ) ;
}

/*******字符发送函数********/
void v_Lcd12864PutString_f( unsigned char x, unsigned char y, unsigned char *pData )
{
 v_Lcd12864SetAddress_f( x, y ) ;
 while( *pData != '\0' )
 {
  v_Lcd12864SendData_f( *pData++ ) ;
 }
}
/*******液晶清屏********/
void LCDClear(void)
{
 v_Lcd12864SendCmd_f(0x01); //显示清屏
```

```
 v_Lcd12864SendCmd_f(0x34); // 显示光标移动设置
 v_Lcd12864SendCmd_f(0x30); // 显示开及光标设置
}
/*******主函数********/
void main( void )
{
    DisplaySV_PV(798.5,800.0);
Delay50ms();Delay50ms();
    v_Lcd12864Init_f() ;
    v_Lcd12864PutString_f( 0,0, FirstLine) ;
    Delay50ms();Delay50ms();Delay50ms();
    v_Lcd12864PutString_f( 0,1, SecondLine) ;
    Delay50ms();Delay50ms();Delay50ms();
    v_Lcd12864PutString_f( 0,3, ForthLine) ;
    Delay50ms();Delay50ms();Delay50ms();
 while( 1 ) ;
}
```

【评估】

在空白那一行，填上：“14 年 5 月 8 日”，要求年月日是固定不动的，数字可以更改。

【拓展】

查找资料，学习 1602 液晶的用法。

项目实施

各种仪器设备不同，其显示器也不一样，但是工作原理都差不多，就是做两件事情：在什么位置显示和显示什么内容。

实施建议：

1. 在这个项目的实施过程中，硬件上用到的元器件很多，引脚更多，要注意每个元器件引脚的连接关系；软件上要分清每个显示单元的对应的单片机 I/O 口和要显示的数据。

2. 调试过程介绍。

数码管显示的调试。平时人们看到数码管同时点亮着，但是实际上，这 4 个数码管是逐个扫描的。在任意一个时刻，只有一位数码管被点亮。可以进一步把每位数码管的扫描动作细分为以下几个步骤：

① 输出当前位数码管的段码信号；

② 开启当前位数码管的位选信号；

③ 启动 ms 级延时；

④ 关闭上一位数码管的位选信号；

⑤ 延时结束后，移动到下一位数码管，并重复上述 4 个步骤，如此周而复始。

若发现数字是闪烁的，是延时时间长了。如果是乱码，就把 ms 级延时放大到秒级延时，甚至更长，观察每个数码管的显示数据规律对不对，如果数据不对，可能是段码数据送错了；如果位数和位置不对，那是位码出错。

项目里规定的数，送去数码管了，但不显示。此时，可能 595 的电源不对，数码管共阴共阳不对等。

总体调试，主要是要真正理解每个子程序的功能和作用，再对整体程序结构认识充分，就好找错和改错了。

项目评估

1. 对照你的项目介绍展示你的作品，评价项目任务完成情况。

2. 项目答辩，主要问题如下。

① 单片机如何与多位数码管连接的，为什么要这样连接？

② 单片机如何控制数码管显示数字的？

③ 仪表 PV 和 SV 有什么意义？

④ 项目中用到哪些子程序？它们各起什么作用？参数是如何在各子程序之间传递的？主程序为什么那么短呢？

⑤ 用语言描述本项目中程序的执行过程。

⑥ 通过项目训练，你获得了哪些技能？

⑦ 你在完成项目过程中，走了哪些弯路，把你的经验收获和大家分享一下。

3. 提交项目报告。

项目拓展

查找资料，观察各种仪表的显示内容，尝试完成它。

项目四　设计制作医院病床呼叫系统控制器

项目目标

1. 解决单片机与大功率设备的连接问题。了解单片机、三极管、继电器电路、光电耦合器对大功率设备的驱动方法。

2. 掌握基本按钮与分支程序的编写方法,掌握多分支程序的编程方法。

3. 掌握按钮去抖动的方法。

4. 掌握多功能组合按钮的用法。

5. 了解矩阵式键盘的用法。

6. 学会 if 和 switch 语句的用法。

7. 学习复杂程序的编程方法。

项目任务

病床呼叫系统是一种应用于医院病房、养老院等地方，用来联系沟通医护人员和病人的专用呼叫系统，是提高医院水平的必备设备之一。病床呼叫系统的优劣直接影响到病人的安危，历来受到各大医院的普遍重视。它要求及时、准确可靠、简便可行、利于推广。

病床呼叫管理系统使用流程是当病人按下开关时，病床边会有提示音出现，同时在护士值班室的显示器上会显示相应号码，同时也有提示音出现等。

本项目比前一项目增加了很多按钮。按钮是仪器仪表中必备的一个操作元件，主要用它来实现用户信号的输入。按钮的输入信号主要是数字信号“0”或者“1”。因此，可以用它来代表具有按钮输入信号特点的所有的设备器件，比如光电开关、霍尔开关等数字传感器。

现在试着和**区医院的院长一起，共同解决一下该医院的病床呼叫管理系统设计这个问题。当然最好到学校附近的医院考察一下，设计完成一个能解决实际问题的病床呼叫管理系统方案并模拟实施。

项目实施条件

仪器：普通万用表一台，STC 单片机实验箱一台。

软件：Keil 和 STC 单片机下载软件。

新增器件：5V 继电器 1 个，光电耦合器 1 个，5×5 不自锁按钮若干，9013 三极管 1 个，1kΩ 电阻 2 个，100Ω 电阻 4 个，10kΩ 电阻 1 个，1N4007 二极管 1 个，蜂鸣器等。

进阶一　按钮控制电动机的启停

单片机允许的电压是5V左右的直流电压，它能控制交流220V的设备吗？

【目标】

通过本内容学习和训练，能够了解单片机对大功率设备的驱动方法，学习基本按钮与分支程序的编写方法，学会if语句的用法。

【任务】

用单片机控制一个220V交流电动机的启停，按一下1#按钮，交流电动机启动；按一下2#按钮，交流电动机停止。

【行动】

一、写一写

1. 本任务电路中三极管的作用是什么？

2. 本任务电路中继电器的作用是什么？

3. 本任务电路中二极管VD1的作用是什么？

二、画一画，推一推

1. 画出本任务电路图。推理一下：三极管基极如果是低电平，电动机转不转？电动机要是转，单片机需要输出什么信号？

2. 如果用9012三极管驱动，又会如何？

三、说一说

说出if语句的执行过程。

本案例程序中如果同时按下两个按钮有什么现象?并分析原因?在现实中会允许同时按下两个按钮吗?如果不允许,如何解决?

【知识学习】

一、如何把电动机接到单片机上——功率驱动

单片机是一个弱电器件，一般情况下它们大都工作电压在5V甚至更低，驱动电流在毫安级以下。而要把它用于一些大功率场合，比如控制电动机，显然是不行的。所以，就要有一个中间环节来衔接，这个环节就是所谓的“功率驱动”。另外，像电动机等大功率设备，工作时会产生强大的电磁干扰，这些电磁干扰一旦窜入单片机系统，不但会影响到控制效果，还可能把单片机系统烧毁。因而功率驱动时，还要注意抗干扰的问题。

1. 小型直流电磁继电器基本常识

继电器驱动是一个典型的、简单的功率驱动例子。继电器的种类很多，能和单片机配合使用的主要是小型直流继电器，分为两种：一种是电磁继电器，一种固态继电器。这里只介绍电磁继电器。

电磁继电器(Relay)是一种电子控制器件，它实际上是用较小的电流去控制较大电流的一种“自动开关”。电磁继电器一般由铁芯、线圈、衔铁、触点簧片等组成。继电器线圈在电路中用一个长方框符号表示。同时在长方框内或长方框旁标上继电器的文字符号“J”。继电器的触点有两种表示方法：一种是把它们直接画在长方框一侧，这种表示法较为直观。另一种是按照电路连接的需要，把各个触点分别画到各自的控制电路中，通常在同一继电器的触点与线圈旁分别标注上相同的文字符号，并将触点组编上号码，以示区别。

工作时，只要在线圈两端加上一定的电压，线圈中就会流过一定的电流，从而产生电磁效应，衔铁就会在电磁力吸引的作用下克服返回弹簧的拉力吸向铁芯，从而带动衔铁的动触点与静触点吸合。当线圈断电后，电磁的吸力也随之消失，衔铁就会在弹簧的反作用力返回原来的位置，使动触点与原来的静触点释放。这样吸合、释放，从而达到了在电路中的导通、切断的目的。可见继电器一般有两个电路，一个是控制电路，控制电路一般是低压的，另一个是工作电路，工作电路可能是低压，也可能是高压。

它的常用电气参数有以下几个。

① 线圈额定工作电压：是指继电器正常工作时线圈所需要的电压，也就是控制电路的控制电压。常见的是 5V、6V、12V、9V 等几种。

② 线圈额定工作电流：这个参数一般没有标示，可以用万用表欧姆挡测出线圈电阻,再根据额定电压推算出来。

③ 触点切换电压和电流：是指继电器触点允许加载的电压和电流。它决定了继电器能控制的电压和电流大小，使用时不能超过此值，否则很容易损坏继电器的触点。

在图 4-1 中，SRD-5VDC-SL-C 是继电器的型号，不同厂家之间有不同表示方法，其中的 5VDC 是指继电器线圈的工作电压为直流 5V。

10A　250VAC：说明该继电器的触点可以用在交流 250V 时，可开关 10A 的负载。

10A　125VAC：说明该继电器的触点可以用在交流 125V 时，可开关 10A 的负载。

10A　28VDC：说明该继电器的触点可以用在直流 28V 时，可开关 10A 的负载。

2. 光耦、三极管驱动和继电器驱动电路

驱动电路如图 4-2 所示。继电器的触点处于交流 220V 的电路中，当触点闭合时，电动机接通电源工作，当触点断开时，电动机无电停机。继电器的线圈接在直流 12V 电路中，当 VT 三极管导通时，继电器线圈得电，常开触点吸合，电动机工作。当 VT 三极管截止时，继电器线圈失电，常开触点断开，电动机停止。光耦的输入端接 5V 电源，输出端接 12V 电源。单片机引脚为低电平时，光耦导通，VT 三极管不导通，电动机停止，否则电动机工作。

图 4-1　SRD-5VDC-SL-C 继电器的外形

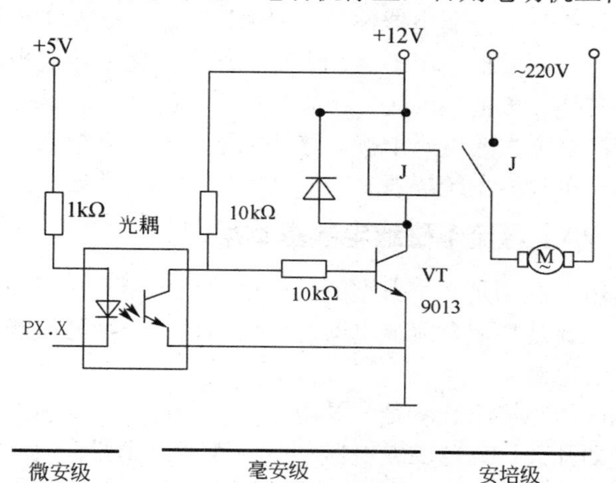

图 4-2　光耦、三极管驱动、继电器驱动电路

图 4-2 中二极管的作用是当继电器线圈失电的时候，给线圈中的电流一个闭合通路，使电流能够平稳下降。如果没有二极管，线圈中的电流可能发生突变，感应出高电压，损坏光

耦和继电器。

3. 光电耦合器的使用

光电耦合器件工作原理简介如下。

光电偶合器件（简称光耦）是把发光器件（如发光二极管）和光敏器件（如光敏三极管）组装在一起，通过光线耦合,实现构成电—光和光—电的转换器件。图 4-3 所示为常用的光电耦合器原理图。图 4-4 为用光耦直接驱动继电器的原理图（容易烧坏光耦）。

光耦的主要性能特点如下。

① 隔离性能好，输入端与输出端完全实现了电隔离，易与逻辑电路连接；

② 光信号单向传输，输出信号对输入端无反馈，可有效阻断电路或系统之间电的联系，但并不切断它们之间的信号传递，光发射和光敏器件的光谱匹配十分理想，响应速度快，传输效率高；

③ 光信号不受电磁干扰，工作稳定可靠，无触点、寿命大；

④ 抗共模干扰能力强，能很好地抑制干扰并消除噪声，工作温度范围宽，符合工业和军用温度标准；

⑤ 线性光耦的电流传输特性曲线接近直线，并且小信号时性能较好，可用于模拟量传输，常用的线性光耦是 PC817A-C 系列、TLP512 等。非线性光耦的电流传输特性曲线是非线性的，这类光耦适合于开关信号的传输，不适合于传输模拟量。

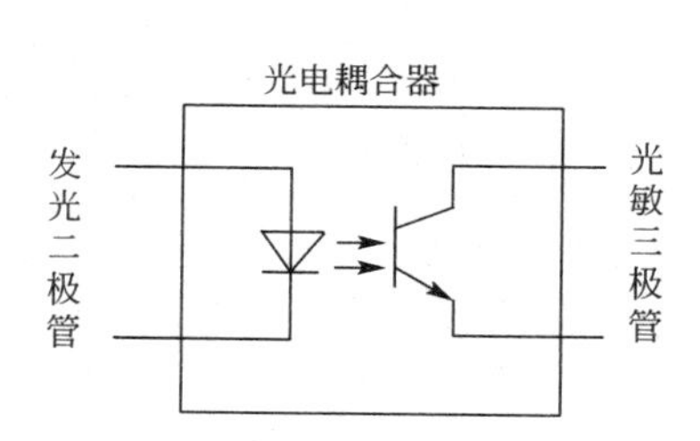

图 4-3 常用光电耦合器内部结构图

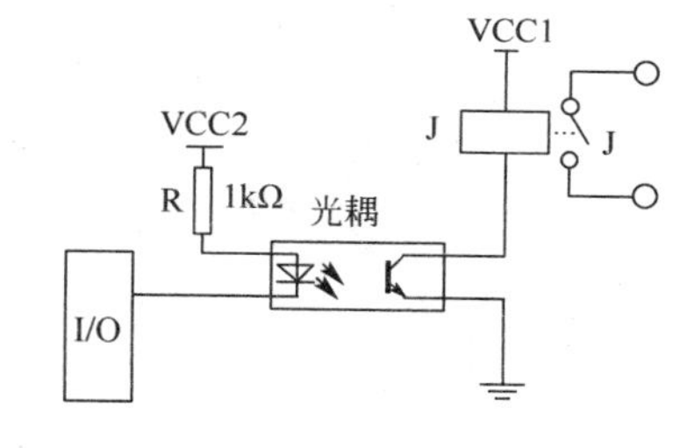

图 4-4 用光耦直接驱动继电器的原理图

二、交流电动机的驱动电路

通过按钮控制的交流电动机驱动电路如图 4-5 所示。

三、按钮控制电动机的启停流程图

按钮控制电动机启停流程图如图 4-6 所示。

四、按钮控制交流电动机的启停程序

任务程序如下：

```
//程序名称：DJqiting.c
//程序功能：按一下按钮 17，电动机启动；按一下按钮 18，电动机停止
#include  "STC15xxxxx.H"
sbit   anniu17=P3^2;
```

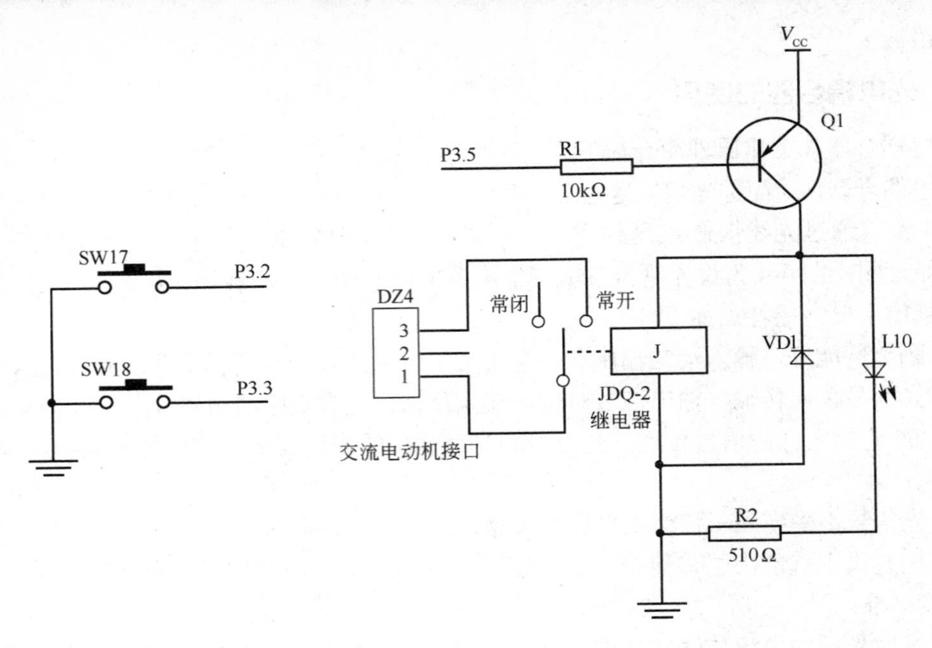

图 4-5 交流电动机驱动电路

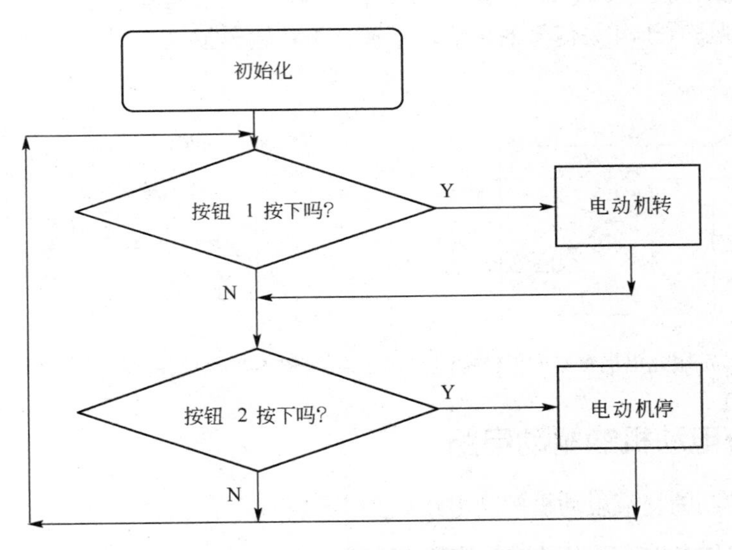

图 4-6 按钮控制电动机启停流程图

```
sbit   anniu18=P3^3;
sbit   dianji=P3^5;

/*******以下主程序（函数）********/
void main()
{ P3M0=0; P3M1=0
while(1)
    {
     if(anniu17==0)
```

```
            {
            dianji=1;
            }
        if(anniu18==0)
            {
            dianji=0;
            }
        }
}
```

五、C语言知识学习（七）——if语句用法

1. if语句用法

if 语句是一种条件判断语句，根据条件的不同情况，执行不同语句块。

标准格式：

```
if (条件表达式)
  {
   语句块 1;
  }
else
  {
  语句块 2;
  }
```

组成：

① 语句名称 if

② （）及里面的条件表达式

③ {}及里面的语句块 1

④ 语句名称 else

⑤ {}及里面的语句块 2

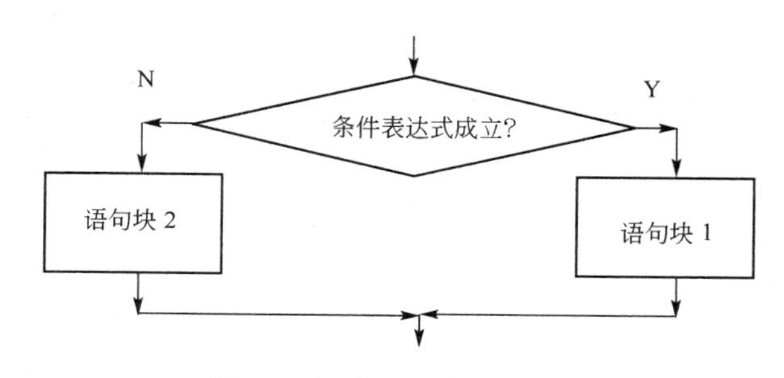

图 4-7　标准 if 语句执行过程

执行过程：

如图 4-7 所示。如果 if 旁边小括号中的条件表达式是真（满足条件）就执行语句块 1，否则就执行语句块 2。

实例分析：

```
  #include "STC15Fxxxx.H"
     void   main( )
     {
      while(1)
          {
              if (P3!=0xFF)
              {
                 P2=0xAA;
              }
```

```
            else
             {
               P2=0x55;
             }
          }
     }
```

该程序完成的功能如图 4-8 所示，如果 P3 口上所有引脚不都是高电平，那么 P2=xAA；否则，P2=0x55。两种情况必须选一个。

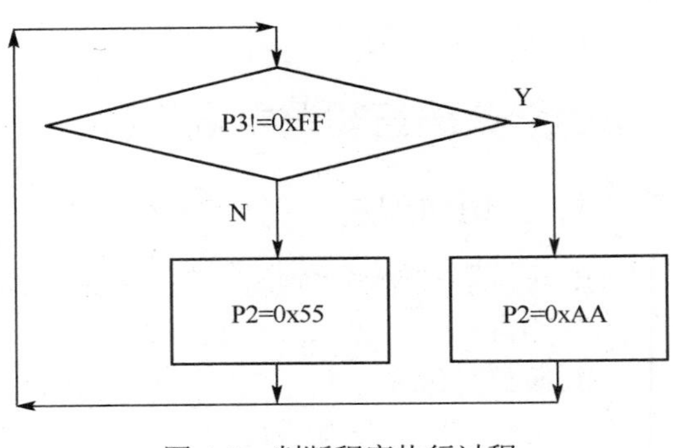

图 4-8 判断程序执行过程

注意事项：

① 如果不满足 if 后面的条件，什么都不用做的话，可以省略 else，例如：

```
#include "STC15Fxxxx.H"
void   yanshi（unsigned   int   y）
{
while（y--）；
}
void   main( )
{
      while(1)
      {
         if (P3!=0xFF)                //没有 else，不满足条件时跳过{}向下执行
            {
               P2=0xAA;               //满足条件才会被执行
               yanshi(60000）；
          }
         P2=0xff;                     //总会被执行，与 if 条件无关
       }
}
```

② if 语句的嵌套。if 语句中的 else 总是跟与它靠得最近的那个 if 配对。为了能清晰地看出 if 和 else 的配对关系，通常在书写时，相互配对的 if-else 使用后退对齐的方法书写。相应的格式和实例如下。

```
if (条件表达式 1)
{
语句块 1;
}
else   if (条件表达式 2)
      {
      语句块 2;
      }
      else   if（条件表达式 3）
         {
```

```
        语句块 3；
        }
    语句块 4；
    ……
```

执行过程是：

① 如果条件表达式 1 成立，就执行语句块 1，然后去执行语句块 4。

② 表达式 1 不成立，看条件表达式 2 是否不成立，如果表达式 2 成立，就执行语句块 2，然后执行语句块 4。

③ 如果条件表达式 2 也不成立，再看条件表达式 3 是否不成立，如果表达式 3 成立就执行语句块 3，然后执行语句块 4。

④ 如果所有条件不成立，就直接执行语句块 4。

if 语句的嵌套实例：

```
unsigned char   a;
a=P3;
void main()
{
while(1)
{
if (a==0xff)
{ P2=0xFF； }
else     if (a==0xfe)
         {P2=0xfe； }
         else     if (a==0xfd)
                  {P2=0xfd； }
                  else {P2=0x00； }
}
}
```

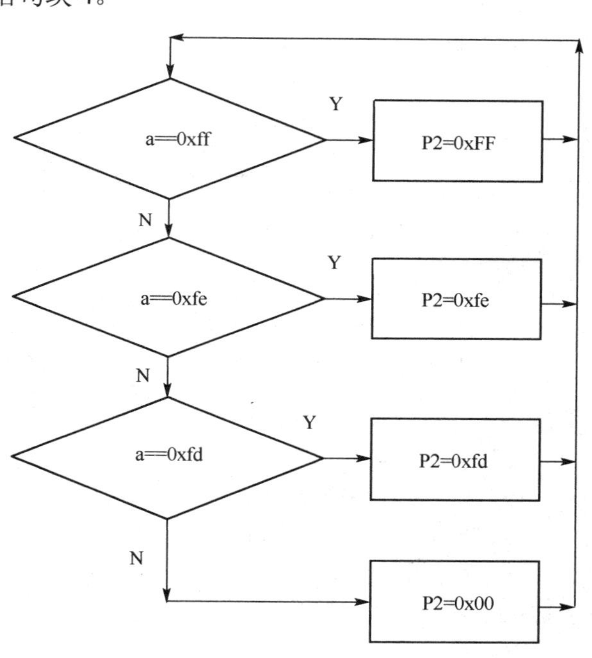

图 4-9 if 语句的嵌套实例流程图

该程序完成的功能如图 4-9 所示，具体说明如下：

① 如果 P3==0xff 成立，则 P2=0xFF，然后回到“while（1）”，继续再判断 P3=0xff 是否不成立。

② 如果 P3=0xff 不成立，则判断 P3==0xfe 是否不成立，如果成立，P2=0xfe，然后回到“while（1）”，继续再判断 P3=0xff 是否不成立。

③ 如果 P3==0xfe 不成立，再看 P3==0xfd 是否不成立，如果成立 P2=0xfd，然后回到“while（1）”，继续再判断 P3=0xff 是否不成立。

④ 如果所有条件不成立，P2=0x00；然后回到“while（1）”，继续再判断 P3=0xff 是否不成立。

【评估】

1. 完成任务设计：按一下按钮 1，蜂鸣器响，按一下按钮 2，蜂鸣器不响。按钮是不自锁的按钮。

2. 完成任务设计：按一下按钮 1，led1 亮 led2 灭，按一下按钮 2，led2 亮 led1 灭。按钮是不自锁的按钮。

3. 使用光电传感器和单片机等器件，设计一个光控灯系统，具体要求是有光灯灭，无光灯亮。

【拓展】

设计一个模拟汽车转向控制器。

安装在汽车不同位置的信号灯，是汽车驾驶员之间及驾驶员向行人传递汽车行驶状况的语言工具。一般包括转向灯、刹车灯、倒车灯等，其中，汽车转向灯包括左转灯和右转灯。本设计中用两个按钮 S0、S1（是自锁按钮）来模拟驾驶员发出的命令，两个 LED 灯分别模拟左转灯和右转灯。两者的对应关系如下：

左转按钮 S0	右转按钮 S1	左转指示灯 LED1	右转指示灯 LED2
没按 1	没按 1	不亮 1	不亮 1
按下 0	没按 1	闪亮 0	不亮 1
没按 1	按下 0	不亮 1	闪亮 0
按下 0	按下 0	闪亮 0	闪亮 0

进阶二 设计一台简易抢答器

某学校欲举行知识竞赛类活动，需要购置一批抢答器。来一起设计吧。

【目标】

通过本内容学习和训练，能够继续巩固 if 语句的用法、学习 switch 语句用法，了解多分支程序的编程要点。

【任务】

设计一个简易抢答器。一个数码管显示组号，四个抢答按钮供选手抢答，具体要求如下。

1. 上电后数码管显示“0”，表示可以抢答。
2. 抢答时，哪一组选手最先按下，显示哪一组的组号，后按下的组无效。
3. 抢答成功后延时 30s，供选手答题，然后进入下一轮抢答。

【行动】

一、画一画

1. 本任务电路图。
2. 修改本任务流程图。

二、说一说

1. 本案例程序的执行过程。
2. switch 语句与 if 语句的区别。

【知识学习】

一、简易抢答器中按钮的电路

按钮的电路如图 4-10 所示，数码显示电路图见项目三，只要把两个图中引脚合理分配一下，连接在一起就可以了。

二、简易抢答器流程图

简易抢答器流程图如图 4-11 所示。

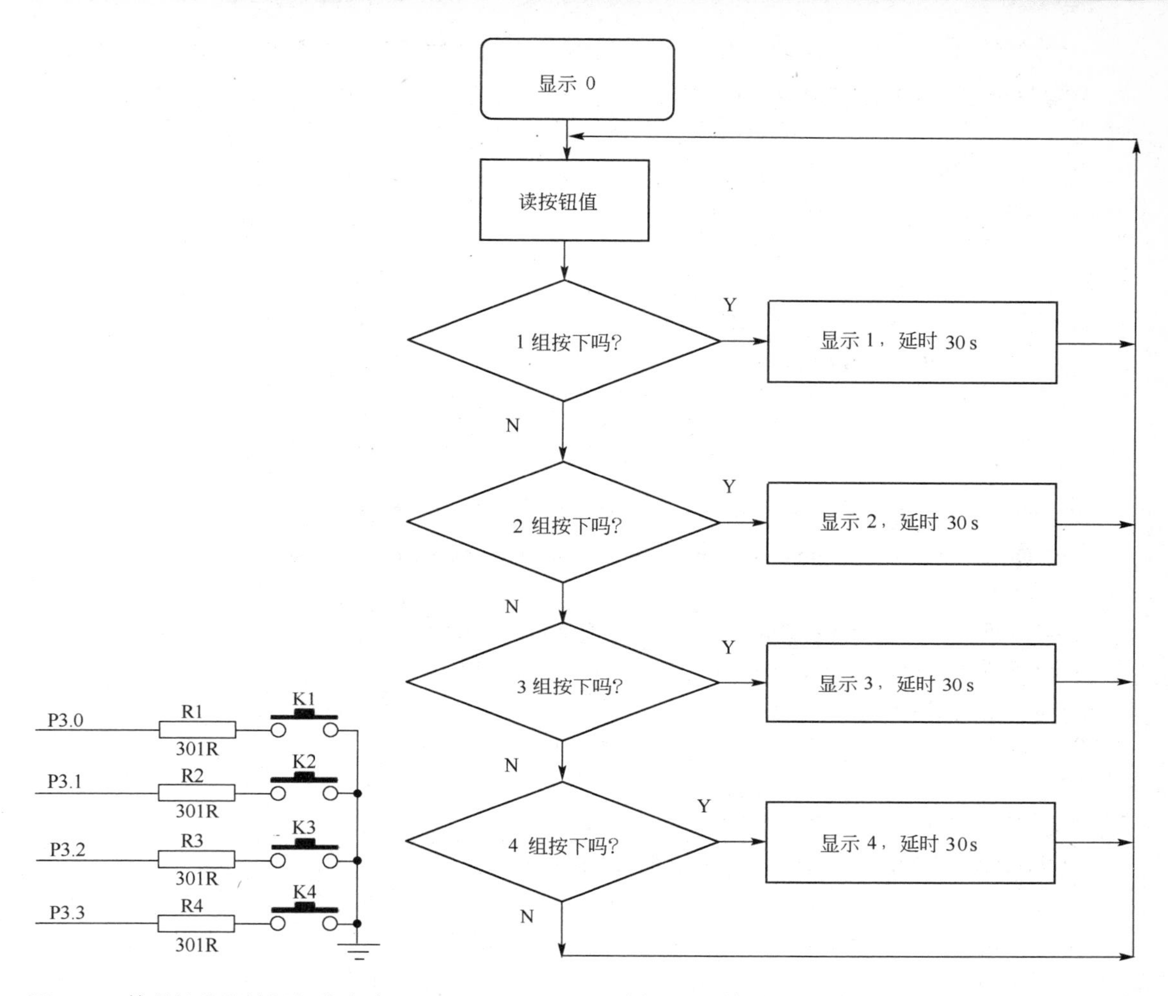

图 4-10　简易抢答器按钮部分电路

图 4-11　简易抢答器流程图

三、简易抢答器程序

用 switch 语句完成，程序如下：

```
#include   "STC15xxxxx.H"
#include   "intrins.H"
#define       KeyValue      P3
/*************     本地常量声明    **************/
unsigned char code t_display[]={                              //标准字库
//     0    1    2    3    4    5    6    7     8   9    A    B    C   D    E    F
        0x3F,0x06,0x5B,0x4F,0x66,0x6D,0x7D,0x07,0x7F,0x6F,0x77,0x7C,0x39,0x5E,0x79,0x71};
unsigned char code T_COM[ ]={0xfe,0xfd,0xfb,0xf7,0xef,0xdf,0xbf,0x7f};     //位码，共阴
/*************     IO 口定义      **************/
sbit  P_HC595_SER     = P4^0;     //pin 14    SER
sbit  P_HC595_RCLK    = P5^4;     //pin 12    RCLk
sbit  P_HC595_SRCLK = P4^3;       //pin 11    SRCLK
```

```
/**************** 向 HC595 发送一个字节函数 *****************/
void Send_595(unsigned char dat)
{
        unsigned char   i;
        for(i=0; i<8; i++)
        {
              dat <<= 1;
              P_HC595_SER      = CY;
              P_HC595_SRCLK = 1;
              P_HC595_SRCLK = 0;
        }
}
/********************** 显示函数 ***********************/
void DisplayScan(unsigned char display_index, unsigned char   display_data)
{
Send_595(T_COM[display_index]);                 //输出位码
Send_595(t_display[display_data]);              //输出段码
P_HC595_RCLK = 1;
P_HC595_RCLK = 0;                               //锁存输出数据
}
/*******延时子程序********/
void Delay30000ms()            //@11.0592MHz
{
       unsigned char i, j, k;
       _nop_();
       _nop_();
       i = 237;
       j = 175;
       k = 96;
       do{
             do{
                   while (--k);
             } while (--j);
       } while (--i);
}
void main(void)
{ P3M0=0; P3M1=0; P4M0=0; P4M1=0; P5M0=0; P5M1=0;
      DisplayScan(0,0);           //显示 0
      while(1)
       {
         switch(KeyValue & 0x0f)
```

```
            {
              case 0x0e: DisplayScan(0,1); Delay30000ms();DisplayScan(0,0); break;
              case 0x0d: DisplayScan(0,2); Delay30000ms();DisplayScan(0,0); break;
              case 0x0b: DisplayScan(0,3); Delay30000ms();DisplayScan(0,0); break;
              case 0x07: DisplayScan(0,4); Delay30000ms();DisplayScan(0,0); break;
              default:break;
            }
       }
  }
```

四、C 语言知识学习（八）——switch、break、continue 语句用法

1. switch（ ）语句用法

switch 在 C 语言中，它经常跟 case 一起使用，是一个判断选择语句，也常称为开关语句，可以实现多选一。

标准格式：

```
switch(变量）
{
case  变量第一种取值：程序块 1；  break；
case  变量第二种取值：程序块 2；  break；
case  变量第三种取值：程序块 3；  break；
case  变量第四种取值：程序块 4；  break；
……
default：break；
}
```

组成：

① 语句名称 switch

② （）及小括号里的变量

③ {}

④ case 变量取值：程序块 n； break；

⑤ default：break；

执行过程：

switch 语句执行时，首先读出 switch 旁边小括号中“变量”的值，然后根据“变量”的值从上到下作比较，当某个 case 旁边的值与“变量”值相同时，就执行这个 case 语句右边的程序块，直到遇到 break 为止。 break 语句是必须有的，它用来结束 switch 语句的执行。

如果所有 case 旁边的值都不等于 switch 语句的“变量”值，就执行 default 后面的默认语句。不过，default 部分是可选的。如果没有这一部分，并遇到所有 case 语句都不匹配，那么就不作任何处理而进入后续程序段的执行。

可见，一个 switch 语句可以代替多个 if-else 语句组成的分支结构，而 switch 语句从思路上显得更清晰。

2. C 语言中的 break

当 break 用于开关语句 switch 中时，可使程序跳出 switch 而执行 switch 以后的语句；如

果没有 break 语句，则会从满足条件的地方[即与 switch（变量）括号中变量匹配的 case]开始执行，直到 switch 语句结束，再执行 switch 以后的语句。

当 break 语句用于 do-while、for、while 循环语句中时，可使程序终止循环。而执行循环后面的语句。通常 break 语句总是与 if 语句连在一起，如“if（a==0）break；”，用来满足条件时便跳出循环。在多层循环中，一个 break 语句只向外跳一层。

3. C 语言中的 continue

continue 作用为结束本次循环。即跳出循环体中下面尚未执行的语句。对于 while 循环，继续求解循环条件。而对于 for 循环程序流程接着求解 for 语句头中的第三个条件表达式。

continue 语句和 break 语句的区别是：continue 语句只结束本次循环，而循环还将继续执行。而 break 语句则是结束整个循环过程，不再判断执行循环的条件是否成立。

比较以下两个循环程序的不同。

程序一：

```
a=0; c=0;
for（i=0; i<100;i++）
{
a++;
if（a==8）break;
c++;
}
```

程序二：

```
a=0; c=0;
for（i=0; i<=100;i++）
{
a++;
if（a==8）continue;
c++;
}
```

结论是：程序一 for 语句只循环 8 次，然后就跳出循环，for 语句不再执行了。

程序二循环到第 8 次时，c 变量不加一，之后继续循环。程序二得到的结论是：for 语句循环 100 次，在小于 8 以前 a=c，在大于等于 8 以后 a=c+1。

【评估】

1. 用switch语句编写模拟汽车转向控制器程序。
2. 用 if 语句编写简易抢答器程序。

【拓展】

查找资料学习 go-to 语句的用法，并回答：为什么单片机程序很少使用 go-to 语句。

进阶三　用一位数码管记录按钮按下的次数

小明调手机时间时，按一下按钮，时间就加一，他觉得很简单，就自己试着给单片机编了一个程序，也想实现相同的功能。

【目标】

通过本内容学习和训练，能够学会按钮的去抖动技术和数据的循环。

【任务】

单片机接一个按钮和一位数码管，上电时数码管显示 0，按一下按钮，数码管上的数字就加 1；当数码管上的数字加到 9 后，再加 1，能够自动回到 0，之后继续重复上述过程。

【行动】

一、试一试，想一想

1. 试试这个程序行不行。

```
//程序名称：jiluanniucishu.c
//功能：按一下按钮数码管加 1，用 8 位数码管的第一位实现
#include   "STC15xxxxx.H"
#include   "intrins.H"
/*************     本地常量声明 **************/
unsigned char code t_display[]={                         //标准字库
//    0    1    2    3    4    5    6    7  8   9    A    B    C    D    E    F
    0x3F,0x06,0x5B,0x4F,0x66,0x6D,0x7D,0x07,0x7F,0x6F,0x77,0x7C,0x39,0x5E,0x79,0x71};
unsigned char code T_COM[ ]={0xfe,0xfd,0xfb,0xf7,0xef,0xdf,0xbf,0x7f};    //位码，共阴
unsigned char KeyCounter;     //次数记录
/*************     I/O 口定义     **************/
sbit  P_HC595_SER     = P4^0;    //pin 14   SER
sbit  P_HC595_RCLK    = P5^4;    //pin 12   RCLk
sbit  P_HC595_SRCLK = P4^3;      //pin 11   SRCLK
sbit     key=P3^3;
/*************     本地函数声明 **************/
/*************** 向 HC595 发送一个字节函数 *****************/
void Send_595(unsigned char dat)
{
     unsigned char   i;
     for(i=0; i<8; i++)
     {
          dat <<= 1;
          P_HC595_SER     = CY;
          P_HC595_SRCLK = 1;
          P_HC595_SRCLK = 0;
     }
}
/********************* 显示函数 ***********************/
void DisplayScan(unsigned char display_index, unsigned char   display_data)
{
Send_595(T_COM[display_index]);           //输出位码
Send_595(t_display[display_data]);        //输出段码
```

```
    P_HC595_RCLK = 1;
    P_HC595_RCLK = 0;                          //锁存输出数据
    }

    /********************** 主函数 ************************/
    void main(void)
    { P3M0=0; P3M1=0; P4M0=0; P4M1=0; P5M0=0; P5M1=0;
        DisplayScan(0,0);          //显示 0
        while(1)
         {
             if(key==0)
                 {
                   KeyCounter++;
                     if(KeyCounter ==10)    KeyCounter =0;
                     DisplayScan(0,KeyCounter);
                 }
              while(key==0);//等待按钮抬起
          }
    }
```

找到原因了吗？

2. 给程序加上注解。

【知识学习】

一、按钮去抖动的方法

按钮和键盘是人们操作命令进入单片机的主要接口，准确无误地辨认每个键的动作和其所处的状态，是系统正常工作的关键。

多数按钮和键盘的按键使用机械式弹性开关。由于机械触点的弹性作用，一个按键开关在闭合及断开的瞬间必然伴随着一连串的抖动，其波形如图 4-12 所示。

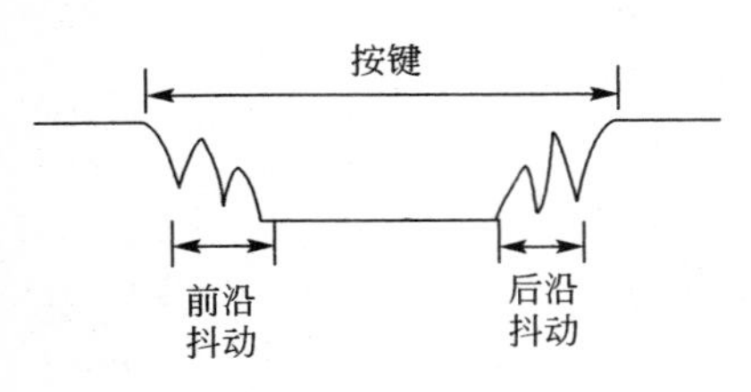

图 4-12　按键开关瞬间抖动波形

抖动过程的长短由按键的机械特性决定，一般是 5～20ms。

为了使单片机对一次按键动作只确认一次，必须消除抖动的影响，可以从硬件及软件两个方面着手：硬件去抖动和软件去抖动。若采用硬件去抖动电路，那么 N 个键就必须配有 N 个去抖动电路，需要购买很多元器件，当按键的个数比较多时，电路变得很复杂，也不够经济。

在这种情况下，可以采用软件的方法进行去抖动。即：当第一次检测到有按键按下时，先用软件延时（10~20ms），而后再确认键电平是否依旧维持闭合状态的电平。若保持闭合状态电平，则确认此间已按下，从而消除抖动影响。

二、用 8 位数码管的第 1 位记录按钮按下的次数程序

```
#include    "STC15xxxxx.H"
```

```
#include   "intrins.H"
/*************  本地常量声明  **************/
unsigned char code t_display[]={                         //标准字库
//     0    1    2    3    4    5    6    7  8    9    A    B    C    D    E    F
     0x3F,0x06,0x5B,0x4F,0x66,0x6D,0x7D,0x07,0x7F,0x6F,0x77,0x7C,0x39,0x5E,0x79,0x71};
unsigned   char code   T_COM[ ]={0xfe,0xfd,0xfb,0xf7,0xef,0xdf,0xbf,0x7f};//位码，共阴
unsigned char KeyCounter;      //次数记录
/*************  I/O 口定义  **************/
sbit  P_HC595_SER    = P4^0;     //pin 14   SER
sbit  P_HC595_RCLK   = P5^4;     //pin 12   RCLk
sbit  P_HC595_SRCLK = P4^3;      //pin 11   SRCLK
sbit     key=P3^3;
/*************  本地函数声明  **************/
/****************  向 HC595 发送一个字节函数  ******************/
void Send_595(unsigned char dat)
{
      unsigned char   i;
      for(i=0; i<8; i++)
      {
            dat <<= 1;
            P_HC595_SER    = CY;
            P_HC595_SRCLK = 1;
            P_HC595_SRCLK = 0;
      }
}
/**********************  显示函数  ***********************/
void DisplayScan(unsigned char display_index, unsigned char   display_data)
{
Send_595(T_COM[display_index]);           //输出位码
Send_595(t_display[display_data]);          //输出段码
P_HC595_RCLK = 1;
P_HC595_RCLK = 0;                          //锁存输出数据
}
/*******  延时子程序  ********/
void Delay10ms()          //@11.0592MHz
{
      unsigned char i, j;
      i = 108;
      j = 145;
      do
      {
            while (--j);
```

```
        } while (--i);
}
/***********************    主函数    ************************/
void main(void)
{ P3M0=0; P3M1=0; P4M0=0; P4M1=0; P5M0=0; P5M1=0
    DisplayScan(0,0);          //显示 0
    while(1)
     {
       if(key= =0)
            {
              Delay10ms();
                if(key= =0)
                  {
                   KeyCounter ++;
                     if(KeyCounter = =10)    KeyCounter =0;
                      DisplayScan(0,KeyCounter);
                  }
                while(key= =0);
            }
     }
}
```

【评估】

设计一个用 4 位数码管记录按钮按下次数的电路和程序。

进阶四　用 4 个组合按钮修改仪表上显示的数据

很多仪表上都是只有 4 个按键，如图 4-13 所示，但是可以完成修改数据、调整仪表功能，这是如何实现的呢？

图 4-13　4 个按键的仪表面板举例

【目标】

通过本内容学习和训练，能够学会使用组合按钮完成功能选择、参数设定等复杂功能。

【任务】

8位数码管分别显示PV和SV值（参照项目三的任务三），4个按钮的功能分别是S1进入/退出修改功能、S2换位、S3加1、S4减1。

PV是实际值，是从现场采集来的信号，不应该由工作人员修改。所以这里只需要修改SV的值。

① shezhi设置按钮的工作过程：这是一个自锁的按钮，按下后能保持，键值为0，当再次按下后，才能抬起，抬起后，键值为1。S1按钮的工作过程是：按下系统工作于正常工作状态，抬起工作于调整SV值的状态。

② xuanwei换位按钮的工作过程：这是一个不自锁的按钮，上电后，指向末位（左一），一次没按，设位号为0；按一次指向个位（左二），位号为1；再按一次指向十位（左三），位号为2；再按一次指向百位（左四）位号为3；再按一次指向末位（左一），位号回到0。它只有在修改状态下有效。

③ jia1加1按钮的工作过程：这是一个不自锁的按钮，当S3按下一次后，位号等于几，就给那一位加1。比如位号为3，那么百位加1，SV就加100。它也只有在修改状态下有效。

④ jian1减1按钮的工作过程：这是一个不自锁的按钮，当S4按下一次后，位号等于几，就给那一位减加1。比如位号为3，那么百位减1，SV就减100。它也只有在修改状态下有效。

【行动】

一、体验一下

现实中的很多仪表都只有4个按钮，试着用一下。

二、想一想，写一写

1. 电路相同，程序不同，完成的项目是一样的吗？体会单片机的优越性。
2. 大程序、复杂程序是如何编出来的？
3. 为什么每个按钮都有一段独立的程序？

三、说一说

1. shezhi按钮功能和它的程序之间的对应关系。
2. jia1按钮功能和它的程序之间的对应关系。
3. xuanwei按钮功能和它的程序之间的对应关系。
4. 根据jian1按钮功能，编写它的程序。
5. 这些子程序之间是用什么方法联系起来的？
6. 这些子程序和主程序用什么方式方法联系起来的？

四、运行本进阶程序，自主完善程序中的功能。

【知识学习】

一、组合按钮电路

8位数码管显示的电路参照“项目三的进阶三”，按钮部分电路如图3-4所示。

二、程序

```
#include "STC15xxxxx.H"
#include   "intrins.H"
sbit shezhi = P3^0;                    //设置按键
```

```
sbit xuanwei= P3^1;                 //选位按键
sbit jia1= P3^2;                    //加 1 按键
sbit jian1= P3^3;                   //减 1 按键
sbit  P_HC595_SER     = P4^0;       //pin 14    SER
sbit  P_HC595_RCLK    = P5^4;       //pin 12    RCLk
sbit  P_HC595_SRCLK = P4^3;         //pin 11    SRCLK
unsigned char weihao=0;
unsigned char wei[8];//每位要显示的数字
float   PV, SV;
unsigned char code t_display[]={    //标准字库
    0x3F,0x06,0x5B,0x4F,0x66,0x6D,0x7D,0x07,0x7F,0x6F, //0   1   2   3   4 5   6   7   8   9
    0xBF,0x86,0xDB,0xCF,0xE6,0xED,0xFD,0x87,0xFF,0xEF,0x46};//0.1.2.3. 4.5.6.7.8. 9. -1
unsigned   char code   T_COM[ ]={0xfe,0xfd,0xfb,0xf7,0xef,0xdf,0xbf,0x7f};//位码，共阴
/**************** 向 HC595 发送一个字节函数 *****************/
void Send_595(unsigned char dat)
{
    unsigned char   i;
    for(i=0; i<8; i++)
    {
        dat <<= 1;
        P_HC595_SER     = CY;
        P_HC595_SRCLK = 1;
        P_HC595_SRCLK = 0;
    }
}
/*********************   显示函数   ***********************/
void DisplayScan(unsigned char display_index, unsigned char   display_data)
{
Send_595(T_COM[display_index]);            //输出位码
Send_595(t_display[display_data]);         //输出段码
P_HC595_RCLK = 1;
P_HC595_RCLK = 0;                          //锁存输出数据
}
/*******************   10ms 延时子程序   ******************/
void Delay10ms()                           //@11.0592MHz
{
    unsigned char i, j;
    i = 108;
    j = 145;
    do
    {
        while (--j);
```

```
        } while (--i);
}
/*******************   3ms 延时子程序   *******************/
void Delay3ms( )          //@11.0592MHz
{
        unsigned char i, j;
        _nop_();
        _nop_();
        i = 33;
        j = 66;
        do
        {
          while (--j);
        } while (--i);
}
/*******************   数据处理函数   *******************/
void  shujuchuli()
{
    unsigned int  shujuPV,shujuSV;
    shujuPV=PV*10;
    shujuSV=SV*10;
    wei[0]= shujuPV/1000;                        //千位
    wei[1]= (shujuPV%1000)/100;                  //百位
    wei[2]= (shujuPV%1000)%100/10+10;            //十位  小数点处理
    wei[3]= (shujuPV%1000)%100%10;               //个位
    wei[4]= shujuSV/1000;
    wei[5]= (shujuSV%1000)/100;
    wei[6]= (shujuSV%1000)%100/10+10;
    wei[7]= (shujuSV%1000)%100%10;
}

void  XuanweiChengxu( )
{
    if (xuanwei==0)
    {
        Delay10ms( );
        if(xuanwei==0)
        {
          weihao++;
          if (weihao>=4) {weihao=0;}
          while(xuanwei==0);
        }
```

```
        }
    }

    /************加 1 按钮的工作过程：当 jia1 按下一次后，位号等于几，就给那一位加 1。比如位号为 3，那么百位加 1，SV 就+100，注意在此过程中，功能按钮 S1 一直是按下的 ************/

    void   JiayiChengxu()
    {
        if(jia1==0)
        {
        Delay10ms();
        if(jia1==0)
            {
                switch(weihao)
                {
                case 0:SV=SV+0.1;if(SV>999.9)SV=0; break;
                case 1:SV=SV+1; if(SV>999.9)SV=0;break;
                case 2:SV=SV+10;if(SV>999.9)SV=0;break;
                case 3:SV=SV+100; if(SV>999.9)SV=0;break;
                default:break;
                }
            while(jia1==0);
            }
        }
    }

    void JianyiChengxu( )
    {
    //减 1 程序同学们自己编一下，试一试
    }
    /******************主函数******************/
    void main(void)
    {
        PV=800;SV=798.5;
        while(1)
         {
           if(shezhi==0 )
             {
                XuanweiChengxu( );
                JiayiChengxu( );
                shujuchuli( );
```

```
            xianshi( ); // 添加程序  自己编
        }
        else
        {
        shujuchuli( );
        xianshi( ); // 添加程序  自己编
        }
    }
}
```

【评估】

添加减 1 按钮程序和 8 位数码管显示程序，完善本进阶程序。

【拓展】

查找局部变量与全局变量相关知识,在本程序中,哪些变量是全局变量,哪些变量是局部变量。

进阶五　矩阵式键盘用法

如图 4-14 所示，超市收银台和超市的电子秤，使用的键盘按键很多，多到比单片机的引脚还多，它们是怎样连接到单片机呢？单片机又是如何读取按键值呢？

【目标】

> 通过本内容学习和训练，能够学会矩阵键盘扫描式读键值的方法。

【任务】

本进阶具体任务如下：设计一个 4×4 键盘，当按下 1#键时，数码管显示 1；按下 2#键时，数码管显示 2，以此类推。

图 4-14　电子秤及电子秤的键盘

【行动】

一、画一画

1. 画出本任务电路图。
2. 画出本任务扫描式读键值流程图。

二、做一做

给一个无标识的 4×4 键盘贴上标识。要求有 0、1、2、3、4、5、6、7、8、9、A、b、C、d、E、F 共 16 个键。要求：按什么键，就在数码管上显示什么符号。

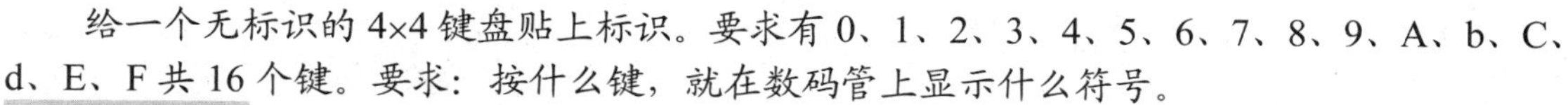

【知识学习】

一、矩阵式键盘

在键盘中按键数量较多时，为了减少 I/O 口的占用，通常将按键排列成矩阵形式，如图 4-15 所示。在矩阵式键盘中，每条水平线和垂直线在交叉处不直接连通，而是通过一个按键加以连接。这样，一个端口（如 P0 口）就可以构成 4×4=16 个按键，比之直接将端口线用于键盘多出了一倍，而且线数越多，区别越明显，比如再多加一条线就可以构成 20 键的键盘。

由此可见，在需要的键数比较多时，采用矩阵法来做键盘是合理的。

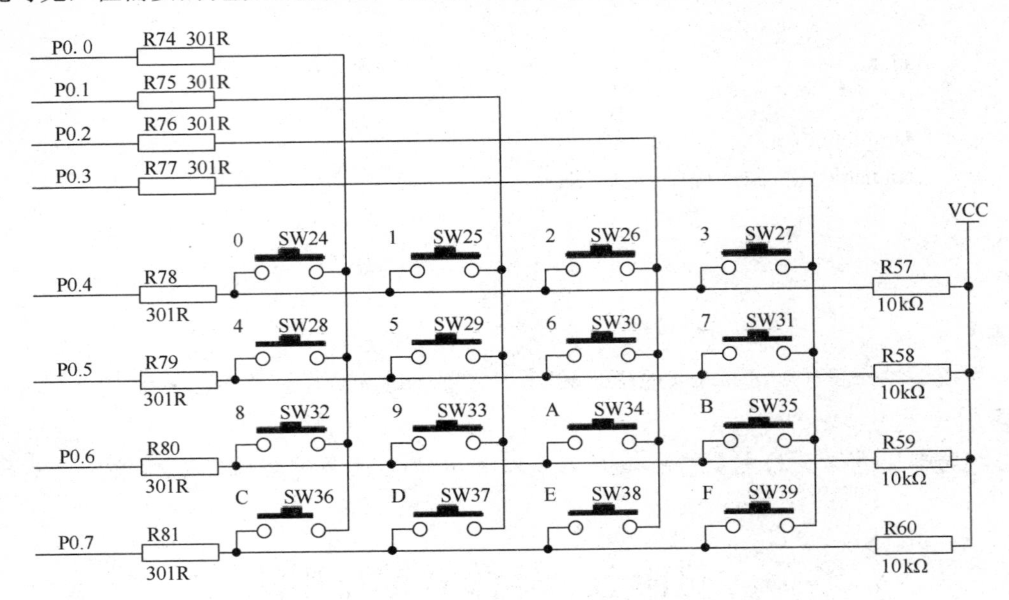

图 4-15　矩阵式键盘

矩阵式结构的键盘编程显然比直接法要复杂一些，键号的识别也要复杂一些，但是处理方法也很多。这里介绍一种比较简单的方法。

第一步，先让列线为高电平，行线为低电平，即 P0=0X0F。如果没有按键按下，那么从 P0 口读回来的信号还是 0X0F。如果有按键按下，那么从 P1 口读回来的信号中列线上就会有一个低电平，哪一列为低，哪一列中至少有一个按键按下。这样就确定了按键的列号，再把列号保存起来，例如 x= P0。

第二步，让行线为高电平，列线为低电平，即 P0=0XF0。有按键按下，从 P0 口读回来的信号中，行线上就会有一个低电平，这样就确定了按键的行号。把行号保存起来，例如 y= P0。

第三步，获取键值，就是确定按键行号、列号信息。设键值存放在 k 中，则 k=x|y。

第四步，把 k 的值和按键标识联系起来。

二、扫描程序

行列键扫描程序使用 XY 查找 4×4 键的方法，只能单键，速度快。

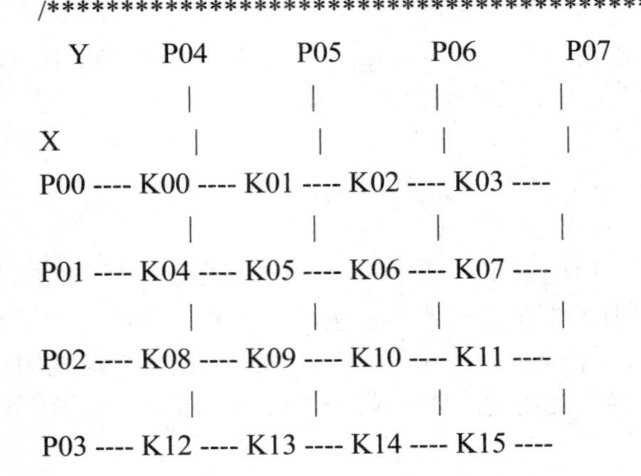

```
          |         |         |         |
*****************************************************/
void   getk (      )                    //获取键值
{
 unsigned char   x,y,z;
        P0=0x0f;                        //先对 P0 置数，行扫描
        _nop_();//因为 STC 单片机的工作速度太快，送到引脚上的电平需要经过一段时间
                //才能稳定,一般要 4 个时钟周期以上,才能正确读取
        _nop_();
        _nop_();
        _nop_();
        if(P0!=0x0f)                    //判断是否有键按下
        {
             Delay10ms();               //若真按下则延时去按键抖动
               if(P0!=0x0f)             //确认按键按下
               {
                      x=P0;             //保存行扫描时有键按下时状态
                      P0=0xf0;          //列扫描
                      _nop_();          //因为 STC 单片机的工作速度太快,送到引脚上的电平需
                                        //要经过一定的时间才能稳定,一般要 4 个时钟周期以上
                      _nop_();
                      _nop_();
                      _nop_();
                      y=P0;             //保存列扫描时有键按下时状态
                      z=x|y;            //取出键值
                      switch (z)        //判断键值（那一个键按下）
                      {
                             case 0x77: k=0; break; //对键值赋值
                             case 0x7b: k=1; break;
                             case 0x7d: k=2; break;
                             case 0x7e: k=3; break;
                             case 0xb7: k=4; break;
                             case 0xbb: k=5; break;
                             case 0xbd: k=6; break;
                             case 0xbe: k=7; break;
                             case 0xd7: k=8; break;
                             case 0xdb: k=9; break;
                             case 0xdd: k=10;break;
                             case 0xde: k=11;break;
                             case 0xe7: k=12;break;
                             case 0xeb: k=13;break;
                             case 0xed: k=14;break;
```

```
                    case 0xee: k=15;break;
                    default:break;
                }
        while(P0!=0xf0);            //等待按钮释放，保证按下一次，读一次
        }
    }
}
```

【评估】

添加数码显示程序，完成按键号码显示。

【拓展】

思考全自动洗衣机、多功能微波炉、多功能电饭锅、多功能电磁炉等家电的程序框架：都有哪些子程序，子程序与按键是什么关系，主程序是怎样的？

项目实施

1. 填写项目任务书，并按任务书实施。
2. 本项目的重点是按钮的使用。
3. 市面上按钮的种类繁多，选择合适的按钮很重要。
4. 程序编写中，注意多分支流程的转接和衔接关系。
5. 总结按钮控制型程序框架及特点。

项目评估

1. 对照你的项目介绍展示你的作品，评价项目任务完成情况。
2. 项目答辩，主要问题如下：

① 子程序功能与主程序功能如何划分？

② 用语言描述本项目中程序的执行过程。

③ 归纳总结按键程序的编写规律。

④ 从各方面展示本组作品，并推销产品给客户，制作一个广告展板。

⑤ 展示本组作品，并向“*****电子有限公司”自荐，希望公司能够聘用自己为**师。

⑥ 你在完成项目过程中，学会了哪些技能，把你的经验收获和大家分享一下。

⑦ 单片机 I/O 口功率驱动有哪些方法？

3. 提交项目报告。

项目拓展

1. 查找某个型号的变频器资料，观察其面板上的显示器和键盘，按照其说明书的使用方法，选择其中的一部分，自己设计一个变频器参数查询系统。
2. 用 8 位数码管和矩阵式键盘，做一个简易计算器，要求完成两个两位数的加减乘除运算。
3. 设计一密码锁控制器。
4. 设计自动售货机控制器。
5. 设计公交车报站器部分功能。
6. 设计全自动洗衣机、多功能微波炉、多功能电饭锅、多功能电磁炉等家电的程序框架。

项目五　设计制作一个带时间显示的定时开关

项目目标

1. 熟识 IAP15W4K58S4 单片机内部存储器结构和掌握如何正确存储数据的方法。

2. 掌握 IAP15W4K58S4 单片机内部特殊功能寄存器和头文件 stc15xxxxx.h 知识，知道使用单片机内部硬件功能的方法。

3. 学习 IAP15W4K58S4 单片机中断程序的编写方法,知道单片机管理多个并行任务的方法。

4. 学习 IAP15W4K58S4 单片机多个定时器/计数器程序的编写方法和应用方法。

5. 学习 IAP15W4K58S4 单片机多个串口串行通信程序的编写方法，能说出串行通信能完成的功能有哪些，都用在什么场合。

6. 能应用 STC 下载软件完成相应的初始化程序的编写。

7. 针对不同的特殊功能，能说出中断初始化程序的作用，能说出中断服务程序的工作过程和参数是如何在不同程序之间传递的。

8. 培养团队工作的方法和技巧。

项目任务

定时开关常用于很多场合，比如:

1. 用于手机、蓄电池、电瓶车的充电定时，防止过充。

2. 用于电热水器、电暖器、电饭锅、电炒锅、加湿器、电热油汀、空气净化器等家用电器上，实现家电的自动开和关。例如，可在您起床时，让电热水器为您准备好热水，电饭锅为您准备好米饭，电炒锅为您准备好菜，一天的快乐从此开始。

3. 用于园林农业的定时灌溉、水产养殖业定时抽排水、家用水族定时喂食等。

4. 工业中需要定时处理的其他问题。

总之，定时开关可用于一切用电设备的定时启停。

本项目要求制作一个定时开关,可以直接控制功率达 4kW，可设置多次开关动作，安装调试方便，最短控制时间为 1min。

项目实施条件

需要普通万用表一台，STC 单片机实验箱一台。本项目不用在实验板上添加器件，需要用到以前的发光二极管、数码管（液晶显示）、继电器、按钮等部件。

进阶一　认识单片机的特殊功能寄存器

这个项目的学习方法和前四个项目完全不同。我们用智能手机，其实就是不断地点开每个图标，看里面有什么……在不断的试错过程中，找到正确答案，然后把正确答案记住。项目五和项目六的学习是在例程的基础上多次去尝试才能学好，靠理解和弄懂去学项目五反而很难。因为它是已经定好的死规定，我们只能遵守。

【目标】

通过本内容学习和训练，能够了解 stc15xxxxx.h 头文件与单片机中特殊功能寄存器之间的关系，了解不同型号单片机内部的存储器结构，学习如何把数据存放到不同的存储器中去，认识单片机中特殊功能寄存器名称和作用。

【任务】

1. 了解 IAP15W 系列单片机内部结构原理。
2. 了解单片机内部存储器结构与数据存放方法。
3. 了解特殊功能寄存器。
4. 了解 stc15xxxxx.h 头文件。

【行动】

一、查一查，找一找，写一写

1. 到宏晶公司网站上下载 STC15 系列单片机器件手册。
2. 在手册中查找 IAP15W4K58S4 单片机特殊功能寄存器有哪些。

二、说一说

1. 编写程序时，数据如何存放到不同的存储器中去？
2. 特殊功能寄存器与头文件是什么关系？为什么编写程序时，凡是涉及单片机特殊功能寄存器名称的，都要使用大写字母？

【知识学习】

一、IAP15W4K58S4 单片机内部结构原理

IAP15W 系列单片机内部结构原理图如图 5-1 所示。CPU 作为整个系统的管理中心，它负责管理所有其他部件，它和所有其他部件都有联系，因而人们好像看不到 CPU 在哪里。有一个好的办法是，先看除 CPU 以外的主要部件，把 CPU 以外的部件找完后，剩下的就都是 CPU 了。除 CPU 以外的主要部件有：存储器（AUX-RAM、RAM 寄存器、256BRAM、8～63.5KB 的程序存储器）、5 个定时器/计数器、4 个串口、7 个并行 I/O 口、ISP/IAP、CCP/PCA/PWM、SPI、ADC、掉电唤醒专用定时器、内部高可靠复位、内部高精度 R/C 时钟。其他部分就是 CPU 了。

如果把单片机比作一个家的话,CPU 相当于房子和主人，内部存储器相当于房子里的各种家具和多种室内用品，东西多生活才会方便；电源、复位电路、时钟好比是食物和空气，不可缺少；看门狗、定时器、PWM、A/D、低电压检测等好比是家外面的朋友，是给 CPU 帮忙的；I/O 口是 CPU 对外工作的手脚和感知外部信息的通道。

这些部件的主要功能介绍将会在项目五和项目六中完成。项目五中介绍存储器、定时器、

中断和串行通信功能，项目六中介绍看门狗、PWM、A/D 等其他功能。

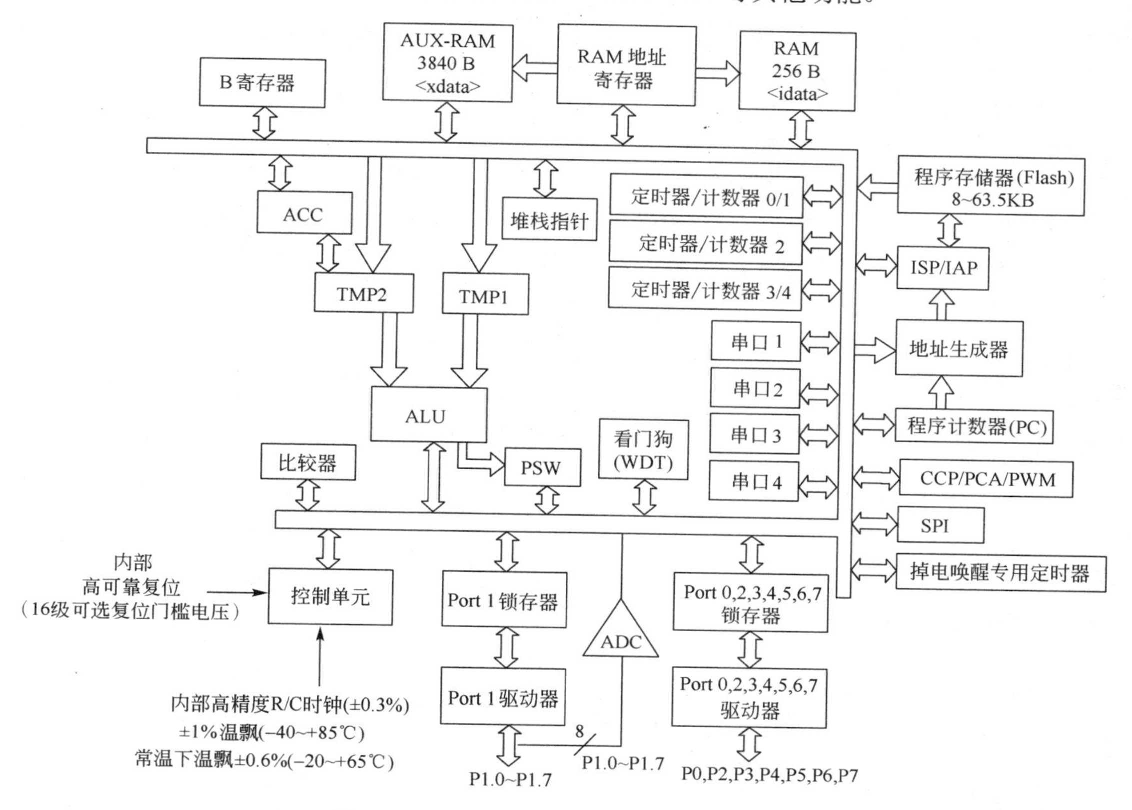

图 5-1　IAP15W 系列单片机内部结构原理图

二、单片机内部存储器结构与数据存放方法

MCS-51 的存储器可分为两类：程序存储器和数据存储器。

（1）程序存储器

MCS-51 单片机程序存储器最多具有 64KB（不同的型号有分别），IAP15W4K58S4 有 58KB。它用来存放用户程序、数据和表格等信息。一般来讲，单片机程序存储器的特点是，掉电后数据也不丢失，程序执行过程中数据不能修改，如果要修改，必须在特定的情况下才行，比如下载程序时存入。但是 IAP15W4K58S4 单片机的程序存储器和人们常用的 U 盘一样，是 E^2PROM 的，可以在线直接更改数据的，这是这款单片机优于其他单片机的一个方面。单片机启动复位后，程序总是从 0000H 单元开始执行程序。相当于电脑的硬盘。

（2）数据存储器

数据存储器也称为随机存取数据存储器，它们是用于存放程序执行的中间结果和过程数据的，部分单元还可以按位使用（位寻址）。特点是数据掉电就丢失，在单片机正常工作中可以随时存入、取出数据。相当于电脑的内存条。

IAP15W4K58S4 单片机的数据存储器为三个地址空间：内部数据存储区（RAM）、外部数据存储区（包括内部扩展数据存储区 AUX-RAM，有的单片机称之为 SRAM）和特殊功能寄存器区（SFR）。IAP15W4K58S4 内部 RAM 有 256 个字节的用户数据存储区，该区域中包括 16B 的按位使用区。特殊功能寄存器区（SFR）有 128 个字节，也称为专用寄存器区。外部数据存储区，随着单片机生产技术的提高，很多型号的单片机把外部数据存储区一次性封装到单片机里了，称为内部扩展数据存储区 AUX-RAM。IAP15W4K58S4 内部有 4KB 的 AUX-RAM 区，其在物理和逻辑上都分为两个地址空间：内部 RAM（256B）和内部扩展 RAM（3840B）。

（3）数据存放到不同存储区的方法

在用 C 语言定义变量时，如果不对存储区定义，那么系统会自动默认变量存放在 MCS-51 内部 RAM 的低 128B。显然这个存储区域并不是很大，很多时候需要使用其他的存储区，其用法如表 5-1 所示。

表 5-1 单片机存储器区与使用举例

C51 关键字	单片机存储区	大　小	使用举例	特　点
bit	RAM 中 16B 的位存储区	128bit	bit　biaozhi1=0;	按位处理
sbit	特殊功能寄存器中可以按位使用的寄存器		sbit　deng=P1^1；	只针对按位使用的特殊功能寄存器
data	内部数据存储区 RAM 低 128B	128B	int　y；	存储速度最快、可以省略不写
idata	内部数据存储区 RAM 中 256B，主要用于 RAM 高 128B	256B	idata　int　y； 或者 int　idata　y；	速度稍慢
xdata	片外数据存储区，包括内部扩展区 AUX-RAM	最多 64KB	xdata　int　y； 或者 int　xdata　y；	速度最慢，存储空间大小与型号有关
code	程序存储区 ROM	64KB	code float　pai=3.14；或者 float code　pai=3.14；	与程序一起装入 ROM

（4）E^2PROM 存储器

E^2PROM 存储器的特点就像 U 盘，既可以在线存储数据，又可以掉电不消失，主要用来存储需要长期保存，又可能需要实时修改的数据，比如水表、电表、煤气表的累积数据。在很多其他型号的单片机中，会把它当做一个特殊功能来用，而在 IAP15W4K58S4 单片机中，其内部的程序存储器就是 E^2PROM 的，可以直接使用，具体用法看手册相关内容。

三、特殊功能寄存器

（1）单片机里有特殊功能寄存器的原因

特殊功能寄存器为 SFR，是 Special Function Register 的缩写。最早的单片机芯片内仅有 CPU 的专用处理器。在 1976 年，MCS-48 单片机内集成了 8 位 CPU、I/O 接口、8 位定时器/计数器，寻址范围不大于 4KB，简单的中断功能，无串行接口。从此，单片机内不断扩展功能，现在的单片机普遍带有串行通信、有多级中断处理系统、16 位定时器/计数器，片内集成的 RAM、ROM 容量加大，寻址范围可达 64KB。近年来，一些单片机片内还集成了 A/D 转换接口等其他功能。就好像手机，最初只能打电话，后来能发短信，再后来能照相、能上网、能 GPS 导航等，功能越来越多。

特殊功能寄存器是 MCS-51单片机中每个特殊功能部件对应的寄存器，用于存放相应功能部件的控制命令，状态或数据。它是单片机中最具有特色的部分。现在单片机中几乎所有特殊功能的增加和扩展，都是通过增加特殊功能寄存器来达到目的的。所以，单片机功能越多，它的特殊功能寄存器也越多。

（2）51 单片机中最基本的特殊功能寄存器

51 单片机中最基本的特殊功能寄存器见表 5-2。

表 5-2　51 单片机最基本的特殊功能寄存器

标识符	名称	地址	复位后的初值
*ACC	累加器	0E0H	00H
*B	B 寄存器	0F0H	00H
*PSW	标志寄存器	0D0H	00H
SP	堆栈指针	81H	07H
DPTR	数据指针（包括 DPH 和 DPL）	83H 和 82H	00H
*P0	并行口 P0	80H	FFH
*P1	并行口 P1	90H	FFH
*P2	并行口 P2	0A0H	FFH
*P3	并行口 P3	0B0H	FFH
*IP	中断优先级控制	0B8H	00H
*IE	允许中断控制	0A8H	00H
TMOD	定时器/计数器方式控制	89H	00H
*TCON	定时器/计数器控制	88H	00H
TH0	定时器/计数器 0（高位字节）	8CH	00H
TL0	定时器/计数器 0（低位字节）	8AH	00H
TH1	定时器/计数器 1（高位字节）	8DH	00H
TL1	定时器/计数器 1（低位字节）	8BH	00H
*SCON	串行控制	98H	00H
SBUF	串行数据缓冲器	99H	00H
PCON	电源控制	87H	00H
PC	程序计数器（存放下一条将要执行的指令的 16 位存储单元地址）		0000H

注：带*的寄存器可按字节和按位寻址（寻址，就是找到数据存放的地址，按字节寻址，其实就是按字节使用，按位寻址，就是按位使用）。

其中与 CPU 直接相关的寄存器有：B、ACC、PSW、DPH、DPL、SP、PC。

与 I/O 口有关的寄存器有：P0、P1、P2、P3。

与中断有关的寄存器有：IE、IP。

与定时器有关的寄存器有：TH1、TH0、TL1、TL0、TMOD、TCON。

与串行通信有关的寄存器有：SBUF、SCON、PCON。

这里重点介绍三个特殊功能寄存器 PSW、PC、DPTR。

① PSW 即程序状态字（有些教材也叫程序状态寄存器），Program Status Word。程序状态寄存器 PSW 是单片机 CPU 的一部分，PSW 用来存放体现当前指令执行结果的各种状态信息，如有无进位（C 位）等。PSW 各位的定义如下：Cy（PSW.7，也称 C）进位/借位标志；AC（PSW.6）辅助进位标志；F0 及 F1（PSW.5 及 PSW.1）用户标志位；RS1 及 RS0（PSW.4 及 PSW.3）寄存器组选择控制位；OV（PSW.2）溢出标志；（PSW. 1）：保留位，无定义；P（PSW. 0）奇偶校验标志位，由硬件置位或清 0。其中进位位 Cy 经常写为 C，在单片机 C 语言编程中比较常用，比如在数据的左移右移时，移出的数据都移到了 C 里面，再就是 P 有时也会用到。

② PC 是 CPU 中的程序计数器，16 位寄存器，属于计数寄存器。单片机程序按顺序预先装入存储器 ROM 的某个区域中后，单片机工作时会按顺序一条条取出指令来加以执行。

因此，必须有一个电路能找出指令所在的单元地址，该电路就是程序计数器 PC。当单片机开始执行程序时，给 PC 装入第一条指令所在地址，它每取出一条指令（如为多字节指令，则每取出一个指令字节），PC 的内容就自动加 1，以指向下一条指令的地址，使指令能顺序执行。只有当程序遇到转移指令、子程序调用指令，或遇到中断时（后面将介绍），PC 才转到所需要的地方去。

③ 数据指针（DPTR）是 80C51 中一个功能比较特殊的寄存器。从结构上看，DPTR 是一个 16 位的特殊功能寄存器，其高位字节寄存器用 DPH 表示，低位字节寄存器用 DPL 表示，DPTR 既可以作为一个 16 位的寄存器来处理，也可以作为两个独立的 8 位寄存器来使用。主要功能是存放 16 位地址，作为片外 RAM、ROM 寻址用的地址寄存器，故称数据指针。有的单片机为了高效的数据存取，会有两个 DPTR，即 DPTR 和 DPTR1。IAP15W4K58S4 单片机中就有两个 DPTR 寄存器。

四、STC15Fxxxx.h 头文件

#include <STC15Fxxxx.h>与#include "STC15Fxxxx.h"是有区别的，使用<>包含头文件时，编译先进入到 Keil 软件安装文件夹处开始搜索这个头文件。一般在 C:\KEIL\C51\INC 下，INC 文件夹根目录里，有很多以公司分类的头文件。STC 单片机的头文件可以在其下载软件中生成。使用“" "”包含头文件时，编译先进入当前工程所在文件夹处，开始搜索这个头文件，同样要求在此处有相应的文件，如果没有，就把相应的头文件复制粘贴于此处。

STC15Fxxxx.h 头文件中 sfr 指令的说明：sfr 指令的作用是，按字节为指定的特殊功能寄存器声明一个存储地址。如第一条“sfr P0= 0x80”此处声明一个变量 P0，并指定其存储地址为特殊功能寄存器 0x80。

使用#include <STC15Fxxxx.h>头文件后，编写应用程序时 P0 就可以直接使用而无需定义，对 P0 的操作就是，对内部特殊功能寄存器 P0 口（0x80 对应用 MCU 的 P0 口）的操作。这里有个通常的约定，在头文件里，特殊功能寄存器的名称全是大写。在以下的头文件中可见，所有的特殊功能寄存器都是用大写字母。

STC15Fxxxx.h 具体内容如下：

```
#ifndef  _STC15Fxxxx_H        //条件编译，保证头文件只编译一次
#define  _STC15Fxxxx_H        //宏定义

/*  按字节使用的寄存器    */
sfr P0    = 0x80;
sfr SP    = 0x81;
sfr DPL   = 0x82;
sfr DPH   = 0x83;
sfr   S4CON = 0x84;
sfr   S4BUF = 0x85;
sfr PCON = 0x87;

sfr TCON = 0x88;
sfr TMOD = 0x89;
sfr TL0   = 0x8A;
```

```
sfr TL1    = 0x8B;
sfr TH0    = 0x8C;
sfr TH1    = 0x8D;
sfr   AUXR = 0x8E;
sfr WAKE_CLKO = 0x8F;
sfr INT_CLKO = 0x8F;
sfr   AUXR2      = 0x8F;

sfr RL_TL0    = 0x8A;
sfr RL_TL1    = 0x8B;
sfr RL_TH0    = 0x8C;
sfr RL_TH1    = 0x8D;

sfr P1      = 0x90;
sfr P1M1 = 0x91;    //P1M1.n,P1M0.n    =00--->Standard,     01--->push-pull
sfr P1M0 = 0x92;    //                         =10--->pure input,    11--->open drain
sfr P0M1 = 0x93;    //P0M1.n,P0M0.n    =00--->Standard,     01--->push-pull
sfr P0M0 = 0x94;    //                         =10--->pure input,    11--->open drain
sfr P2M1 = 0x95;    //P2M1.n,P2M0.n    =00--->Standard,     01--->push-pull
sfr P2M0 = 0x96;    //                         =10--->pure input,    11--->open drain
sfr CLK_DIV = 0x97;
sfr PCON2    = 0x97;

sfr SCON    = 0x98;
sfr SBUF    = 0x99;
sfr S2CON = 0x9A; //
sfr S2BUF = 0x9B;  //
sfr P1ASF = 0x9D;  //只写，模拟输入（AD 或 LVD）选择

sfr P2      = 0xA0;
sfr BUS_SPEED = 0xA1;
sfr AUXR1 = 0xA2;
sfr P_SW1 = 0xA2;

sfr IE      = 0xA8;
sfr SADDR = 0xA9;
sfr WKTCL = 0xAA;       //唤醒定时器低字节
sfr WKTCH = 0xAB;       //唤醒定时器高字节
sfr   S3CON = 0xAC;
sfr S3BUF = 0xAD;
sfr IE2     = 0xAF;  //STC12C5A60S2 系列
```

```
sfr P3      = 0xB0;
sfr P3M1    = 0xB1; //P3M1.n,P3M0.n    =00--->Standard,    01--->push-pull
sfr P3M0    = 0xB2; //                 =10--->pure input,  11--->open drain
sfr P4M1    = 0xB3; //P4M1.n,P4M0.n    =00--->Standard,    01--->push-pull
sfr P4M0    = 0xB4; //                 =10--->pure input,  11--->open drain
sfr IP2     = 0xB5;  //STC12C5A60S2 系列
sfr IPH2    = 0xB6;  //STC12C5A60S2 系列
sfr IPH     = 0xB7;

sfr IP          = 0xB8;
sfr SADEN       = 0xB9;
sfr   P_SW2     = 0xBA;
sfr ADC_CONTR = 0xBC;     //带 AD 系列
sfr ADC_RES     = 0xBD;   //带 AD 系列
sfr ADC_RESL    = 0xBE;   //带 AD 系列

sfr P4          = 0xC0;
sfr WDT_CONTR = 0xC1;
sfr IAP_DATA   = 0xC2;
sfr IAP_ADDRH = 0xC3;
sfr IAP_ADDRL = 0xC4;
sfr IAP_CMD    = 0xC5;
sfr IAP_TRIG   = 0xC6;
sfr IAP_CONTR = 0xC7;

sfr ISP_DATA   = 0xC2;
sfr ISP_ADDRH = 0xC3;
sfr ISP_ADDRL = 0xC4;
sfr ISP_CMD    = 0xC5;
sfr ISP_TRIG   = 0xC6;
sfr ISP_CONTR = 0xC7;

sfr P5       = 0xC8; //
sfr P5M1     = 0xC9;//    P5M1.n,P5M0.n     =00--->Standard,    01--->push-pull
sfr P5M0     = 0xCA;    //                  =10--->pure input,  11--->open drain
sfr P6M1     = 0xCB;    //   P5M1.n,P5M0.n  =00--->Standard,    01--->push-pull
sfr P6M0     = 0xCC;    //                  =10--->pure input,  11--->open drain
sfr SPSTAT = 0xCD;//
sfr SPCTL    = 0xCE;    //
sfr SPDAT    = 0xCF;    //

sfr PSW   = 0xD0;
```

```
sfr  T4T3M = 0xD1;
sfr  T4H   = 0xD2;
sfr  T4L   = 0xD3;
sfr  T3H   = 0xD4;
sfr  T3L   = 0xD5;
sfr  T2H   = 0xD6;
sfr  T2L   = 0xD7;

sfr  TH4   = 0xD2;
sfr  TL4   = 0xD3;
sfr  TH3   = 0xD4;
sfr  TL3   = 0xD5;
sfr  TH2   = 0xD6;
sfr  TL2   = 0xD7;

sfr  RL_T4H   = 0xD2;
sfr  RL_T4L   = 0xD3;
sfr  RL_T3H   = 0xD4;
sfr  RL_T3L   = 0xD5;
sfr  RL_T2H   = 0xD6;
sfr  RL_T2L   = 0xD7;

sfr CCON = 0xD8;  //
sfr CMOD = 0xD9;  //
sfr CCAPM0 = 0xDA;     //PCA 模块 0 的工作模式寄存器
sfr CCAPM1 = 0xDB;     //PCA 模块 1 的工作模式寄存器
sfr CCAPM2 = 0xDC;     //PCA 模块 2 的工作模式寄存器

sfr ACC      = 0xE0;
sfr  P7M1    = 0xE1;
sfr  P7M0    = 0xE2;

sfr  P6      = 0xE8;
sfr CL       = 0xE9; //
sfr CCAP0L = 0xEA;     //PCA 模块 0 的捕捉/比较寄存器低 8 位
sfr CCAP1L = 0xEB;     //PCA 模块 1 的捕捉/比较寄存器低 8 位
sfr CCAP2L = 0xEC;     //PCA 模块 2 的捕捉/比较寄存器低 8 位

sfr B        = 0xF0;
sfr PCA_PWM0 = 0xF2;  //PCA 模块 0 PWM 寄存器
sfr PCA_PWM1 = 0xF3;  //PCA 模块 1 PWM 寄存器
sfr PCA_PWM2 = 0xF4;  //PCA 模块 2 PWM 寄存器
```

```
sfr  P7      = 0xF8;
sfr CH       = 0xF9;
sfr CCAP0H = 0xFA;          //PCA 模块 0 的捕捉/比较寄存器高 8 位
sfr CCAP1H = 0xFB;          //PCA 模块 1 的捕捉/比较寄存器高 8 位
sfr CCAP2H = 0xFC;          //PCA 模块 2 的捕捉/比较寄存器高 8 位

/*  BIT Register  */
sbit CY    = PSW^7;
sbit AC    = PSW^6;
sbit F0    = PSW^5;
sbit RS1   = PSW^4;
sbit RS0   = PSW^3;
sbit OV    = PSW^2;
sbit F1    = PSW^1;
sbit P     = PSW^0;

/*  TCON  */
sbit TF1   = TCON^7;    //定时器 1 溢出中断标志位
sbit TR1   = TCON^6;    //定时器 1 运行控制位
sbit TF0   = TCON^5;    //定时器 0 溢出中断标志位
sbit TR0   = TCON^4;    //定时器 0 运行控制位
sbit IE1   = TCON^3;    //外中断 1 标志位
sbit IT1   = TCON^2;    //外中断 1 信号方式控制位，1：下降沿中断，0：上升下降均中断
sbit IE0   = TCON^1;    //外中断 0 标志位
sbit IT0   = TCON^0;    //外中断 0 信号方式控制位，1：下降沿中断，0：上升下降均中断
/*  SCON  */
sbit SM0   = SCON^7;    //SM0/FE      SM0 SM1 = 00 ~ 11：方式 0~3
sbit SM1   = SCON^6;    //
sbit SM2   = SCON^5;    //多机通信
sbit REN   = SCON^4;    //接收允许
sbit TB8   = SCON^3;    //发送数据第 8 位
sbit RB8   = SCON^2;    //接收数据第 8 位
sbit TI    = SCON^1;    //发送中断标志位
sbit RI    = SCON^0;    //接收中断标志位

/*  IE  */
sbit EA    = IE^7;  //中断允许总控制位
sbit ELVD = IE^6;   //低压监测中断允许位
sbit EADC = IE^5;   //ADC 中断 允许位
sbit ES    = IE^4;  //串行中断 允许控制位
sbit ET1   = IE^3;  //定时中断 1 允许控制位
```

```
sbit EX1  = IE^2;  //外部中断 1 允许控制位
sbit ET0  = IE^1;  //定时中断 0 允许控制位
sbit EX0  = IE^0;  //外部中断 0 允许控制位

/*  IP   */
sbit PPCA = IP^7;  //PCA 中断 优先级设定位
sbit PLVD = IP^6;  //低压中断 优先级设定位
sbit PADC = IP^5;  //ADC 中断 优先级设定位
sbit PS   = IP^4;  //串行中断 0 优先级设定位
sbit PT1  = IP^3;  //定时中断 1 优先级设定位
sbit PX1  = IP^2;  //外部中断 1 优先级设定位
sbit PT0  = IP^1;  //定时中断 0 优先级设定位
sbit PX0  = IP^0;  //外部中断 0 优先级设定位

sbit ACC0 = ACC^0;
sbit ACC1 = ACC^1;
sbit ACC2 = ACC^2;
sbit ACC3 = ACC^3;
sbit ACC4 = ACC^4;
sbit ACC5 = ACC^5;
sbit ACC6 = ACC^6;
sbit ACC7 = ACC^7;

sbit B0 = B^0;
sbit B1 = B^1;
sbit B2 = B^2;
sbit B3 = B^3;
sbit B4 = B^4;
sbit B5 = B^5;
sbit B6 = B^6;
sbit B7 = B^7;

sbit PPCA= IP^7;   //PCA 模块中断优先级
sbit PLVD= IP^6;   //低压监测中断优先级
sbit PADC= IP^5;   //ADC 中断优先级
sbit PS       = IP^4;   //串行中断 0 优先级设定位
sbit PT1  = IP^3;  //定时中断 1 优先级设定位
sbit PX1  = IP^2;  //外部中断 1 优先级设定位
sbit PT0  = IP^1;  //定时中断 0 优先级设定位
sbit PX0  = IP^0;  //外部中断 0 优先级设定位
#endif             //结束条件编译
```

这个头文件很长，说明这个单片机的功能很多。

【评估】

参看 stc15xxxxx.h，说出每一个特殊功能寄存器的作用。

【拓展】

登录宏晶科技有限公司网站，查看 STC 各种单片机的功能和价格。

进阶二　设计一个故障报警器

当一个组长管理一个团队完成一个任务的时候，组长和队员间要分工合作。单片机内部也是一个团队，CPU 是队长，其他的特殊功能（指中断、定时/计数等功能）是队员，而且每个队员都身怀绝技。如果你是 CPU 负责人，队员就是其他特殊功能的负责人，你需要下达命令给队员，同时规定好队员工作完成后的沟通方式。

就是说，你是队长了，你有了两个工作要做：一个是你自己分内的工作，一个是管理队员的工作。这时，我们需要编写两种程序：一种是正常的死循环的程序——CPU 自己分内的工作，另一种是管理队员的工作——处理"意外"事件的中断程序（一般不是死循环），就是队员随时打断你的工作和你谈工作的程序。因为队员会随时来打断你的工作，因此这种情况称为中断。

单片机使用了中断，就像我们有了朋友，原来一个人独自工作，现在变成了一个团队工作。

【目标】

通过本内容学习和训练，能够了解中断的意义、中断的应用、中断初始化程序和中断程序的编写方法，学会相关特殊寄存器设置方法，掌握中断的应用要点。

【任务】

本任务主要学习单片机团队工作（也称多任务系统）的方法之一——中断技术。具体任务内容是：

报警器接在了 P3.3 引脚上（用按钮模拟），P3.3 引脚高电平代表无报警信息，系统正常工作（LED10 亮，LED9 灭）；P3.3 引脚低电平代表有报警信息，LED9 亮 1s 后，系统恢复正常 LED10 亮。

【行动】

一、想一想，写一写

1. 在本任务中，CPU 和谁构成了团队，如何理解它们的合作？

2. 学习中断技术有什么意义？

3. IE 寄存器的作用是什么？如果要设定外中断 0、串行口开放，其他中断禁止开放，如何设定 IE 的值？

4. IP 寄存器的作用是什么？如果要设定外中断 0、串行口优先，其他中断正常，如何设定 IP 的值？

5. 写出 0～4 各个中端号对应的中断源。

二、编一编

编写开通外中断 1 的初始化程序。

三、画一画

画出本任务的电路图。

四、做一做，答一答

把程序下载到实验板上完成本任务，并回答：程序中没有按钮对应的指令，为什么按钮的动作会改变程序的运行呢？

五、找一找

IAP15W4K58S4有多少个中断源？分别是什么？

【知识学习】

一、中断知识

1. 单片机中断

有关中断的说法有两种。

（1）说法一

由于在单片机系统中，会有一些特殊的能独立工作的模块，它们需要和单片机一起配合工作——导致单片机由原来的单独完成任务，变成集体完成任务了。

比如：外中断是单片机的侦察兵，CPU做其他事情时，如果需要它，它就每时每刻地帮助CPU查看自己的引脚电平的变化，不影响CPU做其他事情，在出现变化时，才会提醒CPU。

定时器/计数器是闹钟，CPU做其他事情时，如果需要它，它就每时每刻地帮助CPU记录时间变化，不影响CPU做其他事情，如果时间到才会去告诉CPU定时时间到。

串行通信是CPU的电话，CPU需要与外界通话时用。

这样看来，特殊功能模块就像CPU的助手在帮助CPU分担一些特殊功能。当CPU需要这些功能的时候，CPU需要告诉这些助手具体的工作要求，当CPU发出开始工作指令后，助手们开始按要求进行工作，CPU交代完指令后，也去做自己的工作。这时，单片机里就存在了多项功能同时在进行。当助手完成CPU交代的工作后，需要告诉CPU执行的状况和结果，必然要和CPU沟通。沟通方法之一就是申请CPU中断CPU自己的工作，来处理助手的工作要求，CPU处理完助手的工作后，又去接着执行CPU自己的工作。

可见，中断技术是CPU管理其他特殊功能部件的一种非常有效的手段。当CPU需要这些特殊功能部件时，可以开启相应功能的中断，当不需要的时候可以关闭这些中断。就像手机里的闹铃，用的时候开启，不用的时候关闭。闹铃开启后还要设定响的时间和响的形式，时间到闹铃就会按设定的要求响，闹铃关闭后即使时间到了也不响。

（2）说法二

假如你正在看书，忽然电话响了，你接完电话后又继续看书，这就是生活中中断的例子。与此对照，单片机中也有同样的事情。CPU正在执行主程序，突然被意外事件打断，转去执行处理意外事件的程序，CPU执行处理意外事件的程序结束后，又回到主程序中继续执行，这样的过程就叫中断。

也就是说，这个“处理意外事件的程序”，我们计划的工作流程里没有它，在主程序中也不出现，它还不是一般的子程序，它是一种“意外”情况的处理程序。

前几个项目中，程序只能从头跑到尾，再从头到尾地死循环，它只能按照事先编写好的流程执行程序。但是现实中总会有一些意外情况会出现，比如交通灯，正常红绿灯交替亮得很好，如果救护车、救火车通行时，能够临时设置成红灯是不是更好呢？这样就需要打断原来的顺序，这就是中断。中断提高了程序的灵活程度，可以实现更多功能。

单片机中设置中断的作用主要有：对突发事故，做出紧急处理；根据现场随时变化的各种参数、信息，做出实时监控；CPU与内部特殊功能并行工作，相互间交流信息用；CPU与外部设备并行工作，以中断方式相互联系，提高工作效率，解决快速CPU与慢速外设之间的矛盾，等等。

2. 中断源

中断源就是能够产生中断信号的地方。不同型号的单片机，中断源的个数不同，使用时需要在相应型号的单片机手册中查找确认。针对每个中断源的用法，在单片机手册中都会有介绍。51单片机最基本的中断源有5个，分别是：

外部中断0：由P3.2引脚的逻辑电平按照设定的规律变化而引发的中断；

外部中断1：由P3.3引脚的逻辑电平按照设定的规律变化而引发的中断；

定时器T0中断：T0定时时间到（溢出）引发的中断；

定时器T1中断：T1定时时间到（溢出）引发的中断；

串口中断：接收到数据或发出数据时引发的中断。

IAP15W4K58S4的中断源如图5-2所示。其中，有5个外部中断EX0~EX4，有5个定时器中断ET0~ET4，有4个串口中断ES1、ES2、ES3、ES4，一个ADC中断EADC，一个低电压报警中断ELVD，一个SPI串行通信中断ESPI，一个PWM中断ENPWM/ECBI，一个PWM异常检测中断ENPWM/ENFD/EFDI，一个比较器中断PIE||NIE，一共20个中断源。

3. 中断的允许或禁止

在IAP15W4K58S4中断系统中，中断的允许或禁止是由片内可进行位寻址（按位使用）的8位中断允许特殊功能寄存器IE（Interrupt Enable Register）、IE2（Interrupt Enable 2 Register）和INT_CLKO来控制的，其各位功能分别见表5-3、表5-4和表5-5。

表5-3 中断允许寄存器IE各位功能符号

D7	D6	D5	D4	D3	D2	D1	D0
EA	ELVD	EADC	ES	ET1	EX1	ET0	EX0

其中EA是总“开关”，如果它等于0，则所有中断都被禁止响应。

ELVD——低电压中断允许控制位。ELVD=1，允许响应，反之不允许。

EADC——ADC转换中断允许控制位。EADC=1，允许响应，反之不允许。

ES——串行口中断允许控制位。ES=1，允许串行口中断响应，ES=0，禁止响应中断。

ET1——定时器1中断允许控制位。ET1=1，允许响应，反之不允许。

EX1——外中断1中断允许控制位。EX1=1，允许响应，反之不允许。

ET0——定时器0中断允许控制位。ET0=1，允许响应，反之不允许。

EX0——外中断0中断允许控制位。EX0=1，允许响应，反之不允许。

表5-4 中断允许寄存器IE2各位功能符号

D7	D6	D5	D4	D3	D2	D1	D0
—	ET4	ET3	ES4	ES3	ET2	ESPI	ES2

ET4——定时器4的中断允许位。ET4=1,允许定时器4产生中断；ET4=0,禁止定时器4产生中断。

ET3——定时器3的中断允许位。ET3=1,允许定时器3产生中断；ET3=0,禁止定时器3产生中断。

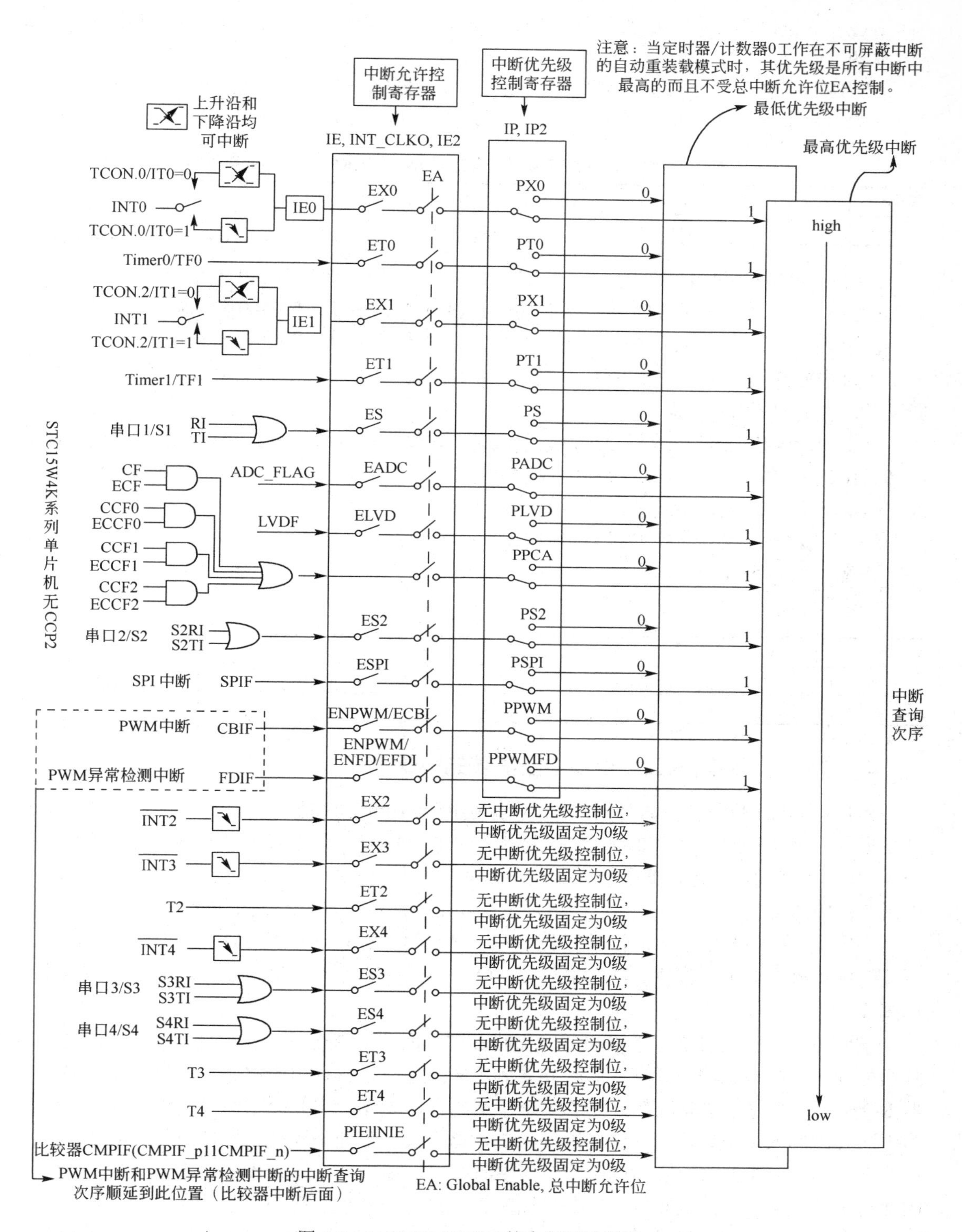

图 5-2　IAP15W4K58S4 的中断源示意图

ES4——串行口 4 中断允许位。ES4=1，允许串行口 4 中断；ES4=0，禁止串行口 4 中断。

ES3——串行口 3 中断允许位。ES3=1，允许串行口 3 中断；ES3=0，禁止串行口 3 中断。

ET2——定时器 2 的中断允许位。ET2=1,允许定时器 2 产生中断；ET2=0,禁止定时器 2 产生中断。

ESPI——SPI 中断允许位。ESPI=1，允许 SPI 中断；ESPI=0，禁止 SPI 中断。

ES2——串行口 2 中断允许位。ES2=1，允许串行口 2 中断；ES2=0，禁止串行口 2 中断。

表 5-5　外中断允许和时钟输出寄存器 INT_CLKO 各位功能符号

D7	D6	D5	D4	D3	D2	D1	D0
—	EX4	EX3	EX2	MCKO-S2	T2CLKO	T1CLOK	T0CLOK

EX4——外部中断 4(INT4)中断允许位。EX4=1 允许中断，EX4=0 禁止中断。

EX3——外部中断 3(INT3)中断允许位。EX3=1 允许中断，EX3=0 禁止中断。

EX2——外部中断 2(INT2)中断允许位。EX2=1 允许中断，EX2=0 禁止中断。

外部中断 2、3、4 都只能下降沿触发。MCKO_S2、T2CLKO、T1CLKO、T0CLKO 与中断无关，在这里不作介绍。

当 IAP15W4K58S4 单片机复位时，默认是不用助手的，所以所有中断都是关闭的，就是 IE=0、IE2=0，INT_CLKO=0，因此当需要用中断时，别忘了开中断。IAP15W4K58S4 一共 20 个中断源，其他的请参看相应手册。

【例 5-1】要设置允许外中断 1、定时器 1 中断响应，其他不允许，则 IE 值如何设置？

答案：见表 5-6。

表 5-6　例 5-1 用表

D7	D6	D5	D4	D3	D2	D1	D0
EA	ELVD	EAVD	ES	ET1	EX1	ET0	EX0
1	0	0	0	1	1	0	0

4．中断号、中断入口地址、中断函数的声明

单片机 C51 中断程序和普通程序是通过使用 interrupt 关键字和中断号来区分的。interrupt 是用来区分普通程序还是中断程序的关键字。中断号用来区分是哪一个中断源的中断程序。

中断号对应着 IE 寄存器中的使能位，IE 寄存器中的 0 位对应着外部中断 0，相应的外部中断 0 的中断号就是 0。换句话说，单片机有几个中断源，也就有几个中断号。

不同型号的单片机，中断源的个数不同，对应的中断号也可能不同，使用时需要在相应型号的单片机手册中，查找对应的中断号。IAP15W4K58S4 单片机中断号与中断源对应关系如图 5-3 所示。

举例：我们正在看书，手机响了，我们去找手机；门铃响了，去开门。意思就是说，单片机处理不同中断源的中断请求时，需要到不同的地方去执行中断程序。单片机在程序存储器 ROM 中，为每个中断源都分配了 8 个字节的存储单元，这 8 个字节存储单元的首地址称为中断程序的入口地址，对每个中断源来讲，这个地址是固定不变的。使用中，Keil C51 编译器会自动按照中断号，在 ROM 中存储中断程序，如果 8 个字节不够，C51 会自动处理。因此正确使用中断号及其重要，它是中断时正确执行中断程序的必要条件。

中断号和中断入口地址是在 Keil C51 程序编译时自动处理的，对于用户来讲需要做两件事情：打开总中断和对应功能的中断，写好相应的中断函数。IAP15W4K58S4 单片机每个中断源的中断函数的声明如下，每个声明最后的那个数字就是中断号，这个不能写错。

中断号	中断源
0	外部中断 0
1	定时器 0
2	外部中断 1
3	定时器 1 中断
4	串行口 0 中断
5	ADC 中断
6	外部低电压中断
7	可编程计数器（PCA）中断
8	串行口 2 中断
9	SPI 串行口中断
10	外部中断 2
11	外部中断 3
12	定时器 1 中断
13	空
14	空
15	空
16	外部中断 4
17	串行口 3 中断
18	串行口 4 中断
19	定时器 3 中断
20	定时器 4 中断
21	电压比较器中断
22	PWM 中断
23	PWM 异常中断

默认优先级（最高）→ 默认优先级（最低）

图 5-3　中断号与默认优先级

```
void   Int0_Routine(void)          interrupt   0;
void   Timer0_Rountine(void)       interrupt   1;
void   Int1_Routine(void)          interrupt   2;
void   Timer1_Rountine(void)       interrupt   3;
void   UART1_Routine(void)         interrupt   4;
void   ADC_Routine(void)           interrupt   5;
void   LVD_Routine(void)           interrupt   6;
void   PCA_Routine(void)           interrupt   7;
void   UART2_Routine(void)         interrupt   8;
void   SPI_Routine(void)           interrupt   9;
void   Int2_Routine(void)          interrupt   10;
void   Int3_Routine(void)          interrupt   11;
void   Timer2_Routine(void)        interrupt   12;
void   Int4_Routine(void)          interrupt   16;
void   S3_Routine(void)            interrupt   17;
void   S4_Routine(void)            interrupt   18;
void   Timer3_Routine(void)        interrupt   19;
void   Timer4_Routine(void)        interrupt   20;
void   Comparator_Routine(void)    interrupt   21;
```

```
void    PWM_Routine(void)    interrupt 22;
void    PWMFD_Routine(void)    interrupt 23;
```

5. 中断标志

单片机是如何知道有中断信号来的呢？原来，当有设备申请中断时，在内部 RAM 的特殊功能寄存器区的某些寄存器的特定位就会从 0 变到 1，单片机 CPU 在执行每一条程序的时候，都会自动“查看”所有的中断标志位，看有没有中断，是谁申请的中断。中断源不同，中断标志也不同。部分中断源中断标志位存放在 TCON（Timer Control Register）定时器/计数器控制寄存器中，见表 5-7。

表 5-7 TCON 寄存器

D7	D6	D5	D4	D3	D2	D1	D0
TF1	TR1	TF0	TR0	IE1	IT1	IE0	IT0

IE0=1：标志外部中断 0 产生中断。

IE1=1：标志外部中断 1 产生中断。

TF0=1：标志定时器 0 定时到，产生中断。

TF1=1：标志定时器 1 定时时间到，产生中断。

串口发送和接收到数据的标志位：在 SCON 寄存器中的第 0 和第 1 位，分别是 TI 和 RI。

另外，TCON 寄存器中 IT0 确定了外中断 0 的中断信号方式。

0：INT0/P3.2 引脚上的上升沿和下降沿均响应中断；

1：INT0/P3.2 引脚上的仅下降沿响应中断。

IT1 确定外部中断 1 方式。

0：INT1/P3.3 引脚上的上升沿和下降沿均响应中断；

1：INT1/P3.3 引脚上的仅下降沿响应中断。

IAP15W4K58S4 单片机其他的中断标志位，请查看手册。需要特别说明的是，不同的单片机型号，可能 TCON 设置相同，但是中断响应条件不同，使用时必须以相应单片机手册为准。

6. 中断优先级与中断嵌套

单片机自动地“查看”中断标志位的时候，要是同时查到了几个中断源的中断标志，怎么办呢？

就好比，你正在看书，电话铃响了，同时还有人按了门铃，炉子上的水又开了，你该先做哪一样呢？你可能会这样选择：安全第一，先关火。总之，在你选择的时候，存在一个优先级的问题，单片机处理中断事件也是如此。优先级的问题不仅仅发生在多个中断同时产生的情况，也可能发生在一个中断已响应，又有一个中断产生的情况，比如你正接电话，有人按门铃的情况，或你正开门与人交谈，又有电话铃响了的情况。

IAP15W4K58S4 单片机中，中断源的默认优先级按中断号排列，中断号越小级别越高。

IAP15W4K58S4 单片机通过设置特殊功能寄存器（IP 和 IP2）中的相应位，可将部分中断设置为 2 个中断优先级，除外部中断 2（INT2）、外部中断 3（INT3）及外部中断 4（INT4）外，所有中断请求源可编程为 2 个优先级中断。一个正在执行的低优先级中断能被高优先级中断所中断，但不能被另一个低优先级中断所中断，一直执行到结束。归纳为下面两条基本规则：

① 低优先级中断可被高优先级中断所中断，反之不能。

② 任何一种中断（不管是高级还是低级），一旦得到响应，不会再被它的同级中断所中断。

中断优先级由中断优先级寄存器 IP（Interrupt Priority Register）和 IP2（Interrupt Priority 2 Register）来设置。IP 中某位设为 1，相应的中断就是高优先级，否则就是低优先级。见表 5-8 和表 5-9。

表 5-8　中断优先级寄存器 IP 各位功能

D7	D6	D5	D4	D3	D2	D1	D0
PPCA	PLVD	PADC	PS	PT1	PX1	PT0	PX0

PPCA——比较器中断优先级控制位；
PLVD——低电压检测中断优先级控制位；
PADC——A/D 转换中断优先级控制位；
PS——串行口中断优先级控制位；
PT1——定时器 1 中断优先级控制位；
PX1——外中断 1 优先级控制位；
PT0——定时器 0 中断优先级控制位；
PX0——外中断 0 优先级控制位。

表 5-9　中断优先级寄存器 IP2 各位功能

D7	D6	D5	D4	D3	D2	D1	D0
PPCA	PLVD	PADC	PX4	PPWMFD	PPWM	PSPI	PS2

PX4——外部中断 4(INT4)优先级控制位；
PPWMFD——PWM 异常检测中断优先级控制位；
PPWM——PWM 中断优先级控制位；
PSPI——SPI 中断优先级控制位；
PS2——串口 2 中断优先级控制位。

【例 5-2】设有如下要求，将定时器 T0、外中断 1 设为高优先级，其他为低优先级，求 IP 的值。

见表 5-10。

表 5-10　例 5-2 用表

PPCA	PLVD	PADC	PS	PT1	PX1	PT0	PX0
0	0	0	0	0	1	1	0

因此，IP 的值就是 06H。

【例 5-3】在例 5-2 中，如果 5 个中断请求同时发生，求中断响应的次序。

响应的先后次序为：定时器 0 → 外中断 1→外中断 0→定时器 1→串行中断。

【例 5-4】在例 5-2 中，假设外中断 0 已被响应，外中断 0 中断服务子程序正在被执行，外中断 1 恰好申请中断，请问程序将如何进行？

这是一个中断嵌套的问题。就是说一个中断已响应，又有一个中断产生的情况，这时的中断响应可以概括为：低级中断不能打断高级中断，高级中断可以打断低级中断；同级同时申请中断，按默认优先级处理。

因此，例 5-4 的答案如图 5-4 所示。

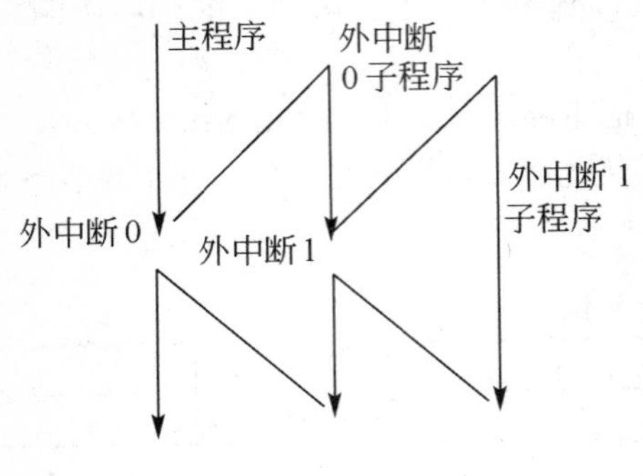

图 5-4 例 5-4 用图

7. 常见的与中断有关的程序编写

中断的实质是单片机主程序与其他设备之间布置任务和任务完成之后的信息沟通，所以与中断有关的程序有两部分：初始化程序（功能开通、初始任务布置）和中断服务程序（信息沟通、任务再布置）。

（1）初始化程序结构

初始化程序主要完成开通特殊功能、布置特殊功能的初始任务。

常见初始化程序结构模板如下，以供以后编程参考：

```
void  INT_Init (void)      //外中断初始化
{
IT0 = 1;                   //设置外部中断 0 仅为下降沿开通方式
EX0 = 1;                   //开通外中断 0
IT1 = 0;                   //设置外部中断 1 为上升沿和下降沿均可开通
 EX1=1;                    //开通外中断 1
 EA=1;                     //开通总中断
 }

void    Timer 0_Init (void)   //定时器 0 初始化，假定芯片的工作频率为 18.432MHz
{
  AUXR |= 0x80;               //定时器 0 为 1T 模式
  TMOD =0x00;                 //设定时器为模式 0,16 位自动重装载
  TMOD &= ~0x04;              //C/T0=0,对内部时钟进行输出
  TL0 =65536-18432000L/2/38400;      //初始化计时值
  TH0= TL0>>8;
  TR0=1;
  INT_CLKO=0x01;              //使能定时器 0 的输出功能
  ET0=1;
}

 void    Timer 1_Init (void)  //定时器 1 初始化，假定芯片的工作频率为 18.432MHz
{
  AUXR |= 0x40;               //定时器 1 为 1T 模式
  TMOD =0x00;                 //设定时器为模式 0,16 位自动重装载
  TMOD &= ~0x04;              //C/T0=0,对内部时钟进行输出
  TL1 =65536-18432000L/2/38400;      //初始化计时值
  TH1= TL1>>8;
  TR1=1;
  INT_CLKO=0x02;              //使能定时器 1 的输出功能
  ET1=1;
}
```

```
void    UART_Init (void)    //假定芯片的工作频率为 18.432MHz
{
SCON=0x50;          //定义串口工作模式，方式 1,允许串口发送及接收
 T2L=(65536-(18432000L/4/115200));       //波特率 115200
T2H=T2L>>8;
AUXR=0x14;                               //T2 为 1T 模式，并启动定时器
AUXR |=0x01;                             //选择定时器 2 为串口 1 的波特率发生器
ES=1;                                    //使能串口 1 中断
EA=1;
}
```

（2）中断服务程序

中断服务程序的主要任务是，单片机助手任务完成后的信息沟通和布置下一次的工作任务两项。常见模板如下：

```
void   INT0  (void)  interrupt  0      //外部中断 0 中断服务子程序
{
//根据需要填入程序代码
EX0 =0;                  //关闭外中断 0，不再需要中断了，就关闭它
}

void   INT1  (void)  interrupt  2    //外部中断 1 中断服务子程序
{
     //根据需要填入程序代码
}

Void   Timer0(void)   interrupt   1   //定时器 0 中断服务子程序
{
     //根据需要填入程序代码
}

void    Timer1(void)   interrupt   3      //定时器 1 中断服务子程序
{
//根据需要填入程序代码
}

void   UART(void)   interrupt   4//串行接收与发送中断服务子程序
{
     if(RI)
{
          ReceiveData=SBUF; //  保存接收到的数据
          RI=0;
}
else
```

```
{
TI=0;
        SBUF=SendData;   //再次发送数据
        }
}
```

二、IAP15W4K58S4 单片机外中断的用法

顾名思义，“外中断”是单片机外面的信号触发的中断。具体说明如下。

1. 外部信号的进入

外部信号一般来自传感器、检测仪表或人机交互部件。信号要接到单片机的引脚上，接在 P3.2 脚上的是外中断 0（INT0），接在 P3.3 脚上的是外中断 1（INT1），接在 P3.6 脚上的是外中断 2（INT2），接在 P3.7 脚上的是外中断 3（INT3），接在 P3.0 脚上的是外中断 4（INT4），接其他脚就不属于外中断信号了。

2. 外部中断信号的要求

由于系统每个时钟对外部中断引脚采样 1 次，因此为了确保被检测到，输入信号应该至少维持 2 个时钟周期。如果外部中断是仅下降沿触发，要求必须在相应的引脚维持高电平至少 1 个时钟周期，而且低电平也要持续至少一个时钟周期，才能确保该下降沿被 CPU 检测到。同样，如果外部中断是上升沿、下降沿均可触发，则要求必须在相应的引脚维持低电平或高电平至少 1 个时钟周期，而且高电平或低电平也要持续至少一个时钟周期，这样才能确保 CPU 能够检测到该上升沿或下降沿。

3. 外部中断用到的寄存器

中断允许寄存器 IE、IE2 和 INT_CLKO。IAP15W4K58S4 单片机 CPU 对中断源的开放或屏蔽，每个外中断源是否被允许中断，是由内部的中断允许寄存器 IE、IE2 和 INT_CLKO 控制的，1 允许，0 禁止，详见表 5-3、表 5-4、表 5-5。

优先级控制寄存器的 IP 和 IP2，1 优先级高，0 优先级低，其中外中断 2（INT2）、外中断 3（INT3）、外中断 4（INT4）这个三个中断源不能改变优先级，详见表 5-8、表 5-9。

定时器/计数器控制寄存器 TCON 详见表 5-7，可以用来设定外中断 0（INT0）、外中断 1（INT1）的中断触发方式，1 是仅下降沿触发，0 是上升沿和下降沿均触发；外中断 2（INT2）、外中断 3（INT3）、外中断 4（INT4）不能设置中断触发方式，只能是下降沿触发。

4. 使用外部中断的流程

① 开通中断：要注意开通总中断 EA 和相应的外中断 EX0、EX1、EX2、EX3、EX4。指令是 EA=1;EX1=1;EX4=1;等，一定要大写。

② 确定触发中断的信号类型：外中断 0（INT0）、外中断 1（INT1）需要设定，其他的不用。

③ 编写中断初始化程序和中断服务程序，注意中断号的对应关系。

④ 外部电路要接对，还要注意中断信号的要求。

三、单片机响应中断的过程

单片机响应中断可以分为以下几个过程。

① 运行程序时察看是否有中断请求。对于单片机的CPU来说，其每一个机器周期都顺序地检查其自身的中断源，查看是否有中断请求。

② 判断应不应该响应中断。如有中断请求，新的中断请求的中断源的优先级别与正在处理的中断源同级或更低时，CPU不会响应这个中断请求，直至正在处理的中断服务程序执行完以后才能去处理新的中断请求。

③ 查看是不是中断的时候。现行的机器周期正是所执行指令的最后一个机器周期、CPU正在执行RETI指令（汇编语言的中断程序返回指令）、执行访问中断控制寄存器IE和IP的指令，以上三种情况下，单片机都不会立即响应中断，CPU至少需要再执行一条指令，才能响应新的中断。

④ 如何响应中断。首先保护断点，即保存下一条要执行的指令的地址，就是把这个地址送入堆栈（在RAM中）；接下来寻找中断入口，根据不同的中断源所对应的中断号，查找不同的入口地址；找到中断处理程序；最后执行中断处理程序。

⑤ 如何返回。执行完中断程序后，执行指令RETI（汇编语言的中断程序返回指令），从堆栈中弹出下一条要执行的指令的地址，返回到主程序断点处继续执行。中断响应结束。

知识小问答

① 什么是堆栈？

答：堆栈是一种执行“后进先出”或“先进后出”算法的数据结构。设想有一个直径不大、一端开口一端封闭的竹筒。有若干个写有编号的小球，小球的直径比竹筒的直径略小。现在把不同编号的小球放到竹筒里面，可以发现一种规律：先放进去的小球只能后拿出来，反之，后放进去的小球能够先拿出来。堆栈也是这样一种数据结构,它是在内存中开辟一个存储区域，数据一个一个顺序地存入（也就是“压入——push”）这个区域之中。有一个地址指针总指向最后一个压入堆栈的数据所在的数据单元(存放这个地址指针的寄存器就叫做堆栈指针SP)。开始放入数据的单元叫做“栈底”。数据一个一个地存入，这个过程叫做“压栈”。在压栈的过程中，每有一个数据压入堆栈，就放在和前一个单元相连的后面一个单元中，堆栈指针中的地址自动加1。读取这些数据时，按照堆栈指针中的地址读取数据，堆栈指针中的地址数自动减1。这个过程叫做“弹出”（pop）。如此就实现了后进先出的原则。堆栈是单片机中最基本的一种数据处理方法，比如子程序的调用、中断服务程序的调用在单片机中都是用堆栈实现的。

② 什么是FIFO？

答：FIFO（First Input First Output），即先进先出队列。在超市购物之后会提着我们满满的购物车来到收银台排在结账队伍的最后，眼睁睁地看着前面的客户一个个离开,我们就一步一步地前进。这就是一种先进先出机制，先排队的客户先行结账离开，后面的跟进。FIFO在单片机中运用也不少，比如用在单片机与其他高速设备之间通信、历史数据的顺序存储与顺序更新等。

四、故障报警器电路

故障报警器电路如图5-5所示。

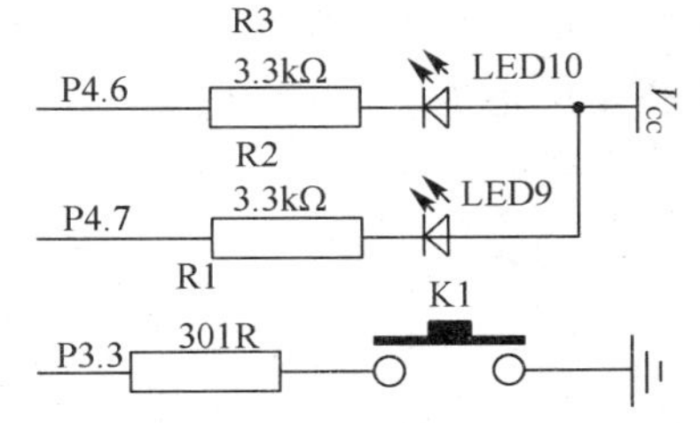

图5-5　故障报警器电路

五、故障报警器程序

```
#include  "STC15Fxxxx.H"
sbit  led10=P4^6; //LED10
```

```
sbit  led9=P4^7;  //LED9
/*******延时子程序（自己完成）********/
/**********************中断初始化程序***********************/
void  WZDchushihua(void)    //外中断初始化
{
IT1=1;      //设置 INT1 为下降沿触发，详见 TCON 寄存器中
EX1=1;     //使能外部中断 1，详见 IE 寄存器中
EA=1;      //开通总中断，详见 IE 寄存器中
 }
/**********************主函数***********************/
void  main(void)
{ P3M0=0; P3M1=0;//外中断对应引脚设置成弱上拉模式
WZDchushihua();//只执行一次，放在主程序开头
  while(1)
  {
  led10=0;
  led9=1;
  }
}
/**********************外部中断 1 函数***********************/
void  INT1_ISR(void) interrupt 2
{
led9=0;
led10=1;
Display 1000ms();
}
```

【评估】

1. 如果用蜂鸣器报警，相应的硬件和软件应如何设计？

2. 如果用外中断 0、外中断 2、外中断 3，相应的硬件和软件应如何设计？

【拓展】

小组讨论，如何做好班组长？如何成为好队员？

进阶三　设计一位秒表

用延时程序来做计时，CPU 执行延时程序的时候，就不能再干其他的事了。如果 CPU 的工作任务很多，CPU 就没有机会去完成其他任务了。如果单片机里也有一块闹钟就好了，让它帮助 CPU 计时，时间到时还能提醒 CPU，就更好了。

【目标】

> 通过本内容学习和训练，能够了解定时和计数的区别，学会相关特殊寄存器用法、定时器初始化程序和中断程序的编写方法，掌握定时/计数的应用要点。

【任务】

应用定时功能实现一位秒表。要求:

1. 每过1s，数码管显示加1，当显示到9时，又从0开始加1。

2. 有开始与结束控制键。当按下 SB1 后单片机开始定时，数码管上显示的数值开始变化。当按下SB2后单片机停止定时，同时在数码管上显示定时停止时的数值。

3. SB1与外部中断1相连， SB2与外部中断0相连。设置外部中断1为高中断优先级，外部中断0为低中断优先级，定时器为低中断优先级。

【行动】

一、写一写

1. 什么是计数器、什么是定时器?
2. 什么情况下定时器和计数器会发生溢出，溢出标志有什么用处?
3. 为什么要设定TMOD寄存器?
4. TCON中哪些位与定时器/计数器有关，如何使用?
5. TH、TL寄存器中存放的是什么数据，这些数据是如何变化的?
6. 定时器/计数器初始化程序中，需要设定哪些寄存器?
7. 定时器/计数器中断服务程序中，为什么还要再次赋初值?什么情况下不用赋初值?
8. IAP15W4K58S4单片机内部有多少个定时器/计数器,其工作特点是什么?

二、画一画，改一改

画出本任务正确的电路图。

三、做一做，答一答

在电路板上完成本项目，回答问题：如果做的不是秒表，是按分钟显示的表，程序如何改呢?

分别用定时器0、定时器1、定时器2、定时器3、定时器4完成本任务。

【知识学习】

本进阶的学习特点是真正把所有的原理学会比较难，但是只想会用是很简单的。重点学会定时器/计数器初始化程序和中断服务程序的编写。

一、定时器/计数器功能介绍

1. 定时器/计数器的定义

在工业生产中需要计数的场合非常多，例如线缆行业在电线生产出来之后要测量长度，怎么测呢?行业中有很巧妙的方法，用一个周长是1m的轮子，将电缆绕在上面一周，由线缆带动轮转，这样轮转一周就是线长 1m，再把轮子转过圈数转换成脉冲，所以只要记下脉冲数，就可以知道走过的线有多长了。

对于一个时钟，1h等于60min，1min等于60s，就是说只要计数脉冲的间隔相等，则计数值就代表了时间的流逝。可见，计数和定时的原理是一样的，就是数数。为了保证定时脉冲时间间隔的准确性，可以直接使用单片机的晶振时钟，一个1MHz的晶振，它提供给计数器的脉冲时间间隔是一个机器周期。

单片机中的定时器和计数器的区别是：计数器是记录的外部脉冲的个数，而定时器则是记录单片机内部机器周期的个数。

2. 定时器/计数器的容量与中断标志信号的产生

从一个生活中的例子来看：一个水盆在水龙头下，水龙头没关紧，水一滴滴地滴入盆中。

水滴不断落下，盆的容量是有限的，过一段时间之后，最终有一滴水使得盆中的水满了。这时如果再有一滴水落下，水会漫出来，用一个术语来讲就是“溢出”。那么单片机中的计数器有多大的容量呢？IAP15W4K58S4 单片机中有 5 个可编程的定时器/计数器，分别称之为 T0～T4，这 5 个计数器分别是由两个 8 位的 RAM 单元组成的，即每个计数器都是 16 位的，最大的计数量是 65536，当计数超过这个数值时也会自动溢出，和水盆不同的是，当溢出时计数器的值回归到零，同时会产生中断标志信号。

3. 定时器/计数器的组成

图 5-6 为 51 单片机的定时器 T0 和 T1 内部结构原理图。由图 5-6 可知 51 单片机定时器/计数器 T0 由定时器 TL0、TH0、定时器方式寄存器 TMOD 和定时器控制寄存器 TCON 组成。

T0、T1 是 16 位加法计数器，分别由两个 8 位专用寄存器组成，T0 由 TH0 和 TL0 构成，T1 由 TH1 和 TL1 构成，里面存放定时时间或计数结果。T0 或 T1 用作计数器时，对芯片引脚 T0（P3.4）或 T1（P3.5）上输入的脉冲计数，每输入一个脉冲，加法计数器加 1；其用作定时器时，对内部机器周期脉冲计数，由于机器周期是定值，故计数值一定时，时间也随之确定。TCON、TMOD 与 T0、T1 间通过内部总线及逻辑电路连接，TCON 用于控制定时器/计数器的启动与停止，当 T0 和 T1 计数溢出时会申请中断，TMOD 用于设置定时器的工作方式，T0 和 T1 分别有 4 种工作方式。

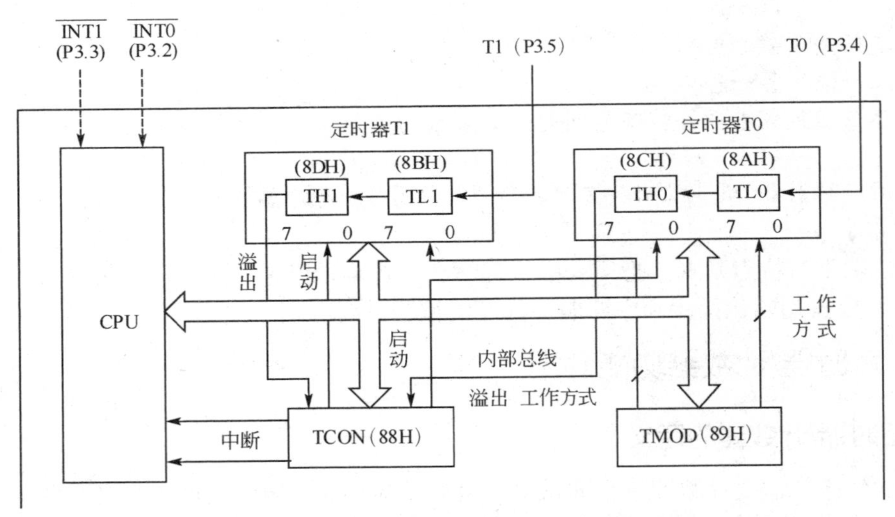

图 5-6　51 单片机定时器/计数器 T0、T1 逻辑结构图

4. STC15W4K58S4 单片机定时器/计数器 T0 的工作方式

图 5-7 所示为 STC15W4K58S4 单片机 T0 的逻辑电路结构示意图，这是宏晶公司的原创，由图 5-7 可知其工作原理如下。

在 K1，系统时钟进入计数器分为两种模式，12T（除 12）和 1T（不除 12）模式，方法是 AUXR.7=0 是 K1 往上接通是 12T（12 个时钟脉冲计数器加 1），否则是 1T。

到 K2，如果 C/$\overline{T}$ 为 0 就是用作定时器（图 5-7 中功能选择开关 K2 往上打），如果 C/$\overline{T}$ 为 1 就是用作外部脉冲计数器（图 5-7 中功能选择开关 K2 往下打）。可见，一个定时器/计数器同一时刻要么作定时用，要么作计数用，不能同时用。

到 K3，定时器/计数器启停控制。通过电路分析可知，当 GATA=0 时，非门 1 输出为 1，或门 2 输出也是 1，与门 3 的输出就由 TR0 来决定，当 TR0=1 时，K3 合上，脉冲进入计数器，计数器工作；当 TR0=0 时，K3 打开，脉冲不能进入计数器，计数器不加数。

当 GATA=1 时，非门 1 输出为 0，或门 2 输出由 INT0 决定，INT0=1，或门 2 输出 1，与门 3 的输出就由 TR0 来决定，当 TR0=1 时，K3 合上，脉冲进入计数器，计数器工作；当 TR0=0 时，K3 打开，脉冲不能进入计数器，计数器不加数。IMT0 就是 P3.2 脚。

当 GATA=1 时，非门 1 输出为 0，或门 2 输出由 INT0 决定，INT0=0，或门 2 输出 0，与门 3 的输出 0，K3 打开，脉冲不能进入计数器，计数器不加数。

当脉冲进入 TH0、TL0 后，TH0、TL0 自动对脉冲进行加 1 计数，当 TH0、TL0 加到全满（十六进制的 FFFFH）时，再来一个脉冲，系统会把预先存放在 RL_TH0、RL_TL0 中的数，自动传送到 TH0、TL0 中，好为下一轮计数做准备；同时置位 TF0 申请中断，告诉 CPU 计时时间到了；还同时查看 K4 开关，如果 K4 闭合会对外输出一个电平变化（就是原来是高电平，现在变低电平；原来是低电平，现在变高电平）。就是 P3.5 脚上的电平翻转。

定时器/计数器 T0、T1 的工作方式，在寄存器 TMOD 中相应的功能设置，见表 5-11 和表 5-12。

表 5-11 T0、T1 特殊功能寄存器 TMOD 各位功能

D7	D6	D5	D4	D3	D2	D1	D0
GATE	C/$\overline{T}$	M1	M0	GATE	C/$\overline{T}$	M1	M0
T1 各工作方式控制字				T0 各工作方式控制字			

M1M0：定时器/计数器一共有四种工作方式，2 位正好是四种组合，见表 5-12。

表 5-12 T0 中 M1M0 与工作方式

M1 部 M0	操作方式	功能描述
00	方式 0	16 位自动重装定时器/计数器。由 TL0 的 8 位和 TH1 的 8 位构成 16 位的计数器
01	方式 1	16 位不自动重装定时器/计数器。由 TL0 的 8 位和 TH1 的 8 位构成 16 位的计数器
10	方式 2	8 位自动重装定时器/计数器
11	方式 3	不可屏蔽中断 16 位自动重装载,实时操作系统用节拍定时器

对定时器/计数器 T0，其工作模式 3 与工作模式 0 是一样的。唯一不同的是：当定时器/计数器 0 工作在模式 3 时，只需允许 ET0（IE.1 定时器/计数器 T0 中断允许位）=1,不需要允许 EA（IE.7 总中断使能位）就能打开定时器/计数器 0 的中断，此模式下的定时器/计数器 T0 中断与总中断使能位 EA 无关；一旦工作在模式 3 下的定时器/计数器 0 中断被打开(ET0=1)，那么该中断是不可屏蔽的（就是中断一旦开启就不能关闭），该中断的优先级是最高的，即该中断不能被任何中断所打断，而且该中断打开后既不受 EA 控制也不再受 ET0 控制，当 EA=0 或 ET0=0 时都不能屏蔽该中断。故将此模式称为不可屏蔽中断的 16 位自动重装载模式。

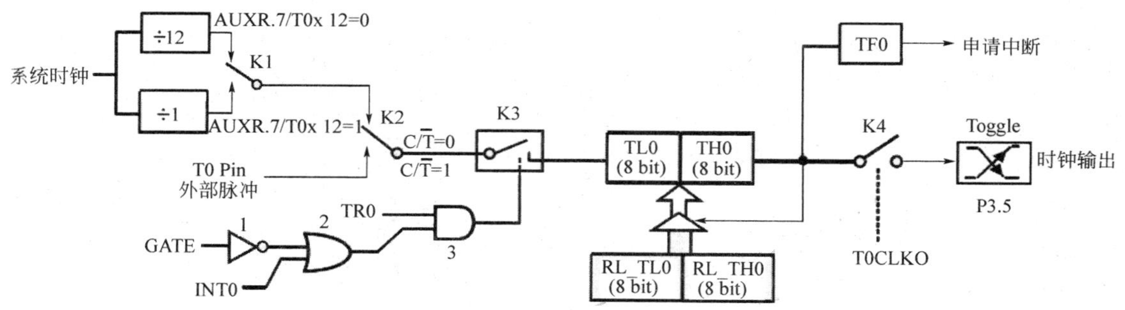

图 5-7 T0 的逻辑电路结构示意图

知识小问答

单片机编写程序时，如果主程序中有几个需要并行的程序，又不能使用中断怎么办？比如用一个单片机控制完成 10 个不同规律流水灯的独立任务。

答：这也是多任务系统的一种情况，需要一些编程技巧才行。这时，通常采用分时控制的方法。

我们每一个人都是多任务处理的高手，每天 8 点到下午 17 点是上班时间，17 点到 18 点是晚交通时间，18 点到 22 点是家人时间，22 点到次日 6 点是睡觉时间，6 点到 7 点是早上时间，7 点到 8 点是早交通时间。我们一天做了至少 6 件事情,而这些任务完全不同，我们的一生就这样不停地重复着。

这就给了我们一个启发：单片机可以第一个任务做 10ms，没做完的等下一个循环接着做（就是下班了，没做完的工作明天接着做）；第二个任务再做 10ms，没做完的等下一个循环接着做；以此类推，10 个任务都这样排列下去。是不是看起来就像我们每个人每天的生活一样呢？每天都是新的、又是重复的，每天的时间都是 24h 不变的。

同理，当我们编程序的时候，也可以按这些时间起点做事，比如三个流水灯一个是 500ms 闪，一个是 200ms 闪，还有一个是 300ms 的。编程序时，定时器中断时间定为每 10ms 中断一次，在中断服务程序中设置三个标志变量，分别为 L1、L2、L3，定时器每中断一次，L1、L2、L3 都加 1。

详见如下：

```
void   timer0_ISR（void）interrupt 1//10ms 中断一次
{
L1++;
L2++;
L3++;
}
void main( )
  {
    while(1)
    {
        if(L1==25)
        {
        led1=! led1;
        L1=0;//流水灯 1 流动一次
        }
        if(L2==10)
        {
        Led2=! led2;
        L2=0;//流水灯 2 流动一次
        }
        if(L3==15)
        {
        led3=! led3;
```

```
            L3=0;//流水灯 3 流动一次
            }
        }
    }
```

不可屏蔽中断 16 位自动重装载构成的节拍定时器就是来完成这个固定的时间间隔节拍，不同的系统，节拍时间不同。

有关单片机实时操作系统的知识,可以看项目八。

5. STC15W4K58S4 单片机内部的 5 个 16 位定时器/计数器简介

STC15W4K58S4 单片机内部设置了 5 个 16 位定时器/计数器：16 位定时器/计数器 T0 和 T1、T2、T3、T4。5 个 16 位定时器都具有计数和定时两种工作方式。对定时器/计数器 T0 和 T1，用 TMOD 中相对应的控制位 C/T 来选择 T0 或 T1 为定时器还是计数器。对定时器/计数器 T2，用 AUXR 中的控制位 T2_C/T 来选择 T2 为定时器还是计数器；对定时器/计数器 T3，用 T4T3M 中的控制位 T3_C/T 来选择 T3 为定时器还是计数器；对定时器/计数器 T4，用 T4T3M 中的控制位 T4_C/T 来选择 T4 为定时器还是计数器。

定时器/计数器的核心部件是一个加 1 计数器，其本质是对脉冲进行加 1 计数。只是计数脉冲来源不同：如果计数脉冲来自系统时钟，则为定时方式，此时定时器/计数器每 12 个时钟或者每 1 个时钟得到一个计数脉冲，计数值加 1；如果计数脉冲来自单片机外部引脚（T0 为 P3.4，T1 为 P3.5，T2 为 P3.1，T3 为 P0.7，T4 为 P0.5），则为计数方式，每来一个脉冲加 1。

当定时器/计数器 T0、T1 及 T2 工作在定时模式时，特殊功能寄存器 AUXR 中的 T0x12、T1x12 和 T2x12 分别决定是系统时钟/12 还是系统时钟/1（不分频）后让 T0、T1 和 T2 进行计数。当定时器/计数器 T3 和 T4 这个在定时模式时，特殊功能寄存器 T4T3M 中的 T3x12 和 T4x12 分别决定是系统时钟/12 还是系统时钟/1（不分频）后让 T3 和 T4 进行计数。当定时器/计数器工作在计数模式时，对外部脉冲计数不分频。

定时器/计数器 0 有 4 种工作模式：模式 0（16 位自动重装载模式），模式 1（16 位不可重装载模式），模式 2（8 位自动重装模式），模式 3（不可屏蔽中断的 16 位自动重装载模式）。定时器/计数器 1 除模式 3 外，其他工作模式与定时器/计数器 0 相同，T1 在模式 3 时无效，停止计数。定时器 T2 的工作模式固定为 16 位自动重装载模式。T2 可以当定时器使用，也可以当串口的波特率发生器和可编程时钟输出。定时器 3、定时器 4 与定时器 T2 一样，它们的工作模式固定为 16 位自动重装载模式。T3/T4 可以当定时器使用，也可以当串口的波特率发生器和可编程时钟输出。

STC15W4K58S4 单片机定时器/计数器的相关寄存器详见表 5-13。这里不详细介绍了，具体参看相关手册。

表 5-13　STC15W4K58S4 单片机定时器/计数器的相关寄存器

符号	描述	地址	位地址及其符号 MSB							LSB	复位值
TCON	Timer Control	88H	TF1	TR1	TF0	TR0	IE1	IT1	IE0	IT0	0000 0000B
TMOD	Timer Mode	89H	GATE	C/$\overline{T}$	M1	M0	GATE	C/$\overline{T}$	M1	M0	0000 0000B
TL0	Timer Low 0	8AH									0000 0000B

续表

符号	描述	地址	位地址及其符号 MSB							LSB	复位值
TL1	Timer Low 1	8BH									0000 0000B
TH0	Timer High 0	8CH									0000 0000B
TH1	Timer High 1	8DH									0000 0000B
IE	中断允许寄存器	A8H	EA	ELVD	EADC	ES	ET1	EX1	ET0	EX0	0000 0000B
IP	中断优先级寄存器	B8H	PPCA	PLVD	PADC	PS	PT1	PX1	PT0	PX0	0000 0000B
T2H	定时器2高8位寄存器	D6H									0000 0000B
T2L	定时器2低8位寄存器	D7H									0000 0000B
AUXR	辅助寄存器	8EH	T0x12	T1x12	UART_M0x6	T2R	T2_C/$\overline{T}$	T2x12	EXTRAM	S1ST2	0000 0001B
INT_CLKO AUXR2	外部中断允许和时钟输出寄存器	8FH		EX4	EX3	EX2	-	T2CLKO	T1CLKO	T0CLKO	x000 x000B
T4T3M	T4和T3的控制寄存器	D1H	T4R	T4_C/$\overline{T}$	T4x12	T4CLKO	T3R	T3_C/$\overline{T}$	T3x12	T3CLKO	0000 0000B
T4H	定时器4高8位寄存器	D2H									0000 0000B
T4L	定时器4低8位寄存器	D3H									0000 0000B
T3H	定时器3高8位寄存器	D4H									0000 0000B
T3L	定时器3低8位寄存器	D5H									0000 0000B
IE2	Interrupt Enable register	AFH	-	ET4	ET3	ES4	ES3	ET2	ESPI	ES2	x000 0000B

6. STC15W4K58S4 单片机手册中定时器/计数器相关例程说明

在 STC15W4K58S4 单片机手册中,定时器/计数器占了很大的篇幅，原因一方面是定时器是人们日常生活和工业生产不可或缺的，它不但用途广，而且用法多样；另一方面由于 STC15W4K58S4 单片机的定时器/计数器有 5 个，每一个都有自己的特色。由于教材的篇幅有限，不便在这里一一介绍，只把手册中相关的例程名称排列在这里，方便查找。

① 定时器 0 的 16 位自动重装载模式的测试程序（C 和汇编）。

② 定时器 0 工作在 16 位重装模式时对内部系统时钟或外部引脚 T0/P3.4 的时钟输入进行可编程时钟分频输出的程序举例（C 和汇编）。

③ T0 的 16 位自动重装模式（软硬结合）模拟 10 位或 16 位 PWM 输出的程序（C 和汇编）。

④ 定时器 0 中断（下降沿中断）的测试程序，定时器/计数器 0 工作在计数模式中的 16 位自动重装载模式，定时器/计数器 0 工作载外部计数模式。

⑤ 定时器 0 中断（下降沿中断）的测试程序，定时器/计数器 0 工作在计数模式中的 8 位自动重装模式。

⑥ 定时器 1 的 16 位自动重装载模式的测试程序（C 和汇编）。

⑦ 定时器 1 对系统时钟或外部引脚 T1 的时钟输入进行可编程分频输出的测试程序。

⑧ 定时器 1 模式 0(16 位自动重载模式)作串口 1 波特率发生器的测试程序(C 和汇编)。

⑨ T1 的 16 位自动重装载模式扩展为外部下降沿中断的测试程序（C 和汇编）。

⑩ 定时器 1 模式 2(8 位自动重载模式)作串口 1 波特率发生器的测试程序(C 和汇编)。

⑪ T1 的 8 位自动重装载模式扩展为外部下降沿中断的测试程序（C 和汇编）。

⑫ 定时器/计数器 2 作定时器及测试程序（C 和汇编）。

⑬ 定时器 2 扩展为外部下降沿中断的测试程序（C 和汇编）。

⑭ 定时器 2 对内部系统时钟或外部引脚 T2/P3.1 的时钟输入进行可编程时钟分频输出的程序举例（C 和汇编）。

⑮ 定时器/计数器 2 作串行口波特率发生器及测试程序（C 和汇编）。

⑯ 定时器/计数器 2 作串行口 1 波特率发生器的测试程序（C 和汇编）。

⑰ 定时器/计数器 2 作串行口 2 波特率发生器的测试程序（C 和汇编）。

⑱ 定时器 0 对系统时钟或外部引脚 T0 的时钟输入进行可编程分频输出及测试程序（C 和汇编）。

⑲ 定时器 1 对系统时钟或外部引脚 T1 的时钟输入进行可编程分频输出及测试程序（C 和汇编）。

⑳ 定时器 2 对系统时钟或外部引脚 T2 的时钟输入进行可编程分频输出及测试程序（C 和汇编）。

㉑ 定时器 3 对系统时钟或外部引脚 T3 的时钟输入进行可编程分频输出及测试程序（C 和汇编）。

㉒ 定时器 4 对系统时钟或外部引脚 T4 的时钟输入进行可编程分频输出及测试程序（C 和汇编）。

㉓ 掉电唤醒专用定时器及测试程序（C 和汇编）。

7. 定时器初始化程序和中断服务程序的编写

由 STC 下载软件自动生成定时器的初始化程序，操作流程如图 5-8 所示。在这里还要提醒一句，不要忘了开相应中断，如 ETX=1，因为这个软件生成的初始化程序不包括开中断。

当出现“当前的设定无法产生指定的时间”时，表示当前时间设定超过了定时器的设定范围。

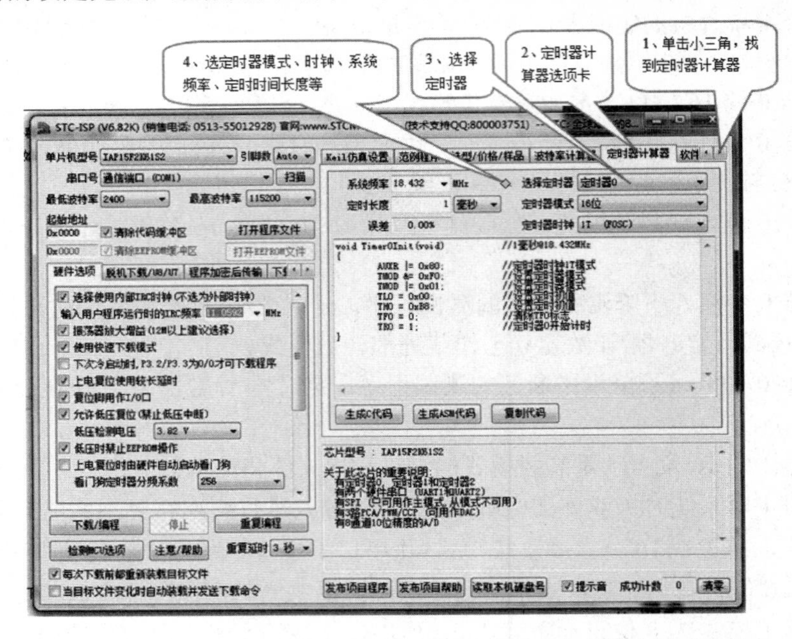

图 5-8　用 STC-ISP 软件生成定时器初始化程序的操作流程示意图

当超过设定范围时，可以在中断服务程序中加以处理。比如要定时 1min，可以设定定时器定时 1ms，让它 1ms 中断 1 次，中断 1000 次是 1s，60s 是 1min，从而得到很长的定时，这个中断服务程序可以如下（T0 为例）：

```
int miao，Msmiao
char fen
………
void   timer0_ISR（void）interrupt 1
{
Msmiao++；
if（Msmiao==1000）//1s 定时到
   { Msmiao=0；
   miao++；
   if（miao==60）//1min 定时到
      {miao=0；
       …………//此处编写到 1min 时，需要执行的程序
      }
   }
}
```

定时器中服务程序的编写时，需要注意以下内容:

① 不要把中断号写错；

② 是否需要自动重装初值；

③ 使能定时器的输出功能；

④ 是否还需要定时器/计数器继续工作，如果不用，要关相应中断（ETX=0）和停止计

数（TRX=0）；

⑤ 中服务程序中时间参数的累积和归零；

⑥ 把定时工作的任务，尽量放在中断服务程序里面；

⑦ 注意定时时间长度要大于中断程序的执行时间。

8. 计数器初始化程序举例

【例 5-5】流水线上一个包装是 60 盒，要求每到 60 盒就产生一个动作，用 T0 来控制，试编写初始化程序，并指明脉冲从何处进入单片机。

初始化程序如下：

```
void   timer0_Init（void）
{
TMOD=0x05;//设置定时器/计数器为计数模式
TH0=(65536-60)/256;//为了制造每到 60 盒就产生一个溢出,产生中断标志,
TH0 和 TL0 中要事先存入一定量
TL0=(65536-60)%256;//的初值
TR0=1;
ET0=1;
EA=1;
}
```

因为是 T0，脉冲从 P3.4 进入单片机。

【例 5-6】应用定时器 T0 产生 1ms 的定时，并使 P1.0 输出周期 2ms 的方波，设晶振 12MHz，分别用工作方式 0、1 来控制，1T 模式。试编初始化程序和中断服务程序。

方式 1 时，初始化程序如下，生成方法如图 5-9 所示。

```
void Timer0Init(void)//1ms@12.000MHz
{
AUXR |= 0x80;//定时器时钟 1T 模式
TMOD &= 0xF0;//设置定时器模式
TMOD |= 0x01;//设置定时器模式
TL0 = 0x20;     //设置定时初值
TH0 = 0xD1;     //设置定时初值
TF0 = 0;        //清除 TF0 标志
TR0 = 1;        //定时器 0 开始计时
ET0=1;//编者添加
EA=1;//编者添加
}
```

方式 1 时，中断服务程序如下：

```
void   timer0_ISR（void）interrupt 1
{
TL0 = 0x20;     //重装定时初值
TH0 = 0xD1;     //重装定时初值
P10=！ P10;
}
```

方式 0 时，初始化程序如下，生成方法如图 5-10 所示。

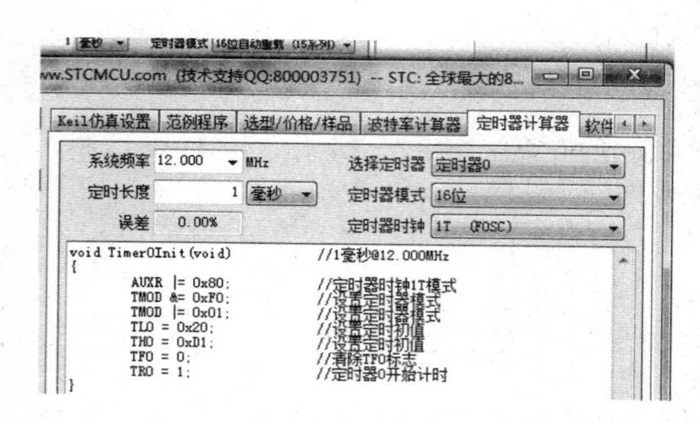

图 5-9 例 5-6 T0 方式 1 初始化程序生成

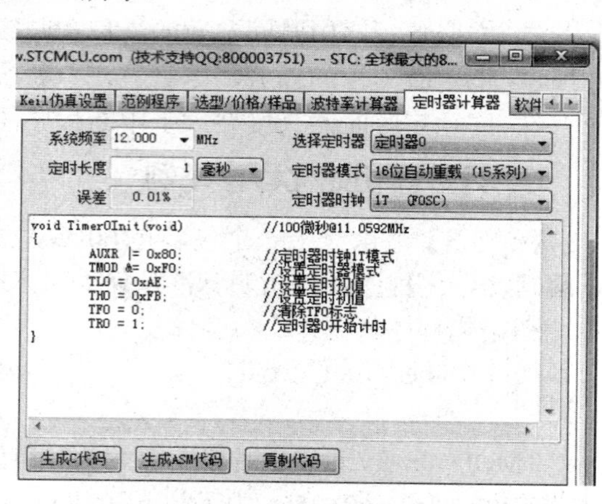

图 5-10 例 5-6 T0 方式 0 初始化程序生成

```
void Timer0Init(void)//1ms@12.000MHz
{
AUXR |= 0x80;//定时器时钟 1T 模式
TMOD &= 0xF0;//设置定时器模式 0
TL0 = 0x20;     //设置定时初值
TH0 = 0xD1;  //设置定时初值
TF0 = 0;  //清除 TF0 标志
TR0 = 1;  //定时器 0 开始计时
ET0=1;
EA=1;
}
```

方式 1 时，中断服务程序如下：

```
void   timer0_ISR（void）interrupt 1
{
P10=！P10;
}
```

二、电路

如图 5-11 所示，按钮 SB1 为启动按钮，SB2 为停止按钮。

三、程序

```
#include "STC15Fxxxx.H"
/*************       本地变量声明 **************/
unsigned char code t_display[]={                                    //标准字库
//      0    1    2    3    4    5    6    7  8    9    A    B    C    D    E    F
        0x3F,0x06,0x5B,0x4F,0x66,0x6D,0x7D,0x07,0x7F,0x6F,0x77,0x7C,0x39,0x5E,0x79,0x71};
unsigned char code T_COM[]={0x01,0x02,0x04,0x08,0x10,0x20,0x40,0x80};       //位码
```

```
unsigned int MsCounter=0;              //1s 标志位
unsigned char Counter=0;            //显示值
```

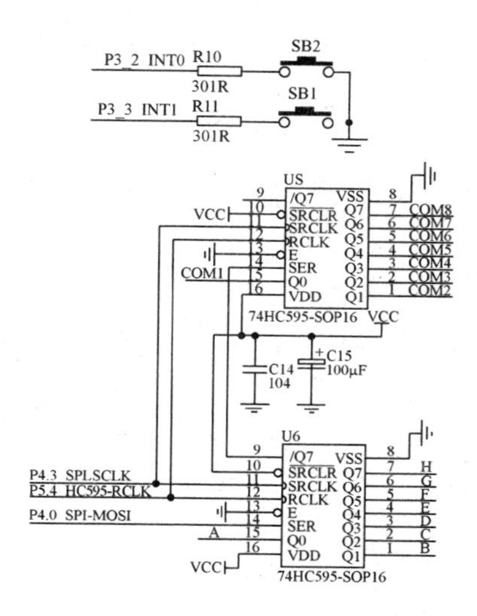

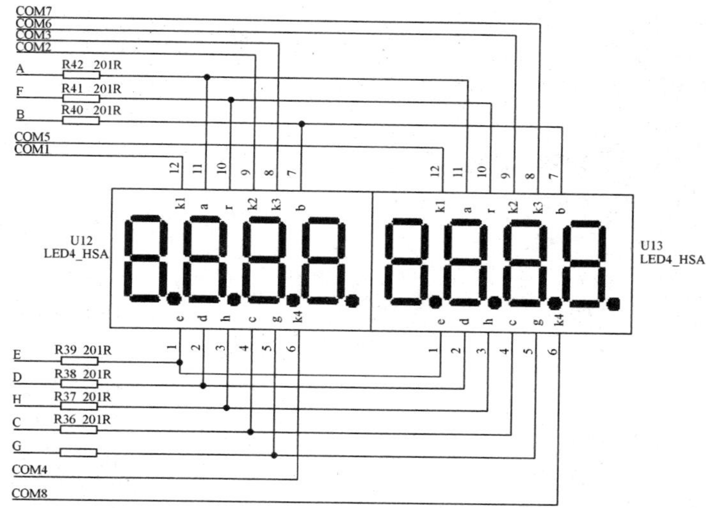

图 5-11　一位秒表电路图

```
sbit  P_HC595_SER     = P4^0;     //pin 14    SER
sbit  P_HC595_RCLK    = P5^4;     //pin 12    RCLk
sbit  P_HC595_SRCLK = P4^3;       //pin 11    SRCLK
/*************     本地函数声明 **************/
/**************** 向 HC595 发送一个字节函数 *****************/
void Send_595(unsigned char dat)
{
      unsigned char   i;
      for(i=0; i<8; i++)
      {
            dat <<= 1;
            P_HC595_SER      = CY;
            P_HC595_SRCLK = 1;
            P_HC595_SRCLK = 0;
      }
}
/********************** 显示函数 ***********************/
void DisplayScan(unsigned char index)
{
      Send_595(T_COM[0]);                    //输出位码
      Send_595(t_display[index]);          //输出段码
      P_HC595_RCLK = 1;
      P_HC595_RCLK = 0;                                    //锁存输出数据
}
```

```
/*******定时器初始化程序********/
void   DSQ0chushihua(   )//要求是工作于方式 0      1ms 中断
{
…………………//用下载软件自己生成初始化程序，填在此处，并做好程序衔接


}
void   ZDchushihua(   )
{
     ET0=1;
     TR0 = 1;
     IT0 = 1;                              //INT0 初始化
     EX0 = 1;
     IT1 = 1;                              //INT1 初始化
     EX1 = 1;
     EA   = 1;                             //开总中断
}
/*******主函数********/
void main(void)
{
 DSQ0chushihua(   );
ZDchushihua(   );
while(1)
      {
      }
}
/*******INT0 外部中断源中断服务程序********/
void INT0_ISR(void) interrupt 0
{
        TR=0;
}
/*******INT1 外部中断源中断服务程序********/
void INT1_ISR(void) interrupt 2
{
      TR=1;
}
/********************** Timer0 1ms 中断函数 ************************/
void timer0 (void) interrupt 1
{
        MsCounter++;
         if(MsCounter==1000)
           {
            MsCounter=0;
```

```
            Counter++;
            if(10 == Counter)Counter = 0;
        }
DisplayScan(Counter);
}
```

如果使用节拍控制，对应程序如下：

```
void  DSQ0chushihua(  )//要求是工作于方式 0    1ms 中断
{
……………………//用下载软件自己生成初始化程序，填在此处，并做好程序衔接
}
/*********** Timer0  1ms 中断函数 ***************/
void  timer0 (void) interrupt 1
{
MsCounter++;          //节拍 1
XSjiepaibiaozhi++;    //节拍 2
}
/*******主函数********/
void main(void)
{
 DSQ0chushihua(  );
ZDchushihua(  );
while(1)
  {
      if（MsCounter==10）//10ms 节拍到
      {
MsCounter=0;      //节拍标志清零
        Ms1000Counter++;
        if(Ms1000Counter==100)
          {
            Ms1000Counter=0;
            Counter++;
            if(10 == Counter)Counter = 0;
          }
      }
  if（XSjiepaibiaozhi ==3）   //3ms 节拍到，动态显示用
  {
     XSjiepaibiaozhi=0;
     DisplayScan(Counter);
  }
  }
}
```

【评估】

1. 如果改成两位秒表，电路和程序如何改？
2. 如果改成定时器3来完成，电路和程序如何改？
3. 分析本程序是如何用“标志位”，完成程序之间的衔接的。
4. 用节拍控制方式，完成3个独立的流水灯程序，自行设计流水规律。

【拓展】

1. 晶振主频为12MHz，要求P1.1输出周期为3ms不对称方波，占空比为1：2（高电平短、低电平长），试用定时器方式1编程（1T模式）。
2. 设晶振主频为12MHz，定时1min，利用定时器/计数器1，试编程序（12T模式）。
3. 带时间显示的交通灯的设计。把项目二中的进阶二加上时间显示（12T模式）。
4. 设计一个7个键的简易电子琴，能演奏中音do、re、mi、fa、so、la、si七个音符。
5. 设计一个简易的频率计，能显示本进阶的频率。

进阶四　使用串口实现两台单片机间的通信功能

单片机之间也能相互沟通信息吗？能联网吗？如何沟通，如何联网呢？

【目标】

通过本内容学习和训练，能够掌握串行通信的意义、串行通信初始化程序和中断程序的编写方法，学会相关特殊寄存器用法，掌握串行通信的应用要点。

【任务】

设有甲、乙两台单片机，编程实现如下功能：甲、乙两台单片机间甲机接4个按钮，分别编号为1#、2#、3#、4#，乙机接一个数码管。工作时，按下甲机的1#按钮，乙机就显示“1”，以此类推。

【行动】

一、写一写

1. 什么情况下，可以用串行通信？
2. 波特率起什么用处？
3. MCS-51单片机串行口由哪些特殊功能寄存器控制？它们各有什么作用？
4. 接收与发送的初始化程序有什么不同？
5. 接收与发送的中断程序有什么不同？
6. 如果同一台单片机既要发送，又要接收，中断程序要如何编？

二、画一画

画出本任务正确的电路图。

三、说一说

说出本任务程序的每一条指令的作用,并自主改正程序中的错误。

【知识学习】

一、串行接口通信简介

计算机与外界进行信息交换称之为通信。21世纪是信息的社会，在网上获取信息已经很普遍。当用户在上网的时候，就是在使用计算机的串行接口通信。

51单片机的通信方式有两种，数据的各位同时发送或接收的并行通信和数据一位一位顺序发送或接收的串行通信，如图5-12所示。并行通信接口主要有P0、P1、P2、P3等，特点是同一时刻可以发送8位数据，但是需要的导线很多，长距离输送数据时成本很高。串行通信接口发送8位数据，至少要发送8次，比较费时，但是长距离输送数据时只需3根导线（一根传递信号、一根是共地线、一根同步脉冲），比较经济，还节省引脚。

1. 串行通信的工作流程

串行通信和定时器一样，都是单片机内部的特殊功能。

当数据发送方单片机需要通过串口输出数据时，其CPU只要设定好相关功能寄存器，并把准备发送的数据送到指定的寄存器（SBUF）后即可去执行其他程序。SBUF接收到要发送的数据后会自动开始发送。当SBUF中数据发送完后，还会自动设置发送完标志位（TI=1），通知数据发送方单片机CPU任务完成。如果CPU还需要再发送，就清除发送完标志位（TI=0），继续把下一个数据送到SBUF就可以了。

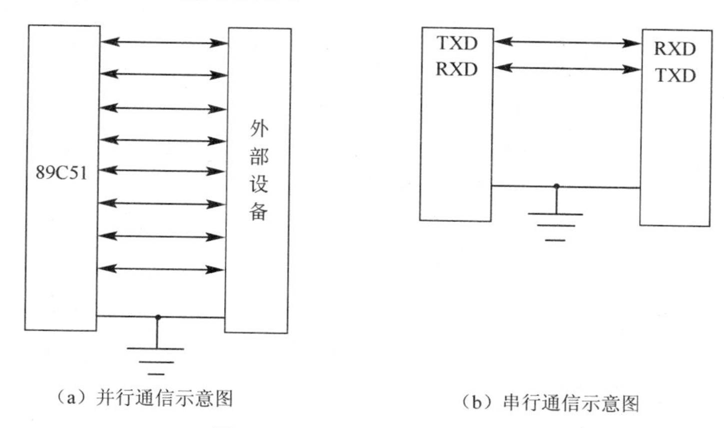

（a）并行通信示意图　　（b）串行通信示意图

图5-12　并行通信与串行通信

当数据接收方单片机发现有数据来时，接收单片机的SBUF寄存器会自动接收数据（不用经过CPU允许）。接收完数据后，是否通知接收方单片机CPU已收到数据，取决于接收方单片机的相关功能寄存器的设置，比如允许接收、接收后是否可以申请CPU中断等。

可见，在单片机中，串行数据的发送和接收都是由独立的电路来自动完成的。那么，如何确保在高速远传的情况下，不把数据传丢呢？那就像两个陌生人传递东西的时候一样，需要事先约定好传递时间和传递的方式，要喊口号“1—2—3—传送”，这个口号就称为波特率。在串行通信中，这个波特率也必须事先约定好，它是串行设备间传递数据的时钟同步信号，而且两台单片机必须设置成一样的才行。

2. 串行通信的分类

按照串行数据的时钟控制方式，串行通信可分为同步通信和异步通信两类。

（1）异步通信

在异步数据传送中，两个CPU之间事先必须约好两项事宜：字符格式（传递的方式）和波特率（传递的速率）。

① 字符格式。在异步数据传送中，单片机用一帧来表示一个字符，在每一帧中使用双方约好字符的编码形式、奇偶校验形式以及起始位和停止位的规定等。每个字符帧的组成格式如图5-13（a）所示。

首先是一位用逻辑“0”低电平表示的起始位；后面紧跟着的是字符的数据字，数据字可以是8或9位数据，在数据字中可根据需要加入奇偶校验位；最后是用逻辑“1”高电平表示的停止位，其长度可以是一位、一位半或两位。所以，串行传送的数据字加上成帧信号起始位和停止位就形成一个字符串行传送的帧。图 5-13（a）所示为数据字为 7 位，第 8 位（或第 9 位）是奇偶校验位。

在异步传送中，字符间隔不固定，在停止位后可以加空闲，空闲位用高电平表示，这样，接收和发送可以随时地或间断地进行。图 5-13（b）为有空闲位的情况。

② 波特率。波特率好比是“船工号子”，保证送出每一个信号的时候，接收方正好也在接收，是不传丢数据的保证，它要求发送方和接收方都要以相同的数据传送速率工作。当波特率快时，数据传递的也快，当波特率慢时，数据传递的也慢，因此，波特率是衡量数据传送速率的指标。

波特率的定义是每秒钟传送的二进制数的位数，单位是 bit/s。例如，数据传送的速率是 120 字符/s，即每秒传送 120 个字符，而每个字符如上述规定包含 10 个数位（不包含奇偶校验位），则传送波特率为 10×120=1200bit/s。工控仪表的传送速率一般是 9600bit/s。

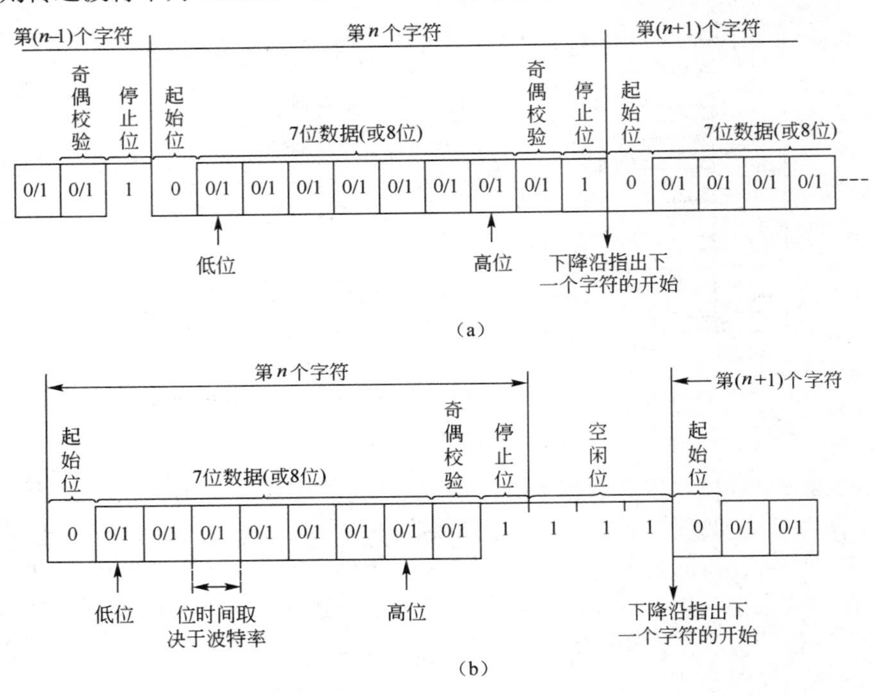

图 5-13　异步通信的帧格式

（2）同步通信

所谓同步传送就是去掉异步传送时每个字符的起始位和停止位的成帧标志信号，仅在数据块开始处用同步字符来指示，如图 5-14 所示。很显然，同步传送的有效数据位传送速率高于异步传送，可达 50kbit/s，甚至更高。其缺点是硬件设备较为复杂，常用于计算机之间的通信。

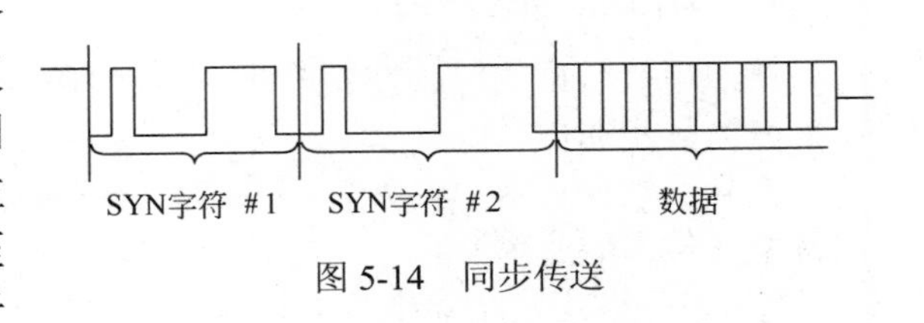

图 5-14　同步传送

3. 单片机的基本串行接口的使用

使用单片机基本串行接口主要注意三个问题。

① 硬件连接：通过引脚 RXD（P3.0，串行数据接收端）和引脚 TXD（P3.1，串行数据

发送端）与外界通信。

② 发送字符和接收字符：SBUF（Serial Data Buffer）是串行口数据寄存器，包括发送字符寄存器和接收字符寄存器。它们有相同名字和地址空间，但不会出现冲突，因为它们两个一个只能被 CPU 读出数据，一个只能被 CPU 写入数据。

③ 串行口的工作方式选择和控制：串行口共有 4 种工作方式由串行口控制寄存器 SCON（Serial Control Register）和特殊功能寄存器 PCON（Power Control Register）控制。

下面把用到的各个寄存器分别说明。

（1）数据寄存器 SBUF

串行口中有两个物理空间上各自独立的发送寄存器和接收寄存器。这两个寄存器共用一个名字，发送寄存器只写不读，接收寄存器只读不写。

（2）串行口控制寄存器 SCON

它用于定义串行口的工作方式及实施接收和发送控制，其各位定义如表 5-14 所示。

表 5-14 串行口控制寄存器 SCON 各位定义

D7	D6	D5	D4	D3	D2	D1	D0
SM0	SM1	SM2	REN	TB8	RB8	TI	RI

SM0、SM1：串行口工作方式选择位，其定义如表 5-15 所示。

表 5-15 串行口工作方式选择位说明

SM0 SM1	工作方式	功能描述	波特率
00	方式 0	8 位移位寄存器	$f_{osc}/12$
01	方式 1	10 位异步通信（UART）	可变
10	方式 2	11 位异步通信（UART）	$f_{osc}/64$ 或 $f_{osc}/32$
11	方式 3	11 位异步通信（UART）	可变

注：f_{osc} 为晶振频率。

TI：发送中断标志位。在方式 0 中，第 8 位发送结束时，由硬件置位。在其他方式的发送停止位前，由硬件置位。TI 置位既表示一帧信息发送结束，同时也是申请中断。TI 必须用软件清 0。

SM2：多机通信控制位。在方式 0 时，SM2 一定要等于 0。在方式 1 中，当 SM2=1 则只有接收到有效停止位时，RI 才置 1。在方式 2 或方式 3 中，当 SM2=1 且接收到的第 9 位数据 RB8=0 时，RI 才置 1。

在方式 2 或方式 3 中，如 SM2=1，则接收到的第 9 位数据 RB8 为“0”时，不启动接收中断标志 RI（RI=0）。当接到收的第 9 位数据 RB8 为“1”时，则启动接收中断 RI（RI=1）。如果 SM2=0，则接收到的第 9 位数据 RB8 无论为“1”或“0”均启动 RI（RI=1）。在方式 1 时，如 SM2=1，则只有在接收到有效停止位时才启动 RI，若没有接收到有效停止位，则 RI 为“0”。

如果不是多机通信，则无论串行口工作在方式 0、1、2、3 时，一般 SM2 都置为“0”。

REN：接收允许控制位。由软件置位以允许接收，又由软件清 0 来禁止接收。

TB8：在方式 2 或方式 3 中，要发送的第 9 位数据位，根据需要由软件置 1 或清 0。例如，可约定作为奇偶校验位，或在多机通信中作为区别地址帧或数据帧的标志位。

RB8：接收到的数据的第 9 位。在方式 0 中不使用 RB8。在方式 1 中，若 SM2=0，RB8 为接收到的停止位。在方式 2 或方式 3 中，RB8 为接收到的第 9 位数据。

RI：接收中断标志位。在方式 0，当接收完第 8 位数据后，由硬件置位。在其他方式中，在接收到停止位的中间时刻由硬件置位（例外情况见于 SM2 的说明）。RI 置位表示一帧数据接收完毕，可用查询的方法获知或者用中断的方法获知。RI 也必须用软件清 0。

（3）特殊功能寄存器 PCON

PCON 是 51 单片机上的电源控制器，不可以位寻址，其格式如下。

SMOD	SMOD0	LVDF	POF	GF1	GF0	PD	IDL

与串行通信有关的有 SMOD 和 SMOD1 位。SMOD 为波特率选择位。在方式 1、2 和 3 时，串行通信的波特率与 SMOD 有关。当 SMOD=1 时，通信波特率乘 2，当 SMOD=0 时，波特率不变。

其他各位用于电源管理。

4. 串行口 0 工作方式

串行口 0 可编程为 4 种工作方式。

（1）方式 0 为移位寄存器输入/输出方式

可外接移位寄存器以扩展 I/O 口，也可以外接同步输入/输出设备。8 位串行数据是从 RXD（P3.0）输入或输出，TXD（P3.1）用来输出同步脉冲（波特率）。输出时：串行数据从 RXD 引脚输出，TXD 引脚输出移位脉冲（波特率）。CPU 将数据写入发送寄存器时，立即启动发送，将 8 位数据以 $f_{osc}/12$ 的固定波特率从 RXD 输出，低位在前，高位在后。发送完一帧数据后，发送中断标志 TI 由硬件置位。输入时：当串行口以方式 0 接收时，先置位允许接收控制位 REN。此时，RXD 为串行数据输入端，TXD 仍为同步脉冲移位输出端。当 RI=0 和 REN=1 同时满足时，开始接收。当接收到第 8 位数据时，将数据移入接收寄存器，并由硬件置位 RI。

【例 5-7】串行口扩展 I/O 应用。图 5-15 为串行口扩展 I/O 硬件逻辑图。74LS164 为串入并出移位寄存器，74LS165 为并入串出移位寄存器。

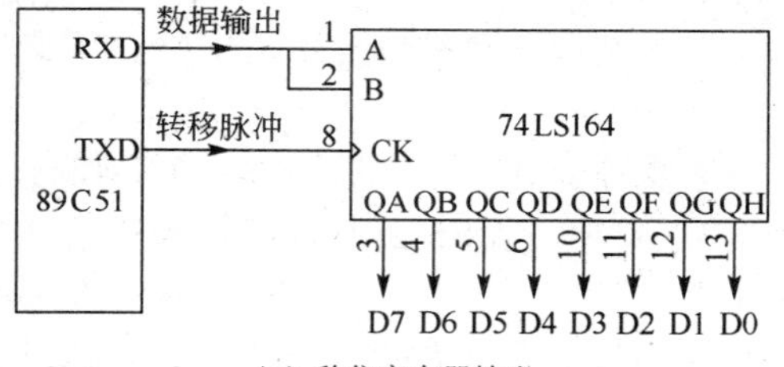

（a）移位寄存器输出

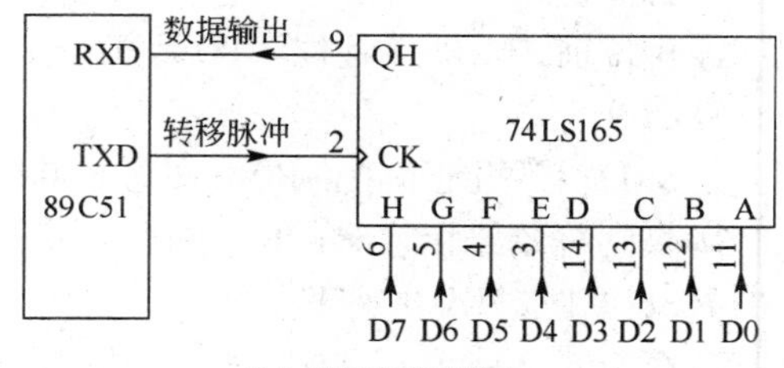

（b）移位寄存器输入

图 5-15 串行口扩展 I/O 硬件逻辑图

数据输出方，程序如下：

```
SCON=0; //置串行口方式 0
TI=0; //清中断 TI=0
SBUF=0X83; //数据输出
```

数据输入方，设数据已在 74LS165 中，程序如下：

```
SCON=0X10;//置串行口方式 0，允许接收
shuju=SBUF; //数据进入 shuju 中
RI=0; //清中断 RI=0
```

此例中，数据无论是输入还是输出方式，串行口外部仅接了一个芯片。在实际应用中，根据情况可多个芯片串接。以充分发挥串行口扩展I/O之功能。而编程也很简单。

（2）方式1为波特率可变的10位异步通信接口方式

串行口定义为方式1时，传送一帧数据为10位，其中1位起始位、8位数据位（先低位后高位）、1位停止位。方式1的波特率可变，波特率=$2^{SMOD}/32\times$（T1的溢出率）。

① 方式1发送。方式1发送时，数据由TXD端输出。CPU执行一条写入发送数据寄存器SBUF的指令，数据字节写入SBUF后，便启动串行口发送器发送，当发送完数据后，中断标志TI置“1”。

② 方式1接收。方式1接收时，数据从RXD端输入。在REN置“1”后，就允许接收器接收。当采样RXD引脚上“1”到“0”的跳变时确认是开始位0，就开始接收一帧数据。只有当（RI）=0且停止位为1或者（SM2）=0时，停止位才进入RB8，8位数据才能进入接收寄存器，并由硬件置位中断标志RI；否则信息丢失。所以在方式1接收时，应先用软件清零RI和SM2标志。

（3）方式2为固定波特率的11位UART方式

它比方式1增加了一位可编程为1或0的第9位数据，传送一帧格式为11位，其中1位起始位、8位数据位（先低位后高位）、1位附加的可编程为“1”或“0”的第9位数据位、1位停止位。方式2的波特率是固定的，波特率为$2^{SMOD}/64\times f_{osc}$。

① 方式2发送。在方式2发送时，数据由TXD端输出。发送一帧信息为11位，附加的第9位数据是SCON中的TB8，可由软件置位或清零，可作多机通信中的地址、数据标志，也可作数据的奇偶校验位。CPU执行一条写入发送寄存器指令，就启动发送器发送，发送完一帧信息，置“1”TI中断标志。

② 方式2接收。在方式2接收时，数据由RXD端输入，REN被置“1”以后，接收器采样到RXD端从“1”到“0”的跳变时，确认起始位有效后，则开始接收本帧其余信息。接收完一帧信息后，在RI=0，SM2=0时，或SM2=1接收到的第9位数据为“1”时，8位数据装入接收寄存器，第9位数据装入SCON中的RB8，并置“1”中断标志RI，若不满足上述2个条件，接收到的信息将丢失。

（4）方式3为波特率可变的11位UART方式

除了波特率外，方式3与方式2类似，这里不再赘述。方式3波特率=$2^{SMOD}/32\times$（T1溢出率）。

5. 波特率的设计

在串行通信中，收发双方的数据传送率（波特率）必须相同。在51串行口的四种工作方式中：方式0为移位寄存器方式，波特率是固定的，其波特率为$f_{osc}/12$。方式2为9位UART，波特率为$2^{SMOD}/64\times f_{osc}$。波特率仅与PCON中SMOD的值有关，当SMOD=0时，波特率为$f_{osc}/64$；当SMOD=1时，波特率为$f_{osc}/32$。方式1和方式3的波特率是可变的，由定时器T1的溢出速率控制。

方式1和方式3波特率=$2^{SMOD}/32\times$（T1溢出率），其中当SMOD=0时，波特率为$1/32\times$（T1溢出率），当SMOD=1时，波特率为$1/16\times$（T1溢出率）；定时器T1的溢出率定义为单位时间内定时器T1溢出的次数。即每秒钟时间内定时器T1溢出多少次。

在串行通信时，定时器T1作波特率发生器，经常采用8位自动重装方式（方式2），这样不但操作方便，也可避免重装时间常数带来的定时误差。并且T0可使用定时器方式3，这时T1作波特率发生器，定时器T0可拆为两个8位定时器/计数器用。

6. STC15W4K58S4 单片机串行口

STC15W4K58S4 系列单片机具有 4 个采用 UART（Universal Asychronous Receiver/ Transmitter）工作方式的全双工异步串行通信接口（串口 1、串口 2、串口 3 和串口 4）。串行口 1 的串行通信特殊功能寄存器 SBUF，串行口 2 的串行通信特殊功能寄存器 S2BUF,串行口 3 的串行通信特殊功能寄存器 S3BUF，串行口 4 的串行通信特殊功能寄存器 S4BUF。STC15W4K58S4 系列单片机的串行口 1 有 4 种工作方式，其中两种方式的波特率是可变的，另两种是固定的，以供不同应用场合选用。串行口 2/串行口 3/串行口 4 都只有两种工作方式，这两种方式的波特率都是可变的，用于可用软件设置不同的波特率和选择不同的工作方式。主机可通过查询或中断方式对接收/发送进行程序处理，使用十分灵活。

STC15W4K58S4 系列单片机串行口 1 对应的硬件部分是 TxD 和 RxD。串行口 1 可以在 3 组引脚之间进行切换。通过设置特殊功能寄存器 AUXR1/P_SW1 中的位 S1_S1/AUXR1.7 和 S1_S0/P_SW1.6，可以将串行口 1 从[RxD/P3.0,TxD/P3.1]切换到[RxD_2/P3.6,TxD_2/P3.7]，还可以切换到[RxD_3/P1.6/XTAL2，TxD_3/P1.7/XTAL1]。注意，当串行口 1 在[RxD_2/P1.6, TxD_2/P1.7]时，系统要使用内部时钟。串口 1 建议放在[P3.6/RxD_2,P3.7/TxD_2]或[P1.6/RxD_3/XTAL2,P1.7/TxD_3/XTAL1]上。

AUXR1/P_SW1 是 STC 单片机上的外围设备控制寄存器器，不可以位寻址，其格式如下。

7	6	5	4	3	2	1	0
S1_S1	S1_S0	CCP_S1	CCP_S0	SPI_S1	SPI_S0	0	DPS

CCP 可在 3 个地方切换，由 CCP_S1/CCP_S0 两个控制位来选择		
CCP_S1	CCP_S0	CCP 可在 P1/P2/P3 之间来回切换
0	0	CCP 在[P1.2/ECI，P1.1/CCP0，P1.0/CCP1，P3.7/CCP2]
0	1	CCP 在[P3.4/ECI_2，P3.5/CCP0_2，P3.6/CCP1_2，P3.7/CCP2_2]
1	0	CCP 在[P2.4/ECI_3，P2.5/CCP0_3，P2.6/CCP1_3，P2.7/CCP2_3]
1	1	无效

串口 1/S1 可在 3 个地方切换，由 S1_S0 及 S1_S1 控制位来选择		
S1_S1	S1_S0	串口 1/S1 可在 P1/P3 之间来回切换
0	0	串口 1/S1 在[P3.0/RxD，P3.1/TxD]
0	1	串口 1/S1 在[P3.6/RxD_2，P3.7/TxD_2]
1	0	串口 1/S1 在[P1.6/RxD_3/XTAL2，P1.7/TxD_3/XTAL1] 串口 1 在 P1 口时要使用内部时钟
1	1	无效

SPI 可在 3 个地方切换，由 SPI_S1/SPI_S0 两个控制位来选择		
SP1_S1	SP1_S0	SPI 可在 P1/P2/P4 之间来回切换
0	0	SPI 在[P1.2/SS，P1.3/MOSI，P1.4/MIS0，P1.5/SCLK]
0	1	SPI 在[P2.4/SS_2，P2.3/MOSI_2，P2.2/MISO_2，P2.1/SCLK_2]
1	0	SPI 在[P5.4/SS_3，P4.0/MOSI_3，P4.1/MISO_3，P4.3/SCLK_3]
1	1	无效

DPS：DPTR registers select bit. DPTR 寄存器选择位

0: DPTR0 is selected　　DPTR0 被选择

1: DPTR1 is selected　　DPTR1 被选择

STC15W4K58S4 系列单片机串行口 2 对应的硬件部分是 TxD2 和 RxD2，串行口 2 可以在2组引脚之间进行切换，通过设置特殊功能寄存器P_SW2中的位S2_S/P_SW2.0，可以将串行口2从[RxD2/P1.0,TxD2/P1.1]切换到[RxD2_2/P4.6,TxD2_2/P4.7]。详细内容见手册741~752页，第8章8.5、8.6、8.7节。

STC15W4K58S4系列单片机串行口3对应的硬件部分是TxD3和RxD3。串行口3可以在2组引脚之间进行切换，通过设置特殊功能寄存器P_SW2中的位S3_S/P_SW2.1，可以将串行口3从[RxD3/P0.0,TxD3/P0.1]切换到[RxD3_2/P5.0,TxD3_2/P5.1]。详细内容见手册753~760页，第8章8.8、8.9节。

STC15W4K32S4系列单片机串行口4对应的硬件部分是TxD4和RxD4，串行口4可以在2组引脚之间进行切换，通过设置特殊功能寄存器P_SW2中的位S4_S/P_SW2.2，可以将串行口4从[RxD4/P0.2,TxD4/P0.3]切换到[RxD4_2/P5.2,TxD4_2/P5.3]。详细内容见手册761~768页，第8章8.10、8.11节。

STC15W4K32S4系列单片机的串行通信口，除用于数据通信外，还可方便地构成一个或多个并行I/O口，或作串—并转换，或用于扩展串行外设等。

7. 串行口初始化程序和中断服务程序的编写说明

由STC-ISP软件自动生成串行口初始化程序，操作界面如图5-16所示。在这里还要提醒一句，不要忘了开相应中断（如ES=1），注意系统频率。

串行口中服务程序的编写时，需要注意以下内容：

① 把定时器设置好；

② 不要把中断号写错；

③ 判断好是接收中断，还是发送中断；

④ 清中断标志时注意，接收数据时，先把数据接收存放好，然后清中断标志，发送时，先清中断标志，然后发送数据。

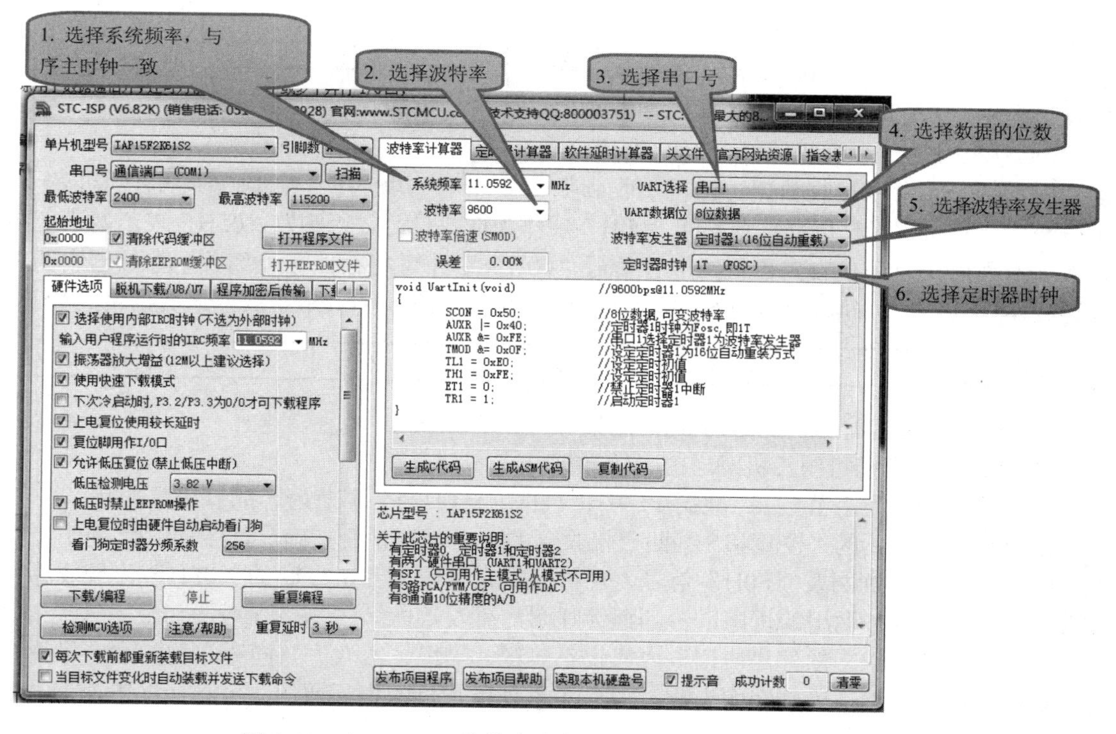

图5-16　由STC-ISP软件自动生成串行口初始化程序示意图

```
void  UART(void)  interrupt  4//串行接收与发送中断服务子程序
{
    if(RI)
{
ReceiveData=SBUF; // 保存接收到的数据
RI=0;
}
else
{
TI=0;
SBUF=SendData;  //再次发送数据
}}
```

8. 双机通信与多机通信

STC15 系列单片机的串行通信根据其应用可分为双机通信和多机通信两种。下面先介绍双机通信。

如果两个 8051 应用系统相距很近，可将它们的串行端口直接相连（TXD—RXD，RXD—TXD，GND—GND—地），即可实现双机通信。为了增加通信距离，减少通信及电源干扰，可采用 RS-232C 或 RS-422、RS-485 标准进行双机通信，两通信系统之间采用电隔离技术，以减少通信及电源的干扰，提高通信可靠性。串行端口直接相连连线如图 5-17 所示。

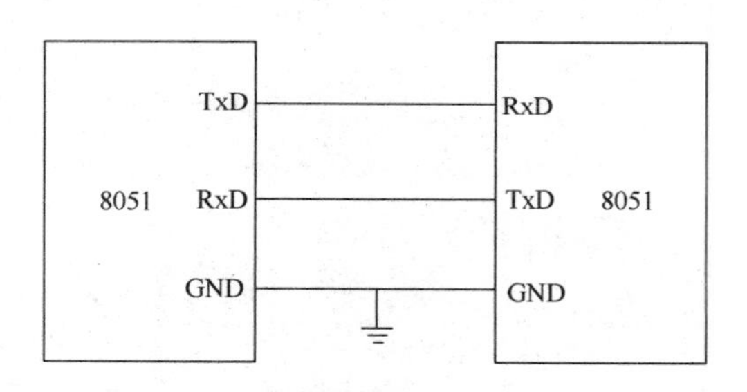

图 5-17　双机通信接线图

为确保通信成功，通信双方必须在软件上有系列的约定，通常称为软件通信“协议”。现举例简介双机异步通信软件“协议”如下：

通信双方均选用 9600bit/s 的传输速率，甲机发送数据，乙机接收数据。在双机开始通信时，先由甲机发送一个呼叫信号（例如“06H”），以询问乙机是否可以接收数据。乙机接收到呼叫信号后，若同意接收数据，则发回“00H”后作为应答信号，否则发“05H”表示暂不能接收数据；甲机只有在接收到乙机的应答信号“00H”后才可将存储在外部数据存储器中的内容逐一发送到乙机，否则继续向乙机发呼叫信号，直到乙机同意接收。其发送数据格式如下：

字节数 *n*	数据 1	数据 2	数据 3	…	数据 *n*	累加校验和

字节数 *n*：甲机向乙机发送的数据个数；

数据 1～*n*：甲机将向乙机发送的 *n* 帧数据；

累加校验和：为字节数 *n*、数据 1、…、数据 *n*,这(*n*+1)个字节内容的算术累加和。

乙机根据接收到的“校验和”判断已接收到的 *n* 个数据是否正确。若接收正确,向甲机回发“0FH”信号,否则回发“F0H”信号，甲机只有在接收到乙机发回的“0FH”信号才算完成发送任务，返回被调用的程序，否则继续呼叫，重发数据。

不同的通信要求，软件“协议”内容也不一样，需甲、乙双方共同遵守的约定应尽量完善，以防止通信不能正确判别而失败。STC15 系列单片机的串行通信，可直接采用查询法，也可采用自动中断法。

下面介绍多机通信。

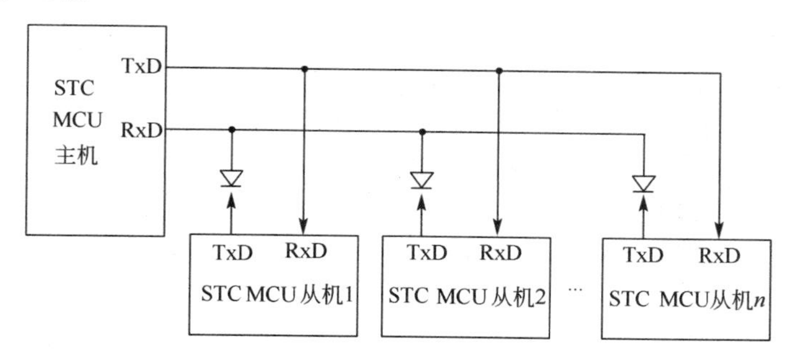

图 5-18 全双工主从式多机通信连接框图

在很多实际应用系统中，需要多台单片机协调工作。STC15 系列单片机的串行通信方式 2 和方式 3 具有多机通信功能，可构成各种分布式通信系统。图 5-18 为全双工主从式多机通信连接框图。主机可以与任一台从机通信，而从机之间的通信必须通过主机转发。

在多机通信系统中，为保证主机（发送）与多台从机（接收）之间能可靠通信，串行通信必须具备识别能力。MCS-51 系列单片机的串行通信控制寄存器 SCON 中设有多机通信选择位 SM2。当程序设置 SM2=1 时，串行通信工作于方式 2 或方式 3，发送端通过对 TB8 的设置以区别于发送的是地址帧（TB8=1）还是数据帧（TB8=0），接收端通过对接收到 RB8 进行识别：在通信刚开始时，当 SM2=1 时，若接收到 RB8=1，则被确认为呼叫地址帧，将该帧内容装入 SBUF 中，并置位 RI=1，向 CPU 请求中断，进行地址呼叫处理；若 RB8=0 为数据帧，将不予理睬，接收的信息被丢弃。若 SM2=0，则无论是地址帧还是数据帧均接收，并置位 RI=1，向 CPU 请求中断，将该帧内容装入 SBUF。据此原理，可实现多机通信。

由于串行通信是在两台或多台各自完全独立的系统之间进行信息传输，这就需要根据时间通信要求制定某些约定，作为通信规范遵照执行，协议要求严格、完善，不同的通信要求，协议的内容也不相同。在多机通信系统中，要考虑的问题较多，协议内容比较复杂。这里仅列举几条说明。

图 5-18 是主从式多机通信系统，允许配置 255 台从机，各从机的地址分别为 00H～FEH。

① 约定地址 FFH 全部从机的控制命令，命令各从机恢复 SM2=1 状态，准备接收主机的地址呼叫。

② 主机和从机的联络过程约定：主机首先发送地址呼叫帧，被寻址的从机回送本机地址给主机，经验证地址相同后，主机再向被寻址的从机发送命令字，被寻址的从机根据命令字要求回送本机的状态，若主机判断状态正常，主机即开始发送或接收数据帧，发送或接收的第一帧为传输数据块长度。

③ 约定主机发送的命令字为：

00H：要求从机接收数据块；

01H：要求从机发送数据块；

……

④ 从机的状态字格式约定（略）；

⑤ 其他：如传输出错措施等。

9. STC15W4K58S4 单片机手册中定时器/计数器相关例程说明

① 定时器 2 作串口 1 波特率发生器的测试程序（C 和汇编）。

② 定时器 1 模式 0（16 位自动重装载）作串口 1 波特率发生器程序（C 和汇编）。
③ 定时器 1 模式 2（8 位自动重装载）作串口 1 波特率发生器程序。
④ 串行口 2 的测试程序（C 和汇编）——使用定时器 2 作串口 2 的波特率发生器。
⑤ 串口 1 自动地址识别功能的测试程序（C 和汇编）。
⑥ 用 T0 软件模拟串行口的测试程序（C 及汇编）。
⑦ 用 T2 结合 INT4 模拟一个半双工串口的测试程序（C 及汇编）。
⑧ 利用两路 CCP/PCA 模拟一个全双工串口的程序（C 及汇编）。

二、电路

电路如图 5-19 所示。

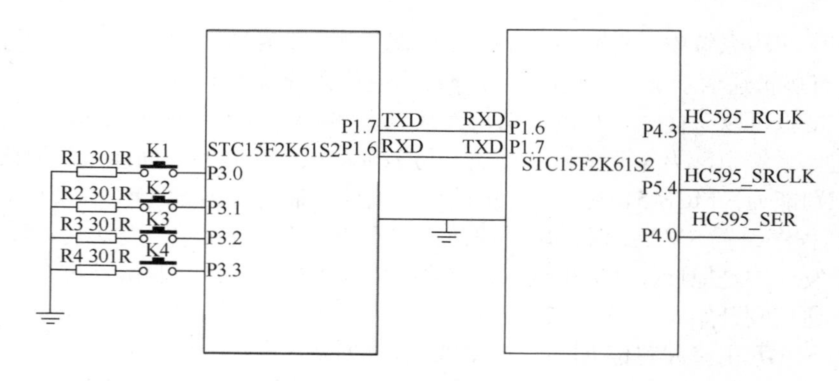

图 5-19 任务电路图

三、程序

```
/*****程序 1*********按键输入及数据发送程序***************************/
#include  "STC15Fxxxx.H"
#define  uchar  unsigned  char
#define  uint   unsigned  int
sbit  anniu1=P2^0;
sbit  anniu2=P2^1;
sbit  anniu3=P2^2;
sbit  anniu4=P2^3;
uchar  js;//发送的数
/*****串口初始化程序，STC 软件生成，注意中断***************************/
void  UartInit(void)       //9600bps@11.0592MHz
{
      SCON = 0x50;         //8 位数据，可变波特率
      AUXR |= 0x40;        //定时器 1 时钟为 fosc,即 1T
      AUXR &= 0xFE;              //串口 1 选择定时器 1 为波特率发生器
      TMOD &= 0x0F;              //设定定时器 1 为 16 位自动重装方式
      TL1 = 0xE0;                //设定定时初值
      TH1 = 0xFE;                //设定定时初值
```

```
        ET1 = 0;                    //禁止定时器 1 中断
        TR1 = 1;                    //启动定时器 1
        EA=0;
        ES=0;
}
//串口输出一个字符（非中断方式）
void ComOutChar(uchar OutData)
{
TI=0;
SBUF=OutData;               //输出字符
while(!TI);                 //等待字符发完
TI=0;                       //清 TI
}

void  main()
 {
      UartInit();
      ComOutChar(0);
      while(1)
      {
           if(anniu1==0){js=1;ComOutChar(js);}
           if(anniu2==0){js=2;ComOutChar(js);}
           if(anniu3==0){js=3;ComOutChar(js);}
           if(anniu4==0){js=4;ComOutChar(js);}
      }
}
/*********程序 2*****数据接收及显示程序*******************************/
#include  "STC15Fxxxx.H"
#include<intrins.h>
#define uchar unsigned char
#define uint unsigned int
uchar  ss;//接收值
sbit  P_HC595_SER    = P4^0;     //pin 14   SER
sbit  P_HC595_RCLK   = P5^4;     //pin 12   RCLk
sbit  P_HC595_SRCLK = P4^3;      //pin 11   SRCLK//unsigned char LEDBuffer[8];
unsigned char code t_display[]={                         //标准字库
     0x3F,0x06,0x5B,0x4F,0x66,0x6D,0x7D,0x07,0x7F,0x6F, //0  1  2  3  4 5  6  7  8  9
     0xBF,0x86,0xDB,0xCF,0xE6,0xED,0xFD,0x87,0xFF,0xEF,0x46};
                                                         //0. 1. 2. 3. 4. 5. 6. 7. 8. 9. -1
unsigned char code T_COM[ ]={0xfe,0xfd,0xfb,0xf7,0xef,0xdf,0xbf,0x7f};     //位码
/**************** 向 HC595 发送一个字节函数 *****************/
void Send_595(unsigned char dat)
```

```
{    unsigned char   i;
     for(i=0; i<8; i++)
     {     dat <<= 1;
           P_HC595_SER      = CY;
           P_HC595_SRCLK = 1;
           P_HC595_SRCLK = 0;
     }
}
/********************** 显示函数 ***********************/
void DisplayScan(unsigned char display_index, unsigned char display_data)
{
     Send_595( T_COM[display_index]);                    //输出位码
     Send_595( t_display[display_data]);                 //输出段码
     P_HC595_RCLK = 1;
     P_HC595_RCLK = 0;                                   //锁存输出数据
}
/********************** 串口初始化***********************/
void UartInit(void)          //9600bps@11.0592MHz
{
     SCON = 0x50;            //8 位数据,可变波特率，允许接收
     AUXR |= 0x40;           //定时器 1 时钟为 fosc,即 1T
     AUXR &= 0xFE;                //串口 1 选择定时器 1 为波特率发生器
     TMOD &= 0x0F;                //设定定时器 1 为 16 位自动重装方式
     TL1 = 0xE0;                  //设定定时初值
     TH1 = 0xFE;                  //设定定时初值
     ET1 = 0;                     //禁止定时器 1 中断
     TR1 = 1;                     //启动定时器 1
     EA=1;
     ES=1;
}
/********************* UART1 中断函数***********************/
void UART1_int (void) interrupt 4
{
if(RI){ss=SBUF;RI = 0;}
if(TI){TI = 0;}
}
/******************主程序***************************/
void main(void)
{
   UartInit();
     while (1)
     {
      DisplayScan(0,ss);
```

```
        }
    }
```

【评估】

让单片机和电脑通信，电脑发给单片机一个一位的数，单片机收到后，把数加 1 后回传给电脑。

【拓展】

1. 设有甲、乙两台单片机，编程实现两台单片机间如下串行通信功能的程序。甲机接 4 个按钮和一个数码管，按钮分别编号为 1#、2#、3#、4#，乙机接一个数码管。工作时，按下甲机的 1#按钮，乙机就显示“1”，同时乙机把收到的数字加 1 后回传给甲机，以此类推。

2. 设计一个交通灯远程应急控制系统。当有救护车、救火车需要通过路口时，用远程电脑控制路口所有的交通灯均为红灯（电脑发给单片机的信号为 0xff），当救护车、救火车通过完毕后，再用远程电脑控制路口所有的交通灯恢复正常运行（电脑发给单片机的信号为 0x00）。提示用串口调试小助手完成。

项目实施

填写项目任务书，并按任务书实施。

本项目在实施过程中需要注意把每个特殊功能寄存器及其每一位的用法分清楚，这个不需要背下来，只要会查找就行。

编写初始化程序时，千万不要遗漏每一个设置要求，因为单片机极其严谨，用户设置错误，它也会严格按照用户的设置去工作，从而导致程序错误。

编写中断服务程序时，中断号是不允许写错的，还要特别注意中断标志位的处理，有的时候中断标志是硬件清零，不需要去处理，但是像串口中断标志，就需要特别注意。

总之，这个项目的学习方法和前四个项目完全不同。我们用智能手机，其实就是不断地点开每个图标，看里面有什么……在不断的试错过程中，找到正确答案，然后把正确答案记住。项目五和项目六的学习是在例程的基础上多次去尝试才能学好，靠理解和弄懂去学项目五，反而很难。因为它是已经定好的死规定，我们只能遵守它，反复尝试它，记住最终结果。

项目评估

1. 对照你的项目介绍展示你的作品，评价项目任务完成情况。

2. 项目答辩，主要问题如下：

① 单片机中特殊功能寄存器给单片机的使用带来了哪些便利？

② 如何做到正确设置特殊功能寄存器？

③ 用语言描述本项目中程序的执行过程。

④ 从各方面展示本组作品，并推销产品给客户，制作一个广告展板。

⑤ 展示本组作品，并向“*****电子有限公司”自荐，希望公司能够聘用自己为**师。

⑥ 你在完成项目过程中，走了哪些弯路，把你的经验收获和大家分享一下。

3. 提交项目报告。

项目拓展

1. 设计一个 24h 时钟，要求能显示小时、分钟、秒，同时把时间传给电脑（每分钟传一次）。

2. 设计完成一个带时间显示和电脑控制的交通灯控制器。功能要求是：

① 东西南北都用 2 位数码管显示时间。

② 用电脑上串口小助手给单片机输入十六进制“00”时，所有路口全是红灯，时间停止显示；当输入十六进制“ff”时，所有路口正常工作，时间正常显示。

3. 设计完成一个带时间显示抢答器控制器。

项目六　设计制作一个手持数显测量仪

项目目标

1. 了解 IAP15W4K58S4 单片机内部加入复位、时钟和省电方式控制功能的意义，分别在什么情况下使用，使用后有什么好处，如何使用。

2. 了解可编程时钟的用法，能说出可编程时钟使用时的编程要点和说出可编程时钟的适用场合。

3. 了解 IAP15W4K58S4 单片机 PCA 模块的作用，能说出 PCA 模块能完成的功能有哪些，如果使用各种功能，如何设置寄存器、程序的编写方法，能分别完成一个应用实例的设计与编程。

4. 能说出 AD 功能能完成什么样的任务，都用在什么场合，如何设置寄存器、编写程序，能完成一个应用实例的设计与编程。

5. 能说出 SPI 功能能完成什么样的任务，都用在什么场合，如何设置寄存器、编写程序，能完成一个应用实例的设计与编程。

6. 能掌握手持智能仪表的设计中节能等特殊性。

项目任务

对于自动化行业来说，对各种变量的测量极其常见，也极其必要。单片机在这个方面发挥了其他设备不可替代的作用。在这个行业有一个常识：无论是被测量是什么量，最终都要转化成电压或者电流，才能接入单片机系统进行测量，AD 功能因而极其重要。

对于使用电池的手持设备来说，节能和低电压检测是非常重要的。

本项目任务是设计一个手持的数显温度计,要求:

1. 使用 NTC 测温元件测温;

2. 具有低电压检测功能，提醒用户充电;

3. 每 15min 测一次温度，最近 4 次温度有掉电记忆功能;

4. 使用 3V 电池供电，并尽可能延长电池使用时间;

5. 能够给电脑传送数据，也能给其他 SPI 设备传送数据;

6. 能根据外界光的强度,调节显示器的亮度。(选作)

项目实施条件

1. 仪器：普通万用表一台，STC 单片机实验箱一台。

2. 其他：除原有实验板以外，加 NTC 测温元件、液晶模块、电池等。

进阶一 IAP15W4K58S4 单片机 I/O 口使用

在使用手机时，若长时间不按按键（或不触摸屏幕），手机会自动进入省电方式，关闭屏幕。单片机也能这样吗？

【目标】

通过本内容学习和训练，能够了解 IAP15W4K58S4 单片机 I/O 口、复位、时钟和省电方式控制方法和相关寄存器的设置。

【任务】

IAP15W4K58S4 单片机复位、时钟和省电方式控制方法和相关寄存器学习。

【行动】

1. 简述 IAP15W4K58S4 单片机 I/O 口的多种使用方法、电路设计和寄存器设置方法。
2. 简述 IAP15W4K58S4 单片机的内置看门狗的使用方法。
3. 简述 IAP15W4K58S4 单片机的多种省电方式及具体使用方法。
4. 简述 IAP15W4K58S4 单片机的复位模式。

【知识学习】

一、IAP15W4K58S4 单片机 I/O 口的使用

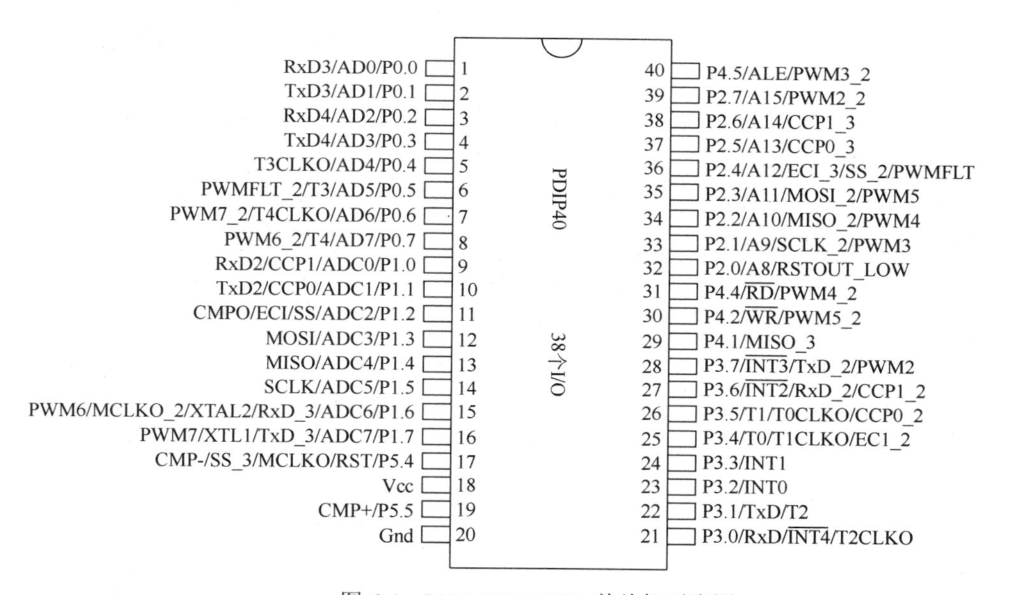

图 6-1 IAP15W4K58S4 单片机引脚图

1. IAP15W4K58S4 单片机 I/O 口的 4 种工作类型

IAP15W4K58S4 单片机所有 I/O 口均可由软件配置成 4 种工作类型之一，如表 6-1 所示。

表 6-1 I/O 口工作类型设定

PnM1[7 : 0]	PnM0 [7 : 0]	I/O 口模式
0	0	准双向口（传统 8051 I/O 口模式） 灌电流可达 20mA，拉电流为 230μA（由于制造误差，实际为 250～150μA）

续表

PnM1[7:0]	PnM0 [7:0]	I/O 口模式
0	1	强推挽输出（强上拉输出，可达 20mA，要加限流电阻）
1	0	仅为输入（高阻）
1	1	开漏（Open Drain），内部上拉电阻断开，要外加上拉电阻

（1）准双向口弱上拉模式

准双向口输出类型可用作输出和输入功能，不需重新配置引脚输出状态。这是因为当引脚输出为 1 时驱动能力很弱，允许外部装置将其拉低。当引脚输出为低时，它的驱动能力很强，可吸收相当大的电流。

（2）强推挽输出状态

强推挽输出配置，当引脚输出为 1 时，驱动能力很强，不允许外部装置将其拉低，由于其引脚输出为 1 时，驱动能力很强，一般的外电路也拉不低它。当引脚输出为低时，它的驱动能力也很强，可吸收相当大的电流。推挽模式一般用于需要更大驱动电流的情况，输入输出电流最大值，都是 20mA，但是要注意，单片机总电流不能超过 120mA。

（3）输入高阻状态

此时，信号只能输入单片机，信号可以是高电平、低电平、高阻三种状态。这时引脚无论输入是高还是低，驱动能力都很弱。

（4）开漏输出状态

开漏概念中提到的“漏”就是指 MOS 管（MOSFET）的漏极。开漏电路就是指以 MOSFET 的漏极为输出，但是漏极又不接任何电路，漏极是悬空的。如果用户不在漏极上添加其他电路，就不能正常使用它。通常用户使用开漏电路应该添加负载器件、开漏上拉电阻和其他电源组成。它适合于做电流型的驱动，其吸收电流的能力相对强(一般 20mA 以内)，输出电流不经过单片机，因而也可以很大。

开漏的电路有以下几个特点：利用外部电路的驱动能力，减少 IC 内部的驱动。当 IC 内部 MOSFET 导通时，驱动电流是从外部的 VCC 流经上拉电阻、MOSFET 到 GND。IC 内部仅需很小的栅极驱动电流；可以将多个开漏输出的引脚连接到一条线上，形成“与逻辑”关系，这也是 I^2C，SMBus 等总线判断总线占用状态的原理；可以利用开漏输出改变上拉电源的电压，从而改变传输电平。

2. 应用举例

（1）I/O 口的 4 种工作类型的设定

【例 6-1】设置 P1.7 为开漏（需要上拉电阻），P1.6 为强推挽出入输出，P1.5 为高阻输入，P1.4～P1.0 为弱上拉，则有：

引脚	P1.7	P1.6	P1.5	P1.4	P1.3	P1.2	P1.1	P1.0
P1M1	1	0	1	0	0	0	0	0
P1M0	1	1	0	0	0	0	0	0

相应设置语句为：

```
P1M1=0XA0;
P1M0=0XC0;
```

【例 6-2】设置 P3.5 为开漏（需要上拉电阻），P3.6 为强推挽出入输出，P3.7 为高阻输入，P3.4～P3.0 为弱上拉，则有：

引脚	P3.7	P3.6	P3.5	P3.4	P3.3	P3.2	P3.1	P3.0
P3M1	1	0	1	0	0	0	0	0
P3M0	0	1	1	0	0	0	0	0

相应设置语句为：

P3M1=0XA0;

P3M0=0X60;

注意：每个I/O口在弱上拉时，都能承受20mA的灌电流，但要加限流电阻（1kΩ、560Ω均可）；在强推挽方式时，都能输出20mA的拉电流，也要加限流电阻（1kΩ、560Ω），但这里再次特别强调一下，单片机整个的总电流不允许超过120mA。

（2）I/O口的电路设计举例

【例6-3】P0.0脚，开漏输出，接上拉电阻10kΩ，12V电源，设计电路。

电路连接如图6-2所示。

【例6-4】设计用一个I/O口驱动发光二极管并扫描按键的电路，并指出编程要点。

以P1.7为例，电路连接如图6-3所示。

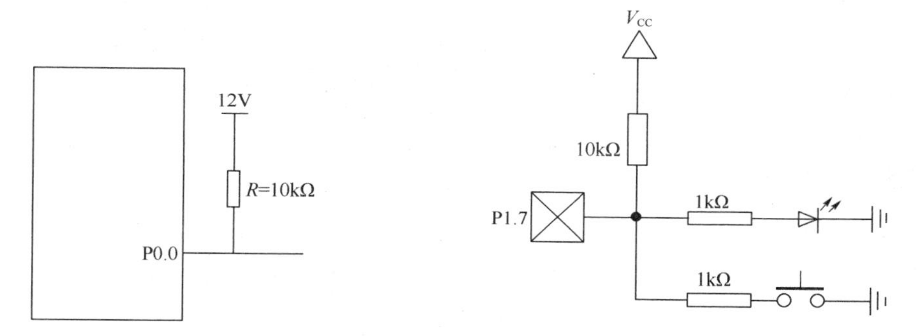

图6-2　上拉电阻的连接方法　　图6-3　用一个I/O口驱动发光二极管并扫描按键的电路

当驱动发光二极管时，将该I/O口设置成强推挽输出，输出高即可点亮发光二极管；当检测按键时，将该I/O口设置成弱上拉输入，再读外部端口的状态，即可检测按键。

几个注意事项

【注意1】IAP15W4K58S4单片机的I/O引脚作为输出可以提供20mA的驱动能力，在使用时，可采用拉电流或灌电流方式。采用灌电流方式时，应将单片机的I/O口设置为弱上拉/准双向口工作模式；采用拉电流方式时，应将单片机的I/O口设置为推挽/强上拉工作模式。在实际使用时，应尽量采用灌电流方式，这样可以提高系统的负载能力和可靠性。有特别需要时，可以采取拉电流方式，如供电线路要求比较简单时。

【注意2】做行列矩阵按键扫描电路时，也需要加限流电阻。因为实际工作时可能出现2个I/O口均输出低电平的情况，并且在按键按下时短接在一起，而CMOS电路的2个输出脚不能直接短接在一起。在按键扫描电路中，一个口为了读另外一个口的状态，必须先置高才能读另外一个口的状态；而单片机的弱上拉口在由0变为1时，会有2个时钟的强推挽高输出电流输出到另外一个输出为低的I/O口，这样就有可能造成I/O口损坏。因此，在按键扫描电路中的两侧需要各加300Ω的限流电阻，或者在编程时不要出现按键两端的I/O口同时为低的情况。

【注意3】单片机I/O引脚本身的驱动能力有限，如果需要驱动功率较大的器件（如小型继电器或者固态继电器)，则可以采用单片机 I/O 引脚控制三极管进行输出的方法。以 P0.0 为例，典型连接如图 6-4 所示。如果用弱上拉控制，建议加上拉电阻 R_1（3.3 ~ 10 kΩ）；如果不加上拉电阻 R_1，建议 R_2 的值在 15 kΩ 以上或用强推挽输出。

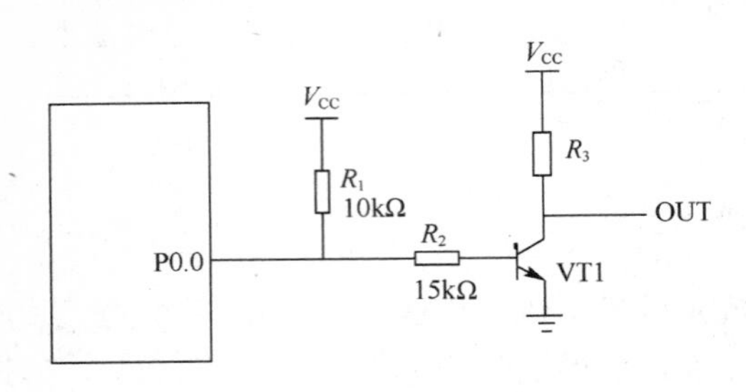

图 6-4 典型的三极管控制电路

需要驱动的功率器件较多时，建议采用 ULN2003；其内部采用达林顿结构，是专门用来驱动继电器的芯片，甚至在芯片内部做了一个消去线圈反电动势的二极管。ULN2003 的输出端允许通过 IC 电流 200 mA，饱和压降 V_{CE} 约为 1 V，耐压 BV_{CEO} 约为 36 V。输出口的外接负载可根据以上参数估算。采用集电极开路输出时，输出电流大，可以直接驱动继电器或固体继电器（SSR）。ULN2003 可以驱动 8 个继电器。

【注意 4】当 I/O 口工作于准双向口时，由于 IAP15W4K58S4 单片机是 1 个时钟周期的 8051 单片机，速度很快，如果通过指令执行由低变高指令后立即读外部状态，此时由于实际输出还没有变高，有时可能读入的状态不对。这种问题的解决方法是在软件设置由低变高后加 4 个以上的空操作指令延时，然后再读 I/O 口的状态。

知识小问答

1. 如何设置 P1.7/XTAL1 和 P1.6/XTAL2 的工作模式？

答：IAP15W4K58S4 单片机的所有 I/O 口上电复位后均为准双向口/弱上拉模式。但是因为 P1.7 和 P1.6 口还可以分别为外部晶体或时钟电路的引脚 XTAL1 和 XTAL2，所以 P1.7/XTAL1 和 P1.6/XTAL2 上电复位后的模式不一定是准双向口/弱上拉模式。当 P1.7 和 P1.6 口作为外部晶体或时钟电路的引脚 XTAL1 和 XTAL2 使用时，P1.7/XTAL1 和 P1.6/XTAL2 上电复位后的模式是高阻输入。每次上电复位时，单片机对 P1.7/XTAL1 和 P1.6/XTAL2 的工作模式按如下步骤进行设置。

首先，单片机短时间（几十个时钟）内会将 P1.7/XTAL1 和 P1.6/XTAL2 设置成高阻输入。然后，单片机会自动判断上一次用户 ISP 烧录程序时，是将 P1.7/XTAL1 和 P1.6/XTAL2 设置成普通 I/O 口还是 XTAL1/XTAL2。如果上一次用户 ISP 烧录程序时，是将 P1.7/XTAL1 和 P1.6/XTAL2 设置成普通 I/O 口，单片机会将 P1.7/XTAL1 和 P1.6/XTAL2 上电复位后的模式设置成准双向口/弱上拉；如果上一次用户 ISP 烧录程序时，是将 P1.7/XTAL1 和 P1.6/XTAL2 设置成 XTAL1/XTAL2，单片机会将 P1.7/XTAL1 和 P1.6/XTAL2 上电复位后的模式设置成高阻输入。

2. 如何设置 P2.0/RSTOUT_LOW 引脚在单片机上电复位后输出为低电平？

答：P2.0/RSTOUT_LOW 引脚在单片机上电复位后输出可以为低电平，也可以为高电平。当单片机的工作电压 V_{CC} 高于上电复位门槛电压(POR)时，用户可以在 ISP 烧录程序时设置该引脚上电复位后输出的是低电平还是高电平。

3. 单片机认为 I/O 口的外部输入电压多大为高电平？

答：当 I/O 口的外部输入电平为 0.8V 以下时，则单片机认为该 I/O 口的外部输入为低电平，当 I/O 口的外部输入电平为 2.2V 以上时，则单片机认为该 I/O 口的外部输入为高电平。

4. 如何让 I/O 口上电复位时为低电平？

答：现可在 STC15 系列单片机 I/O 口上加一个下拉电阻(1kΩ/2kΩ/3kΩ)，这样上电复位时，虽然单片机内部 I/O 口是弱上拉(准双向口)/高电平输出，但由于内部上拉能力有限，而外部下拉电阻又较小，无法将其拉高，因此该 I/O 口上电复位时外部为低电平。如果要将该 I/O 口驱动为高电平，可将该 I/O 口设置为强推挽输出，而强推挽输出时，I/O 口驱动电流可达 20mA，故肯定可以将该口驱动为高电平输出。电路如图 6-5 所示。

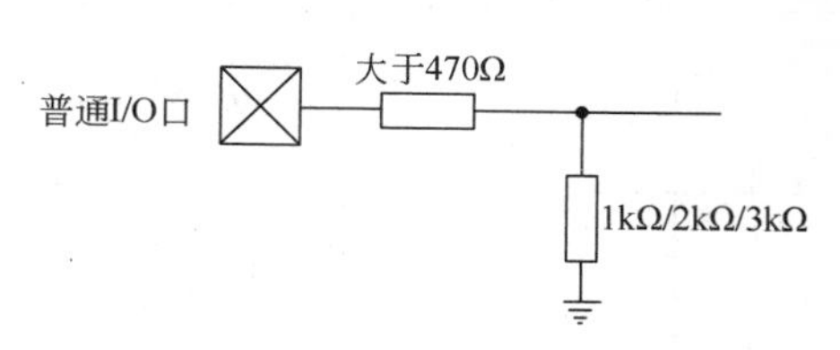

图 6-5 让 I/O 口上电复位时为低电平的电路

二、主时钟分频、分频寄存器、主时钟对外输出

STC15 系列单片机的内部可配置时钟用法，如图 6-6 所示。

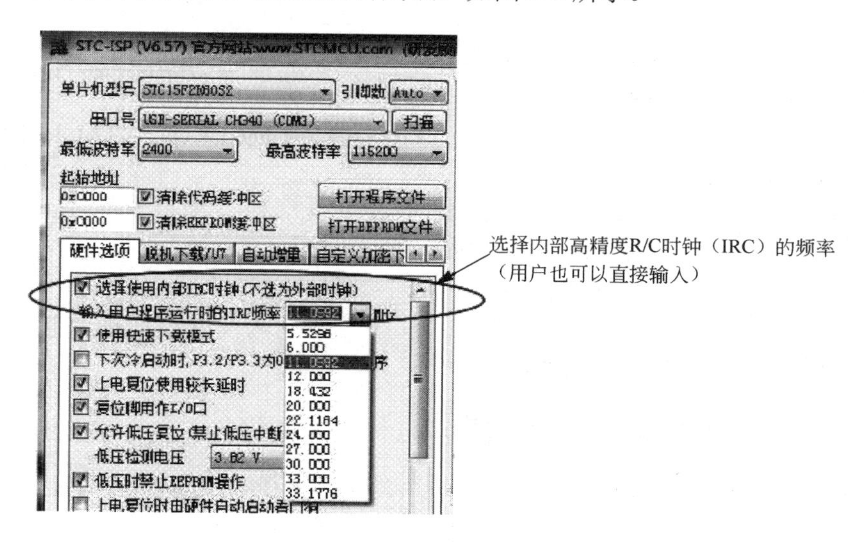

图 6-6 STC15 系列单片机的内部可配置时钟的设定

如果希望降低系统功耗，可以对时钟进行分频。利用时钟分频控制寄存器 CLK_DIV(PCON2)可进行时钟分频，从而使单片机在较低频率下工作。

时钟分频寄存器 CLK_DIV (PCON2)各位的定义如下：

SFR Name	SFR Address	bit	B7	B6	B5	B4	B3	B2	B1	B0
CLK_DIV(PCON2)	97H	name	MCKO_S1	MCKO_S0	ADRJ	Tx_Rx	MCLKO_2	CLKS2	CLKS1	CLKS0

其中，CLKS2、CLKS1、CLKS0 是系统时钟选择控制位，具体选择见表 6-2。MCKO_S0、MCKO_S1 是主时钟对外输出分频控制位，具体控制情况见表 6-3。

表 6-2 CLKS2、CLKS1、CLKS0 系统时钟选择控制位分频表

CLKS2	CLKS1	CLKS0	系统时钟选择控制位（系统时钟是指对主时钟进行分频后供给 CPU、串行口、SPI、定时器、CCP/PWM/PCA、A/D 转换的实际工作时钟）
0	0	0	主时钟频率/1，不分频
0	0	1	主时钟频率/2
0	1	0	主时钟频率/4

续表

CLKS2	CLKS1	CLKS0	系统时钟选择控制位（系统时钟是指对主时钟进行分频后供给 CPU、串行口、SPI、定时器、CCP/PWM/PCA、A/D 转换的实际工作时钟）
0	1	1	主时钟频率/8
1	0	0	主时钟频率/16
1	0	1	主时钟频率/32
1	1	0	主时钟频率/64
1	1	1	主时钟频率/128

表 6-3　MCKO_S0、MCKO_S1 主时钟对外输出分频控制位控制情况

MCKO_S1	MCKO_S0	主时钟对外分频输出控制位（主时钟对外输出引脚 MCLK0 或 MCLK0_2 既可对外输出内部 R/C 时钟，也可对外输出外部输入的时钟或外部晶体振荡产生的时钟）
0	0	主时钟不对外输出时钟
0	1	主时钟对外输出时钟，但时钟频率不被分频，输出时钟频率=MCLK/1
1	0	主时钟对外输出时钟，但时钟频率被 2 分频，输出时钟频率=MCLK/2
1	1	主时钟对外输出时钟，但时钟频率被 4 分频，输出时钟频率=MCLK/4

CLK_DIV.3/MCLKO_2 位决定是在 MCLKO/P5.4 口或 MCLKO-2/XTAL2/P1.6 口对外输出时钟。

MCLKO_2：主时钟对外输出位置的选择位。

0：在 MCLKO/P5.4 口对外输出时钟；

1：在 MCLKO_2/XTAL2/P1.6 口对外输出时钟。

P5.4/MCLKO 或 P1.6/XTAL2/MCLKO_2 既可对外输出内部 R/C 时钟，也可对外输出外部输入的时钟或外部晶体振荡产生的时钟。

三、IAP15W4K58S4 单片机复位

IAP15W4K58S4 单片机有 7 种复位方式：外部 RST 引脚复位，软件复位，掉电复位/上电复位(并可选择增加额外的复位延时 180ms，也叫 MAX810 专用复位电路，其实就是在上电复位后增加一个 180ms 复位延时)，内部低压检测复位，MAX810 专用复位电路复位，看门狗复位以及程序地址非法复位。具体内容请参看相应手册。

1. 外部 RST 引脚复位

P5.4/RST 即可作普通 I/O 使用，还可作复位引脚，用户可以在 ISP 烧录程序时，设置 P5.4/RST 的功能，当用户在 ISP 烧录程序时将 P5.4/RST 设置成普通 I/O 口用时，其上电后为准双向口/弱上拉模式。

每次上电时，单片机会自动判断上一次用户在 ISP 烧录程序时，是将 P5.4/RST 设置成普通 I/O 口还是复位脚。如果上一次用户在 ISP 烧录程序时，是将 P5.4/RST 设置成普通 I/O 口，则单片机会将其上电后的模式设置成准双向口/弱上拉模式；当上一次用户在 ISP 烧录程序时，是将 P5.4/RST 设置成复位脚，则上电后，其仍为复位脚。将 RST 复位引脚拉高并维持至少 24 个时钟加 20μs 后，单片机会进入复位状态，将 RST 复位引脚拉回低电平后，单片机结束复位状态并将特殊功能寄存器 IAP_CONTR 中的 SWBS/IAP_CONTR.6 位置 1，同时从系统 IAP 监控程序区启动。外部 RST 引脚复位是热启动复位中的硬复位。

2. 软件复位

用户应用程序在运行过程当中，有时会有特殊需求，需要实现单片机系统软复位（热启

动复位中的软复位之一），传统的 8051 单片机由于硬件上未支持此功能，用户必须用软件模拟实现，实现起来较麻烦。现 STC 新推出的增强型 8051 单片机，根据客户要求增加了 IAP_CONTR 特殊功能寄存器，实现了此功能。用户只需简单地控制 IAP_CONTR 特殊功能寄存器的其中两位 SWBS/SWRST 就可以实现系统复位了。

IAP_CONTR:ISP/IAP 控制寄存器

SFR Name	SFR Address	bit	B7	B6	B5	B4	B3	B2	B1	B0
IAP_CONTR	C7H	name	IAPEN	SWBS	SWRST	CMD_FAIL	—	WT2	WT1	WT0

IAPEN：ISP/IAP 功能允许位。

0：禁止 IAP 读/写/擦除 Data Flash/EEPROM。

1：允许 IAP 读/写/擦除 Data Flash/EEPROM。

SWBS：软件选择复位后从用户应用程序区启动(送 0)，还是从系统 IAP 监控程序区启动（送 1）。要与 SWRST 直接配合才可以实现。

SWRST：0：不操作；1：软件控制产生复位，单片机自动复位。

CMD_FAIL：如果 IAP 地址(由 IAP 地址寄存器 IAP_ADDRH 和 IAP_ADDRL 的值决定)指向了非法地址或无效地址，且送了 ISP/IAP 命令,并对 IAP_TRIG 送 5Ah/A5h 触发失败，则 CMD_FAIL 为 1,需由软件清零。

例如:

```
IAP_CONTR = 0x20;        //软件复位，系统重新从用户代码区开始运行程序
IAP_CONTR = 0x60;        //软件复位，系统重新从 ISP 代码区开始运行程序
```

3. 掉电复位/上电复位

当电源电压 V_{CC} 低于掉电复位/上电复位检测门槛电压时，所有的逻辑电路都会复位。当内部 V_{CC} 上升至上电复位检测门槛电压以上后，延迟 32768 个时钟，掉电复位/上电复位结束。复位状态结束后，单片机将特殊功能寄存器 IAP_CONTR 中的 SWBS/ IAP_CONTR.6 位置 1，同时从系统 IAP 监控程序区启动。掉电复位/上电复位是冷启动复位之一。对于 5V 单片机，它的掉电复位/上电复位检测门槛电压为 3.2V；对于 3.3V 单片机，它的掉电复位/上电复位检测门槛电压为 1.8V。

4. MAX810 专用复位电路复位

STC15 系列单片机内部集成了 MAX810 专用复位电路。若 MAX810 专用复位电路在 STC-ISP 编程器中被允许，则以后掉电复位/上电复位后将产生约 180ms 复位延时，复位才被解除。复位解除后单片机将特殊功能寄存器 IAP_CONTR 中的 SWBS/IAP_CONTR.6 位置 1，同时从系统 IAP 监控程序区启动。MAX810 专用复位电路复位是冷启动复位之一。

5. 内部低压检测复位

除了上电复位检测门槛电压外，STC15 单片机还有一组更可靠的内部低压检测门槛电压。当电源电压 V_{CC} 低于内部低压检测（LVD）门槛电压时，可产生复位（前提是在 STC-IAP 编程/烧录用户程序时，允许低压检测复位/禁止低压中断，即将低压检测门槛电压设置为复位门槛电压）。低压检测复位结束后，不影响特殊功能寄存器 IAP_CONTR 中的 SWBS/IAP_CONTR.6 位的值，单片机根据复位前 SWBS/IAP_CONTR.6 的值选择是从用户应用程序区启动，还是从系统 IAP 监控程序区启动。如果复位前 SWBS/IAP_CONTR.6 的值为 0，则单片机从用户应用程序区启动。反之，如果复位前 SWBS/IAP_CONTR.6 的值为 1，则

单片机从系统 IAP 监控程序区启动。内部低压检测复位是热启动复位中的硬复位之一。

STC15 单片机内置了 8 级可选内部低压检测门槛电压。可以在下载程序时选择。

低压检测也可产生中断，提示用户电源需要充电了。

与低压检测相关的一些寄存器：

PCON：电源控制寄存器

SFR name	Address	bit	B7	B6	B5	B4	B3	B2	B1	B0
PCON	87H	name	SMOD	SMOD0	LVDF	POF	GF1	GF0	PD	IDL

LVDF：低压检测标志位，同时也是低压检测中断请求标志位。在正常工作和空闲工作状态时，如果内部工作电压 V_{CC} 低于低压检测门槛电压，该位自动置 1，与低压检测中断是否被允许无关。即在内部工作电压 V_{CC} 低于低压检测门槛电压时，不管有没有允许低压检测中断，该位都自动为 1。该位要用软件清 0，清 0 后，如内部工作电压 V_{CC} 继续低于低压检测门槛电压，该位又被自动设置为 1。

在进入掉电工作状态前，如果低压检测电路未被允许可产生中断，则在进入掉电模式后，该低压检测电路不工作以降低功耗。如果被允许可产生低压检测中断，则在进入掉电模式后，该低压检测电路继续工作，在内部工作电压 V_{CC} 低于低压检测门槛电压后，产生低压检测中断，可将 MCU 从掉电状态唤醒。

PD：掉电模式控制位。

IDL：空闲模式控制位。

GF1、GF0：两个通用工作标志位，用户可以任意使用。

还有 IE 中断允许寄存器中 ELVD（低压检测中断允许位）；

ELVD=0，禁止低压检测中断；

ELVD=1，允许低压检测中断。

IP 中断优先级控制寄存器中 PLVD（低压检测中断优先级控制位）；

PLVD=0，低压检测中断位低优先级；

PLVD=1，低压检测中断为高优先级。

6. 看门狗（WDT）复位

在工业控制/汽车电子/航空航天等需要高可靠性的系统中，为了防止“系统在异常情况下，受到干扰，MCU/CPU 程序跑飞，导致系统长时间异常工作”，通常是引进看门狗，如果 MCU/CPU 不在规定的时间内按要求访问看门狗，就认为 MCU/CPU 处于异常状态，看门狗就会强迫 MCU/CPU 复位，使系统重新从头开始按规律执行用户程序。

看门狗复位是热启动复位中的软复位之一。看门狗复位状态结束后，不影响特殊功能寄存器 IAP_CONTR 中 SWBS/IAP_CONTR.6 位的值，它们根据复位前 SWBS/IAP_CONTR.6 的值选择是从用户应用程序区启动，还是从系统 IAP 监控程序区启动。如果看门狗复位前它们的 SWBS/IAP_CONTR.6 的值为 0，则看门狗复位状态结束后，单片机将从用户应用程序区启动。如果看门狗复位前它们的 SWBS/IAP_CONTR.6 的值为 1，则看门狗复位状态结束后，单片机将从系统 IAP 监控程序区启动。

对于看门狗复位功能，我们增加如下特殊功能寄存器 WDT_CONTR。

WDT_CONTR：看门狗(Watch-Dog-Timer)控制寄存器。

SFR name	Address	bit	B7	B6	B5	B4	B3	B2	B1	B0
WDT_CONTR	0C1H	name	WDT_FLAG	—	EN_WDT	CLR_WDT	IDLE_WDT	PS2	PS1	PS0

WDT_FLAG：看门狗溢出标志位，当溢出时，该位由硬件置 1，可软件将其清 0。

EN_WDT：看门狗允许位，当设置为 1 时，看门狗启动。

CLR_WDT：看门狗清 0 位,当设为 1 时，看门狗将重新计数。硬件将自动清 0 此位。

IDLE_WDT：看门狗 IDLE 模式位，当设置为 1 时，看门狗定时器在“空闲模式”计数当清 0 该位时，看门狗定时器在“空闲模式”时不计数

PS2,PS1,PS0：看门狗定时器预分频值，可以在下载程序时选定。

看门狗定时器溢出时间计算公式：（12×32768×分频系数）/f_{OSC}(s)

看门狗定时器的使用举例，看门狗的使用主要涉及看门狗控制寄存器的设置以及看门狗的定期复位。

```
#include "STC15Fxxxx.H"              //看门狗定时器溢出复位测试程序
sbit P32= P3^2;                      //测试口
void delay(unsigned int i)
{
        while (i--)
       {
         _nop_();
         _nop_();
         _nop_();
         _nop_();
         _nop_();
       }
}

void main()
{
     P32 = 0;
     delay(10000);              //复位闪灯延时
      P32 = 1;
      WDT_CONTR = 0x04; //看门狗定时器溢出时间计算公式:(12×32768×PS)/fOSC(s)
                        //设置看门狗定时器分频数为 32,溢出时间如下: 18.432M:0.68s
      WDT_CONTR |= 0x20;//启动看门狗
      while (1);                //没有喂狗
}
```

把程序装入实验板后，如果灯只闪一次，表示看门狗没有启动；如果过一会儿灯闪一次，过一会儿再闪一次，表示看门狗复位启动了。如果要它不启动，可以把 while (1);变成 while (1){ CLR_WDT =1；}给看门狗计数器清零，就是所谓的“喂狗”，看门狗计数器不溢出，就不会复位了。如果程序跑飞出错，没有给看门狗计数器清零，时间到，就会产生复位。

7. 程序地址非法复位

如果程序指针 PC 指向的地址超过了有效程序空间的大小，就会引起程序地址非法复位。程序地址非法复位状态结束后，不影响特殊功能寄存器 IAP_CONTR 中 SWBS/IAP_CONTR.6 位的值，单片机将根据复位前 SWBS/IAP_CONTR.6 的值选择是从用户应用程序区启动，还

是从系统 IAP 监控程序区启动。如果复位前 SWBS/IAP_CONTR.6 的值为 0，则单片机从用户应用程序区启动。反之，则从系统 IAP 监控程序区启动。程序地址非法复位是热启动复位中的软复位之一。

四、IAP15W4K58S4 单片机的省电模式

IAP15W4K58S4 单片机可以运行 3 种省电模式以降低功耗，它们分别是：低速模式、空闲模式和掉电模式。正常工作模式下，STC15 系列单片机的典型功耗是 2.7～7mA，而掉电模式下的典型功耗是<0.1μA，空闲模式下的典型功耗是 1.8mA。

低速模式由时钟分频器 CLK_DIV (PCON2)控制，而空闲模式和掉电模式的进入由电源控制寄存器 PCON 的相应位控制。PCON 寄存器定义如下：

PCON(Power Control egister)

SFR name	Address	bit	B7	B6	B5	B4	B3	B2	B1	B0
PCON	87H	name	SMOD	SMOD0	LVDF	POF	GF1	GF0	PD	IDL

LVDF：低压检测标志位，同时也是低压检测中断请求标志位。

在正常工作和空闲工作状态时，如果内部工作电压 V_{CC} 低于低压检测门槛电压，该位自动置 1，与低压检测中断是否被允许有关。即在内部工作电压 V_{CC} 低于低压检测门槛电压时，不管有没有允许低压检测中断，该位都自动为 1。该位要用软件清 0，清 0 后，如内部工作电压 V_{CC} 继续低于低压检测门槛电压，该位又被自动设置为 1。在进入掉电工作状态前，如果低压检测电路未被允许可产生中断，则在进入掉电模式后，该低压检测电路不工作以降低功耗。如果被允许可产生低压检测中断，则在进入掉电模式后，该低压检测电路继续工作，在内部工作电压 V_{CC} 低于低压检测门槛电压后，产生低压检测中断，可将 MCU 从掉电状态唤醒。

POF：上电复位标志位，单片机停电后，上电复位标志位为 1，可由软件清 0。

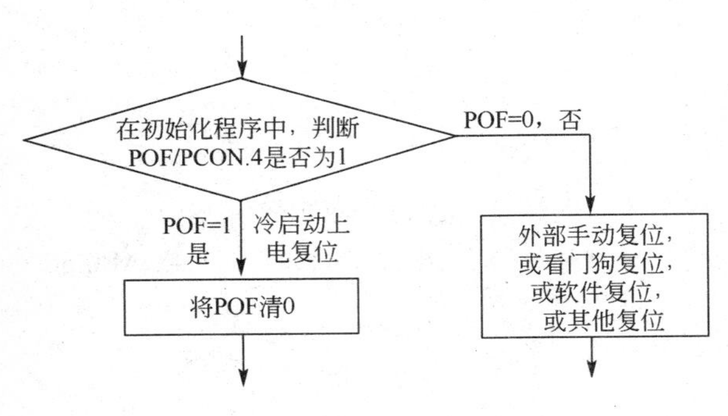

图 6-7　判断复位种类流程图

实际应用：要判断是上电复位（冷启动），还是外部复位脚输入复位信号产生的复位，还是内部看门狗复位，还是软件复位或者其他复位，可通过如下方法来判断（见图 6-7）。

PD：将其置 1 时，进入 Power Down 模式，可由外部中断上升沿触发或下降沿触发唤醒。

其进入掉电模式时，内部时钟停振，由于无时钟，因此 CPU、定时器等功能部件停止工作，只有外部中断继续工作。可将 CPU 从掉电模式唤醒的外部引脚有：INT0/P3.2、INT1/P3.3、INT2/P3.6、INT3/P3.7、INT4/P3.0；引脚 CCP0/CCP1/CCP2；引脚 RxD/RxD2/RxD3/RxD4；引脚 T0/T1/T2/T3/ T4；

有些单片机还具有内部低功耗掉电唤醒专用定时器。掉电模式也叫停机模式，此时功耗<0.1μA。

IDL：将其置 1，进入 IDLE 模式(空闲)。

除系统不给 CPU 供时钟，CPU 不执行指令外，其余功能部件仍可继续工作，可由外部中断、定时器中断、低压检测中断及 A/D 转换中断中的任何一个中断唤醒。

可将 MCU 从掉电模式/停机模式唤醒的外部引脚资源有：INT0/P3.2，INT1/P3.3（INT0/INT1 上升沿下降沿中断均可），INT2 /P3.6，INT3/P3.7，INT4/P3.0（INT2/INT3/INT4 仅可下降沿中断）；引脚 CCP0/CCP1/CCP2；引脚 RxD/RxD2/RxD3/RxD4（下降沿，不产生中断）；引脚 T0/T1/T2/T3/T4（下降沿即外部引脚由高到低的变化，前提是在进入掉电模式/停机模式前相应的定时器中断已经被允许）；内部低功耗掉电唤醒专用定时器，INT0/P3.2 和 INT1/P3.3 的上升沿/下降沿中断均可唤醒掉电模式/停机模式，而 INT2/P3.6，INT3/P3.7，INT4/P3.0 仅下降沿中断才可将 MCU 从掉电模式/停机模式唤醒。

相关程序的编写请参看相应手册。

五、IAP15W4K58S4 单片机的 EEPROM

IAP15W4K58S4 单片机内部集成了大容量的 EEPROM，其与程序空间是分开的。利用 ISP/IAP 技术可将内部 Data Flash 当 EEPROM，擦写次数在 10 万次以上。EEPROM 可分为若干个扇区，每个扇区包含 512B。使用时，建议同一次修改的数据放在同一个扇区，不是同一次修改的数据放在不同的扇区，不一定要用满。数据存储器的擦除操作是按扇区进行的。

EEPROM 可用于保存一些需要在应用过程中修改并且掉电不丢失的参数数据。在用户程序中，可以对 EEPROM 进行字节读/字节编程/扇区擦除操作。在工作电压 V_{CC} 偏低时，建议不要进行 EEPROM/IAP 操作。

IAP 及 EEPROM 新增特殊功能寄存器介绍见表 6-4。

表 6-4 IAP 及 EEPROM 新增特殊功能寄存器

符号	描述	地址	位地址及符号								复位值
			MSB							LSB	
IAP_DATA	ISP/IAP Flash Data Register	C2H									1111 1111B
IAP_ADDRH	ISP/IAP Flash Address High	C3H									0000 0000B
IAP_ADDRL	ISP/IAP Flash Address Low	C4H									0000 0000B
IAP_CMD	ISP/IAP Flash Command Register	C5H	-	-	-	-	-	-	MS1	MS0	xxxx x000B
IAP_TRIG	ISP/IAP Flash Command Trigger	C6H									xxxx xxxxB
IAP_CONTR	ISP/IAP Control Register	C7H	IAPEN	SWBS	SWRST	CMD_FAIL	-	WT2	WT1	WT0	0000 x000B
PCON	Power Control	87H	SMOD	SMOD0	LVDF	POF	GF1	GF0	PD	IDL	0011 0000B

1. ISP/IAP 数据寄存器 IAP_DATA

IAP_DATA：ISP/IAP 操作时的数据寄存器。ISP/IAP 从 Flash 读出的数据放在此处，向 Flash 写的数据也需放在此处。

2. ISP/IAP 地址寄存器 IAP_ADDRH 和 IAP_ADDRL

IAP_ADDRH：ISP/IAP 操作时的地址寄存器高 8 位。

IAP_ADDRL：ISP/IAP 操作时的地址寄存器低 8 位。

3. ISP/IAP 命令寄存器 IAP_CMD

ISP/IAP 命令寄存器 IAP_CMD 格式如下：

SFR name	Address	bit	B7	B6	B5	B4	B3	B2	B1	B0
IAP_CMD	C5H	name	—	—	—	—	—	—	MS1	MS0

MS1、MS0 命令/操作模式选择见表 6-5。

表 6-5　MS1、MS0 命令/操作模式选择

MS1	MS0	命令/操作　模式选择
0	0	Standby　待机模式，无 ISP 操作
0	1	从用户的应用程序区对“Data Flash/EEPROM 区”进行字节读
1	0	从用户的应用程序区对“Data Flash/EEPROM 区”进行字节编程
1	1	从用户的应用程序区对“Data Flash/EEPROM 区”进行扇区擦除

4. ISP/IAP 命令触发寄存器 IAP_TRIG

IAP_TRIG：ISP/IAP 操作时的命令触发寄存器。

在 IAPEN(IAP_CONTR.7) = 1 时，对 IAP_TRIG 先写入 5Ah，再写入 A5h,ISP/IAP 命令才会生效。ISP/IAP 操作完成后，IAP 地址高 8 位寄存器 IAP_ADDRH、IAP 地址低 8 位寄存器 IAP_ADDRL 和 IAP 命令寄存器 IAP_CMD 的内容不变。如果接下来要对下一个地址的数据进行 ISP/IAP 操作，需手动将该地址的高 8 位和低 8 位分别写入 IAP_ADDRH 和 IAP_ADDRL 寄存器。每次 IAP 操作时，都要对 IAP_TRIG 先写入 5AH，再写入 A5H，ISP/IAP 命令才会生效。在每次触发前，需重新送字节读/字节编程/扇区擦除命令，在命令不改变时，不需重新送命令。

5. ISP/IAP 命令寄存器 IAP_CONTR

ISP/IAP 命令寄存器 IAP_CONTR 格式如下：

SFR Name	Address	bit	B7	B6	B5	B4	B3	B2	B1	B0
IAP_CONTR	C7H	name	IAPEN	SWBS	SWRST	CMD_FAIL	—	WT2	WT1	WT0

IAPEN：ISP/IAP 功能允许位。0：禁止 IAP 读/写/擦除 Data Flash/EEPROM。
1：允许 IAP 读/写/擦除 Data Flash/EEPROM。

SWBS：软件选择复位后从用户应用程序区启动(送 0)，还是从系统 ISP 监控程序区启动(送 1)。要与 SWRST 直接配合才可以实现。

SWRST：0，不操作；1，软件控制产生复位，单片机自动复位。

CMD_FAIL：如果 IAP 地址(由 IAP 地址寄存器 IAP_ADDRH 和 IAP_ADDRL 的值决定)指向了非法地址或无效地址，且送了 ISP/IAP 命令，并对 IAP_TRIG 送 5Ah/A5h 触发失败，则 CMD_FAIL 为 1，需由软件清零。

IAP15W4K58S4 单片机 EEPROM 空间大小及地址为：用户可将用户程序区的程序 FLASH 当 EEPROM 使用，使用时不要将自己的有效程序擦除。

【评估】

说出看门狗、低电压复位、时钟分频的意义和用法。

【拓展】

1. 在项目二的程序中加入看门狗指令，并启动开门狗。
2. 自己制作一个用电池供电的按钮计数器，当电压低时启动低电压复位功能，完成把当前按钮按下的次数存入 IAP15W4K58S4 单片机的 E^2PROM 中，在电压高能重启系统，并读出原来存入 E^2PROM 的值。

3. 查看 IAP15W4K58S4 单片机 PDF 文件，读一下相应的例程。

进阶二　用 PCA 软件定时器功能实现 LED 灯 1s 闪烁一次

传统的 8051 单片机只有两个定时器，IAP15W4K58S4 单片机 PCA 模块也可以实现定时器功能。

【目标】

> 通过本内容学习和训练，能够了解 IAP15W4K58S4 单片机 PCA 模块中软件定时器的用法和相关寄存器的设置。

【任务】

利用 PCA 模块的软件定时器功能，实现在发光二极管（P2.6）1s 闪烁一次（输出脉冲宽度为 1s 的方波）。假设晶振频率 f_{osc}=18.432MHz。

【行动】

一、想一想，写一写

1. PCA 是什么意思？它的本质是什么？
2. PCA 和传统的 8051 单片机定时器比有什么优点？主要的用途有哪些？
3. 比较 PCA 模块的软件定时器功能和传统定时器使用步骤。

二、说一说

1. IAP15W4K58S4 单片机中，PCA 定时器/计数器阵列寄存器由哪些寄存器的哪些位控制的？按照“PCA 定时器/计数器阵列寄存器（CH 和 CL）控制结构”说明它们是如何控制的。
2. 说出本任务中，初始化程序需要对哪些寄存器赋值，为什么这样赋值。
3. 解释说明出本项目中断程序的每一条语句的作用。

三、找一找，改一改

阅读本任务程序，判断有没有错误，如果有错，把错误改过来。

【知识学习】

一、IAP15W4K58S4 系列单片机 CCP/PWM/PCA 模块简介

IAP15W4K58S4 单片机集成了多路可编程计数器阵列模块，简称 PCA（Programmable Counter Array）模块。它的本质是一种功能强大的定时器，与标准 8051 计数器/定时器相比，它需要较少的 CPU 干预，可用于软件定时器、外部脉冲的捕捉、高速输出以及脉宽调制（PWM）输出四种功能。

与 CCP/PWM/PCA 应用有关的特殊功能寄存器如表 6-6 所示。

表 6-6　IAP15W4K58S4 单片机 CCP/PWM/PCA 特殊功能寄存器表

符　号	描　述	地址	位地址及其符号								复位值
			B7	B6	B5	B4	B3	B2	B1	B0	
CCON	PCA Control Register	D8H	CF	CR	—	—	—	CCF2	CCF1	CCF0	00××.×000
CMOD	PCA Mode Register	D9H	CIDL	—	—	—	CPS2	CPS1	CPS0	ECF	0×××.0000
CCAPM0	PCA Module 0 Mode Register	DAH	—	ECOM0	CAPP0	CAPN0	MAT0	TOG0	PWM0	ECCF0	×000.0000
CCAPM1	PCA Module 1 Mode Register	DBH	—	ECOM1	CAPP1	CAPN1	MAT1	TOG1	PWM1	ECCF1	×000.0000
CCAPM2	PCA Module 2 Mode Register	DCH	—	ECOM2	CAPP2	CAPN2	MAT2	TOG2	PWM2	ECCF2	×000.0000

续表

符　号	描　述	地址	位地址及其符号								复位值
			B7	B6	B5	B4	B3	B2	B1	B0	
CL	PCA Base Timer Low	E9H									0000.0000
CH	PCA Base Timer High	F9H									0000.0000
CCAP0L	PCA Module 0 Capture Register Low	EAH									0000.0000
CCAP0H	PCA Module 0 Capture Register High	EAH									0000.0000
CCAP1L	PCA Module 1 Capture Register Low	EBH									0000.0000
CCAP1H	PCA Module 1 Capture Register High	FBH									0000.0000
CCAP2L	PCA Module 2 Capture Register Low	ECH									0000.0000
CCAP2H	PCA Module 2 Capture Register High	FCH									0000.0000
PCA_PWM0	PCA PWM Mode Auxiliary Register 0	F2H	EBS0_1	EBS0_0	—	—	—	—	EPC0H	EPC0L	00××.××00
PCA_PWM1	PCA PWM Mode Auxiliary Register 1	F3H	EBS1_1	EBS1_0	—	—	—	—	EPC1H	EPC1L	00××.××00
PCA_PWM2	PCA PWM Mode Auxiliary Register 2	F4H	EBS2_1	EBS2_0	—	—	—	—	EPC2H	EPC2L	00××.××00
AUXR1P_SW1	Auxiliary Register 1	A2H	S1_S1	S1_S0	CCP_S1	CCP_S0	SPI_S1	SPI_S0	—	DPS	0000.0000

1. PCA模块的功能介绍

（1）基本的软件定时器

PCA计数器（CH和CL）是加1计数器，可实现可编程的定时器。它既可以是8位自动重装：CH和CL是一对自动重装的加1计数器，启动后，CL不断地加1计数，当计数到FFH后，CH的值会自动送给CL，并可以触发中断；也可以是CH和CL构成一个16位的加1计数器。

（2）外部输入脉冲的捕捉

当作为捕捉条件的特定引脚上输入的外部信号电平跳变（上升沿或下降沿）设定后，PCA计数器（CH和CL构成16位计数器）就开始加1计数。当捕捉条件发生时，PCA计数值（CH和CL）就被自动复制到一个固定的寄存器（CCAPnH和CCAPnL）中，等待用户读取，并可以触发中断。因此，它非常适合于精确测量外部脉冲宽度，也可以用于外中断源的扩展。

（3）内部比较结果的高速输出

当PCA计数器（CH和CL构成16位计数器）的计数值与事先存入CCAPnH和CCAPnL的值相等时，PCA模块对应的引脚输出电平将发生翻转。这种输出不经过CPU，是硬件完成的，输出很快，因此称为高速输出。本质是一个数值比较器。

（4）脉宽调制

脉宽调制（PWM，Pulse Width Modulation）是一种使用程序来控制波形占空比、周期、相位波形的技术，在三相电动机驱动、D/A转换等场合有广泛的应用。其工作原理是：在[EPCnL、CCAPnL]中事先存入一个小于FFH的数，在加1寄存器CL的值小于[EPCnL、CCAPnL]期间，对应引脚输出为低；当寄存器CL的值等于或大于[EPCnL、CCAPnL]时，对应引脚输出为高。改变[EPCnL、CCAPnL]值，就改变了占空比或者相位，改变CH的值，可以改变周期。本质也是一个数值比较器。

可见，PCA的核心是CH和CL计数器的值和CCAPnH和CCAPnL的值的关系。

2. PCA定时器/计数器阵列

（1）PCA

PCA模块含有一个特殊的16位定时器（CH、CL），有3个16位的捕捉/比较模块与之相连，如图 6-8 所示。

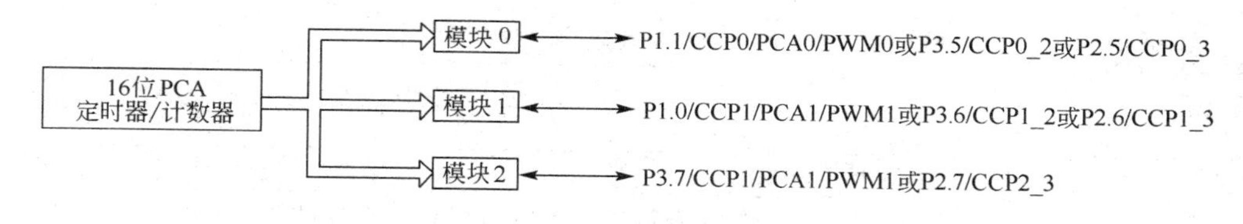

图 6-8 PCA 模块结构

模块 0 连接到 P1.1，模块 1 连接到 P1.0，模块 2 连接到 P3.7。每个模块可编程工作在 4 种模式：上升/下降沿捕捉、软件定时器、高速输出或可调制脉冲输出。

（2）PCA 定时器/计数器阵列寄存器（CH 和 CL）控制结构

16 位 PCA 定时器 / 计数器阵列寄存器（CH、CL）是公共时间基准，PCA 定时器/计数器阵列寄存器（CH 和 CL）控制结构如图 6-9 所示。

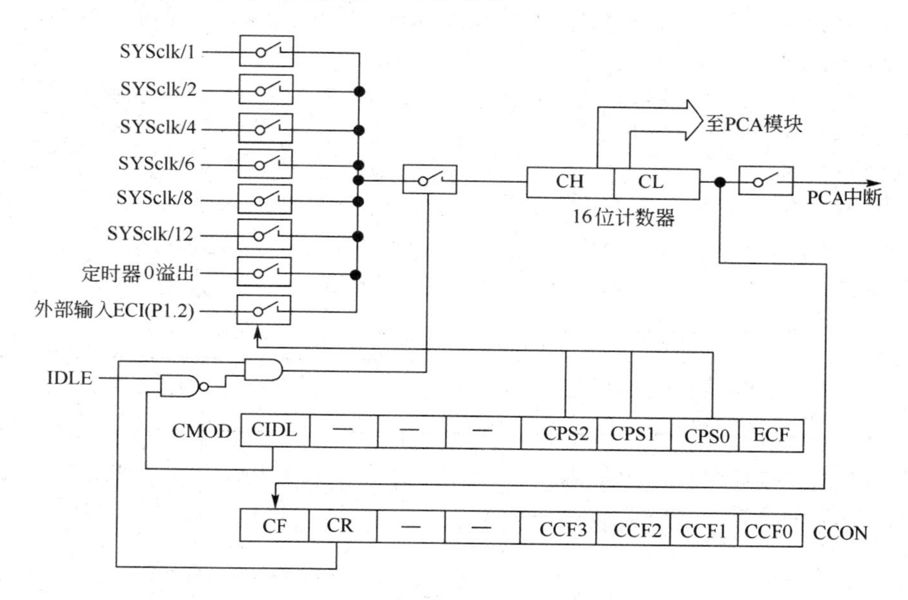

图 6-9 PCA 定时器/计数器结构

图中相关寄存器介绍：

① 寄存器 CH 和 CL 的内容是自动递增计数的 16 位 PCA 计数器的值，是 PCA 的核心部件，复位值均为 00，用于保存 PCA 的装载值。

② PCA 工作模式寄存器 CMOD

SFR name	Address	bit	B7	B6	B5	B4	B3	B2	B1	B0
CMOD	D9H	name	CIDL	—	—	—	CPS2	CPS1	CPS0	ECF

CIDL：空闲模式下是否停止 PCA 计数的控制位。

当 CIDL=0 时，空闲模式下 PCA 计数器继续工作；

当 CIDL=1 时，空闲模式下 PCA 计数器停止工作。

CPS2、CPS1 和 CPS0 三位的值可以确定 PCA 计数脉冲源选择。PCA 计数脉冲选择如表

6-7 所示。

表 6-7 PCA 计数脉冲源选择

CPS2	CPS1	CPS0	选择 CCP/PCA/PWM 时钟源输入
0	0	0	0，系统时钟，SYSclk/12
0	0	1	1，系统时钟，SYSclk/2
0	1	0	2，定时器 0 的溢出脉冲。由于定时器 0 可以工作在 1T 模式，所以可以达到计一个时钟就溢出，从而达到最高频率 CPU 工作时钟 SYSclk。通过改变定时器 0 的溢出率，可以实现可调频率的 PWM 输出
0	1	1	3，ECI/P1.2（或 P3.4 或 P2.4）脚输入的外部时钟（最大速率=SYSclk/2）
1	0	0	4，系统时钟，SYSclk
1	0	1	5，系统时钟/4，SYSclk/4
1	1	0	6，系统时钟/6，SYSclk/6
1	1	1	7，系统时钟/8，SYSclk/8

表 6-7 用法，举例 1：CPS2/CPS1/CPS0 =1/0/0 时，CCP/PCA/PWM 的时钟源是 f_{OSC}，不用定时器 0，PWM 的频率为 $f_{OSC}/256$。

举例 2：如果要用系统时钟/3 来作为 PCA 的时钟源，应选择 T0 的溢出作为 CCP/PCA/PWM 的时钟源，此时应让 T0 工作在 1T 模式，计数 3 个脉冲即产生溢出。用 T0 的溢出可对系统时钟进行 1～65536 级分频(T0 工作在 16 位重装载模式)。

ECF：PCA 计数溢出中断使能位。

当 ECF = 0 时，禁止寄存器 CCON 中 CF 位的中断；

当 ECF = 1 时，允许寄存器 CCON 中 CF 位的中断。

③ PCA 控制寄存器 CCON

SFR name	Address	bit	B7	B6	B5	B4	B3	B2	B1	B0
CCON	D8H	name	CF	CR	—	—	—	CCF2	CCF1	CCF0

CF：PCA 计数器阵列溢出标志位。当 PCA 计数器溢出时，CF 由硬件置位。如果 CMOD 寄存器的 ECF 位置位，则 CF 标志可用来产生中断。CF 位可通过硬件或软件置位，但只可通过软件清零。

CR：PCA 计数器阵列运行控制位。该位通过软件置位，用来启动 PCA 计数器阵列计数。该位通过软件清零，用来关闭 PCA 计数器。

CCF2：PCA 模块 2 中断标志。当出现匹配或捕获时该位由硬件置位。该位必须通过软件清零。

CCF1：PCA 模块 1 中断标志。当出现匹配或捕获时该位由硬件置位。该位必须通过软件清零。

CCF0：PCA 模块 0 中断标志。当出现匹配或捕获时该位由硬件置位。该位必须通过软件清零。

④ PCA 捕捉/比较寄存器 CCAPnL（低 8 位字节）、CCAPnH（高 8 位字节）

当 PCA 模块用于捕捉或比较时，它们用于保存各个模块的 16 位捕捉计数值；当 PCA 模块用于 PWM 模式时，它们用来控制输出的占空比。其中，n=0、1、2，分别对应模块 0、模块 1 和模块 2。复位值均为 00H。CCAP0L 、CCAP0H：模块 0 的捕捉 / 比较寄存器；CCAP1L、CCAP1H：模块 1 的捕捉 / 比较寄存器；CCAP2L 、CCAP2H：模块 2 的捕捉 / 比较寄存器。

⑤ PCA 比较/捕获寄存器 CCAPM0、CCAPM1 和 CCAPM2

这里主讲 CCAPM0。CCAPM1 和 CCAPM2 请查手册或者类推。

SFR name	Address	bit	B7	B6	B5	B4	B3	B2	B1	B0
CCAPM0	DAH	name	—	ECOM0	CAPP0	CAPN0	MAT0	TOG0	PWM0	ECCF0

B7：保留为将来之用。

ECOM0：允许比较器功能控制位。当 ECOM0=1 时，允许比较器功能。

CAPP0：正捕获控制位。当 CAPP0=1 时，允许上升沿捕获。

CAPN0：负捕获控制位。当 CAPN0=1 时，允许下降沿捕获。

MAT0：匹配控制位。当 MAT0=1 时，PCA 计数值与模块的比较/捕获寄存器的值的匹配将置位 CCON 寄存器的中断标志位 CCF0。

TOG0：翻转控制位。当 TOG0=1 时，工作在 PCA 高速脉冲输出模式，PCA 计数器的值与模块的比较/捕获寄存器的值的匹配将使 CCP0 脚翻转。

(CCP0/PCA0/PWM0/P1.1 或 CCP0_2/PCA0/PWM0/P3.5 或 CCP0_3/PCA0/PWM0/P2.5)

PWM0：　脉宽调节模式。当 PWM0=1 时，允许 CCP0 脚用作脉宽调节输出。

(CCP0/PCA0/PWM0/P1.1 或 CCP0_2/PCA0/PWM0/P3.5 或 CCP0_3/PCA0/PWM0/P2.5)

ECCF0：使能 CCF0 中断。使能寄存器 CCON 的比较/捕获标志 CCF0，用来产生中断。

⑥ 将单片机的 CCP/PWM/PCA 功能在 3 组引脚之间切换的寄存器 AUXR1(P_SW1)

Mnemonic	Add	Name	7	6	5	4	3	2	1	0	Reset Value
AUXR1 P_SW1	A2H	Auxiliary Register1	S1_S1	S1_S0	CCP_S1	CCP_S0	SPI_S1	SPI_S0	0	DPS	0000.0000

CCP_S1、CCP_S1 控制 CCP 可以在 3 个地方切换，见表 6-8。

表 6-8　CCP_S1、CCP_S1 控制 CCP 可以在 3 个地方切换

CCP 可在 3 个地方切换，由 CCP_S1/CCP_S0 两个控制位来选择		
CCP_S1	CCP_S0	CCP 可在 P1/P2/P3 之间来回切换
0	0	CCP 在[P1.2/ECI,P1.1/CCP0,P1.0/CCP1,P3.7/CCP2]
0	1	CCP 在[P3.4/ECI_2,P3.5/CCP0_2,P3.6/CCP1_2,P3.7/CCP2_2]
1	0	CCP 在[P2.4/ECI_3,P2.5/CCP0_3,P2.6/CCP1_3,P2.7/CCP2_3]
1	1	无效

二、16 位软件定时器模式

1. 16 位软件定时器模式介绍

（1）16 位软件定时器模式的结构

16 位软件定时器模式的结构如图 6-10 所示。

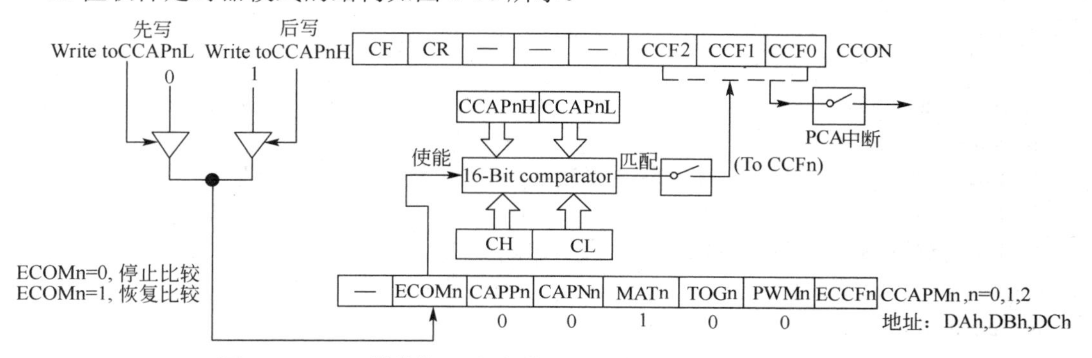

图 6-10　PCA 模块的 16 位软件定时器模式/PCA 比较模式结构

通过置位寄存器 CCAPMn 的 ECOM 和 MAT 位，可使 PCA 模块用作软件定时器，如图 6-10 所示。PCA 定时器的值与模块捕捉寄存器的值相比较，当二者相等时，如果 CCFn 位（在 CCON 中）和 ECCFn 位（在 CCON 中）都置位，则产生中断。

[CH、CL]每隔一定的时间自动加 1，时间间隔取决于选择的时钟源。例如，当选择的时钟源为 f_{osc}/12 时，每 12 个时钟周期[CH、CL]加 1。当[CH、CL]增加到等于[CCAPnH、CCAPnL]时，CCFn=1，产生中断请求。如果每次 PCA 模块中断后，在中断服务程序中给[CCAPnH，CCAPnL]增加一个相同的数值，那么下一次中断来临的间隔时间 T 也是相同的，从而实现了定时功能。定时时间的长短取决于时钟源的选择以及 PCA 计数器计数值的设置。下面举例说明 PCA 计数器汁数值的计算方法。

假设，时钟频率 f_{OSC}=18. 432 MHz，选择的时钟源为 f_{OSC}/12，定时时间 T 为 5 ms，则 PCA 计数器计数值为：

PCA 计数器的计数值=T/ ((1/f_{OSC})×12)=0.005/((1/18432 000)×12) =7680（十进制数）
=1E00H(十六进制数)

也就是说，PCA 计数器计数 1E00H 次，定时时间才是 5ms，这也就是每次给[CCAPnH、CCAPnL]增加的数值（步长）。

2. 16 位软件定时器模式编程要点

① CMOD：空闲模式下停止 PCA 计数器工作、选择 PCA 时钟源、PCA 计数器溢出时中断。

② CCON： PCA 计数器溢出中断请求标志位 CF、启动 PCA 计数器计数、各模块中断请求标志位 CCFn。

③ CL、CH：清零 PCA 计数器。

④ CCAPnL：给 PCA 模块 n 的 CCAPnL 置初值。

⑤ CCAPnH：给 PCA 模块 n 的 CCAPnH 置初值。

⑥ CCAPMn：设置 PCA 模块 n 为 16 位软件定时器，ECCFn=1 允许 PCA 模块 n 中断。

⑦ EA：开整个单片机所有中断共享的总中断控制位。

⑧ CR：启动定时器。

三、程序

分析：在此选择 PCA 模块 1 实现定时功能。通过置位 CCAPM1 寄存器的 ECOM 位和 MAT 位，使 PCA 模块 1 工作于软件定时器模式。本例中，时钟频率 f_{OSC}=18. 432MHz，可以选择 PCA 模块的时钟源为 f_{OSC}/12，基本定时时间单位为 10 ms。对 10 ms 计数 100 次以后，即可实现 1s 的定时。通过计算，PCA 计数器的计数值=T/[(1/f_{OSC})×4]=18432000/400，可在中断服务程序中将该值赋给[CCAP0H、CCAP0L]。

对应的 C 语言程序如下：

```
#include <STC15xxxxx.h>
#include <intrins.h>
#define  CCP_S0   0x10 //因为 P_SW1 寄存器不能按位使用，所以把 CCP_S0 位置 1 定义为 8 位
#define  CCP_S1   0x20              //把 CCP_S1 位置 1 定义为 8 位
#define  SYSclk     18432000      //定义主时钟
sbit        P1_1=P1^1;
unsigned    char cnt;
unsigned    int ms10;
```

```
void  PCAchushihua ()
{
unsigned  char  temp;
  temp =P_SW1;                    //把 P_SW1 原来的值送 temp，假设 P_SW1=XXXX XXXX
  temp &=~(CCP_S0|CCP_S1);       // CCP_S0、CCP_S1 相或的值(0011 0000)取反(1100 1111)，
                        //再和 temp 的值与 (XX00 XXXX)，结果是清零 temp 中相应的位
  temp |= CCP_S1;  //把 CCP_S1 和 temp 或，结果 temp=XX01 XXXX，CCP1 在 P3.6 脚输出
  P_SW1 = temp;    //把结果存入 P_SW1 中，引脚设定有效
CCON = 0;          //初始化 PCA 模块控制寄存器
CL = 0;            //复位 PCA 计数器 低 8 位---
CH = 0;            //复位 PCA 计数器 高 8 位---
CMOD = 0x0A;       //设置 PCA 时钟源，并禁止 PCA 定时器溢出中断
CCAP1L = ms10;     //PCA 比较值低 8 位
CCAP1H = ms10 >> 8;   //PCA 比较值高 8 位
CCAPM1 = 0x49;        //--- PCA 模块 1 设置为 16 位定时器模式 ---
CR = 1;               //--- PCA 定时器开始工作 ---
EA = 1;               //--- CPU 开中断 ---
}

void  main(void)
{
P1M0=0;P1M1=0;
P3M0=0;P3M1=0;
cnt = 0;
ms10=SYSclk /4/100;
PCAchushihua ();
while(1);
}

void PCA_ISR(void) interrupt 7
{
  CCF1 = 0;                  //--- 清中断标志 ---
  CCAP1L = ms10;
  CCAP1H = ms10 >> 8;
  cnt ++;
  CL = 0;                    //--- 复位 PCA 寄存器 ---
  CH = 0;
  if(100 == cnt)             //--- 定时 1s 时间到 ---
    {
      cnt = 0;
      P1_1 =!P1_1;           //--- 每 2s 闪烁一次 ---
    }
}
```

【评估】

设计三个LED灯一个的闪烁频率是3s，一个5s，一个是7s。试用不同的定时器来做。

【拓展】

使用IAP15W4K58S4单片机PCA模块软件定时器功能，做一个两位的秒表。设时钟频率f_{osc}=18.432MHz。

进阶三　用PCA模块的捕捉（捕获）功能测量脉冲宽度

“捕捉”这个词语在《新华字典》有一个解释是：迅速或急切地获取信息，抓住战机。在单片机应用系统中，有时需要对外部输入信号的跳变进行侦测，并以最快的速度作出有效处理。

【目标】

通过本内容学习和训练，能够了解IAP15W4K58S4单片机脉冲捕捉功能用法和相关寄存器的设置。

【任务】

“捕捉”套用在IAP15W4K58S4单片机里的意思是：捕捉P1.1、P1.0或P3.7引脚电平跳变，捕捉到后，PCA硬件就迅速地将PCA计数器阵列寄存器（CH和CL）的值,装载到捕捉寄存器（CCAPnH和CCAPnL）中。本任务的要求是使用捕捉功能测量脉冲宽度，把脉冲宽度在显示器上显示出来，使用捕捉功能的好处是，测得准，测得快，延迟少，误差小。具体内容是：在显示器上显示P3.7引脚上脉冲中高电平的宽度。

在这个过程中的编程要求：P3.7/CCP2_2引脚出现上升沿时，启动PCA计数器；P3.7/CCP2_2引脚出现下降沿时，停止CH、CL计数和读取脉宽送去显示。脉冲源就是上一个进阶的内容。

【行动】

一、想一想，写一写

1. 什么是单片机的捕捉功能?具体内容是什么?
2. 根据你的体会，PCA“功能强大”体现在哪些地方?
3. IAP15W4K58S4单片机中，使用捕捉功能，需要设置哪些寄存器的哪些位?

二、说一说

1. 说出本任务中，初始化程序需要对哪些寄存器赋值?为什么这样赋值?
2. 解释说明出本项目中中断程序的每一条语句的作用。

三、找一找，改一改

阅读本任务程序，判断有没有错误，如果有错，把错误改过来。

【知识学习】

一、PCA模块的捕捉工作模式

1. PCA模块捕捉模式的结构

PCA模块工作于捕捉模式的结构如图6-11所示。要使PCA模块工作在捕捉模式，则寄存器CCAPMn的两位CAPNn和CAPPn中至少有一位必须置1。PCA模块工作于捕捉模式时，对外部输入CCPn（CCP0/P1.1、CCP1/P1.0、CCP2/P3.7）的跳变进行采样。当采样到有效跳变时，PCA 硬件将 PCA 计数器阵列寄存器 CH、CL 的值装载到模块的捕捉寄存器 CCAPnH 和 CCAPnL 中。

如果 CCON 中的 CCFn 位和 CCAPMn 中的 ECCFn 位置位，则产生中断。可在中断服务程序中判断是哪一个模块产生了中断，并注意中断标志位的软件清零问题。

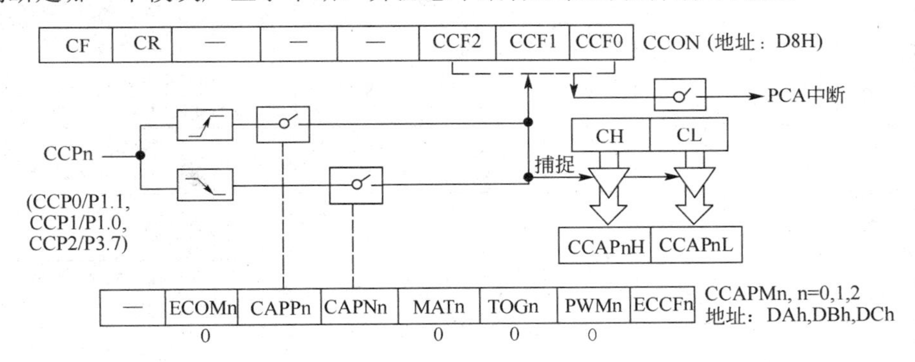

图 6-11 PCA 模块捕获模式结构

2. PCA 模块捕捉模式编程要点

① CMOD：空闲模式下停止 PCA 计数器工作、选择 PCA 时钟源、PCA 计数器溢出时中断。

② CCON： PCA 计数器溢出中断请求标志位 CF、启动 PCA 计数器计数、各模块中断请求标志位 CCFn。

③ CL、CH：清零 PCA 计数器。

④ CCAPMn：设置 PCA 模块 n 为捕捉模式、ECCFn=1 允许 PCA 模块 n 中断。

⑤ EA：开整个单片机所有中断共享的总中断控制位。

⑥ CR：启动定时器。

3. PCA 模块的工作模式设定

PCA 模块的工作模式设定见表 6-9。

表 6-9 PCA 模块的工作模式设定

EBSn_1	EBSn_0	ECOMn	CAPPn	CAPNn	MATn	TOGn	PWMn	ECCFn	模 块 功 能
X	X	0	0	0	0	0	0	0	无此操作
0	0	1	0	0	0	0	1	0	8 位 PWM，无中断
0	1	1	0	0	0	0	1	0	7 位 PWM，无中断
1	0	1	0	0	0	0	1	0	6 位 PWM，无中断
1	1	1	0	0	0	0	1	0	8 位 PWM，无中断
0	0	1	1	0	0	0	1	1	8 位 PWM 输出，由低变高可产生中断
0	1	1	1	0	0	0	1	1	7 位 PWM 输出，由低变高可产生中断
1	0	1	1	0	0	0	1	1	6 位 PWM 输出，由低变高可产生中断
1	1	1	1	0	0	0	1	1	8 位 PWM 输出，由低变高可产生中断
0	0	1	0	1	0	0	1	1	8 位 PWM 输出，由高变低可产生中断
0	1	1	0	1	0	0	1	1	7 位 PWM 输出，由高变低可产生中断
1	0	1	0	1	0	0	1	1	6 位 PWM 输出，由高变低可产生中断
1	1	1	0	1	0	0	1	1	8 位 PWM 输出，由高变低可产生中断

续表

EBSn_1	EBSn_0	ECOMn	CAPPn	CAPNn	MATn	TOGn	PWMn	ECCFn	模块功能
0	0	1	1	1	0	0	1	1	8 位 PWM 输出，由低变高或者由高变低均可产生中断
0	1	1	1	1	0	0	1	1	7 位 PWM 输出，由低变高或者由高变低均可产生中断
1	0	1	1	1	0	0	1	1	6 位 PWM 输出，由低变高或者由高变低均可产生中断
1	1	1	1	1	0	0	1	1	8 位 PWM 输出，由低变高或者由高变低均可产生中断
X	X	X	1	0	0	0	0	X	16 位捕获模式，由 CCPn/PCAn 的上升沿触发
X	X	X	0	1	0	0	0	X	16 位捕获模式，由 CCPn/PCAn 的下降沿触发
X	X	X	1	1	0	0	0	X	16 位捕获模式，由 CCPn/PCAn 的跳变触发
X	X	1	0	0	1	0	0	X	16 位软件定时器
X	X	1	0	0	1	1	0	X	16 位高速脉冲输出

二、高速输出模式

1. 高速输出模式简介

高速输出模式的结构如图 6-12 所示。该模式中，当 PCA 计数器的计数值与模块捕获寄存器的值相匹配时，PCA 模块的输出 CEXn 将发生翻转。要激活高速输出模式，CCAPMn 寄存器的 TOGn、MATn 和 ECOMn 位必须都置位。

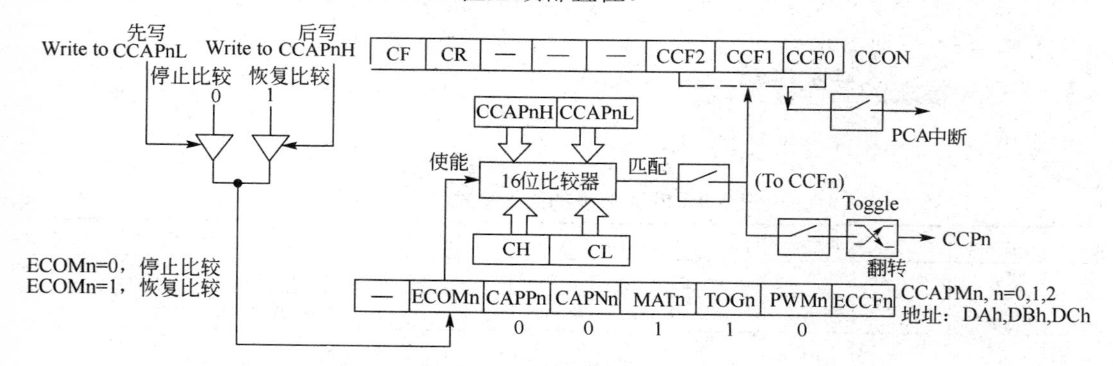

图 6-12　PCA 模块的高速输出模式结构

CCAPnL 的值决定了 PCA 模块 n 的输出脉冲频率。当 PCA 时钟源是 $f_{OSC}/2$ 时，输出脉冲的频率 f 为：

$$f=f_{OSC}/(4\times \text{CCAPnL})$$

式中，f_{OSC} 为晶振频率。由此，可以得到 CCAPnL 的值 $\text{CCAPnL}=f_{OSC}/(4\times f)$。

如果计算出的结果不是整数，则进行四舍五入取整，即

$$\text{CCAPnL}=\text{INT}[(f_{OSC}/(4f)+0.5]$$

式中，INT（）为取整数运算，直接去掉小数。例如，假设 f_{OSC}=20MHz，要求 PCA 高速脉冲输出 125 kHz 的方波，则 CCAPnL 中的值应为：

CCAPnL=INT(20000000/4/125000+0.5)=INT(40+0.5)=40=28H

2. 高速输出模式编程要点

① CMOD：空闲模式下停止 PCA 计数器工作、选择 PCA 时钟源为 $f_{OSC}/12$，PCA 计数器溢出时中断。

② CCON： PCA 计数器溢出中断请求标志位 CF、启动 PCA 计数器计数、各模块中断请求标志位 CCFn。

③ CL、CH：清零 PCA 计数器。

④ CCAPnL：给 PCA 模块 n 的 CCAP0L 置初值。

⑤ CCAPnH：给 PCA 模块 n 的 CCAP0H 置初值。

⑥ CCAPMn：设置 PCA 模块 n 为 16 位软件定时器、ECCFn=1 允许 PCA 模块 n 中断。

⑦ EA：开整个单片机所有中断共享的总中断控制位。

⑧ CR：启动定时器。

三、程序

```
#include "STC15Fxxxx.H"
#define CCP_S0      0x10
#define CCP_S1      0x20
#define         LED_TYPE    0x00//定义 LED 类型, 0x00--共阴
sbit  P_HC595_SER     = P4^0;                //pin 14    SER
sbit  P_HC595_RCLK    = P5^4;                //pin 12    RCLk
sbit  P_HC595_SRCLK = P4^3;                  //pin 11    SRCLK
unsigned   char   LEDBuffer[8];              //--- 定义的显示缓冲区 ---
unsigned   char   LEDPointer;                //--- 定义的动态扫描计数变量 ---
unsigned char cnt;
unsigned long count0;
unsigned long count1;
unsigned long length;
bit   OKFlag;
unsigned char code t_display[]={                //标准字库
     0x3F,0x06,0x5B,0x4F,0x66,0x6D,0x7D,0x07,0x7F,0x6F, //0   1   2   3   4 5   6   7   8    9
     0xBF,0x86,0xDB,0xCF,0xE6,0xED,0xFD,0x87,0xFF,0xEF,0x46};//0. 1. 2. 3. 4. 5. 6. 7. 8. 9. -1
unsigned char code T_COM[]={0x01,0x02,0x04,0x08,0x10,0x20,0x40,0x80};      //位码

/**************** 向 HC595 发送一个字节函数 *****************/
void Send_595(unsigned char dat)
{
     unsigned char   i;
     for(i=0; i<8; i++)
     {
          dat <<= 1;
          P_HC595_SER     = CY;
```

```
            P_HC595_SRCLK = 1;
            P_HC595_SRCLK = 0;
        }
}
/*********************** 显示函数 *************************/
void DisplayScan(unsigned char display_index)
{
    Send_595(~LED_TYPE ^ T_COM[display_index]);                //输出位码
    Send_595( LED_TYPE ^ t_display[LEDBuffer[display_index]]);  //输出段码
    P_HC595_RCLK = 1;
    P_HC595_RCLK = 0;                                           //锁存输出数据
}
/**************** 主函数 ******************/
void  main(void)
{
  unsigned char temp;
  temp = P_SW1;
  temp &=~(CCP_S0 | CCP_S1);
  P_SW1 = temp;
  CCON = 0;                              //--- 初始化 PCA 模块控制寄存器 ---
  CL = 0;                                //--- 复位 PCA 寄存器 ---
  CH = 0;
  CMOD = 0x09;          //--- 设置 PCA 时钟源为系统时钟，且使能 PCA 计时溢出中断 ---
  CCAP2L = 0;                            //--- 初始化 PCA 模块 2 ---
  CCAP2H = 0;
  CCAPM2 = 0x21; //--- 设置 PCA 模块 2 为 16 位捕获模式(上升沿捕获)且产生捕获中断 ---
  CR = 1;                                //--- PCA 定时器开始工作 ---
  TMOD = 0x21;
  TH0 = (65536 - 1000) / 256;            //--- T0 定时 1ms 的初值装入 TH0,TL0 ---
  TL0 = (65536 - 1000) % 256;
  TR0 = 1;                               //--- 启动 T0 定时开始工作 ---
  ET0 = 1;                               //--- 允许 T0 溢出中断 ---
  EA = 1;                                //--- CPU 开中断 ---
  cnt = 0;
  count0 = 0;
  count1 = 0;
  while(1)
    {
      if(1 == OKFlag)
        {
          OKFlag = 0;
          for(temp=7;temp <sizeof(LEDBuffer);temp--)LEDBuffer[temp] = 0;
          temp = 7;
          while(length)
```

```
                {
                    LEDBuffer[temp] = length % 10;
                    length /= 10;
                    temp --;
                }
            }
        }
}
 /**************** PCA 中断函数*****************/
void PCA_ISR(void) interrupt 7
{
if(1 == CF)
{CF = 0;
 cnt ++;
}
if(1 == CCF2)
{
  CCF2 = 0;
        count0 = count1;
        count1 = (unsigned long)CCAP2H * 256 * 256 +
                      (unsigned long)CCAP2L * 256 +
                      (unsigned long)cnt;
        length = count1 - count0;
        OKFlag = 1;
    }
}
/**************** Timer0 函数 *****************/
void T0_ISR(void) interrupt 1                    //--- T0 定时 1ms 溢出中断服务程序 ---
{
  TH0 = (65536-1000) / 256;                      //--- 重新装入初值 ---
  TL0 = (65536-1000) % 256;
  DisplayScan(LEDPointer);
  if((++LEDPointer)==sizeof(LEDBuffer))LEDPointer=0;
}
```

【评估】

1. 使用捕捉功能，完成一个脉冲的高电平宽度和低电平宽度的测量，并显示出来。
2. 说一说动态显示移到定时器控制的好处？是怎么工作的？

【拓展】

使用捕捉功能实现外中断的扩展。

进阶四　用PCA模块的PWM功能完成LED灯亮度调节

LED显示屏在白天和夜晚亮度是不一样的，白天应该亮一些，晚上应该暗一些。如何对

LED 灯亮度调节呢？

【目标】

通过本内容学习和训练能够了解 IAP15W4K58S4 单片机脉冲捕捉功能用法和相关寄存器的设置。

【任务】

本任务的要求是使用 PWM 功能完成 LED 亮度调节。具体内容是：

1. 使接在 P2.6 引脚上的发光二极管的亮度发生变化。
2. 10s 内从全暗变到全亮。
3. 10s 内从全亮变到全暗。
4. 重复上述过程。

【行动】

一、想一想，写一写

1. PWM 是什么意思？PWM 调压比有什么优点？主要的用途有哪些？
2. IAP15W4K58S4 单片机中，如何使用 PWM 功能，如何设置寄存器？
3. 如何减少 PWM 信号的纹波？为什么 PWM 可以实现 DA 功能？

二、说一说

1. 说出本任务中，初始化程序需要对哪些寄存器赋值，为什么这样赋值。
2. 解释说明出本项目中，中断程序的每一条语句的作用。

三、找一找，改一改

阅读本任务程序，判断有没有错误，如果有错，把错误改过来。

【知识学习】

一、PCA 模块的脉宽调节模式

脉宽调制（PWM，Pulse Width Modulation）是一种使用程序来控制波形占空比、周期、相位波形的技术，在三相电动机驱动、D/A 转换等场合有广泛的应用。

1. PWM 简介

PWM 即脉冲宽度调制，是单片机的数字输出对模拟电路进行控制的一种非常有效的技术，广泛应用在从测量、通信到电动机控制、LED 调光控制等许多领域中。

PWM 工作原理如图 6-13 所示，图中横轴是周期数，纵轴是电压值，U_m 是直流电压的最大值，T 是开关闭合的周期，t_s 是开关闭合时间，阴影部分是负载上的直流平均电压。设直流平均电压用 U_d 表示，可得：

$$U_d = U_m \frac{t_s}{T}$$

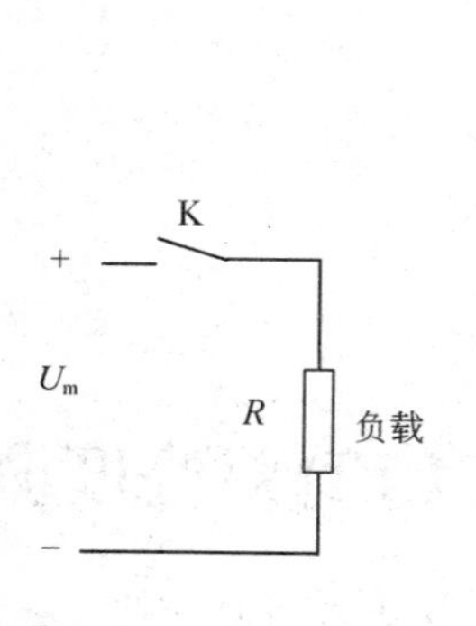

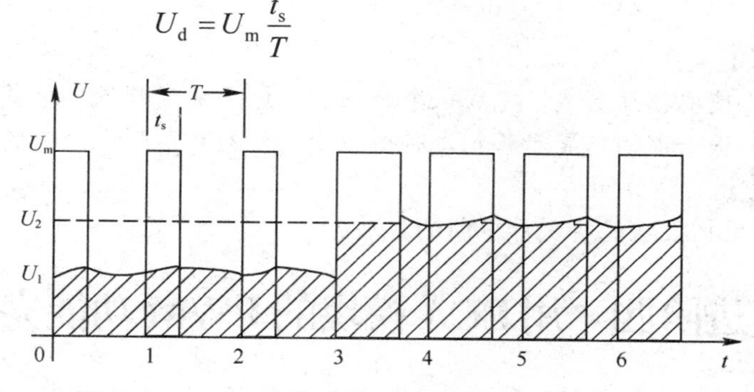

图 6-13　PWM 工作原理

可见，在固定周期 T 内调节开关闭合时间 t_s，即调占空比可以调节直流平均电压。这种方式能使直流电源电压恒定的情况下，得到变化的直流输出电压。

2. IAP15W4K58S4 单片机的 8 位脉宽调节模式

（1）脉宽调节模式

STC15 系列单片机的 PCA 模块可以通过设定各自的寄存器 PCA_PWMn (n=0,1,2，下同) 中的位 EBSn_1/PCA_PWMn.7 及 EBSn_0/PCA_PWMn.6，使其工作于 8 位 PWM 或 7 位 PWM 或 6 位 PWM 模式。

当[EBSn_1,EBSn_0]=[0,0]或[1,1]时，PCA 模块 n 工作于 8 位 PWM 模式，此时将{0,CL[7:0]}与捕获寄存器[EPCnL，CCAPnL[7:0]]进行比较。

IAP15W4K58S4 单片机的 PCA 模块可以通过程序设定，使其工作于 PWM 模式。由于所有模块共用 PCA 定时器，它们的输出频率相同，各模块的输出占空比是独立变化的，与使用的捕获寄存器[EPCnL，CCAPnL]有关。当寄存器 CL 中的值小于[EPCnL，CCAPnL]时，输出为低；当寄存器 CL 中的值等于或大于[EPCnL，CCAPnL]时，输出为高。当 CL 的值由 FF 变为 00 溢出时，[EPCnH，CCAPnH]的内容装载到[EPCnL，CCAPnL]中，这样可实现无干扰地更新 PWM。要使用 PWM 模式，模块 CCAPMn 寄存器的 PWMn 和 ECOMn 位必须置位。所有 PCA 模块都可用作 PWM 输出，输出频率取决于 PCA 定时器的时钟源。

可见，PWM 的核心内容就是一个比较器：一个参比量是用户设定的值 CCAPnL，另一个参比量是变化的 PCA 计数器 CL，当 CCAPnL 小于[CH、CL]，输出为低，否则为高。

8 位 PWM 的频率由下式确定：

$$\text{PWM频率}=\frac{\text{PCA时钟输入源频率}}{256}$$

PCA 时钟输入源可以从以下 8 种中选择一种：$f_{OSC}/12$、$f_{OSC}/8$、$f_{OSC}/6$、$f_{OSC}/4$、$f_{OSC}/2$、f_{OSC}、定时器 0 的溢出、ECI/P1.2 输入。

例如：要求 PWM 输出频率为 38 kHz，选择 f_{OSC} 为 PCA 时钟输入源时，则由下式计算晶振频率 f_{OSC}：

$$f_{OSC}=38000\times256=9728000$$

如果要实现可调频率的 PWM 输出，可选择定时器 0 的溢出或者 ECI 脚的输入作为 PCA 的时钟输入源。

当某个 I/O 口作为 PWM 使用时，该口的状态如表 6-10 所列。

表 6-10　I/O 口作为 PWM 使用的状态

PWM 之前的状态	PWM 输出时的状态
弱上拉/准双向口	强推挽输出/强上拉输出，要加输出限流电阻 1～10 kΩ
强推挽输出/强上拉输出	强推挽输出/强上拉输出，要加输出限流电阻 1～10 kΩ
仅为输入/高阻	PWM 无效
开漏	开漏

（2）脉宽调节模式结构

PCA 模块的 PWM 输出模式结构如图 6-14 所示。

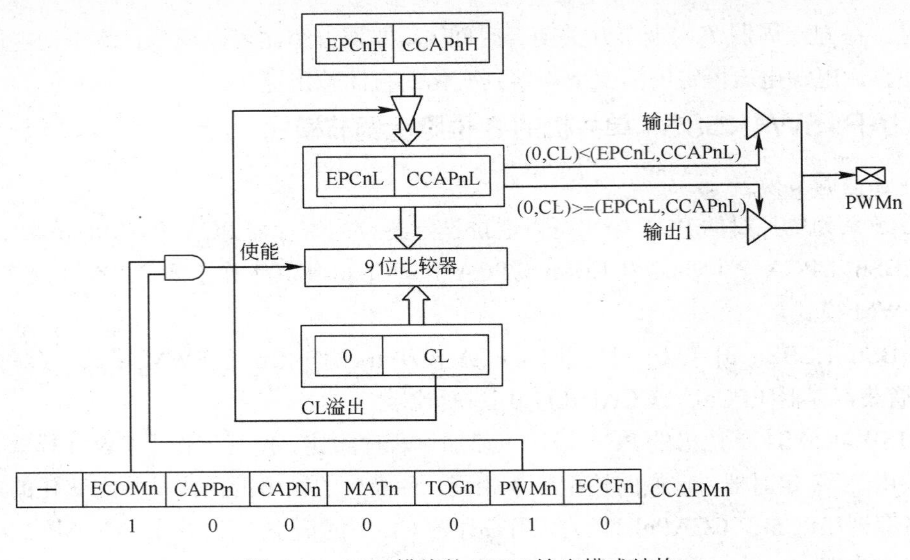

图 6-14 PCA 模块的 PWM 输出模式结构

3. 脉宽调节模式编程要点

① CMOD：空闲模式下停止 PCA 计数器工作、选择 PCA 时钟源、PCA 计数器溢出时中断。

② CCON： PCA 计数器溢出中断请求标志位 CF、启动 PCA 计数器计数、各模块中断请求标志位 CCFn。

③ CL、CH：清零 PCA 计数器。

④ CCAPnL：给 PCA 模块 n 的 CCAP0L 置初值。

⑤ CCAPnH：给 PCA 模块 n 的 CCAP0H 置初值。

⑥ CCAPMn：设置 PCA 模块 n 为 16 位软件定时器、ECCFn=1 允许 PCA 模块 n 中断。

⑦ EA：开整个单片机所有中断共享的总中断控制位。

⑧ CR：启动定时器。

二、PWM 应用于 D/A 输出

PWM 的一个典型应用就是用于 D/A 输出，典型应用电路如图 6-15 所示。

其中，10kΩ、104 和 10kΩ、104 构成滤波电路，对单片机输出的 PWM 波形进行平滑滤波，从而在 D/A 输出端得到稳定的电压。

三、PCA 模块的应用总结

与定时器的使用方法类似，PCA 模块的应用编程主要有两点：一是正确初始化，包括写入控制字、寄存器的设置等；二是中断服务程序的编写，在中断服务程序中编写需要完成的任务代码，注意中断请求标志的清零。所有与 PWM 相关的端口，在上电后均为高阻输入态，必须在程序中将这些口设置为双向口或强推挽模式才可正常输出波形。

PCA 模块的初始化部分大致如下：

① 设置 PCA 模块的工作方式，将控制字写入 CMOD、CCON 和 CCAPMn 寄存器。

② 设置捕捉寄存器 CCAPnL 和 CCAPnH 初值，设置 PCA 计数器 CL 和 CH 的初值。

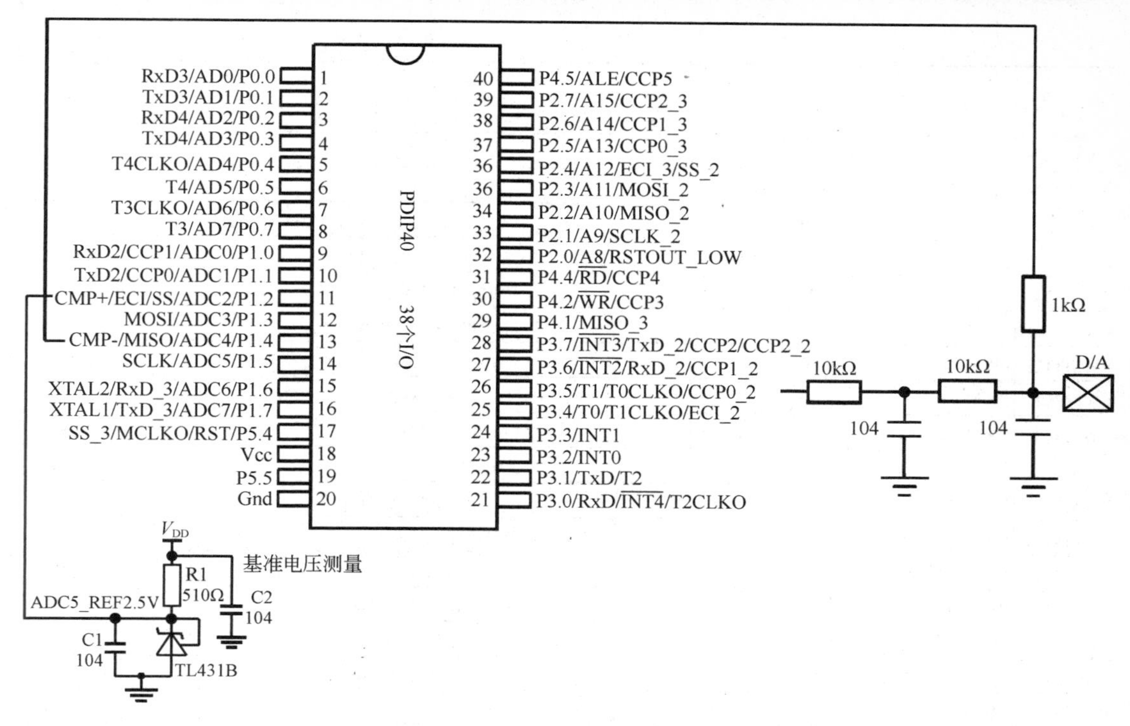

图 6-15 PWM 用于 D/A 输出时的典型电路

③ 根据需要，开放 PCA 中断，将 ECF/ECCF0/ECCF1 需要置 1 的置 1，并将 EA 置 1。

④ 启动 PCA 计数器计数，使 CR=1。

IAP15W4K58S4 单片机 PWM 有关的其他内容还有很多，请参看相关手册。其他内容主要有：

① 7 位脉宽调节模式(PWM)。

② 6 位脉宽调节模式(PWM)。

③ 新增 6 通道高精度 PWM——带死区控制的增强型 PWM 波形发生器。

STC15W4K58S4 系列的单片机集成了一组（各自独立 6 路）增强型的 PWM 波形发生器，其内部相关寄存器见表 6-11。

表 6-11 增强型的 PWM 波形发生器内部寄存器表

符号	描述	地址	位址及符号								初始值
			B7	B6	B5	B4	B3	B2	B1	B0	
P_SW2	端口配置寄存器	BAH	EAXSFR	DBLPWR	P31PU	P30PU	—	S4_S	S3_S	S2_S	0000,0000
PWMCFG	PWM 配置	F1H	—	CBTADC	C7INI	C6INI	C5INI	C4INI	C3INI	C2INI	0000,0000
PWMCR	PWM 控制	F5H	ENPWM	ECBI	ENC7O	CNC6O	ENC5O	ENC4O	ENC3O	ENC2O	0000,0000
PWMIF	PWM 中断标志	F6H	—	CBIF	C7IF	C6IF	C5IF	C4IF	C3IF	C2IF	x000,0000
PWMFDCR	PWM 外部异常控制	F7H	—	—	ENFD	FLTFLIO	EFDI	FDCMP	FDIO	FDIF	xx00,0000
PWMCH	PWM 计数器高位	FFF0H	—	PWMCH[14:8]							x000,0000
PWMCL	PWM 计数器低位	FFF1H	PWMCL[7:0]								0000,0000
PWMCKS	PWM 时钟选择	FFF2H	—	—	—	SELT2	PS[3:0]				xxx0,0000
PWM2T1H	PWM2T1 计数高位	FF00H	—	PWM2T1H[14:8]							x000,0000
PWM2T1L	PWM2T1 计数低位	FF01H	PWM2T1L[7:0]								0000,0000

续表

符号	描述	地址	位址及符号								初始值
			B7	B6	B5	B4	B3	B2	B1	B0	
PWM2T2H	PWM2T2 计数高位	FF02H	—	PWM2T2H[14:8]							x000,0000
PWM2T2L	PWM2T2 计数低位	FF03H	PWM2T2L[7:0]								0000,0000
PWM2CR	PWM2 控制	FF04H	—	—	—	—	PWM2_PS	EPWM2I	EC2T2SI	EC2T1SI	xxxx,0000
PWM3T1H	PWM3T1 计数高位	FF10H	—	PWM3T1H[14:8]							x000,0000
PWM3T1L	PWM3T1 计数低位	FF11H	PWM3T1L[7:0]								0000,0000
PWM3T2H	PWM3T2 计数高位	FF12H	—	PWM3T2H[14:8]							x000,0000
PWM3T2L	PWM3T2 计数低位	FF13H	PWM3T2L[7:0]								0000,0000
PWM3CR	PWM3 控制	FF14H	—	—	—	—	PWM3_PS	EPWM3I	EC3T2SI	EC3T1SI	xxxx,0000
PWM4T1H	PWM4T1 计数高位	FF20H	—	PWM4T1H[14:8]							x000,0000
PWM4T1L	PWM4T1 计数低位	FF21H	PWM4T1L[7:0]								0000,0000
PWM4T2H	PWM4T2 计数高位	FF22H	—	PWM4T2H[14:8]							x000,0000
PWM4T2L	PWM4T2 计数低位	FF23H	PWM4T2L[7:0]								0000,0000
PWM4CR	PWM4 控制	FF24H	—	—	—	—	PWM4_PS	EPWM4I	EC4T2SI	EC4T1SI	xxxx,0000
PWM5T1H	PWM5T1 计数高位	FF30H	—	PWM5T1H[14:8]							x000,0000
PWM5T1L	PWM5T1 计数低位	FF31H	PWM5T1L[7:0]								0000,0000
PWM5T2H	PWM5T2 计数高位	FF32H	—	PWM5T2H[14:8]							x000,0000
PWM5T2L	PWM5T2 计数低位	FF33H	PWM5T2L[7:0]								0000,0000
PWM5CR	PWM5 控制	FF34H	—	—	—	—	PWM5_PS	EPWM5I	EC5T2SI	EC5T1SI	xxxx,0000
PWM6T1H	PWM6T1 计数高位	FF40H	—	PWM6T1H[14:8]							x000,0000
PWM6T1L	PWM6T1 计数低位	FF41H	PWM6T1L[7:0]								0000,0000
PWM6T2H	PWM6T2 计数高位	FF42H	—	PWM6T1L[14:8]							x000,0000
PWM6T2L	PWM6T2 计数低位	FF43H	PWM6T2L[7:0]								0000,0000
PWM6CR	PWM6 控制	FF44H	—	—	—	—	PWM6_PS	EPWM6I	EC6T2SI	EC6T1SI	xxxx,0000
PWM7T1H	PWM7T1 计数高位	FF50H	—	PWM7T1H[14:8]							x000,0000
PWM7T1L	PWM7T1 计数低位	FF51H	PWM7T1L[7:0]								0000,0000
PWM7T2H	PWM7T2 计数高位	FF52H	—	PWM7T2H[14:8]							x000,0000
PWM7T2L	PWM7T2 计数低位	FF53H	PWM7T2L[7:0]								0000,0000
PWM7CR	PWM7 控制	FF54H	—	—	—	—	PWM7_PS	EPWM7I	EC7T2SI	EC7T1SI	xxxx,0000

PWM 波形发生器内部有一个 15 位的 PWM 计数器供 6 路 PWM 使用，用户可以设置 6 路 PWM 的初始电平。另外，PWM 波形发生器为 6 路 PWM 又设计了两个用于控制波形翻转的计数器 T1/T2，可以非常灵活地控制 6 路 PWM 的高低电平宽度，从而达到对 PWM 的占空比以及 PWM 的输出延迟进行控制的目的。由于 6 路 PWM 是各自独立的，且 6 路 PWM 的初始状态可以进行设定，因此用户可以将其中的任意两路配合起来使用，即可实现互补对称输出以及死区控制等特殊应用。

增强型的 PWM 波形发生器还设计了对外部异常事件（包括外部端口 P2.4 的电平异常、比较器比较结果异常）进行监控的功能，可用于紧急关闭 PWM 输出。PWM 波形发生器还可在 15 位的 PWM 计数器归零时触发外部事件（ADC 转换）。

STC15W4K58S4 系列增强型 PWM 输出端口定义如下：

[PWM2:P3.7, PWM3:P2.1, PWM4:P2.2, PWM5:P2.3, PWM6:P1.6, PWM7:P1.7]

每路 PWM 的输出端口都可使用特殊功能寄存器位 CnPINSEL 分别独立的切换到第二组

[PWM2_2:P2.7, PWM3_2:P4.5, PWM4_2:P4.4, PWM5_2:P4.2, PWM6_2:P0.7,

PWM7_2:P0.6]

增强型的 PWM 波形发生器的结构框图如图 6-16 所示。

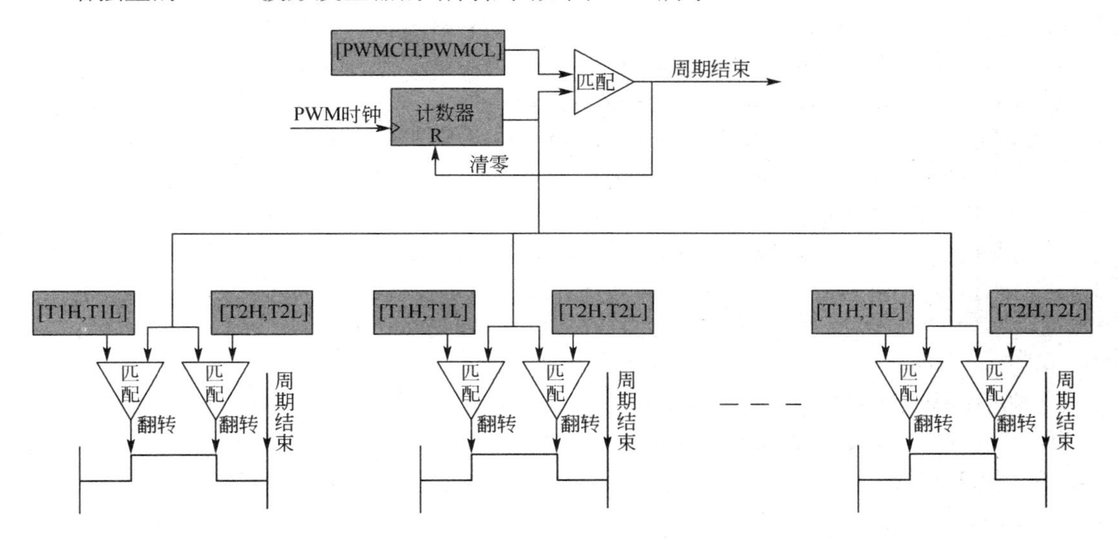

图 6-16　增强型的 PWM 波形发生器的结构框图

④ 用 STC15W4KxxS4 系列单片机输出两路互补 SPWM。

SPWM 是使用 PWM 来获得正弦波输出效果的一种技术，在交流驱动或变频领域应用广泛。

STC 公司的 STC15W4KxxS4 系列 MCU 内带 6 通道 15 位 PWM，各路 PWM 周期（频率）相同，输出的占空比独立可调，并且输出始终保持同步，输出相位可设置。这些特性使得设计 SPWM 成为可能，并且可方便设置死区时间，对于驱动桥式电路，死区时间至关重要。本单片机可做三相 SPWM。

STC15W4K58S4 系列单片机的比较器内部规划如图 6-17 所示。

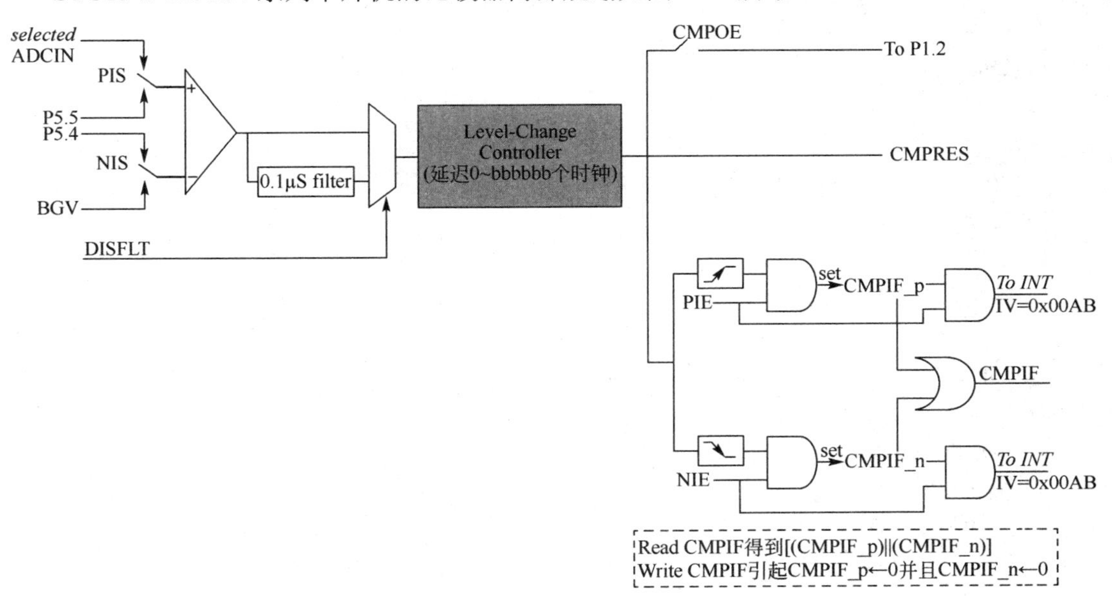

图 6-17　STC15W4K58S4 系列单片机的比较器内部规划

STC 单片机手册中相关例程有：

① 用 CCP/PCA 功能扩展外部中断的测试程序。
② 用 CCP/PCA 功能实现 16 位定时器的测试程序。
③ CCP/PCA 输出高速脉冲的测试程序。
④ CCP/PCA 输出 PWM(6 位+7 位+8 位)的测试程序。
⑤ 用 CCP/PCA 高速脉冲输出功能实现 3 路 9~16 位 PWM 的程序。
⑥ 用 CCP/PCA 的 16 位捕获模式测脉冲宽度的程序。
⑦ 用 T0 软硬结合模拟 16 路软件 PWM 的程序。
⑧ 用 T0 的时钟输出功能实现 8~16 位 PWM 的程序。
⑨ 用 T1 的时钟输出功能实现 8~16 位 PWM 的程序。
⑩ 用 T2 的时钟输出功能实现 8~16 位 PWM 的程序。
⑪ 利用两路 CCP/PCA 模拟一个全双工串口的程序。
⑫ 利用 PWM 波形发生器控制舞台灯光的示例程序。
⑬ 用 STC15W4KxxS4 系列单片机输出两路互补 SPWM 的参考程序。
⑭ 用 STC15W4K 系列的 PWM 实现渐变灯的示例程序。
⑮ 比较器中断方式程序举例。
⑯ 比较器查询方式程序举例。
⑰ STC15W 系列比较器作 ADC 的程序举例。

四、程序

```
#include <STC15F2K60S2.h>
 #include<intrins.h>
#define CCP_S0      0x10
#define CCP_S1      0x20
/***********************延时函数****************/
void   Delay500ms()  //@11.0592MHz
{
unsigned char i, j, k;
_nop_();
_nop_();
i = 10;
j = 3;
k = 227;
   do
   {
      do
      {
      while (--k);
      } while (--j);
      } while (--i);
}
void   PWMchushihua( )
{unsigned char temp;
```

```
    temp = P_SW1;                //--- 配置 PCA 的复用引脚 ---
    temp &=~(CCP_S0 | CCP_S1);
    P_SW1 = temp;
    CCON = 0;                    //--- 初始化 PCA 控制寄存器 ---
    CL = 0;                      //--- 复位 PCA 寄存器 ---
    CH = 0;
    CMOD = 0x08;                 //查表 6-7 看看 CMOD 配置的状态是什么?
    PCA_PWM0 = 0x00;
    CCAP0H = 0x80;               //---占空比为 50%，为什么？
    CCAP0L = 0x80;               // CCAP0H 和 CCAP0L 为什么是一样的？
    CCAPM0 = 0x42;               //查表 6-9 看看 CCAPM0 配置的状态是什么?
    CR = 1;
}
void main(void)
{
    unsigned char temp,MIAO5=10,DANG;
    P1M0=0X03;
    P1M1=0X00;
    P3M0=0X80;                   //为什么要配置成强推挽？
    P3M1=0X00;
    PWMchushihua( );
    while(1)
      {
          for(DANG=0;DANG<25;DANG++)
          {
              Delay500ms();
              CCAP0H=CCAP0H+MIAO5;
              if(CCAP0H>=250)CCAP0H=250;
          }
          for(DANG=26;DANG>1;DANG--)
          {
          Delay500ms();
          CCAP0H=CCAP0H-MIAO5;
          if(CCAP0H<1)CCAP0H=1;
      }
    }
}
```

程序中，没有灯的定义，会有灯亮吗？为什么？灯接在哪个引脚上?

【评估】

程序是 10s 内完成吗？如果不是，改为 10s 完成。

【拓展】

利用 PCA 模块 PWM 功能，输出 1.2V、2.3V、4.1V 等模拟电压，完成其电路设计。

进阶五　用片内 A/D 模块实现一个简易的电压表

当用数字万用表测信号时，电压、电流都是连续变化的量，它们是怎么被变成数字量显示的呢？

【目标】

通过本内容学习和训练，能够了解 IAP15W4K58S4 单片机 A/D 模块用法和相关寄存器的设置。

【任务】

有一个电位器，电位器的两端分别接电源正极和负极，中间的引脚接单片机 P1.0 上。调节电位器，P1.0 脚电压会随之改变。用单片机 A/D 模块把 P1.0 脚电压变成数字量，并在显示器上显示，数值精确到 5mV（小数点后 3 位）。

【行动】

一、想一想，写一写

1. A/D 是什么意思?它的本质是什么？应用在什么场合？
2. IAP15W4K58S4 单片机 AD 模块的结构是怎样的？
3. 说出本任务中，初始化程序需要对哪些寄存器赋值，为什么这样赋值。

二、找一找，改一改

阅读本任务程序，判断有没有错误，如果有错，把错误改过来。

【知识学习】

一、A/D 转换器介绍

IAP15W4K58S4 单片机内部集成有 8 路 10 位高速电压输入型 A/D 转换器（ADC），速度可达到 200 kHz（30 万次/s），可做温度检测、压力检测、电池电压检测、按键扫描、频谱检测等。

ADC 输入通道与 P1 口复用，上电复位后 P1 口为弱上拉型 I/O 口；用户可以通过软件设置将 8 路中的任何一路设置为 ADC 功能，不作为 ADC 使用的口可继续作为 I/O 口使用，作为 I/O 口的引脚应设置成输入型。

1. ADC 的结构

IAP15W4K58S4 单片机 ADC 的结构如图 6-18 所示。IAP15W4K58S4 的 ADC 由多路选择开关、比较器、逐次比较寄存器、10 位 ADC、转换结果寄存器（ADC_RES 和 ADC_RESL）以及 ADC 控制寄存器 ADC_CONTR 构成。

IAP15W4K58S4 的 ADC 是逐次比较型 ADC。逐次比较型 ADC 由一个比较器和 D/A 转换器构成，通过逐次比较逻辑，从最高位（MSB）开始，顺序地对每一输入电压与内置 D/A 转换器输出进行比较，经多次比较，使转换所得的数字量逐次逼近输入模拟量对应值。逐次比较型 A/D 转换器具有速度高、功耗低等优点。

从图 6-18 中可以看出，通过模拟多路开关，将输入通道 ADC0～7 的模拟量送给比较器。用数/模转换器(DAC)转换的模拟量与输入的模拟量通过比较器进行比较，将比较结果保存到逐次比较寄存器，并通过逐次比较寄存器输出转换结果。A/D 转换结束后，最终的转换结果保存到 ADC 转换结果寄存器 ADC_RES 和 ADC_RESL，同时，置位 ADC 控制寄存器 ADC_CONTR 中的 A/D 转换结束标志位 ADC_FLAG,以供程序查询或发出中断申请。模拟通道的选择控制由 ADC 控制寄存器 ADC_CONTR 中的 CHS2~CHS0 确定。ADC 的转换速度由

ADC 控制寄存器中的 SPEED1 和 SPEED0 确定。

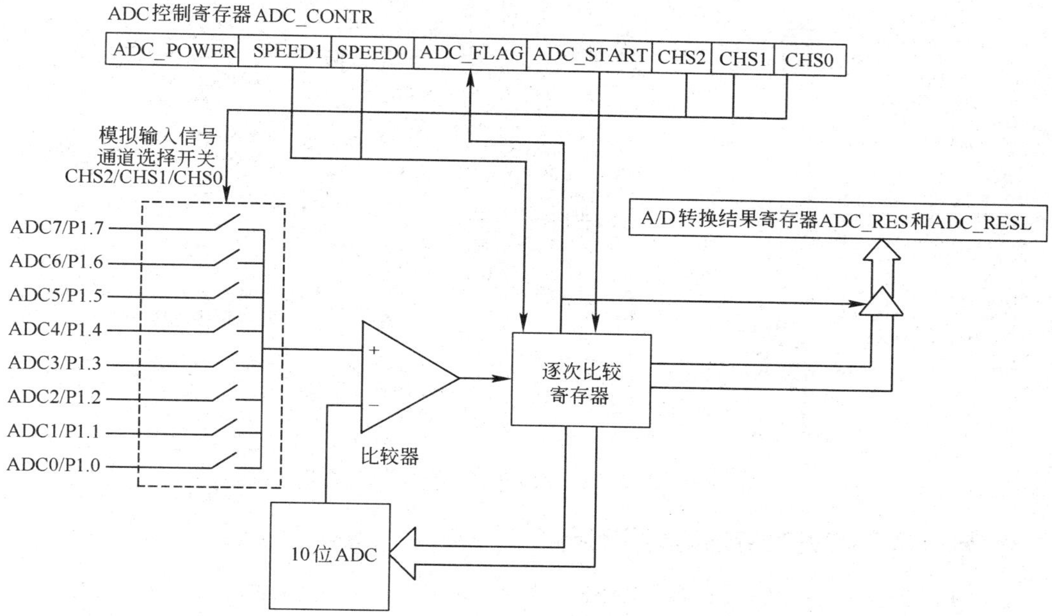

图 6-18 IAP15W4K58S4 单片机 ADC 结构图

在使用 ADC 之前，应先给 ADC 上电，也就是置位 ADC 控制寄存器中的 ADC_POWER 位。

2. ADC 模块典型电路

IAP15W4K58S4 单片机 ADC 模块的参考电压源是输入工作电压 V_{CC}，一般不用外接参考电压源。如果 V_{CC} 不稳定（如电池供电的系统中，电池电压常常在 5.3～4.2V 之间漂移），则可以在 8 路 A/D 转换的一个通道外接一个稳定的参考电压源，以计算出此时的工作电压 V_{CC}，再计算出其他几路 A/D 转换通道的电压。A/D 转换典型应用线路图如图 6-19 所示，A/D 做按钮扫描的典型应用线路图如图 6-20 所示。

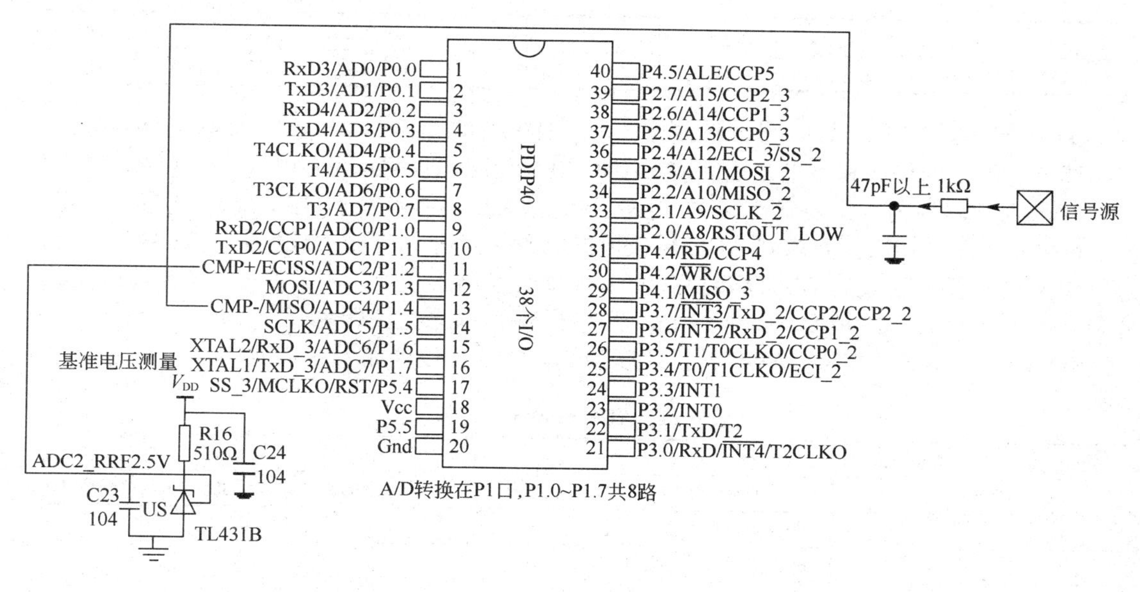

图 6-19 A/D 转换典型应用线路

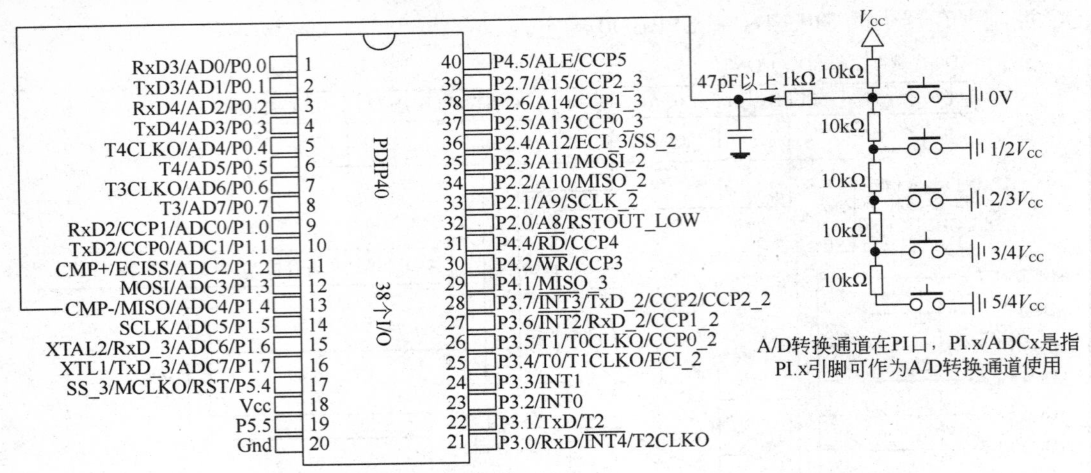

图 6-20　A/D 做按键扫描的典型应用线路图

3. 与 ADC 有关的特殊功能寄存器

（1）Pl 口模拟功能控制寄存器 P1ASF

P1ASF 各位的定义如下：

位　号	D7	D6	D5	D4	D3	D2	D1	D0
位名称	P17ASF	P16ASF	P15ASF	P14ASF	P13ASF	P12ASF	P11ASF	P10ASF

如果要使用相应口的模拟功能，需将 PIASF 特殊功能寄存器中的相应位置为 1。例如，若要使用 P1.6 的模拟量功能，则需要将 P16ASF 设置为 1（注意，PIASF 寄存器不能位寻址，可以语句“PIASF |= 0x40;”）。

（2）ADC 控制寄存器 ADC_CONTR

ADC_CONTR 各位的定义如下：

位　号	D7	D6	D5	D4	D3	D2	D1	D0
位名称	ADC_POWER	SPEED1	SPEED0	ADC_FLAG	ADC_START	CHS2	CHS1	CHS0

① ADC_POWER：ADC 电源控制位。0：关闭 ADC 电源。1：打开 ADC 电源。

建议进入空闲模式和掉电模式前，将 ADC 电源关闭，即 ADC_POWER =0，可降低功耗。

启动 A/D 转换前一定要确认 ADC 电源已打开，A/D 转换结束后关闭 ADC 电源可降低功耗，也可不关闭。初次打开内部 ADC 转换模拟电源时需适当延时，等内部模拟电源稳定后，再启动 A/D 转换。建议启动 A/D 转换后，在 A/D 转换结束之前，不改变任何 I/O 口的状态，有利于提高 A/D 转换的精度。如能将定时器/串行口/中断系统关闭更好。

② SPEED1、SPEED0：ADC 转换速度控制位。各种设置如表 6-12 所列。

表 6-12　ADC 转换速度控制

SPEED1	SPEED0	A/D 转换所需时间
1	1	90 个时钟周期转换一次，CPU 工作频率 27MHz 时，A/D 转换速度约 300 kHz(=27MHz÷90)
1	0	180 个时钟周期转换一次
0	1	360 个时钟周期转换一次
0	0	540 个时钟周期转换一次

③ ADC_FLAG：A/D 转换结束标志位。A/D 转换完成后，ADC_FLAG=1，要由软件清零。

④ ADC_START：A/D 转换启动控制位。ADC_START=1，开始转换；转换结束后为 0。

⑤ CHS2、CHS1、CHS0：模拟输入通道选择，如表 6-13 所列。

表 6-13　模拟输入通道选择

CHS2	CHS1	CHS0	模拟输入通道选择
0	0	0	选择 P1.0 作为 A/D 输入来用
0	0	1	选择 P1.1 作为 A/D 输入来用
0	1	0	选择 P1.2 作为 A/D 输入来用
0	1	1	选择 P1.3 作为 A/D 输入来用
1	0	0	选择 P1.4 作为 A/D 输入来用
1	0	1	选择 P1.5 作为 A/D 输入来用
1	1	0	选择 P1.6 作为 A/D 输入来用
1	1	1	选择 P1.7 作为 A/D 输入来用

4. A/D 转换结果存储格式控制

特殊功能寄存器 ADC_RES 和 ADC_RESI 用于保存 A/D 转换结果。寄存器 CLK_DIV/PCON 中 ADRJ 位用于控制 ADC 转换结果存放的位置。

Mnemonic	Add	Name	B7	B6	B5	B4	B3	B2	B1	B0	Reset Value
CLK_DIV (PCON2)	97H	时钟分频寄存器	MCKO_S1	MCKO_S0	ADRJ	Tx_Rx	Tx2_Rx2	CLKS2	CLKS1	CLKS0	0000,x000

① 当 ADRJ=0 时，10 位 A/D 转换结果的高 8 位放在 ADC_RES 寄存器，低 2 位放在 ADC_RESL 寄存器。存储格式如下：

寄存器名称 / 位号	D7	D6	D5	D4	D3	D2	D1	D0
ADC_RES	ADC_RES9	ADC_RES8	ADC_RES7	ADC_RES6	ADC_RES5	ADC_RES4	ADC_RES3	ADC_RES2
ADC_RESL							ADC_RES1	ADC_RES0
AUXR1						ADRJ=0		

② 当 ADRJ =1 时，10 位 A/D 转换结果的最高 2 位放在 ADC_RES 寄存器的低 2 位，低 8 位放在 ADC_RESL 寄存器。存储格式如下：

寄存器名称 / 位号	D7	D6	D5	D4	D3	D2	D1	D0
ADC_RES							ADC_RES9	ADC_RES8
ADC_RESL	ADC_RES7	ADC_RES6	ADC_RES5	ADC_RES4	ADC_RES3	ADC_RES2	ADC_RES1	ADC_RES0
AUXR1						ADRJ=1		

A/D 转换结果计算公式如下：

ADRJ =0 时，取 10 位结果（ADC_RES[7：0]，ADC_RESL[1：0]）$=1024\times V_{in}/V_{CC}$

ADRJ =0 时，取 8 位结果 ADC_RES[7：0]$=256V_{in}/V_{CC}$

ADRJ =1 时，取 10 位结果（ADC_RES[1：0]，ADC_RESL[7：0]）=1024×V_{in}/V_{CC}

式中，V_{in} 为模拟输入通道输入电压；V_{CC} 为单片机实际工作电压，用单片机工作电压作为模拟参考电压。

5. 与 A/D 转换中断有关的其他寄存器

中断允许控制寄存器 IE 中的 EADC 位（D5 位）用于开放 ADC 中断，EA 位（D7 位）用于开放 CPU 总中断；中断优先级寄存器 IP 中的 PADC 位（D5 位）用于设置 A/D 中断的优先级。在中断服务程序中，要使用软件将 A/D 中断标志位 ADC_FLAG（也是 A/D 转换结束标志位）清零。

二、ADC 模块的使用编程要点

IAP15W4K58S4 单片机 ADC 模块的使用编程要点如下：

① 打开 ADC 电源，第一次使用时要打开内部模拟电源（设置 ADC_CONTR）。

② 适当延时，等内部模拟电源稳定。一般延时 1 ms 以内即可。

③ 设置 P1 口中的相应口线作为 A/D 转换通道（设置 PIASF 寄存器）。

④ 选择 ADC 通道（设置 ADC_CONTR 中的 CHS2～CHS0）。

⑤ 根据需要设置转换结果存储格式（设置 AUXR1 中的 ADRJ 位）。

⑥ 查询 A/D 转换结束标志 ADC_FLAG，判断 A/D 转换是否完成，若完成，则读出结果（结果保存在 ADC_RES 和 ADC_RESL 寄存器中），并进行数据处理。如果是多通道模拟量进行转换，则更换 A/D 转换通道后要适当延时，使输入电压稳定，延时量取 20～200μs 即可（与输入电压源的内阻有关），如果输入电压信号源的内阻在 10 kΩ 以下，可不加延时；如果是单通道模拟量转换，则不需要更换 A/D 转换通道，也就不需要加延时。

⑦ 若采用中断方式，还需进行中断设置（EADC 置 1，EA 置 1）。

⑧ 在中断服务程序中读取 ADC 转换结果，并将 ADC 中断请求标志 ADC_FLAG 清零。

三、程序

C 语言程序代码如下：

```
#include<STC15F*******.h>
#include<intrins.h>
#define ADC_POWER      0x80
#define ADC_FLAG       0x10
#define ADC_START      0x08
#define ADC_SPEEDLL 0x00
#define ADC_SPEEDL     0x20
#define ADC_SPEEDH     0x40
#define ADC_SPEEDHH 0x60
/*************     本地变量声明 **************/
unsigned char code t_display[]={                              //标准字库
    0x3F,0x06,0x5B,0x4F,0x66,0x6D,0x7D,0x07,0x7F,0x6F, //0  1  2  3  4 5  6  7  8  9
    0xBF,0x86,0xDB,0xCF,0xE6,0xED,0xFD,0x87,0xFF,0xEF,0x46};//0. 1. 2. 3. 4. 5. 6. 7. 8. 9. -1
unsigned char   code T_COM[]={0xfe,0xfd,0xfb,0xf7,0xef,0xdf,0xbf,0x7f};          //位码
unsigned char xdata dtxs,ch,Ms;
```

```
unsigned char xdata LEDBuffer[8];
unsigned int   xdata   ADCSHU=0;
sbit  P_HC595_SER      = P0^2;      //pin 14    SER
sbit  P_HC595_RCLK     = P0^1;      //pin 12    RCLk
sbit  P_HC595_SRCLK = P0^0;         //pin 11    SRCLK
/**************** 向 HC595 发送一个字节函数 *****************/
void Send_595(unsigned char dat)
{
      unsigned char   i;
      for(i=0; i<8; i++)
      {
            dat <<= 1;
            P_HC595_SER      = CY;
            P_HC595_SRCLK = 1;
            P_HC595_SRCLK = 0;
      }
}
/********************** 显示函数 ***********************/
void   DisplayScan(unsigned char display_index, unsigned char   display_data)
{
Send_595(T_COM[display_index]);              //输出位码
Send_595(t_display[display_data]);
P_HC595_RCLK = 1;
P_HC595_RCLK = 0;                            //锁存输出数据
}
/*******定时器初始化程序********/
void Timer0Init(void)                        //1ms@11.0592MHz
{
      AUXR |= 0x80;                          //定时器 0 时钟 1T 模式
      TMOD &= 0xF0;                          //设置定时器 0 模式
      TL0 = 0x66;                            //设置定时初值
      TH0 = 0x7e;                            //设置定时初值
      TF0 = 0;                               //清除 TF0 标志
      TR0 = 1;                               //定时器 0 开始计时
}
void   shujuvhuli( )
{
   LEDBuffer[0]= ADCSHU*5/1024+10;       //小数点处理
   LEDBuffer[1]= ( ADCSHU*5%1024)/103;
   LEDBuffer[2]= ( ADCSHU*5%1024)%103/10;
   LEDBuffer[3]= ( ADCSHU*5%1024)%103%10;
}
```

```
void   ADCchushihua()
{ EA=0;
  ch=7;
  ADC_RES=0;  //ADC 结果寄存器清零
  ADC_RESL=0;
  P1ASF=0X80;  //1000 0000,开启 ADC 输入通道
  ADC_CONTR=0X87;// ADC_POWER | ADC_SPEEDLL |ch,电源开、最低速、不启动 ADC、
通道 7
  Delay1ms();              //等配置完成，自己编写
  ADC_CONTR =0X8F;// ADC_POWER | ADC_SPEEDLL | ADC_START | ch;
//电源开、最低速、启动 ADC、通道 7
     _nop_();              //等待开启完成
     _nop_();
     _nop_();
     _nop_();
     _nop_();
     _nop_();
  AUXR1|=0X02 ;
 // EADC=1;                //查询方式不能开中断，否则程序跑飞
}
unsigned   int   ADC( )                    //查询模式
{unsigned   int   value;
ADC_RES=0;  //ADC 结果寄存器清零
ADC_RESL=0;
ADC_CONTR =0x8f;
while(ADC_CONTR==0X8f);                    //10001111，等待转换完
value = ADC_RES ;
value=value<<2;
value=value+ADC_RESL;
return   value;  //保存转换结果
}
/*
void adc_zd()interrupt   5                 //中断模式   这里没用
{
value = ADC_RES ;
value=value<<2;
value=value+ADC_RESL;
ADC_CONTR &=~ADC_FLAG;
     _nop_();
     _nop_();
     _nop_();
     _nop_();
```

```
        _nop_();
        _nop_();
 ADC_CONTR =0x8f;
 }
 */

/*******主函数********/
void main(void)
{
P1M0=0X03;//0000 0011
P1M1=0X80;//1000 0000     P17 是 AD 口
Timer0Init();
ADCchushihua();
ET0=1;
EA=1;
while(1);
}
/********************** Timer0 3ms 中断函数 ***********************/
void timer0(void) interrupt 1
{
Ms++;
if(50==Ms)
{
Ms=0;
shujuvhuli( );
ADCSHU=ADC( );     //中断模式这句没有
}
dtxs++;                    //动态显示，1ms 换一个数码管
if(dtxs>=4)dtxs=0;
DisplayScan(dtxs,LEDBuffer[dtxs]);
}
```

【评估】

1. 在本任务中，如果电位器接在 P1.6 上，程序如何改？
2. 如果在 P1.6、P1.7 有两路 0 ~ 5V 电压，需要在显示器上轮流显示它们的电压，程序如何设计？

【拓展】

1. 查找 16 位以上 A/D 转换器芯片知识，学习其用法。
2. 编写程序,用电位器(使用 A/D 功能)调节小灯的亮度(使用 PWM 功能)。

进阶六　用 SPI 通信模块完成两台单片机间的通信

SPI 通信在很多单片机资料中出现过，那么 SPI 用于什么场合？它的具体含义是什么？

【目标】

通过本内容学习和训练，能够了解 IAP15W4K58S4 单片机 SPI 功能用法和相关寄存器的设置。

【任务】

计算机每向主单片机发送一个字节数据，主单片机的 RS-232 串口每收到一个字节就立刻将收到的字节通过 SPI 口发送到从单片机中；从单片机收到这个数据后，把数据加 1 后，通过 SPI 口送回主单片机；主单片机收到从单片机发回的一个字节，再把收到的这个字节通过 RS-232 口发送到计算机。可以使用串口助手观察结果。

【行动】

一、想一想，写一写

1. 在网上查找 SPI 通信基本知识，写出 SPI 通信基本要点。
2. 说出本任务中，初始化程序需要对哪些寄存器赋值，为什么这样赋值。

二、说一说

解释说明出本项目中中断程序的每一条语句的作用。

三、找一找，改一改

阅读本任务程序，判断有没有错误，如果有错，把错误改过来。

【知识学习】

一、IAP15W4K58S4 单片机的 SPI 接口

IAP15W4K58S4 单片机内部集成了 SPI 接口。IAP15W4K58S4 单片机进行 SPI 通信时，主机和从机的选择由 SPEN、SSIG、SS 引脚（P1.4）和 MSTR 联合控制。主机和从机的选择如表 6-14 所示。

表 6-14 主机和从机的选择

SPEN	SSIG	$\overline{SS}$ P1.4	MSTR	主或从模式	MISO P1.6	MOSI P1.5	SCLK P1.7	备　注
0	×	P1.4	×	SPI 功能禁止	P1.6	P1.5	P1.7	SPI 禁止。P1.4/P1.5/P1.6/P1.7 作为普通 I/O 口使用
1	0	0	0	从机模式	输出	输入	输入	选择作为从机
1	0	1	0	从机模式未被选中	高阻	输入	输入	未被选中。MISO 为高阻状态，以避免总线冲突
1	0	0	1→0	从机模式	输出	输入	输入	P1.4/$\overline{SS}$ 配置为输入或准双向口。SSIG 为 0，如果择 $\overline{SS}$ 为低电平，则被选择作为从机。当 $\overline{SS}$ 变为低电平时，则 MSTR 清零。当 $\overline{SS}$ 处于输入模式时，如被驱动为低电平且 SSIG=0，MSTR 位自动清零
1	0	1	1	主（空闲）	输入	高阻	高阻	当主机空闲时，MOSI 和 SCLK 为高阻态以避免总线冲突。用户必须将 SCLK 上拉或下拉（根据 CPOL 的取值）以避免 SCLK 出现悬浮状态
				主（激活）		输出	输出	作为主机激活时，MOSI 和 SCLK 为推挽输出
1	1	P1.4	0	从	输出	输入	输入	
			1	主	输入	输出	输出	

二、SPI 相关的特殊功能寄存器

1. SPI 控制寄存器(SPCTL)

SPCTL（复位值为 00H）各位的定义如下：

位　号	D7	D6	D5	D4	D3	D2	D1	D0
位名称	SSIG	SPEN	DORD	MSTR	CPOL	CPHA	SPR1	SPR0

① SSIG：SS 引脚忽略控制位。

1：由 MSTR 位确定器件为主机还是从机。

0：由 SS 脚确定器件为主机还是从机。SS 脚可作为 I/O 口使用，参见表 6-10。

② SPEN：SPI 使能位。

1：SPI 使能。

0：SPI 被禁止，所有 SPI 引脚都作为 I/O 口使用。

③ DORD：设定数据发送和接收的位顺序。

1：数据字的最低位(LSB)最先传送；

0：数据字的最高位(MSB)最先传送。

④ MSTR：SPI 主/从模式选择位。

⑤ CPOL：SPI 时钟极性。

1：SPI 空闲时 SCK=1。SCK 的前时钟沿为下降沿，而后沿为上升沿。

0：SPI 空闲时 SCK=0。SCK 的前时钟沿为上升沿，而后沿为下降沿。

⑥ CPHA：SPI 时钟相位选择控制。

1：数据在 SCK 的前时钟沿驱动到 SPI 口线，SPI 模块在后时钟沿采样。

0：数据在 SS 为低(SSIG=00)时驱动到 SPI 口线，在 SCK 的后时钟沿被改变，并在前时钟沿被采样（注：SSIG=1 时的操作未定义）。

⑦ SPR1：与 SPR0 联合构成 SPI 时钟速率选择控制位。

⑧ SPR0：与 SPR1 联合构成 SPI 时钟速率选择控制位。SPI 时钟选择如表 6-15 所示。其中，t_{CLK} 是 CPU 时钟。

表 6-15　SPI 时钟频率的选择

SPR1	SPR0	时钟（SCLK）	SPR1	SPR0	时钟（SCLK）
0	0	$t_{CLK}/4$	1	0	$t_{CLK}/64$
0	1	$t_{CLK}/16$	1	1	$t_{CLK}/128$

2. SPI 状态寄存器(SPSTAT)

SPSTAT（复位值为 00XXXXXXB）各位的定义如下：

位　号	D7	D6	D5	D4	D3	D2	D1	D0
位名称	SPIF	WCOL	—	—	—	—	—	—

① SPIF：SPI 传输完成标志。

当一次传输完成时，SPIF 置位。此时，如果 SPI 中断被打开[即 ESPI(IE2.1)=1，EA(IE．7)=1]，则产生中断。当 SPI 处于主模式且 SSIG=0 时，如果 SS 为输入并被驱动为低电平，则 SPIF 也将置位，表示“模式改变”。SPIF 标志通过软件向其写入 1 而清零。

② WCOL：SPI 写冲突标志。

当一个数据还在传输，又向数据寄存器 SPDAT 写入数据时，WCOL 被置位。

WCOL 标志通过软件向其写入 1 而清零。

3. SPI 数据寄存器(SPDAT)

SPDAT（复位值为 00H）各位的定义如下：

位　号	D7	D6	D5	D4	D3	D2	D1	D0
位名称	MSB							LSB

位 7～位 0：保存 SPI 通信数据字节。其中，MSB 为最高位，LSB 为最低位。

三、SPI 接口的编程要点

SPI 接口的使用包括 SPI 接口的初始化程序和 SPI 中断服务程序的编写。

SPI 接口的初始化包括以下几个方面：

① 通过 SPI 控制寄存器 SPCTL 设置：SS 引脚的控制、SPI 使能、数据传送的位顺序、设置为主机或从机、SPI 时钟极性、SPI 时钟相位、SPI 时钟选择。

② 清零寄存器 SPSTAT 中的标志位 SPIF 和 WCOL（向这两个标志位写 1 即可清零）。

③ 开放 SPI 中断（IE2 中的 ESPI=1，IE2 寄存器不能位寻址，可以使用“或”指令）。

④开放总中断(IE 中的 EA=1)。

SPI 中断服务程序根据实际需要进行编写。唯一需要注意的是，在中断服务程序中首先需要将标志位 SPIF 和 WCOL 清零，因为 SPI 中断标志不会自动清除。

四、电路

电路如图 6-21 所示。

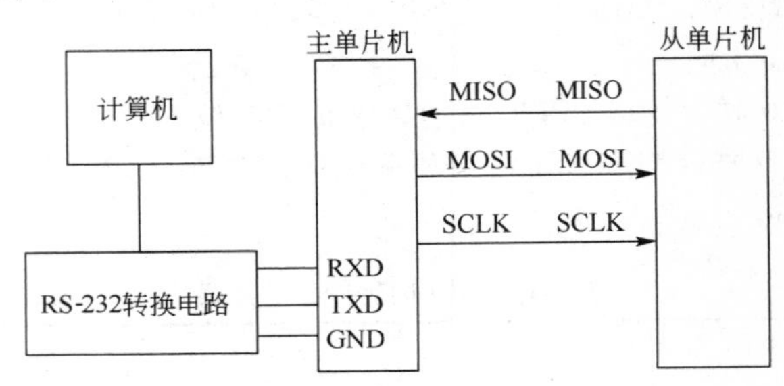

图 6-21　单主机-单从机 SPI 通信实验电路

五、程序

分析：经计算，当 f_{OSC}=18. 432 MHz，PCON7=0（波特率不加倍），波特率为 57600 bit/s 时的重装时间常数为 FFD8H。在主机的主程序中，使用中断的方法检查 UART 口是否接收到数据。

1. 主单片机程序

C 语言程序如下：

```
#include "stc15fxxxx.h"
#define FOSC          18432000L
#define BAUD          (256 - FOSC / 32 / 115200)
#define SPEN          0x40          //SPCTL.6
#define MSTR          0x10          //SPCTL.4
#define ESPI          0x02          //IE2.1
sbit SPISS      =     P1^1;         //SPI 从机选择口，连接到其他 MCU 的 SS 口
```

```
/*************串口初始化函数*****************/
void InitUart()
{
        SCON = 0x5a;                //设置串口为 8 位可变波特率
        T2L = 0xd8;                 //设置波特率重装值
        T2H = 0xff;                 //115200 bit/s(65536-18432000/4/115200)
        AUXR = 0x14;                //T2 为 1T 模式，并启动定时器 2
        AUXR |= 0x01;               //选择定时器 2 为串口 1 的波特率发生器
}
/*************SPI 初始化函数*****************/
void InitSPI()
{
      SPDAT = 0;                    //初始化 SPI 数据
      SPSTAT = SPIF | WCOL;         //清除 SPI 状态位
      SPCTL = SPEN | MSTR;          //主机模式
}
/*************串口发送函数*****************/
void SendUart(unsigned char dat)
{
      while (!TI);                  //等待发送完成
      TI = 0;                       //清除发送标志
      SBUF = dat;                   //发送串口数据
}
/*************SPI 中断函数*****************/
void spi_isr() interrupt 9 using 1        //SPI 中断服务程序  9 (004BH)
{
      SPSTAT = SPIF | WCOL;         //清除 SPI 状态位
      SPISS = 1;                    //拉高从机的 SS
      SendUart(SPDAT);              //返回 SPI 数据
}
/*************串口接收函数*****************/
unsigned char RecvUart()
{
      while (!RI);                  //等待串口数据接收完成
      RI = 0;                       //清除接收标志
      return SBUF;                  //返回串口数据
}
/**************主函数*****************/
void main()
{
    InitUart();                     //初始化串口
    InitSPI();                      //初始化 SPI
    IE2 |= ESPI;
```

```
        EA = 1;

        while (1)
        {
//主机接收串口数据 并发送给从机同时从从机接收 SPI 数据并回传给 PC
            ACC = RecvUart();
            SPISS = 0;                  //拉低从机的 SS
            SPDAT = ACC;                //触发 SPI 发送数据
        }
}
```

2. 从单片机程序（请读者自行完成）

【评估】

编写从单片机程序。

项目实施

对于增强型单片机来讲，充分使用其内部资源可以节省电路设计的开销，方便程序的设计，可以说优点非常多。这也是单片机的发展方向之一。

实施建议：

1. 充分理解每一个功能的内部结构原理，多研读其寄存器控制结构图，可以为编程和理解它的用法带来很多便利。
2. 特别强调一点就是中断的处理。因为功能多，难免会出现中断嵌套，所以中断的优先级和中断标志位的处理一定要严谨。
3. 由于单片机内部数据存储器很小，还要给堆栈留出一定的余地，因此数据的存储尽量放在 SRAM 中。

项目评估

1. 对照你的项目介绍展示你的作品，评价项目任务完成情况。
2. 项目答辩，主要问题如下：

① 子程序功能与主程序功能如何划分？

② 程序越来越大，你有什么办法，使我们更容易找到指定的指令呢？

③ 描述一下，你是怎样学习这些特殊功能的。

④ 展示本组作品，并向“*****电子有限公司”自荐，希望公司能够聘用自己为**师。

⑤ 你在完成项目过程中，走了哪些弯路?把你的经验收获和大家分享一下。

3. 提交项目报告。

项目拓展

1. 设计一个手持温度控制仪。要求温度可以在 40 ~ 70℃之间任意设定（精确到 1℃），设定值存在 E^2PROM 中。
2. 设计一个运动小车，要求有速度调节、速度显示、时间显示、转弯等功能。

项目七 设计制作一个多功能智能控制器

项目目标

1. 了解单总线通信的方法，会使用 18B20 温度传感器测量室温的方法，具备使用 18B20 温度传感器、单片机等相关器件，完成测量室温、温度报警、温度显示功能的技能。

2. 了解 I^2C 总线通信的方法，会使用 PCF8563 等相关器件完成实时时钟显示功能。

3. 了解步进电动机、直流电动机的驱动方法，学习相关芯片的用法，具备控制步进电动机的正反转、调速的技能；控制直流电动机的正反转、调速的技能。

4. 了解 8×8 点阵的驱动方法，学习 LED 点阵显示动态图片的方法，具备复杂逻辑程序的编写技能，完成简单的 LED 显示屏的设计能力。

5. 了解红外遥控编码知识，了解单片机解码红外信号的方法，具备红外遥控器的解码能力，完成简单的红外遥控设备的设计能力。

6. 具备多功能电路的设计和程序链接技术，能完成多功能的控制器设计。

项目任务

单片机作为通用的控制芯片，它可以用于工业、民用控制的方方面面。在它获得广泛应用的同时，与之配套的应用于不同场合的功能模块也在不断涌现。这些产品、器件的应用也是需要掌握的内容之一。

目前，智能模块的使用越来越广泛，比如超声波距离测量模块、语音模块、电子罗盘、各种无线通信模块、数字音量调节模块、各种专用 A/D 模块等，它们把很多高科技以模块的形式，变成大众可以方便使用的器件。使用这些模块时，除了要关注它们的功能、参数、适用场合等自身参数以外，还特别要注意它们是如何与单片机进行通信的。

现在就一起来做一个多功能的控制器。红光机械设备厂有一台特种机器的工作平台需要改造，此平台特点是可以由微型直流机或同步机驱动，运动形式为往复式运动，要求可以进行调速，两侧的限位开关是光电式开关，还有其他很多功能。

项目准备

根据自己做的任务，自行准备。

进阶一　用 DS18B20 测量教室内的温度

王××同学在超市看到很多钟表上都有温度显示。通过查资料，发现很多钟表里都用到 DS18B20 温度传感器。看了 DS18B20 的技术资料后，他不明白的是：DS18B20 只有一根数据线，要传递的温度是很多位的，这个数据是如何传递的，单片机又是如何读取温度值的呢？

【目标】

通过本内容学习和训练，能够了解单总线传递数据的方法。

【任务】

用 DS18B20 温度传感器测量教室内温度，并在数码管上显示出来，结果要保留两位有效数字。

【行动】

一、想一想，写一写

1. 阅读 DS18B20 温度传感器资料，写出它的测温范围是多大，通常用在怎样的场合。
2. 什么是时序图？单总线用时序的方式传递信息有什么优势？
3. 读取 DS18B20 温度值，需要单片机给 DS18B20 发哪些指令？这些指令的格式是怎样的？DS18B20 内部都有哪些寄存器？
4. 读取一次 DS18B20 内部温度数据的工作流程是怎样的？

二、画一画

1. 画出 DS18B20 初始化复位的时序图和对应的程序流程图。
2. 画出 DS18B20 写一字节指令的时序图和对应的程序流程图。
3. 画出 DS18B20 读一字节指令的时序图和对应的程序流程图。

三、找一找，算一算，编一编

1. 找出 DS18B20 中温度的存放格式。
2. 如果两个 RAM 中存放的数据是 0x07d0，那么实际温度是多少摄氏度？如果实际温度是 25℃，两个 RAM 中存放的数据是多少？
3. 如果已经从 DS18B20 中读出来数据，并且存放在 wendu0 变量中，编写把 wendu0 变量的值，转换成带一位小数点的十进制的温度值，结果存放到 wenduzhi 变量中。

四、做一做

1. 完成本项目，总结经验，注意上拉电阻不可缺少。
2. 看看程序里，还有哪里地方有瑕疵，应该如何修改。

【知识学习】

一、单总线介绍

单总线（1-Wire）采用单根信号线，既传输时钟，又传输数据而且数据传输是双向的总线。它具有节省 I/O 口线资源、结构简单、成本低廉、便于总线扩展和维护等诸多优点。

单总线是由一个主机、一个或多个从机组成的系统，通过一根信号线主机和从机进行数据的交换，每一个接入系统的从机都有一个唯一的地址号，保证通信不出错。因此其协议特点是：对时序的要求较严格，包括复位（启动）、应答、写一位、读一位的时序，都有明确的时间长度要求。在复位及应答时序中，主器件发出复位信号后，要求从器件在规定的时间内送回应答信号；在位读和位写时序中，主器件要在规定的时间内读回或写出数据。

1. 硬件结构

顾名思义，单总线只有一根数据线。设备主机或从机通过一个漏极开路或三态端口连接至该数据线，这样允许设备在不发送数据时释放数据总线，以便总线被其他设备所使用。单总线端口为漏极开路。

单总线要求外接一个约 5kΩ 的上拉电阻，这样单总线的空闲状态为高电平，空闲时间没有限制，只要总线是高电平。如果总线保持低电平超过 480μs（具体多长时间看从机相关手册），总线上的所有器件将被复位。另外，如果从机设备要使用这跟总线来供电（称为在寄生方式供电）的话，为了保证从机在某些工作状态下（如温度转换期间、EEPROM 写入等），具有足够的电源电流必须在总线上提供强上拉。

2. 单总线通信原理

单总线通信协议定义了如下几种类型，即复位脉冲、应答脉冲、写 0、写 1、读 0 和读 1，除了应答脉冲外，所有的信号都由主机发出同步信号（首先把总线拉成低电平），并且发送的所有的命令和数据都是字节的低位在前。单总线通信协议复位脉冲和应答脉冲时序如图 7-1 所示。

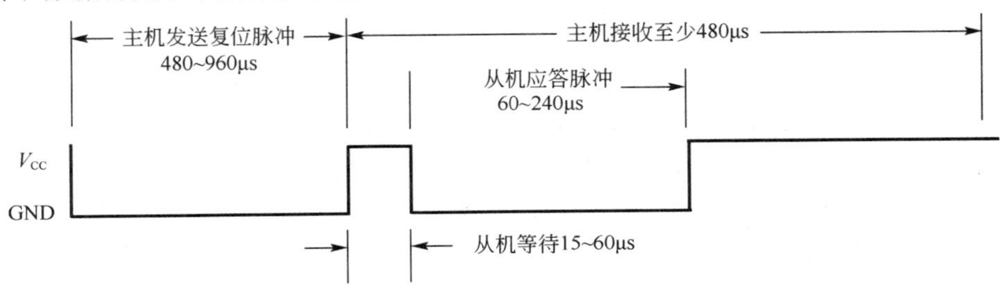

图 7-1 单总线通信协议复位脉冲和应答脉冲时序

复位时，主机首先把总线拉成低电平，当下降沿一出现，从机开始对低电平计时，计时时间为 480μs 的低电平后，等待总线变高电平，当主机把总线拉成高电平时，复位脉冲结束。从机等待高电平时间在 15μs 后，从机拉低总线，主机检测到下降沿，开始计时，当总线低电平时间达到 60μs 时，主机等待从机释放总线，总线变高电平时，主机认为从机应答结束。主机开始发命令。

复位脉冲是主设备以广播方式发出的，因而总线上所有的从设备会同时发出应答脉冲。一旦器件检测到应答脉冲后，主设备就认为总线上已连接了从设备，接着主设备将发送有关的功能命令。如果主设备未能检测到应答脉冲，则认为总线上没有挂接单总线从设备。

主机采用写 1 时序向从机写入 1，而采用写 0 时序向从机写入 0。所有写时序至少要 60μs，且在两次独立的写时序之间至少需要 1μs 的恢复时间。两种写时序均起始于主机拉低数据总线开始。如图 7-2 所示。

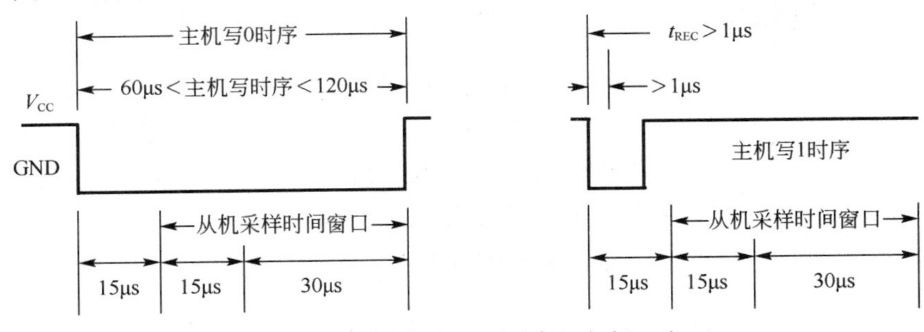

图 7-2 单总线通信协议写时序（包括 1 和 0）

主机写 1 时序的方式：主机拉低总线后，接着必须在 15μs 之内释放总线，由上拉电阻将总线拉至高电平；产生写 0 时序的方式为在主机拉低后，只需要在整个时间保持低电平即可（至少 60μs）。在写时序开始后 15μs 后的期间，单总线器件采样高电平状态。如果在此期间采样值为高电平，则逻辑 1 被写入器件；如果为 0，写入逻辑 0。

对于读时序，单总线器件仅在主机发出读时序时，从机才向主机传输数据。在主机发出读时序之后，单总线器件才开始在总线上发送 0 或 1。所有读时序至少需要 60μs，且在两次独立的读时隙之间至少需要 1μs 的恢复时间。每个读时序都由主机发起，至少拉低总线 1μs。若从机发送 1，则保持总线为高电平；若发出 0，则拉低总线。如图 7-3 所示。

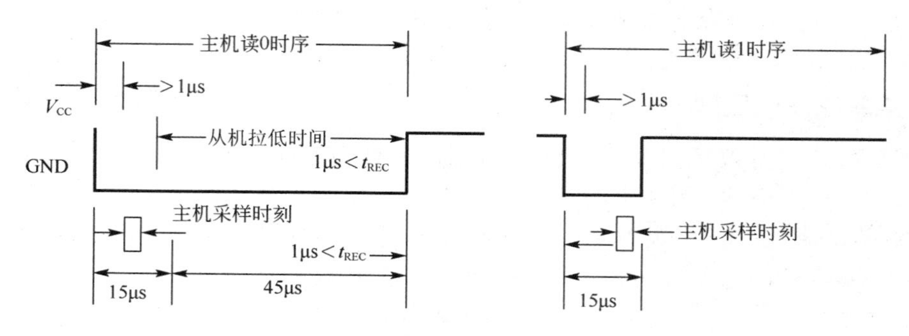

图 7-3 单总线通信协议读时序（包括读 0 或读 1）

对于系统来讲，具体是写还是读，取决于从机的指令要求。

二、DS18B20 简介

由于 DS18B20 是采用一根 I / O 总线读写数据，因此，DS18B20 对读写数据位也有严格的时序要求。

1. 简介

DS18B20 是美国 DALLAS 公司生产的单总线智能数字温度传感器，可以把温度信号直接转换成串行数字信号送给单片机。其功能概述如下。

⊙ 独特的单总线接口，仅需一个端口引脚进行通信。

⊙ 简单的多点分布应用，每个 DS18B20 有唯一的 64 位序号，该序号存储在各自的 ROM 中。所以，同一根信号线上可以同时挂接多个 DS18B20。

底视图

图 7-4 DS18B20 引脚结构

⊙ 测温范围–55～+125℃，以 0.5℃递增。华氏器件–67~+257°F，以 0.9°F 递增。

⊙ 温度以 9 位数字量读出，并且带有符号位。

⊙ 温度数字量转换时间 200ms（典型值）。

⊙ 用户可定义的非易失性温度报警设置，DS18B20 内部有 2 个字节 RAM 用来存放检测到的温度值，分辨率为 1/16。

⊙ 应用于包括温度控制、工业系统、消费品、温度计或任何符合其工作条件的热感测量系统中。

2. 引脚排列

DS18B20 引脚结构如图 7-4 所示。

3. 温度存放

温度数据以补码形式存放，共16位。格式如表7-1所示：

表7-1 数据存放形式

15	14	13	12	11	10	9	8	7	6	5	4	3	2	1	0
×	×	×	×	×	×	×	×	×	×	×	×	×	×	×	×

注：15~11位表示温度值的符号。如果全0表示正温度，全1表示负温度。
10~4位表示检测到温度的整数部分。
3~0位表示检测到的温度的小数部分。

4. 实际温度的计算方法：

首先看高5位（15～11位）全为0是正温度，全为1是负温度，剩下11位按权展开。

【例7-1】 读到的16位温度值为：0000 0011 1101 0011，实际温度是多少？

先进行功能划分：0000 0　011 1101 0011，分别代表符号位、温度的整数部分、温度的小数部分。然后计算：

符号位为0，所以温度为正。

温度部分为：

$0\times2^6+1\times2^5+1\times2^4+1\times2^3+1\times2^2+0\times2^1+1\times2^0+0\times2^{-1}+0\times2^{-2}+1\times2^{-3}+1\times2^{-4}$=61.1875℃

因为温度为正，所以补码与原码相同，可直接按权展开。

温度是61.1875℃

【例7-2】 读到的16位温度值为：1111 1 100 1001 0000，求实际温度是多少？

符号位全为1说明是负温度，应该首先求出它的原码：

取反得：0000001101101111，再加1后得0000001101101111 +1= 0000 0 011 0111 0000，按权展开得：

$0\times2^6+1\times2^5+1\times2^4+0\times2^3+1\times2^2+1\times2^1+1\times2^0+0\times2^{-1}+0\times2^{-2}+0\times2^{-3}+0\times2^{-4}$=55℃

温度是–55℃。

5. DS18B20控制命令

DS18B20的控制指令如表7-2所示。

表7-2 DS18B20的控制指令

指　　令	代码	操作说明
温度转化	44H	开始启动DS18B20温度转换
读ROM	33H	读ROM内存
匹配ROM	55H	对指定器件操作
跳过	CCH	跳过器件识别
读暂存器	BEH	读暂存器内容
写暂存器	4EH	将数据写入暂存器的TH、TL字节
复制暂存器	48H	把暂存器的TH、TL字节写到E^2PROM
重新调用E^2PROM	B8H	把E^2PROM中的TH、TL字节写到暂存器的TH、TL字节

例如，向DS18B20发送0x44命令，则DS18B20启动温度转换。

6. 程序流程图（只有一个从机）

图7-5为DS18B20控制流程图。

注意：不论是读出还是写入都是低位在前。

三、电路

图 7-6 为 DS18B20 温度测量电路（显示部分电路图参照项目三）。

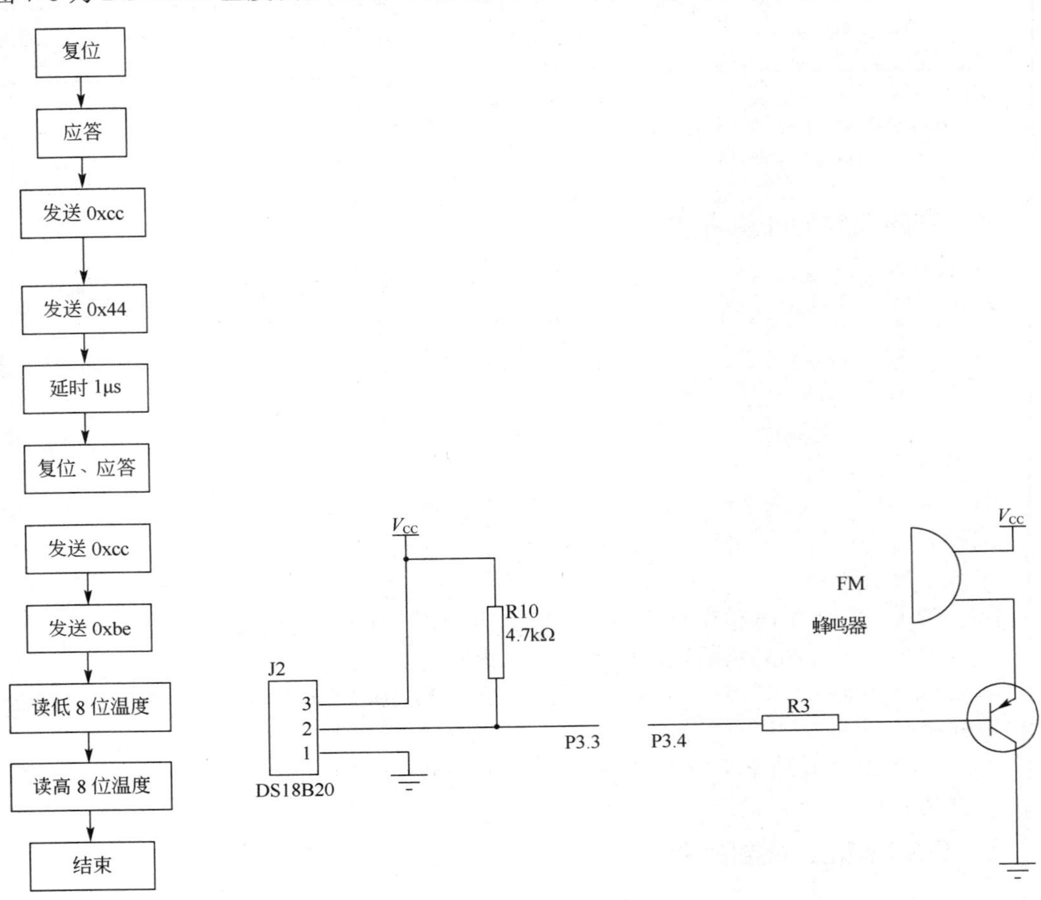

图 7-5 DS18B20 控制流程图

图 7-6 DS18B20 温度测量电路

四、程序

```
//读取 18B20 的温度值显示在数码管上，保留 2 位小数
#include "stc15fxxxx.h"
#include <INTRINS.h>
#define FOSC 12000000
#define TIMER1MS    1000
#define    LED_TYPE     0x00//定义 LED 类型, 0x00--共阴
sbit      DQ       = P2^5;                                  //--- DS18B20 引脚声明 ---
sbit  P_HC595_SER     = P4^0;       //pin 14     SER
sbit  P_HC595_RCLK    = P5^4;       //pin 12     RCLk
sbit  P_HC595_SRCLK = P4^3;       //pin 11     SRCLK
bit sflag;
```

```
unsigned int sCnt = 0;
unsigned char Buffer[2];
unsigned char LEDBuffer[8];                          //--- 定义的显示缓冲区 ---
unsigned char LEDPointer;

/*************    数码管显示定义    **************/
unsigned char code t_display[]={                              //标准字库
//    0    1    2    3    4    5    6    7    8    9    0.   1.   2.   3.   4.   5.   6.   7.
0x3F,0x06,0x5B,0x4F,0x66,0x6D,0x7D,0x07,0x7F,0x6F,0xBF,0x86,0xDB,0xCF,0xE6,0xED,0xF
D,0x87,
//    8.   9.   -    black
0xFF,0xEF,0x40,0x00};
unsigned char code T_COM[]={0x01,0x02,0x04,0x08,0x10,0x20,0x40,0x80};        //位码
unsigned char code dotcode[32]=
{0, 3, 6, 9,12,16,19,22,25,28,31,34,38,41,44,48,50,53,56,59,63,66,69,72,75,78,81,84,88,91,94,97,};
/**************** 向 HC595 发送一个字节函数 *****************/
void Send_595(unsigned char dat)
{
    unsigned char   i;
    for(i=0; i<8; i++)
    {
        dat <<= 1;
        P_HC595_SER    = CY;
        P_HC595_SRCLK = 1;
        P_HC595_SRCLK = 0;
    }
}
/********************** 显示函数 ***********************/
void DisplayScan(unsigned char display_index)
{
    Send_595(~LED_TYPE ^ T_COM[7-display_index]);                    //输出位码
    Send_595( LED_TYPE ^ t_display[LEDBuffer[display_index]]);        //输出段码
    P_HC595_RCLK = 1;
    P_HC595_RCLK = 0;                                                 //锁存输出数据
}
/********************** 延时函数 ***********************/
void Delay600μs()        //@12.000MHz  延时 600μs
{
    unsigned char i, j;
    i = 7;
    j = 254;
    do
```

```
        {
            while (--j);
        } while (--i);
    }
    void Delay40μs()        //@12.000MHz   延时 40μs
    {
        unsigned char i;
        _nop_();
        _nop_();
        i = 117;
        while (--i);
    }
    void Delay200μs()       //@12.000MHz   延时 200μs
    {
        unsigned char i, j;
        i = 3;
        j = 82;
        do
        {
            while (--j);
        } while (--i);
    }
    void Delay30μs()        //@12.000MHz   延时 30μs
    {
        unsigned char i;
        _nop_();
        _nop_();
        i = 87;
        while (--i);
    }
    void Delay375μs()       //@12.000MHz   延时 375μs
    {
        unsigned char i, j;

        i = 5;
        j = 93;
        do
        {
            while (--j);
        } while (--i);
    }
    void Delay60μs()        //@12.000MHz   延时 60μs
```

```
{
    unsigned char i, j;
    i = 1;
    j = 176;
    do
    {
    while (--j);
    } while (--i);
}
void Delay90μs()          //@12.000MHz  延时 90μs
{
    unsigned char i, j;
    i = 2;
    j = 9;
    do
    {
        while (--j);
    } while (--i);
}
/**********************  DS18B20 复位时序函数  ***********************/
bit ResetDS18B20(void)
{
    unsigned char i;
    unsigned char  answerflag;
    DQ=1;               //拉高总线
    _nop_();            //延时 短暂延时
_nop_();                //延时 短暂延时
_nop_();                //延时 短暂延时
_nop_();                //延时 短暂延时
    DQ=0;               //拉低总线
    Delay600μs();       //延时 480-960μs
    DQ=1;               //拉高总线 延时 15-60μs 后等待 DS18B20 响应
    Delay40μs();
    answerflag=DQ;      //采集应答信号
    Delay200μs();
    Delay375μs();
    return answerflag;
}
/**********************  写 DS18B20 命令函数  ***********************/
void WriteDS18B20(unsigned char dat)
{
    unsigned char j;
```

```
    bit testb;
    for(j=1;j<=8;j++)
    {
        DQ=1;
        _nop_();
_nop_();        //延时 短暂延时
_nop_();        //延时 短暂延时
_nop_();        //延时 短暂延时
        testb=dat&0x01;
        dat=dat>>1;
        if(testb)       //写 1
        {
            DQ=0;
            _nop_();_nop_();
            _nop_();_nop_();
            _nop_();_nop_();
            _nop_();_nop_();
            DQ=1;
            Delay60μs();
        }
        else
        {
            DQ=0;           //写 0
            Delay90μs();
            DQ=1;
            _nop_();_nop_();
            _nop_();_nop_();
        }
    }
}
/**********************  读一位函数  ***********************/
 bit tempreadbit(void)
{
    bit dat;
    DQ=1;                   //将数据线拉高
    _nop_();_nop_();        //延时 2μs
    DQ=0;                   //将数据线拉低
    _nop_();_nop_();        //延时 6μs
    _nop_();_nop_();
    _nop_();_nop_();
    DQ=1;                   //数据线拉高
    dat=DQ;                 //读回数据线上面的状态
```

```
    Delay30μs();            //延时 30μs
    return (dat);
}


/********************** 读 DS18B20 存储器里的数据函数************************/
unsigned char ReadDS18B20(void)
{
      unsigned char i,j,dat;
      dat=0;
      for(i=1;i<=8;i++)
      {
            j=tempreadbit();
            dat=(j<<7)|(dat>>1);     //读出的数据最低位在最前面，这样刚好一个字节在 DAT 里
      }
      return(dat);
}
/**********************主函数************************/
void main(void)
{
   TMOD = 0x01;
   TH0 = (65536 - FOSC / 12 / TIMER1MS) / 256;   //--- T0 定时 1ms 的初值装入 TH0,TL0 ---
   TL0 = (65536 - FOSC / 12 / TIMER1MS) % 256;
   TR0 = 1;                                       //--- 启动 T0 定时开始工作 ---
   ET0 = 1;                                       //--- 允许 T0 溢出中断 ---
   while(ResetDS18B20());
   WriteDS18B20(0xcc);
   WriteDS18B20(0x44);
   EA = 1;
   while(1)
     { ;
     }
}

/********************** 定时器 T0 溢出中断服务程序***********************/
void T0_ISR(void) interrupt 1                    //--- T0 定时 1ms 溢出中断服务程序 ---
{
   unsigned char x;
   unsigned int result;

   TH0 = (65536 - FOSC / 12 / TIMER1MS) / 256;   //--- 重新装入初值 ---
   TL0 = (65536 - FOSC / 12 / TIMER1MS) % 256;
```

```
    DisplayScan(LEDPointer);                              //动态显示
    if((++LEDPointer) == sizeof(LEDBuffer))   LEDPointer = 0;
  sCnt ++;
  if(1000 == sCnt)
    {
      sCnt = 0;
      while(ResetDS18B20());                              //--- 复位 DS18B20 ---
      WriteDS18B20(0xcc);
      WriteDS18B20(0xbe);                                 //--- 向 DS18B20 发送读命令 ---
      Buffer[0] = ReadDS18B20();                          //--- 从 DS18B20 内读数据 ---
      Buffer[1] = ReadDS18B20();
      for(x=0;x<8;x++)LEDBuffer[x]=21;                    //--- 清显示缓冲区 ---
      sflag = 0;
      if((Buffer[1] & 0xf8) != 0x00)                      //--- 判断是否为负温度 ---
        {
          sflag = 1;                                      //--- 置是负温度标志 ---
          Buffer[1] = ~Buffer[1];                         //--- 数据取反加 1 处理 ---
          Buffer[0] = ~Buffer[0];
          result = Buffer[0] + 1;
          Buffer[0] = result;
          if(result > 255)Buffer[1] ++;
        }
      Buffer[1] <<= 4;                                    //--- 转换为有效的数值 ---
      Buffer[1] &= 0x70;
      x = Buffer[0];
      x >>= 4;
      x &= 0x0F;
      Buffer[1] |= x;
      x = 2;
      result = Buffer[1];
      while(result / 10)                                  //--- 将有效值送入显示缓冲区域---
        {
          if(x==2)     LEDBuffer[x] = result % 10+10;     //小数点显示
           else          LEDBuffer[x] = result % 10;
           result=result/10;
           x++;
        }
      LEDBuffer[x] = result;
      if(sflag == 1)LEDBuffer[x + 1] = 17;    //--- 若是负温度则在有效值前显示“-”号 ---
      x = Buffer[0] & 0x0f;
      x <<= 1;
      LEDBuffer[0] = (dotcode[x]) % 10;       //--- 有效的小数值送显示缓冲区 ---
```

```
            LEDBuffer[1] = (dotcode[x]) / 10;
            while(ResetDS18B20());                     //--- 复位 DS18B20 ---
            WriteDS18B20(0xcc);
            WriteDS18B20(0x44);                        //--- 发送温度转换命令 ---
        }
    }
```

【评估】

1. 把当前温度显示在数码管上，如果温度大于30℃，蜂鸣器开始报警。
2. 把温度传送到电脑上，采用串口调试助手接收。
3. 如何进行数据转换？

【拓展】

1. 寻找其他单总线的器件，并学习其用法。
2. C语言的数据和数据处理是非常丰富的,大家可以看一些有关C语言的更专业的书籍，学习一下。

进阶二　设计一个日历时钟

日历已经是人们生活中不可少的事物，电脑上有，手机上也有。最让人疑惑的是：无论几天没开机，日历也总是最新的，那它是如何更新的呢？

【目标】

通过本内容学习和训练，能够掌握 I^2C 总线使用方法，PCF8563 时钟芯片的用法。

【任务】

用 PCF8563 时钟芯片做一个日历时钟，要求能在数码管显示小时-分钟-秒，并且能调整时间。

【行动】

一、想一想，写一写

1. 什么是 I^2C 总线？它的传输协议是怎样的？
2. PCF8563 芯片都有哪些功能？
3. 向 PCF8563 芯片内部存入一个数据的流程是怎样的？
4. 从 PCF8563 芯片内部读出一个数据的流程是怎样的？
5. 比较单总线和 I^2C 总线的优劣。

二、做一做

完成本项目，总结经验。

【知识学习】

一、I^2C 总线的基础知识

I^2C 总线（Inter IC BUS）是 Philips 公司推出的芯片间串行传输总线。I^2C 总线是一种双向二线制总线，它的结构简单，可靠性和抗干扰性能好。目前很多公司都推出了基于 I^2C 总线的外围器件，例如后面将要学习的 24C02 芯片，就是一个带有 I^2C 总线接口的 E^2PROM 存储器，具有掉电记忆的功能，方便进行数据的长期保存。

1. I^2C 总线结构

I^2C 总线结构很简单，只有两条线，包括一条数据线（SDA）和一条串行时钟线（SCL）。具有 I^2C 接口的器件可以通过这两根线接到总线上，进行相互之间的信息传递。连接到总线的器件具有不同的地址，CPU 根据不同的地址进行识别，从而实现对硬件系统简单灵活的控制。采用 I^2C 总线系统结构如图 7-7 所示。

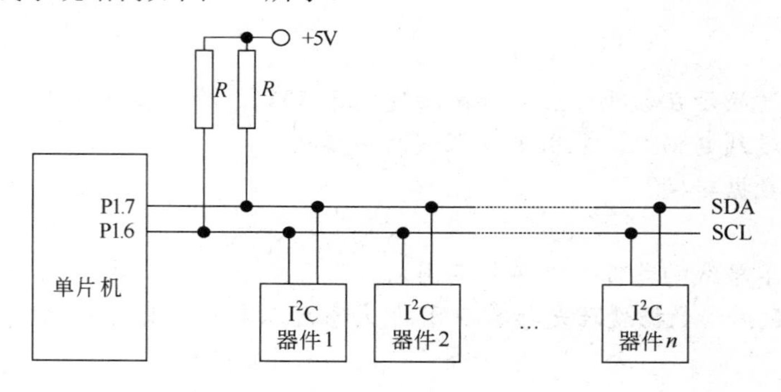

图 7-7　I^2C 总线系统结构图

其中，SCL 是时钟线，SDA 是数据线总线上的各器件都采用漏极开路结构，与总线相连，因此，SCL、SDA 均需接上拉电阻，上拉电阻的典型值是 10kΩ。总线在空闭状态下均保持高电平。

I^2C 总线支持多主和主从两种工作方式，通常为主从工作方式。在主从工作方式中，系统中只有一个主器件（单片机），总线上其他器件都是具有 I^2C 总线的外围从器件。在主从工作方式中，主器件启动数据的发送（发出启动信号），产生时钟信号，发出停止信号。为了实现通信，每个从器件均有唯一的器件地址。

2. 数据传输协议

SDA 传送数据是以字节为单位进行的。每个字节必须是 8 位，但是传输的字节数量不受限制，首先传送的是数据的最高位。每次传送一个字节完毕，必须接收到从机发出的一个应答位，才能开始下一个字节的传输。如果没有接收到应答位，主机则产生一个停止条件结束本次的传送。那么从机应该发出什么信号算是产生了应答呢？这个过程是这样的：当主器件传送一个字节后，在第 9 个 SCL 时钟内置高 SDA 线，而从器件的响应信号将 SDA 拉低，从而给出一个应答位。

IC 总线的数据传输协议如下：

① 主器件发出开始信号、起始信号。

② 主器件发出第一个字节，用来选通相应的从器件。其中前 7 位为地址码，第 8 位为方向位(R/W)。方向位为“0”表示发送，方向位为“1”表示接收。

③ 从机产生应答信号，进入下一个传送周期，如果从器件没有给出应答信号，此时主器件产生一个结束信号使得传送结束，传送数据无效。

④ 接下来主、从器件正式进行数据的传送，这时在 I^2C 总线上每次传送的数据字节数不限，但每一个字节必须为 8 位（传送的时候先送高位，再送低位）。当一个字节传送完毕时，再发送一个应答位（第 9 位），如上一条所述，这样每次传送一个字节都需要 9 个时钟脉冲。

数据的传送过程如图 7-8 所示。

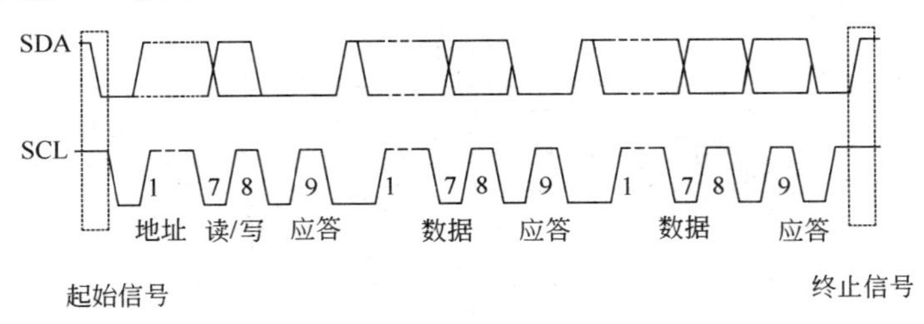

图 7-8 数据的传送时序

（1）发送起始信号

在利用 I^2C 总线进行一次数据传输时，首先由主机发出启动信号启动 I^2C 总线。在 SCL 为高电平期间，SDA 出现上升沿则为启动信号。此时具有 I^2C 总线接口的从器件会检测到该信号。

（2）发送寻址信号

主机发送启动信号后，再发出寻址信号。寻址信号高 7 位为地址位，最低位为方向位，用以表明主机与从器件的数据传送方向。方向位为“0”，表明主机对从器件的写操作；方向位为“1”时，表明主机对从器件的读操作。

（3）应答信号

I^2C 总线协议规定，每传送一个字节数据（含地址及命令字）后，都要有一个应答信号，以确定数据传送是否正确。应答信号由接收设备产生，在 SCL 信号为高电平期间，接收设备将 SDA 拉为低电平，表示数据传输正确，产生应答。

（4）数据传输

主机发送寻址信号并得到从器件应答后，便可进行数据传输，每次一个字节（高位在前），但每次传输都应在得到应答信号后再进行下一字节传送。如果在较长的时间没有收到从机的应答就认为从机已正确接收了数据（这点可以由编程人员自己决定）。

（5）非应答信号

当主机为接收设备时，主机对最后一个字节不应答，以向发送设备表示数据传送结束。

（6）发送终止信号

在全部数据传送完毕后，主机发送终止信号，即在 SCL 为高电平期间，SDA 上产生一上升沿信号。

二、PCF8563 芯片硬件介绍

PCF8563 是 PHILIPS 公司推出的一款工业级内含 I^2C 总线接口功能的具有极低功耗的多功能时钟/日历芯片。PCF8563 的多种报警功能、定时器功能、时钟输出功能以及中断输出功能能完成各种复杂的定时服务，甚至可为单片机提供看门狗功能，是一款性价比极高的时钟芯片，它已被广泛用于电表、水表、气表、电话、传真机、便携式仪器以及电池供电的仪器仪表等产品领域。

图 7-9 为 PCF8563 内部结构图，图 7-10 为 PCF8563 芯片引脚和引脚功能。PCF8563 内部包括 16 个 8 位寄存器，可自动增量的地址寄存器，内置 32．768kHz 的振荡器(带有一个内部集成的电容)，分频器(用于给实时时钟 RTC 提供源时钟)，可编程时钟输出，定时器，报警

器，掉电检测器和 400 kHz 的 I^2C 总线接口。

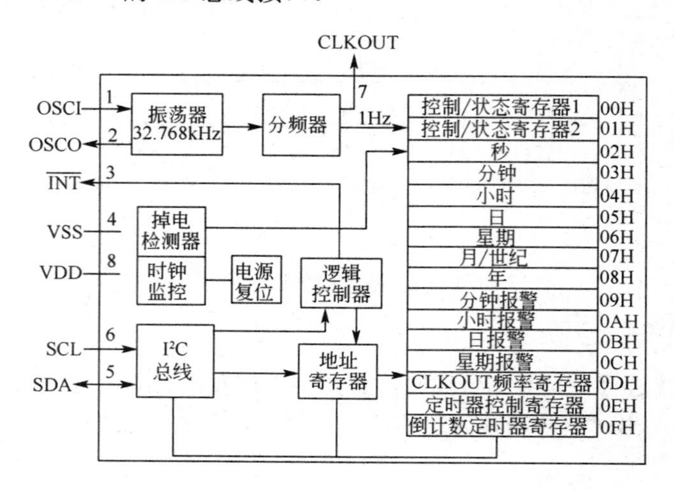

图 7-9 PCF8563 内部结构

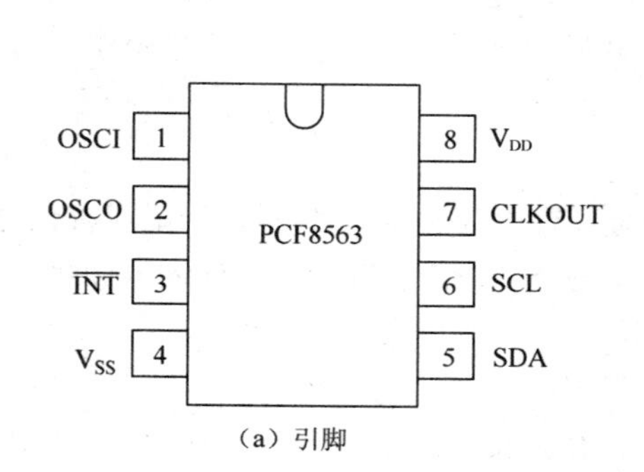

（a）引脚

符号	引脚号	描述
OSCI	1	振荡器输入
OSCO	2	振荡器输出
$\overline{INT}$	3	中断输出（开漏：低电平有效）
V_{SS}	4	地
SDA	5	串行数据 I/O
SCL	6	串行时钟输入
CLKOUT	7	时钟输出（开漏）
V_{DD}	8	正电源

（b）引脚功能

图 7-10 PCF8563 芯片引脚和引脚功能

所有 16 个寄存器设计成可寻址的 8 位并行寄存器，但不是所有位都有用。前 2 个寄存器(内存地址 00H，01H)用于控制寄存器和状态寄存器，其中内存地址 02H～08H 用于时钟计数器(秒～年计数器)，地址 09H~0CH 用于报警寄存器（定义报警条件），地址 ODH 控制 CLKOUT 引脚的输出频率，地址 OEH 和 OFH 分别用于定时器控制寄存器和定时器寄存器。秒、分钟、小时、日、月、年、分钟报警、小时报警、日报警寄存器，编码格式为 BCD，星期和星期报警寄存器不以 BCD 格式编码。当一个 RTC 寄存器被读时，所有计数器的内容将被锁存，因此，在传送条件下，可以禁止对时钟/日历芯片的错读。

每个寄存器的详细内容见表 7-3～表 7-5。

表 7-3 控制寄存器概况

地址	寄存器名称	Bit7	Bit6	Bit5	Bit4	Bit3	Bit2	Bit1	Bit0
00H	控制/状态寄存器 1	TEST	0	STOP	0	TESTC	0	0	0
01H	控制/状态寄存器 2	0	0	0	TI/TP	AF	TF	AIE	TIE
0DH	CLKOUT 频率寄存器	FE	—	—	—	—	—	FD1	FD0
0EH	定时器控制寄存器	TE	—	—	—	—	—	TD1	TD0
0FH	定时器倒计数数值寄存器	定时器倒计数数值							

注：标明“—”的位无效，标明“0”的位应置逻辑 0。

表 7-4　时间相关 BCD 格式寄存器概况

地址	寄存器名称	Bit7	Bit6	Bit5	Bit4	Bit3	Bit2	Bit1	Bit0
02h	秒	VL	00～59BCD 码格式数						
03h	分钟	—	00～59BCD 码格式数						
04h	小时	—	—	00～59BCD 码格式数					
05h	日	—	—	01～31BCD 码格式数					
06h	星期	—	—	—	—	—	0～6		
07h	月/世纪	C	—	—	01～12BCD 码格式数				
08h	年	00～99BCD 码格式数							
09h	分钟报警	AE	00～59BCD 码格式数						
0Ah	小时报警	AE	—	00～23BCD 码格式数					
0Bh	日报警	AE	—	01～31BCD 码格式数					
0Ch	星期报警	AE	—	—	—	—	—	0～6	

表 7-5　控制 / 状态寄存器 1 位描述（地址 00H）

Bit	符号	描述
7	TEST1	TEST1=0；普通模式 TEST1=1；EXT_CLK 测试模式
5	STOP	STOP=0；芯片时钟运行 STOP=1；所有芯片分频器异步置逻辑 0； 芯片时钟停止运行， （CLKOUT 在 32.768kHz 时可用）
3	TESTC	TESTC=0；电源复位功能失效 （普通模式时置逻辑 0） TESTC=1；电源复位功能有效
6,4,2,1,0	0	缺省值置逻辑 0

三、电路

图 7-11 为 PCF8563 应用电路（显示电路图参照项目三）。

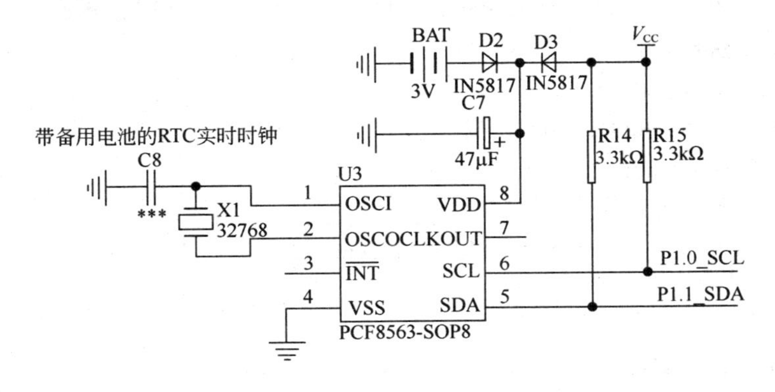

图 7-11　PCF8563 应用电路

四、程序

```
/#include      "stc15fxxxx.h"
```

```
#define    LED_TYPE    0x00      //定义 LED 类型, 0x00--共阴, 0xff--共阳
#define FOSC 12000000
#define TIMER1MS   1000
#define SLAW  0xA2
#define SLAR  0xA3
#define DIS_DOT          0x20
#define DIS_BLACK        0x10
#define DIS_        0x11
/*************    本地常量声明 **************/
unsigned char code t_display[]={                                    //标准字库
//0      1    2    3    4    5    6    7    8    9    A    B    C    D    E    F
    0x3F,0x06,0x5B,0x4F,0x66,0x6D,0x7D,0x07,0x7F,0x6F,0x77,0x7C,0x39,0x5E,0x79,0x71,
//black    -    H    J    K    L    N    o    P    U    t    G    Q    r    M    y
    0x00,0x40,0x76,0x1E,0x70,0x38,0x37,0x5C,0x73,0x3E,0x78,0x3d,0x67,0x50,0x37,0x6e,
    0xBF,0x86,0xDB,0xCF,0xE6,0xED,0xFD,0x87,0xFF,0xEF,0x46}; //0. 1. 2. 3. 4. 5. 6. 7. 8. 9. -1
unsigned char code T_COM[]={0x01,0x02,0x04,0x08,0x10,0x20,0x40,0x80};       //位码
unsigned char code T_KeyTable[16] = {0,1,2,0,3,0,0,0,4,0,0,0,0,0,0,0};
/*************    IO 口定义      **************/
sbit  P_HC595_SER    = P4^0;    //pin 14    SER      data input
sbit  P_HC595_RCLK   = P5^4;    //pin 12    RCLk     store (latch) clock
sbit  P_HC595_SRCLK = P4^3;     //pin 11    SRCLK    Shift data clock
sbit  SDA = P1^1;               //定义 SDA   PIN5
sbit  SCL = P1^0;               //定义 SCL   PIN6
/*************    本地变量声明 **************/
unsigned char   LEDBuffer[8];       //显示缓冲
unsigned char   display_index;      //显示位索引
unsigned char   LEDPointer;
unsigned char   IO_KeyState, IO_KeyState1, IO_KeyHoldCnt; //行列键盘变量
unsigned char   cnt50ms;
unsigned char   KeyCode;
unsigned char   hour,minute,second; //RTC 变量
unsigned int    msecond;
/********以下为时钟芯片函数**********/
void I2C_Delay(void)      //for normal MCS51, delay (2 * dly + 4) T, for STC12Cxxxx delay (4 * 
dly + 10) T
{
    unsigned char  dly;
    dly = 12000000L / 2000000UL;      //按 2μs 计算
    while(--dly)    ;
}
/****************************/
void I2C_Start(void)                    //start the I2C, SDA High-to-low when SCL is high
```

```
{
        SDA = 1;
        I2C_Delay();
        SCL = 1;
        I2C_Delay();
        SDA = 0;
        I2C_Delay();
        SCL = 0;
        I2C_Delay();
}
/*****************************/
void I2C_Stop(void)                    //STOP the I2C, SDA Low-to-high when SCL is high
{
        SDA = 0;
        I2C_Delay();
        SCL = 1;
        I2C_Delay();
        SDA = 1;
        I2C_Delay();
}
void S_ACK(void)                       //Send ACK (LOW)
{
        SDA = 0;
        I2C_Delay();
        SCL = 1;
        I2C_Delay();
        SCL = 0;
        I2C_Delay();
}
/*****************************/
void S_NoACK(void)                     //Send No ACK (High)
{
        SDA = 1;
        I2C_Delay();
        SCL = 1;
        I2C_Delay();
        SCL = 0;
        I2C_Delay();
}
/*****************************/
void I2C_Check_ACK(void)               //Check ACK, If F0=0, then right, if F0=1, then error
{
```

```
        SDA = 1;
        I2C_Delay();
        SCL = 1;
        I2C_Delay();
        F0    = SDA;
        SCL = 0;
        I2C_Delay();
}
/****************************/
void I2C_WriteAbyte(unsigned char dat)          //write a byte to I2C
{
        unsigned char i;
        i = 8;
        do
        {
                if(dat & 0x80)  SDA = 1;
                else            SDA = 0;
                dat <<= 1;
                I2C_Delay();
                SCL = 1;
                I2C_Delay();
                SCL = 0;
                I2C_Delay();
        }
        while(--i);
}
/****************************/
unsigned char I2C_ReadAbyte(void)               //read A byte from I2C
{
        unsigned char i,dat;
        i = 8;
        SDA = 1;
        do
        {
                SCL = 1;
                I2C_Delay();
                dat <<= 1;
                if(SDA)         dat++;
                SCL    = 0;
                I2C_Delay();
        }
        while(--i);
```

```
    return(dat);
}
/***************************/
void WriteNbyte(unsigned char addr, unsigned char *p, unsigned char number)          /*
WordAddress,First Data Address,Byte lenth     */
                                                                  //F0=0,right,
F0=1,error
{
    I2C_Start();
    I2C_WriteAbyte(SLAW);
    I2C_Check_ACK();
    if(!F0)
    {
        I2C_WriteAbyte(addr);
        I2C_Check_ACK();
        if(!F0)
        {
            do
            {
                I2C_WriteAbyte(*p);      p++;
                I2C_Check_ACK();
                if(F0)    break;
            }
            while(--number);
        }
    }
    I2C_Stop();
}
/***************************/
void ReadNbyte(unsigned char addr, unsigned char *p, unsigned char number)           /*
WordAddress,First Data Address,Byte lenth     */
                                                                  //F0=0,right,
F0=1,error
{
    I2C_Start();
    I2C_WriteAbyte(SLAW);
    I2C_Check_ACK();
    if(!F0)
    {
        I2C_WriteAbyte(addr);
        I2C_Check_ACK();
        if(!F0)
        {
            I2C_Start();
```

```
                I2C_WriteAbyte(SLAR);
                I2C_Check_ACK();
                if(!F0)
                {
                    do
                    {
                        *p = I2C_ReadAbyte();    p++;
                        if(number != 1)        S_ACK(); //send ACK
                    }
                    while(--number);
                    S_NoACK();                        //send no ACK
                }
            }
        }
        I2C_Stop();
}
/********************** 显示时钟函数 ***********************/
void DisplayRTC(void)
{
    if(hour >= 10)  LEDBuffer[0] = hour / 10;
    else            LEDBuffer[0] = DIS_BLACK;
    LEDBuffer[1] = hour % 10;
    LEDBuffer[2] = DIS_;
    LEDBuffer[3] = minute / 10;
    LEDBuffer[4] = minute % 10;
    LEDBuffer[6] = second / 10;
    LEDBuffer[7] = second % 10;
}
/********************** 读 RTC 函数 ***********************/
void ReadRTC(void)
{
    unsigned char   tmp[3];
    ReadNbyte(2, tmp, 3);
    second = ((tmp[0] >> 4) & 0x07) * 10 + (tmp[0] & 0x0f);
    minute = ((tmp[1] >> 4) & 0x07) * 10 + (tmp[1] & 0x0f);
    hour    = ((tmp[2] >> 4) & 0x03) * 10 + (tmp[2] & 0x0f);
}
/********************** 读 RTC 函数 ***********************/
void WriteRTC(void)
{
    unsigned char   tmp[3];
    tmp[0] = ((second / 10) << 4) + (second % 10);
```

```
        tmp[1] = ((minute / 10) << 4) + (minute % 10);
        tmp[2] = ((hour / 10) << 4) + (hour % 10);
        WriteNbyte(2, tmp, 3);
}
/********以下为按键函数**********/
void IO_KeyDelay(void)
{
        unsigned char i;
        i = 60;
        while(--i) ;
}
/****************************/
void IO_KeyScan(void)                               //50ms call
{
        unsigned char   j;
        j = IO_KeyState1;                           //保存上一次状态
        P0 = 0xf0;                                  //X 低，读 Y
        IO_KeyDelay();
        IO_KeyState1 = P0 & 0xf0;
        P0 = 0x0f;                                  //Y 低，读 X
        IO_KeyDelay();
        IO_KeyState1 |= (P0 & 0x0f);
        IO_KeyState1 ^= 0xff;                       //取反
        if(j == IO_KeyState1)                       //连续两次读相等
        {
            j = IO_KeyState;
            IO_KeyState = IO_KeyState1;
            if(IO_KeyState != 0)                    //有键按下
            {
                F0 = 0;
                if(j == 0)  F0 = 1;                 //第一次按下
                else if(j == IO_KeyState)
                {
                    if(++IO_KeyHoldCnt >= 20)       //1s 后重键
                    {
                        IO_KeyHoldCnt = 18;
                        F0 = 1;
                    }
                }
                if(F0)
                {
                    j = T_KeyTable[IO_KeyState >> 4];
```

```
                    if((j != 0) && (T_KeyTable[IO_KeyState& 0x0f] != 0))
                        KeyCode = (j - 1) * 4 + T_KeyTable[IO_KeyState & 0x0f] ;
                                                                    //计算键码，17～32

                }
            }
            else  IO_KeyHoldCnt = 0;
        }
        P0 = 0xff;
}
/********以下为数码管显示函数**********/
void Send_595(unsigned char dat)
{
        unsigned char   i;
        for(i=0; i<8; i++)
        {
            dat <<= 1;
            P_HC595_SER      = CY;
            P_HC595_SRCLK = 1;
            P_HC595_SRCLK = 0;
        }
}
/*****************************/
void DisplayScan(unsigned char display_index)
{
        Send_595(~LED_TYPE ^ T_COM[display_index]);                    //输出位码
        Send_595( LED_TYPE ^ t_display[LEDBuffer[display_index]]);     //输出段码
        P_HC595_RCLK = 1;
        P_HC595_RCLK = 0;                                              //锁存输出数据
}
/**********************************************/
void main(void)
{
        unsigned char   i;
        TMOD = 0x01;
        TH0 = (65536 - FOSC / 12 / TIMER1MS) / 256; //--- T0 定时 1mS 的初值装入 TH0,TL0 ---
        TL0 = (65536 - FOSC / 12 / TIMER1MS) % 256;
        TR0 = 1;                                        //---  启动 T0 定时开始工作  ---
        ET0 = 1;
        EA = 1;                                         //打开总中断
        for(i=0; i<8; i++)      LEDBuffer[i] = 0x10;    //上电消隐
        ReadRTC();
        F0 = 0;
```

```
if(second >= 60)     F0 = 1;    //错误
if(minute >= 60)     F0 = 1;    //错误
if(hour    >= 60)    F0 = 1;    //错误
if(F0)     //有错误，默认 12:00:00
{
    second = 0;
    minute = 0;
    hour   = 12;
    WriteRTC();
}
DisplayRTC();
LEDBuffer[2] = DIS_;
LEDBuffer[5] = DIS_;
KeyCode = 0;                          //给用户使用的键码，1～16 有效
IO_KeyState = 0;
IO_KeyState1 = 0;
IO_KeyHoldCnt = 0;
cnt50ms = 0;
while(1)
{
    if(msecond>=1000)                 //1 秒
     {
        msecond = 0;
        ReadRTC();
        DisplayRTC();
     }
    if(cnt50ms >= 50)                 //50ms 扫描一次行列键盘
        {
            cnt50ms = 0;
            IO_KeyScan();
        }
        if(KeyCode > 0)               //有键按下
        {
            if(KeyCode == 1)          //hour +1
            {
                if(++hour >= 24)      hour = 0;
                WriteRTC();
                DisplayRTC();
            }
            if(KeyCode == 2)     //hour -1
            {
                if(--hour >= 24)hour = 23;
```

```
                WriteRTC();
                DisplayRTC();
            }
            if(KeyCode == 3)     //minute +1
            {
                if(++minute >= 60)   minute = 0;
                WriteRTC();
                DisplayRTC();
            }
            if(KeyCode == 4)     //minute -1
            {
                if(--minute >= 60)    minute = 59;
                WriteRTC();
                DisplayRTC();
            }
            if(KeyCode == 5)       //minute +1
            {
                if(++second >= 60)   second = 0;
                WriteRTC();
                DisplayRTC();
            }
            if(KeyCode == 6)     //minute -1
            {
                if(--second >= 60)    second = 59;
                WriteRTC();
                DisplayRTC();
            }
            KeyCode = 0;
        }
}
}
/********************** Timer0 1ms 中断函数 ************************/
void timer0 (void) interrupt 1
{
    TH0 = (65536 - FOSC / 12 / TIMER1MS) / 256; //--- 重新装入初值 ---
    TL0 = (65536 - FOSC / 12 / TIMER1MS) % 256;
    DisplayScan(LEDPointer);                                    //动态显示
    if((++LEDPointer) == sizeof(LEDBuffer))   LEDPointer = 0;
    msecond++;
    cnt50ms++;
}
```

【评估】

1. 用 PCF8563 设计一个日期指示牌（读出年月日）在数码管上显示出来。
2. 用 PCF8563 设计一个万年历，在 12864 液晶上显示出来，要求时间可调整。

【拓展】

1. 查找其他 I^2C 接口器件，学习其用法。
2. 查找其他电子万年历，比较它们和 PCF8563 的优缺点。

进阶三 自动窗帘

同步电动机和直流电动机在工业种用途很广，它们也需要单片机控制。

【目标】

通过本内容学习和训练，能够掌握同步电动机和直流电动机的控制方法。

【任务】

设计一个自动窗帘。

① 当天亮时，该系统能自动打开窗帘；

② 当天黑时，该系统能自动关上窗帘；

③ 天亮与天黑由光敏电阻来检测。

【行动】

一、想一想，写一写

1. 步进电动机的工作原理是怎样的？步距角是什么？
2. 步进电动机的驱动方法是怎样的？

3.写出本项目关窗帘时步进电机的脉冲发送顺序。

二、画一画

画出本项目的电路图。

三、做一做

完成本项目，给程序中有关电动机控制的指令加上注解，并总结经验。

【知识学习】

一、步进电动机简介

步进电动机在控制系统中具有广泛的应用。步进电动机实物图片如图 7-12、图 7-13 所示。

图 7-12 普通步进电动机

图 7-13 直线步进电动机

1. 步进电动机的工作原理

以四相步进电动机为例说明，其原理如图 7-14 所示。它采用单极性直流电源供电。只要对步进电动机的各相绕组按合适的时序通电，就能使步进电动机步进转动。

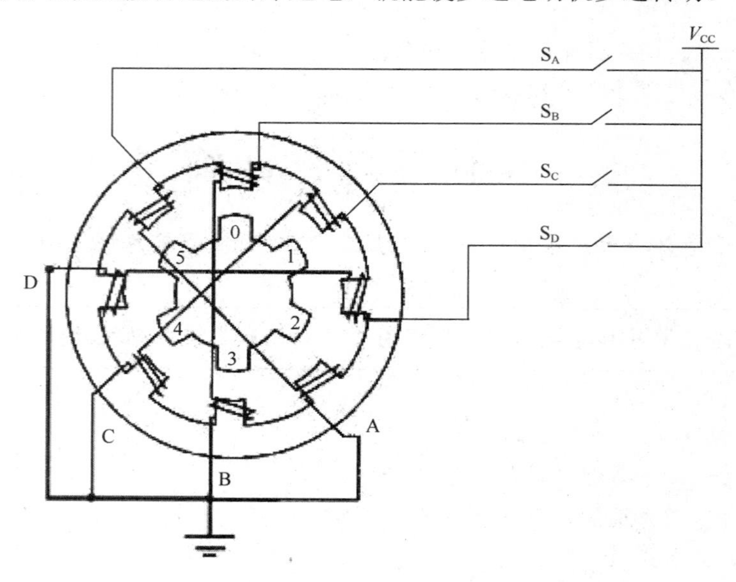

图 7-14　四相步进电动机步进示意图

开始时，开关 S_B 接通电源，S_A、S_C、S_D 断开，B 相磁极和转子 0、3 号齿对齐，同时，转子的 1、4 号齿就和 C、D 相绕组磁极产生错齿，2、5 号齿就和 D、A 相绕组磁极产生错齿。

当开关 S_C 接通电源，S_B、S_A、S_D 断开时，由于 C 相绕组的磁力线和 1、4 号齿之间磁力线的作用，使转子转动，1、4 号齿和 C 相绕组的磁极对齐。而 0、3 号齿和 A、B 相绕组产生错齿，2、5 号齿就和 A、D 相绕组磁极产生错齿。依次类推，A、B、C、D 四相绕组轮流供电，则转子会沿着 A、B、C、D 方向转动。

四相步进电动机按照通电顺序的不同，可分为单四拍、双四拍、八拍三种工作方式。单四拍与双四拍的步距角相等，但单四拍的转动力矩小。八拍工作方式的步距角是单四拍与双四拍的一半，因此，八拍工作方式既可以保持较高的转动力矩又可以提高控制精度。单四拍、双四拍与八拍工作方式的电源通电时序与波形分别如图 7-15（a）～（c）所示。

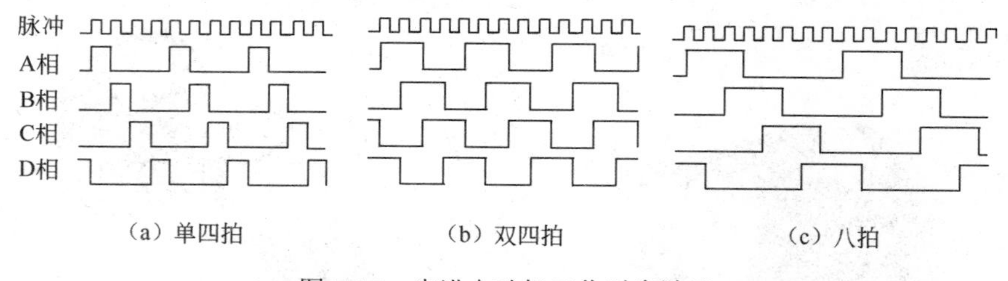

图 7-15　步进电动机工作时序波形

2. 驱动方法

双四拍的驱动方法是：AB-BC-CD-DA。八拍的驱动方法是：A-AB-B-BC-C-CD-D-DA。

通过控制施加到步进电动机上的脉冲个数就可以控制角位移量（转角大小），改变驱动脉冲的施加频率就可以改变旋转的速度和加速度。要改变步进电动机的转向只需更改驱动代码的顺序。

步进电动机在换向时的处理：为使步进电动机在换向时能平滑过渡，不至于产生错步，应在每一步中设置标志位。一个步进电动机正转标志位，一个反转标志位。在正转时，不仅给正转标志位赋值，也同时给反转标志位赋值；在反转时也如此。这样，当步进电动机换向时，就可以从上一次的位置作为起点反向运动，避免了电动机换向时产生错步。

3. 步进电动机的技术指标

（1）步进电动机的静态指标

① 相数：是指电动机内部的线圈组数，目前常用的有二相、三相、四相、五相步进电动机。电动机相数不同，其步距角也不同，一般二相电动机的步距角为 0.9°/1.8°，三相的为 0.75°/1.5°，五相的为 0.36°/0.72° 。在没有细分驱动器时，用户主要靠选择不同相数的步进电动机来满足自己步距角的要求。

② 步距角：它表示控制系统每发一个步进脉冲信号，电动机所转动的角度。电动机出厂时给出了一个步距角的值，如 86BYG250A 型电动机给出的值为 0.9°/1.8°（表示半步工作时为 0.9°、整步工作时为 1.8°），这个步距角可以称之为“电动机固有步距角”，它不一定是电动机实际工作时的真正步距角，真正的步距角和驱动器有关。

③ 拍数：完成一个磁场周期性变化所需脉冲数或导电状态，或指电动机转过一个步距角所需脉冲数，以四相电动机为例，有四相四拍运行方式（即 AB-BC-CD-DA-AB），四相八拍运行方式（即 A-AB-B-BC-C-CD-D-DA-A）。

④ 定位转矩：电动机在不通电状态下，电动机转子自身的锁定力矩（由磁场齿形的谐波以及机械误差造成）。

⑤ 保持转矩：是指步进电动机通电但没有转动时，定子锁住转子的力矩。它是步进电动机最重要的参数之一，通常步进电动机在低速时的力矩接近保持转矩。由于步进电动机的输出力矩随速度的增大而不断衰减，输出功率也随速度的增大而变化，因此保持转矩就成为了衡量步进电动机最重要的参数之一。比如，当人们说 2N·m 的步进电动机时，在没有特殊说明的情况下是指保持转矩为 2N·m 的步进电动机。

（2）步进电动机的动态指标

步进电动机的动态指标主要有步距角精度、失步、失调角、最大空载启动频率、最大空载运行频率、运行矩频特性、电动机的共振点。

二、ULN2003 驱动芯片介绍

1. ULN2003 概述

ULN2003 是大电流驱动阵列，多用于单片机、智能仪表、PLC、数字量输出卡等控制电路中。可直接驱动继电器等负载。经常在以下电路中使用，作为：显示驱动、继电器驱动、照明灯驱动、电磁阀驱动、伺服电动机、步进电动机驱动等电路中。

ULN2003 是集成达林顿管 IC，内部还集成了一个消除线圈反电动势的二极管，可用来驱动继电器。最大驱动电压=50V，电流=500mA，输入电压=5V，适用于 TTL 、COMS 电路。

ULN2003 内部二极管的输出端允许通过电流为 200mA，饱和压降 V_{CE} 约 1V，耐压 BV_{CEO} 约为 36V。用户输出口的外接负载可根据以上参数估算。通常单片机驱动 ULN2003 时，上拉 2kΩ 的电阻较为合适，同时，COM 引脚应该悬空或接电源。

ULN2003 是一个非门电路，包含 7 个单元，可以同时驱动 7 个继电器，但独每个单元驱动电流最大可达 350mA。ULN2003 的每一对达林顿都串联一个 2.7kΩ 的基极电阻，在 5V 的工作电压下它能与 TTL 和 CMOS 电路直接相连，可以直接和单片机相连。ULN2003A 引脚如图 7-16 所示。

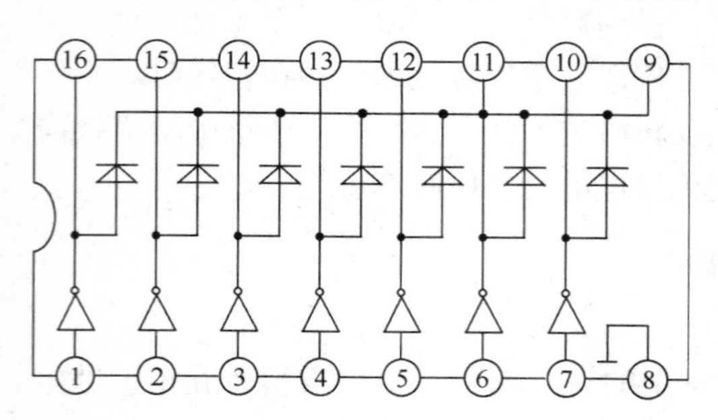

图 7-16　ULN2003A 引脚

2. 用 ULN2003 控制的同步机控制电路

图 7-17 为用 ULN2003 控制的微型同步机的控制电路。

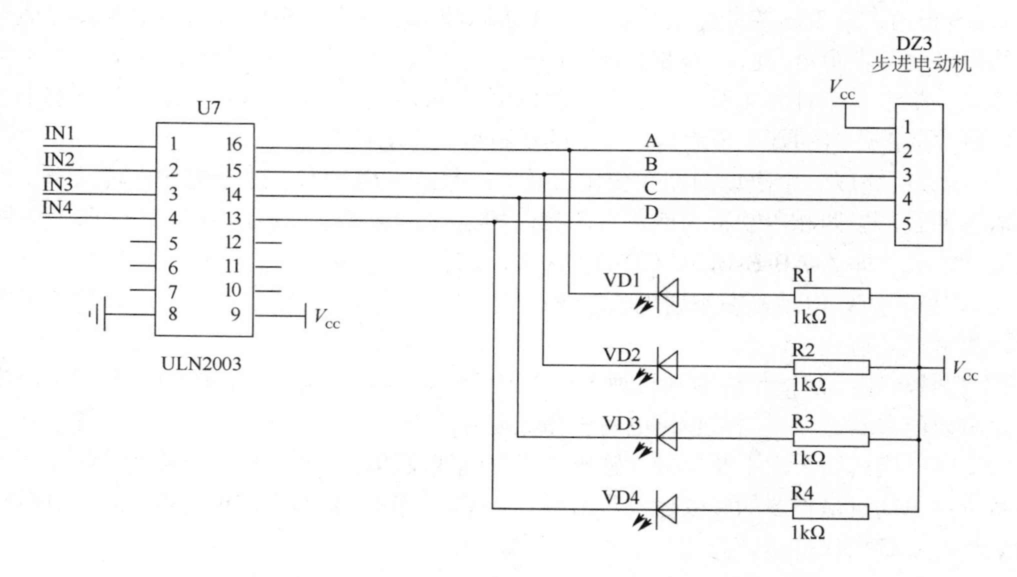

图 7-17　用 ULN2003 控制的微型同步机的控制电路

三、光敏电阻

1. 光敏电阻简介

在光敏电阻两端的金属电极之间加上电压，其中便有电流通过，受到适当波长的光线照射时，电流就会随光强的增加而变大，从而实现光电转换。光敏电阻没有极性，纯粹是一个电阻器件，使用时既可加直流电压，也可以加交流电压。在黑暗环境里，它的电阻值很高，当受到光照时，电阻值会显著下降。光照愈强，阻值愈低。入射光消失后，光敏电阻的阻值也就逐渐恢复原值。图 7-18 为光敏电阻外形。

图 7-18　光敏电阻外形

2. 基本特性及其主要参数和常见应用电路

（1）暗电阻、亮电阻

光敏电阻在室温和全暗条件下测得的稳定电阻值称为暗电阻，或暗阻。此时流过的电流称为暗电流。光敏电阻在室温和一定光照条件下测得的稳定电阻值称为亮电阻或亮阻。此时流过的电流称为亮电流。

（2）伏安特性

在一定照度下，光敏电阻两端所加的电压与流过光敏电阻的电流之间的关系，称为伏安特性。光敏电阻伏安特性近似直线，而且没有饱和现象。受耗散功率的限制，在使用时，光敏电阻两端的电压不能超过最高工作电压，由此可确定光敏电阻正常工作电压。

（3）光电特性

光敏电阻的光电流与光照度之间的关系称为光电特性。光敏电阻的光电特性呈非线性。因此不适宜做检测元件，这是光敏电阻的缺点之一，在自动控制中它常用做开关式光电传感器。

（4）光谱特性

对于不同波长的入射光，光敏电阻的相对灵敏度是不相同的。硫化镉材料制成光敏电阻的峰值在可见光区域，而硫化铅材料制成光敏电阻的峰值在红外区域，因此在选用光敏电阻时应当把元件和光源的种类结合起来考虑，才能获得满意的结果。

（5）频率特性

当光敏电阻受到脉冲光照时，光电流要经过一段时间才能达到稳态值，光照突然消失时，光电流也不立刻为零。这说明光敏电阻有时延特性。由于不同材料的光敏电阻时延特性不同，因此它们的频率特性也不相同。多数光敏电阻的时延都较大，因此不能用在要求快速响应的场合，这是光敏电阻的一个缺陷。

（6）温度特性

光敏电阻和其他半导体器件一样，受温度影响较大，当温度升高时，它的暗电阻会下降。

光控信号输出电路如图 7-19 所示。

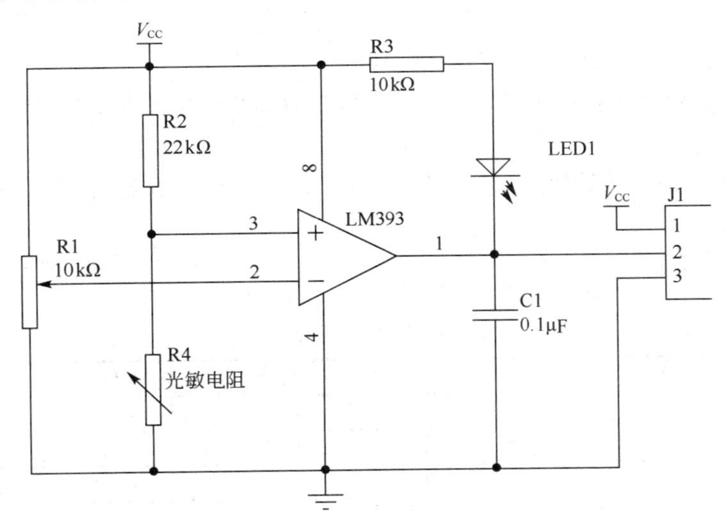

图 7-19　光控信号输出电路

四、电动机驱动模块 L298N 电路

1. 电动机驱动模块 L298N 简介

L298N 内部包含 4 通道逻辑驱动电路。可以方便地驱动两个直流电动机，或一个两相步进电动机。L298N 可接收标准 TTL 逻辑电平信号 V_{SS}，V_{SS} 可接 4.5～7 V 电压。其引脚如图 7-20 所示。

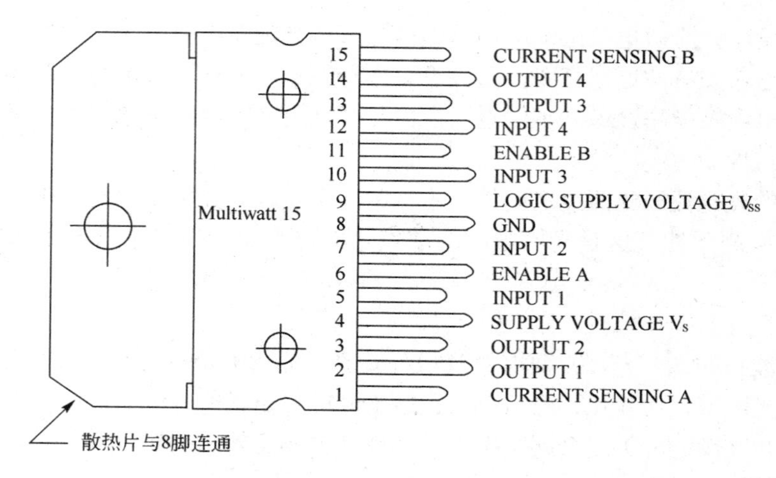

图 7-20　电动机驱动模块 L298N 引脚

4 脚 V_S 接电源电压，8 脚接地。V_S 电压范围 V_{IH} 为＋2．5～46 V，是给电动机供电的电源，输出电流可达 2.5 A，可驱动电感性负载。9 脚接控制回路的电源，一般为 5V。

1 脚和 15 脚可以接入电流采样电阻，形成电流传感信号。

2 脚（OUTPUT1）、3 脚（OUTPUT2）之间接电动机 1。

13 脚（OUTPUT3）、14 脚（OUTPUT4）之间接电动机 2。L298 可驱动 2 个直流电动机。

5 脚、7 脚接输入控制电平，控制电动机 1 的正反转。

10 脚、12 脚接输入控制电平，控制电动机 2 的正反转。

6 脚 ENA 是电动机 1 控制使能端，ENA=0 时，L289N 中电动机 1 控制电路不工作，电动机 1 不转。

11 脚 ENB 是电动机 2 控制使能端，ENB=0 时，L289N 中电动机 2 控制电路不工作，电动机 2 不转。

L298N 逻辑功能如表 7-6 所示。

表 7-6　L298N 逻辑功能

IN1	IN2	ENA	运转状态
X	X	0	停止
1	0	1	正转
0	1	1	反转
0	0	0	停止
1	1	0	停止

2. 电动机驱动模块电路图

电动机驱动模块电路如图 7-21 所示，其中 8 个二极管是泄流二极管，能给电动机反转时的动能提供一个消耗的电气通路。

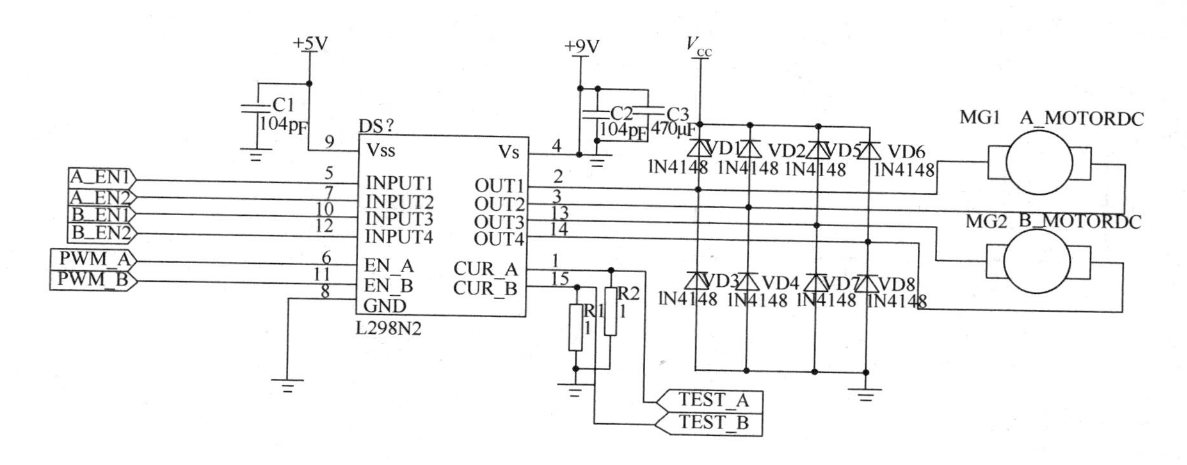

图 7-21 电动机驱动模块电路

五、电路

1. 步进电动机控制电路

自动窗帘控制系统电路（步进电动机控制），如图 7-22 所示。

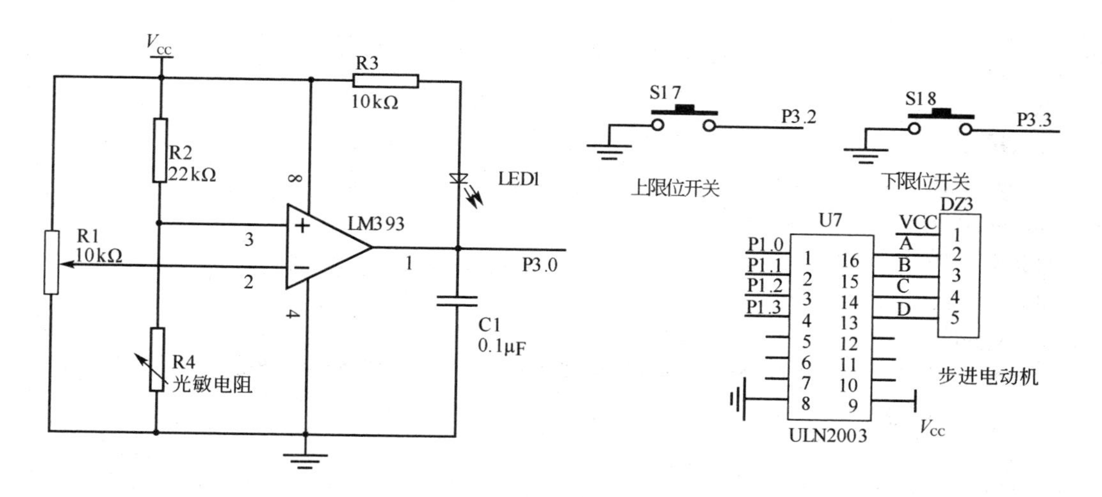

图 7-22 自动窗帘控制系统电路（步进电动机控制）

2. 直流电动机控制电路

自动窗帘控制系统电路（直流电动机控制）如图 7-23 所示。

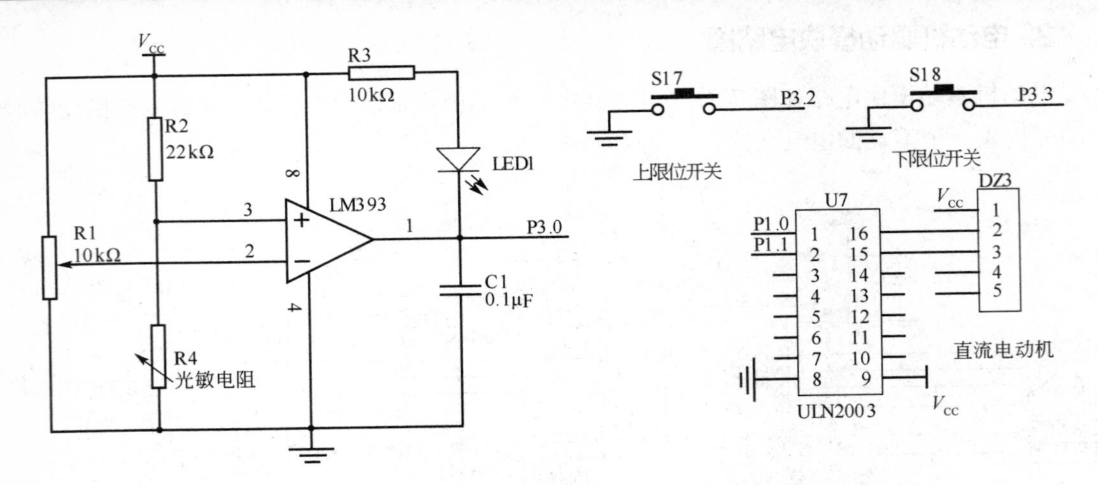

图 7-23　自动窗帘控制系统电路（直流电动机控制）

六、程序

1. 步进电动机控制程序

```
#include "STC15Fxxxx.H"
#define    FOSC      12000000                          //宏定义时钟频率
#define    TIMER50US    20000
#define    STEPMOTOR    P1
/**************步进电动机控制的定义与声明区****************/
unsigned char code StepPhase[] =                       //四相八拍代码表
{
   0x01,0x03,0x02,0x06,0x04,0x0C,0x08,0x09,
};
bit Direction = 0;
unsigned char StepPointer = 0;
unsigned char SpeedCount = 0;
sbit flag=P3^0;
sbit shangxian=P3^2;
sbit xiaxian=P3^3;
/***************************main()主程序区*******************/
void main(void)
{
   TMOD = 0x20;                                        //配置 T1 为定时模式,工作于方式 2
   TH1 = (256 - FOSC / 12 / TIMER50US);
   TL1 = (256 - FOSC / 12 / TIMER50US);
   TR1 = 1;                                            //启动 T1 工作 ---
   ET1 = 1;                                            //使能 T1 中断 ---
   EA = 1;                                             //CPU 开中断 ---
   while(1)
```

```
        {
          if(flag==1)   //正转
            {
              if(xiaxian!=0)   Direction = 0;
            }
          else        //反转
            {
              if(shangxian!=0) Direction = 1;
            }
        }
}

/***************定时器 T1 定时 50μs 溢出中断服务程序****************/
void T1_ISR(void) interrupt 3
{
      STEPMOTOR = ~StepPhase[StepPointer];              //--- 送出对应相位数据 ---
      if(0 == Direction)                                 //--- 正向状态下 ---
          {
            StepPointer ++;
            if(sizeof(StepPhase) == StepPointer)
            StepPointer = 0;
          }
       else   if (1 == Direction)                        //--- 反向状态下 ---
          {
            StepPointer --;
            if(0xFF == StepPointer)
            StepPointer = sizeof(StepPhase) - 1;
          }
}
```

2. 直流电动机控制程序

同上一个程序唯一的不同是电动机正反转的控制方式，示例如下

```
sbit  IN1    = P1^0;
sbit  IN2    = P1^1;
//////////////电动机正转//////////////
void zhengzhuan()
{
     IN1 = 1;
     IN2 = 0;
}
//////////////电动机反转//////////////
void fanzhuan()
```

```
{
    IN2 = 1;
    IN1 = 0;
}
///////////////电动机停止/////////////
void tingzhi()
{
    IN1 = 0;
    IN2 = 0;
}
```

【评估】

1. 每次上电，步进电动机顺时针旋转 180° 就停下。

2. 编写程序使步进电动机每分钟转 1 圈。

3. 编写一个程序，使步进电动机转到设定的步数（x）后停止，然后延时 t_1（10s）后反转 y 步停下再延时 t_2（20s）后正转。

4. 编写程序完成直流电动机正转 1min，停 1min，再反转 1min，再停 1min，如此轮回。

【拓展】

用 A/D 转换的电位器来控制步进电动机的转速，实现步进电动机的无级调速。

进阶四　用 8×8 点阵轮流显示数字 0～9

街上的 LED 广告屏越来越多，大的广告屏我们暂时实现不了，那我们来做一个小的。

【目标】

通过本内容学习和训练，能够了解点阵显示模块显示图案的方法和复杂逻辑程序的编写。

【任务】

在一个 8×8 的点阵模块上轮流显示数字 0～9，间隔时间为 1s。

【行动】

一、想一想，写一写

1. 点阵内部结构是怎样的？怎样才能让 8×8 点阵显示 2？

2. 用字模软件如何快速得到编码？

二、画一画

画出本项目的电路图。

三、做一做

完成本项目，给程序中各指令加上注解，并总结经验。

【知识学习】

一、8×8 点阵模块

1. 8×8 点阵模块结构

LED 点阵显示器是把很多发光二极管按矩阵方式排列起来，通过对每个 LED 进行发光控制，点亮不同位置的发光二极管，完成各种字符或图案的显示。在实际应用中，点阵种类繁多，发展也很迅速。其主要发展方向是：功耗越来越小、亮度越来越大、单个像素体积越来越小、像素的颜色越来越丰富，等等。这里用最典型的单色 8×8 点阵模块来练习点阵的控制。其外观如图 7-24 所示。

其内部结构如图 7-25 所示。由图可见，它有 8 行（H0～H7），8 列（L0～L7）。只要其对应的 *X*、*Y* 轴顺向偏压，即可使 LED 发亮。比如：H0=1、L0=0，右上角第一个发光二极管会亮，其余不亮。再比如：H7=1、L0=0，左下角第一个发光二极管会亮，其余不亮。使用时需要加限流电阻，电阻可以放在 *X* 轴或 *Y* 轴。

图 7-24　8×8 点阵模块外观

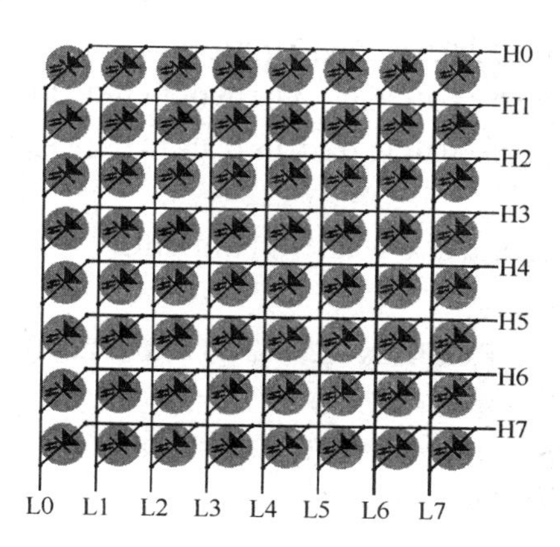

图 7-25　单色的 8×8 点阵模块内部结构

2. 点阵显示方式

点阵 LED 一般采用扫描式显示，实际运用分为三种方式：点扫描、行扫描、列扫描。

若使用第一种方式，其扫描频率必须大于 16×64=1024Hz，周期小于 1ms 即可。若使用第二和第三种方式，则频率必须大于 16×8=128Hz，周期小于 7.8ms 即可符合视觉停留要求。此外一次驱动一列或一行（8 颗 LED）时需外加驱动电路提高电流，否则 LED 亮度会不足。

这里采用列扫描方式完成项目。

二、电路

8×8 点阵控制电路如图 7-26 所示。

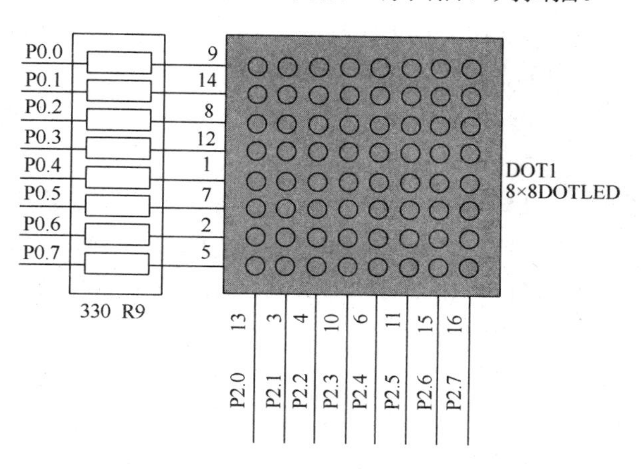

图 7-26　8×8 点阵控制电路

三、程序

```
#include    "STC15Fxxxx.H"
#define     FOSC          12000000          //--- 宏定义时钟频率 ---
#define     TIMER_1MS 1000                  //--- 宏定义定时 1ms 参数 ---

unsigned char code SHUZI[] =                //--- 数字 0~9 的点阵数据 ---
```

```
{
0x00,0x3c,0x24,0x24,0x24,0x24,0x3c,0x00,          //--- "0",0 ---
0x00,0x10,0x10,0x10,0x10,0x10,0x10,0x00,          //--- "1",1 ---
0x3c,0x04,0x3c,0x20,0x20,0x3c,0x00,0x00,          //--- "2",2 ---
0x00,0x00,0x3c,0x20,0x3c,0x20,0x3c,0x00,          //--- "3",3 ---
0x00,0x00,0x10,0x3c,0x14,0x14,0x14,0x00,          //--- "4",4 ---
0x00,0x00,0x1c,0x10,0x1c,0x04,0x1c,0x00,          //--- "5",5 ---
0x00,0x00,0x1c,0x14,0x1c,0x04,0x1c,0x00,          //--- "6",6 ---
0x00,0x00,0x10,0x10,0x10,0x10,0x1c,0x00,          //--- "7",7 ---
0x00,0x00,0x1c,0x14,0x1c,0x14,0x1c,0x00,          //--- "8",8 ---
0x00,0x00,0x1c,0x10,0x1c,0x14,0x1c,0x00,          //--- "9",9 ---
};
unsigned char code DOTLEDDIG[] =                  //--- 点阵 LED 的扫描码 ---
{
  0x7F,0xBF,0xDF,0xEF,0xF7,0xFB,0xFD,0xFE,
};
unsigned char DOTLEDBuffer[8];                    //--- 点阵 LED 显示缓冲区 ---
unsigned char DOTLEDPointer;                      //--- 点阵 LED 的扫描变量 ---
unsigned int SCnt;                                //--- 定时 1s 的计数变量 ---
unsigned char Number;                             //--- 0~9 数字变量 ---
/***************主函数******************/
void main(void)
{
  P0M1 = 0x00;                 //--- 配置 P0 端口的 P0.0~P0.7 为推挽输出模式 ---
  P0M0 = 0xFF;
  P2M1 = 0x00;                 //--- 配置 P2 端口的 P2.0~P2.7 为推挽输出模式 ---
  P2M0 = 0xFF;
  TMOD = 0x01;                 //--- 配置 T0 为 16 位的定时方式 ---
  TH0 = (65536 - FOSC / 12 / TIMER_1MS) / 256; //--- 配置 T0 定时的 1ms 的定时初值 ---
  TL0 = (65536 - FOSC / 12 / TIMER_1MS) % 256;
  TR0 = 1;                                     //--- 启动 T0 工作 ---
  ET0 = 1;                                     //--- 使能 T0 的溢出中断 ---
  EA = 1;                                      //--- CPU 开中断 ---
  while(1);
}
//--- 定时器 T0 溢出中断服务程序 ---
void T0_ISR(void) interrupt 1
{
  unsigned char i;
  TH0 = (65536 - FOSC / 12 / TIMER_1MS) / 256;        //--- 重新装载定时 1ms 的初始值
TL0 = (65536 - FOSC / 12 / TIMER_1MS) % 256;
```

```
    P2 = DOTLEDBuffer[DOTLEDPointer];              //--- 送点阵 LED 的显示数据 ---
    P0 = DOTLEDDIG[DOTLEDPointer];                 //--- 送点阵 LED 的选通数据 ---
    DOTLEDPointer ++;                              //--- 点阵 LED 的扫描变量加 1 ---
    if(sizeof(DOTLEDBuffer) == DOTLEDPointer)      //--- 一轮扫描完扫描变量清 0 ---
      DOTLEDPointer = 0;
    SCnt ++;                                       //--- 定时 1s 的计数变量加 1 ---
    if(1000 == SCnt)                               //--- 定时 1s 的时间到 ---
      {
        SCnt = 0;                                  //--- 定时 1s 的计数变量清 0 ---
        for(i=0;i<sizeof(DOTLEDBuffer);i++)        //--- 数字变量的点阵数据送缓冲区 ---
        DOTLEDBuffer[i] = SHUZI[Number * 8 + i];
        Number ++;                                 //--- 数字变量加 1 ---
        if(10 == Number) Number = 0;               //--- 加到 9 归零 ---
      }
}
```

【评估】

1. 使用一片 8×8 点阵显示自己的电话号码。
2. 使用一片 8×8 点阵显示心形图案。
3. 使用一片 8×8 点阵轮流显示“电子”两个字。
4. 画出本进阶任务程序的流程图.

【拓展】

如果用 4 片 8×8 点阵完成 16×16 的点阵组合，应该如何连接?

进阶五　单片机解码红外线遥控

红外遥控器的使用已经相当普遍，那它们是怎样传递信息的呢?

【目标】

通过本内容学习和训练，能够了解红外遥控编码的规律，掌握单片机解码的方法。

【任务】

使用给定的遥控器，将接收到的用户和键值在数码管上显示出来。

【行动】

一、想一想，写一写

1. 红外发送的信号是怎样的? 接收到的信号又是怎样的?
2. 使用 PPM 编码方式发送红外信号，按一次按键，共发送哪些信号? 其目的是什么?
3. 指出红外传输信号的优缺点。

二、画一画

画出本项目的电路图。

三、做一做

完成本项目，给程序中各指令的注解去掉，再自己加上，并总结经验。

【知识学习】

一、红外线遥控编码基础知识

红外线在日常环境中非常常见，在采用红外线进行串口通信时，为了避免环境中红外线的干扰，通信时一般选波特率不大于 4800bit/s 的脉冲波。红外线通信的典型频率有 38kHz、36 kHz、40 kHz、56 kHz 等多种。

这里需要特别说明的是，红外线遥控设备种类繁多，各个生产厂家为了相互区别，可能会采用各自独特的频率或编码方式，这里介绍的只是其中一种：PPM 编码方式。PPM 编码方式工作过程如下。

当发射器按键按下后，将发射一组共 108ms 的编码脉冲。编码脉冲由前导码、8 位系统码、8 位系统码的反码、8 位键码以及 8 位键码的反码、结束码组成。通过对系统码的检验，每个遥控器只能控制一个设备动作，这样可以有效地防止多个设备之间的干扰。编码后面还要有编码的反码，用来检验编码接收的正确性，防止误操作，增强系统的可靠性。前导码是一个遥控码的起始部分，由一个 9ms 的低电平(起始码)和一个 4. 5ms 的高电平（结果码）组成，作为接收数据的准备脉冲。以脉宽为 0. 56ms、周期为 1. 12ms 的组合表示二进制的“0”；以脉宽为 1. 68ms、周期为 2. 24ms 的组合表示二进制的“1”。如果按键按下超过 108ms 仍未松开，接下来发射的代码（连发代码）将仅由起始码（9ms）和结束码（2. 5ms）组成。

1. 红外线传输发送端的工作原理

PPM 编码方式红外发送端内部结构说明如图 7-27 所示，发送端原理说明如图 7-28 所示。

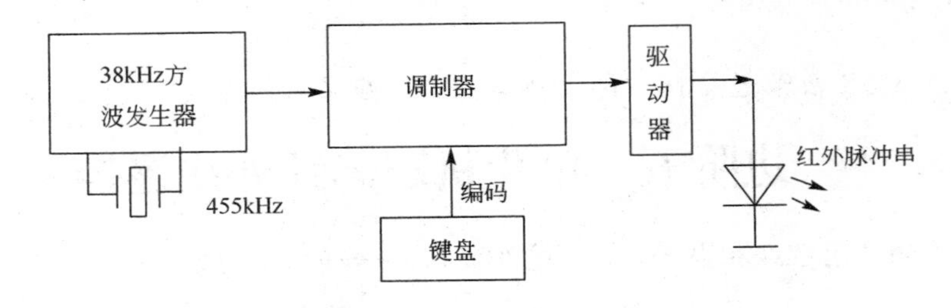

图 7-27　红外发送端内部结构说明

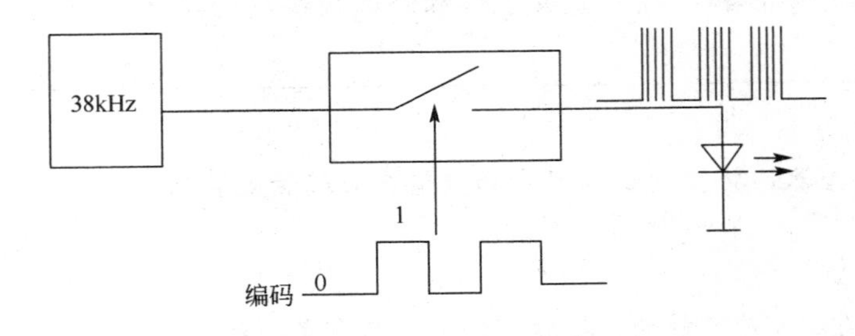

图 7-28　红外发送端原理说明

图 7-28 中 38 kHz 振荡电路产生大约 38 kHz 的方波信号，这个方波信号送到调制器的一个输入端。这里的调制器相当于一个开关：当键码信号为 0 时，开关处于断开状态，此时没有 38 kHz 的方波施加到红外线发光管上，红外线发光二极管处于不发光状态；当键码信号为 1 时，开关处于接通状态，此时 38 kHz 的方波使红外线发光二极管发出 38 kHz 的脉冲光。

当某个按键按下时，会产生一系列固定时间规律的 0、1 序列，也就是键码。按键不同，键码不同。

2. 红外线传输接收端的工作原理

接收端一般采用一体化的红外线接收头，与一般家用电视机、空调等设备的遥控接收头类似。一体化的红外线接收头外形如图 7-29 所示。一体化接收头将红外线接收（38 kHz 红外线到电信号转换）、信号放大、解调（还原 1、0 数字信号）等功能部件封装在一体，对外只引出 3 个引脚。三个引脚左边是+5V，中间是 GND，右边是 OUT（信号输出）。

图 7-29 一体化的红外线接收头外形

在发送端没有红外线脉冲信号发送时，OUT 端保持 5V 高电平，当发送端发送 38 kHz 的红外线时，OUT 端会输出低电平。

3. 红外线串口发送器时序

红外线遥控发送端一般采用两种不同宽度的脉冲对 38kHz 的方波信号进行调制，从而区分发送代码中的 0 与 1，如图 7-30 所示。

一般遥控器发送端的代码由 4 部分组成。

（1）引导码

引导码用于表示发送开始。一般引导码如图 7-31 所示。

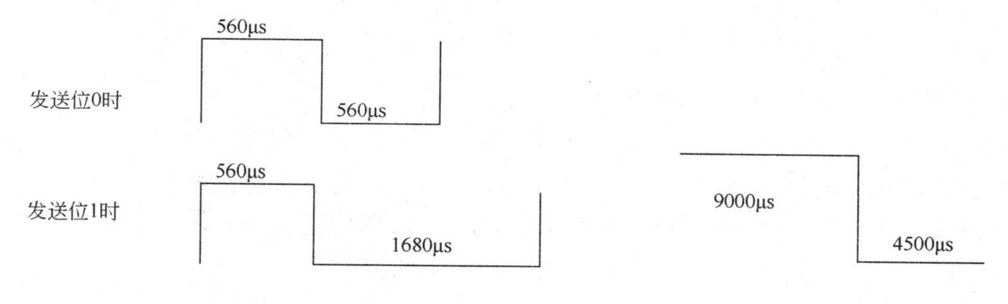

图 7-30　发送 0 与 1 的时序　　图 7-31　发送端引导码时序

引导码一般由 2 部分组成：9000μs 高电平部分和 4500μs 低电平部分。一般高电平部分时间在 8000～10000μs 之间都可以认为正常，低电平部分在 4000～5000μs 都可以认为正常。

（2）系统码

系统码由系统码正码和系统码反码组成，用来区分不同的遥控设备。系统码的正码部分和反码部分总共 16 位，前 8 位是系统码的正码，后 8 位是系统码的反码（把系统码取反）；不同遥控设备有不同的系统码，以避免相互干扰。

（3）键码

键码用来区分用户所按下的按键。由 16 位组成，前 8 位是键码的正码，后 8 位是键码的反码。用户按不同的按键将产生不同的键码。

（4）结束码

结束码由 2.5ms 高电平、560μs 低电平组成，如图 7-32 所示。

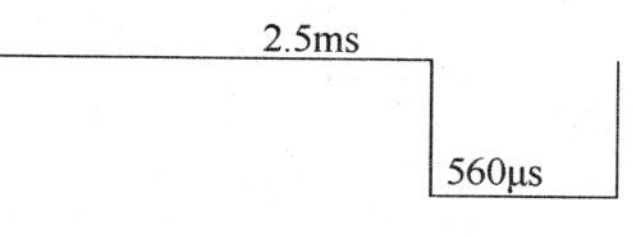

图 7-32　发送端结束码时序

发送一帧完整的遥控代码，如图 7-33 所示。

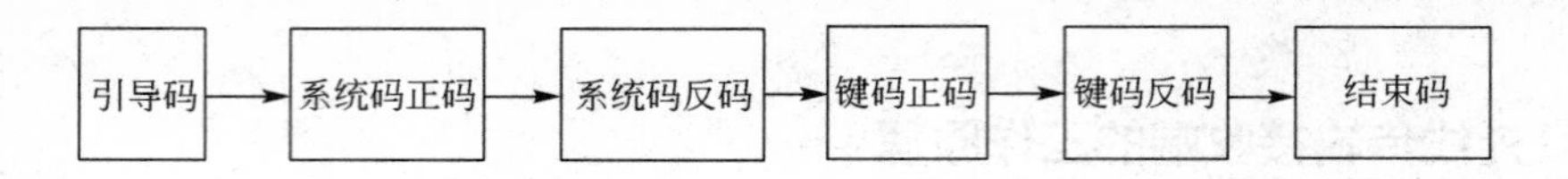

图 7-33　一帧完整的遥控代码组成

如果一次按键后发送完全部代码，仍然未松手，则将重复发送引导码和结束码。直至松手为止。

4．用单片机解码红外遥控

解码的几个关键点如下。

① 一体化红外接收器所输出的代码与发送端相反。在没有接收到遥控信号时，其输出端始终保持高电压。当发送端发送引导码时，输出端立即变为低电平。故对于接收端，引导码的时序如图 7-34 所示。

② 接收 0 的时序，如图 7-35 所示。

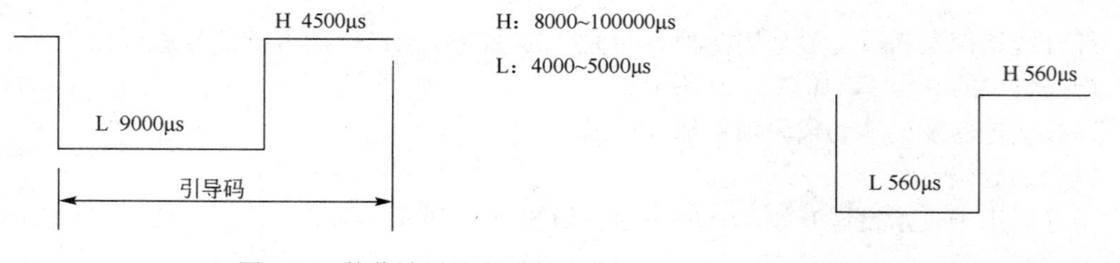

图 7-34　接收端引导码时序

图 7-35　接收端接收 0 时序

③ 接收 1 的时序，如图 7-36 所示。

由此可得判断 0 和 1 的方法：在 560μs 的低电平过后，去测量高电平所维持的时间。

- 如果高电平时间大于 450μs 且小于 650μs，可以确定发送的位是 0。
- 如果高电平时间大于 1500μs 且小于 1800μs，可以确定发送的位是 1。

④ 发送端在发送一个字节的系统码或键码时是低位先发。

二、电路

红外遥控发射接收电路如图 7-37 所示。

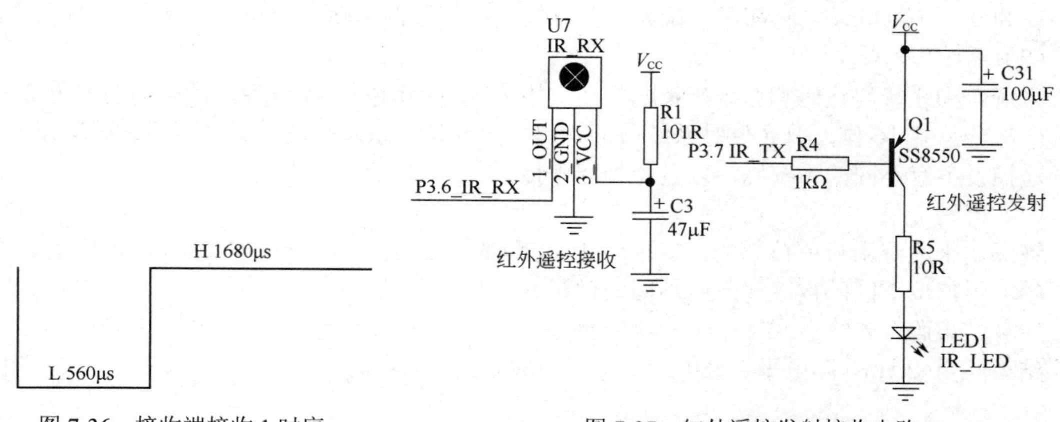

图 7-36　接收端接收 1 时序

图 7-37　红外遥控发射接收电路

三、程序

```
//红外解码值，发送到数码管显示
#include "stc15fxxxx.h"
#define         LED_TYPE    0x00//定义 LED 类型, 0x00--共阴, 0xff--共阳
#define    Timer0_Reload (65536UL - ((MAIN_Fosc + 10000/2) / 10000))
//Timer 0 中断频率， 在 4000~16000 之间.
unsigned char code t_display[]={                              //标准字库
//    0    1    2    3    4    5    6    7    8    9    A    B    C    D    E    F
    0x3F,0x06,0x5B,0x4F,0x66,0x6D,0x7D,0x07,0x7F,0x6F,0x77,0x7C,0x39,0x5E,0x79,0x71,
//black -    H    J    K    L    N    o    P    U    t    G    Q    r    M    y
    0x00,0x40,0x76,0x1E,0x70,0x38,0x37,0x5C,0x73,0x3E,0x78,0x3d,0x67,0x50,0x37,0x6e,
    0xBF,0x86,0xDB,0xCF,0xE6,0xED,0xFD,0x87,0xFF,0xEF,0x46};//0. 1. 2. 3. 4. 5. 6. 7. 8. 9. -1
unsigned char code T_COM[]={0x01,0x02,0x04,0x08,0x10,0x20,0x40,0x80};      //位码
sbit  P_HC595_SER    = P4^0;      //pin 14    SER       data input
sbit  P_HC595_RCLK   = P5^4;      //pin 12    RCLK      store (latch) clock
sbit  P_HC595_SRCLK = P4^3;       //pin 11    SRCLK     Shift data clock
sbit  P_IR_RX = P3^6;             //定义红外接收输入 IO 口
unsigned char   LEDBuffer[8];     //显示缓冲
unsigned char   display_index;    //显示位索引
bit   B_1ms;                      //1ms 标志
unsigned char   cnt_1ms;          //1ms 基本计时
unsigned char   IR_SampleCnt;     //采样计数
unsigned char   IR_BitCnt;        //编码位数
unsigned char   IR_UserH;         //用户码(地址)高字节
unsigned char   IR_UserL;         //用户码(地址)低字节
unsigned char   IR_data;          //数据原码
unsigned char   IR_DataShit;      //数据移位
bit   P_IR_RX_temp;               //Last sample
bit   B_IR_Sync;                  //已收到同步标志
bit   B_IrUserCodeErr;            //User code error flag
bit   B_IR_Press;                 //按键动作发生
unsigned char   IR_code;          //红外键码
unsigned int    UserCode;         //用户码
/**************** 向 HC595 发送一个字节函数 *****************/
void Send_595(unsigned char dat)
{
    unsigned char   i;
    for(i=0; i<8; i++)
    {
        dat <<= 1;
        P_HC595_SER    = CY;
```

```
            P_HC595_SRCLK = 1;
            P_HC595_SRCLK = 0;
        }
}
/********************** 显示扫描函数 ************************/
void DisplayScan(void)
{
        Send_595(~LED_TYPE ^ T_COM[display_index]);                    //输出位码
        Send_595( LED_TYPE ^ t_display[LEDBuffer[display_index]]);     //输出段码
        P_HC595_RCLK = 1;
        P_HC595_RCLK = 0;                                              //锁存输出数据
        if(++display_index >= 8)  display_index = 0;    //8 位结束回 0
}
/**************** 外部函数声明和外部变量声明 *****************/
void IR_RX_HS38B(void)
{
        unsigned char   SampleTime;
        IR_SampleCnt++;                                  //Sample + 1
        F0 = P_IR_RX_temp;                               //Save Last sample status
        P_IR_RX_temp = P_IR_RX;                          //Read current status
        if(F0 && !P_IR_RX_temp)      //Pre-sample is high，and current sample is low, so is fall edge
        {
            SampleTime = IR_SampleCnt;                   //get the sample time
            IR_SampleCnt = 0;                            //Clear the sample counter
                if(SampleTime > 150)      B_IR_Sync = 0; //large the Maxim SYNC time, then error
            else if(SampleTime >= 97)                    //SYNC
            {
                if(SampleTime >= 123)
                {
                    B_IR_Sync = 1;                       //has received SYNC
                    IR_BitCnt = 32;      //Load bit number
                }
            }
            else if(B_IR_Sync)                           //has received SYNC
            {
                if(SampleTime > 30)      B_IR_Sync=0; //data samlpe time too large
                else
                {
                    IR_DataShit >>= 1;                   //data shift right 1 bit
                    if(SampleTime >= 16)     IR_DataShit |= 0x80;       //devide data 0 or 1
                    if(--IR_BitCnt == 0)                 //bit number is over?
                    {
```

```
                    B_IR_Sync = 0;                  //Clear SYNC
                    if(~IR_DataShit == IR_data)     //判断数据正反码
                    {
                        UserCode = ((unsigned int)IR_UserH << 8) + IR_UserL;
                        IR_code         = IR_data;
                        if(UserCode == 0xff00)              //判断用户码是否为 ff00
                                B_IrUserCodeErr = 0;        //User code is righe
                        else  B_IrUserCodeErr = 1;          //user code is wrong
                        B_IR_Press     = 1;                 //数据有效
                    }
                }
                else if((IR_BitCnt & 7)== 0)                //one byte receive
                {
                    IR_UserL = IR_UserH;                    //Save the User code high byte
                    IR_UserH = IR_data;                     //Save the User code low byte
                    IR_data    = IR_DataShit;               //Save the IR data byte
                }
            }
        }
    }
}
/********************** 主函数 ***********************/
void main(void)
{
    unsigned char   i;
    display_index = 0;
    Timer0_1T();
    Timer0_AsTimer();
    Timer0_16bitAutoReload();
    Timer0_Load(Timer0_Reload);
    Timer0_InterruptEnable();
    Timer0_Run();
    cnt_1ms = 10;
    EA = 1;                                         //打开总中断
    for(i=0; i<8; i++)      LEDBuffer[i] = 0x11;    //上电显示-
    LEDBuffer[4] = 0x10;
    LEDBuffer[5] = 0x10;
    while(1)
    {
        if(B_1ms) //1ms 到
        {
            B_1ms = 0;
```

```
            if(B_IR_Press)        //检测到收到红外键码
            {
                B_IR_Press = 0;
                LEDBuffer[0] = (unsigned char)((UserCode >> 12) & 0x0f);
                                                    //用户码高字节的高半字节
                LEDBuffer[1] = (unsigned char)((UserCode >> 8)  & 0x0f);
                                                    //用户码高字节的低半字节
                LEDBuffer[2] = (unsigned char)((UserCode >> 4)  & 0x0f);
                                                    //用户码低字节的高半字节
                LEDBuffer[3] = (unsigned char)(UserCode & 0x0f);
                                                    //用户码低字节的低半字节
                LEDBuffer[6] = IR_code >> 4;
                LEDBuffer[7] = IR_code & 0x0f;
            }
        }
    }
}
/********************** Timer0 1ms 中断函数 ************************/
void timer0 (void) interrupt 1
{
    IR_RX_HS38B();
    if(--cnt_1ms == 0)
    {
        cnt_1ms = 10;
        B_1ms = 1;          //1ms 标志
        DisplayScan(); //1ms 扫描显示一位
    }
}
```

【评估】

1. 设计一个程序，解码出遥控板所发出的系统码和键码以及它们的反码，并把键码的正码显示在数码管上。

2. 按遥控板上的数字键，在数码管上显示对应的数字。

【拓展】

1. 设计一个程序，用遥控板上的音量加键来控制试验板上 LED 的闪烁速度。

2. 设计一个遥控解码程序用遥控板上的按键来控制试验板上的 LED 亮度。

3. 设计一个遥控解码程序，用遥控板来控制步进电动机的转速。

项目实施

目前有许多智能传感器和特殊功能模块，使用很广泛，而且厂家还提供单片机例程，这对单片机使用者来讲非常好。

实施建议:

1. 充分理解每一个模块的通信要求、电路连接方法，可以为编程和电路设计带来很多便利。

2. 学会多个程序连接方法，可以节省大量的编程时间。

项目评估

1. 对照你的项目介绍展示你的作品，评价项目任务完成情况。

2. 项目答辩，主要问题如下：

① 你学会的单片机与其他设备连接有多少种方法？各是什么特点？请做比较说明。

② 针对单片机系统电路图设计，你有什么经验和教训，分别和大家分享一下。

③ 对单片机软件设计，你有什么经验和教训，分别和大家分享一下。

3. 提交项目报告。

项目拓展

1. 设计制作一个简单的扫地机器人。

2. 设计带日历和温度显示的时钟。

3. 查找资料，学习单片机操作系统的用法和编程。

项目八　使用IAP15W4K58S4控制的小型四轴飞行器设计

项目目标

1. 了解无线数字通信原理,掌握遥控器的编程和电路;
2. 了解四轴飞行器的基本原理,及其常见传感器的用法;
3. 学习C51单片机操作系统的应用方法;
4. 小型四轴飞行器程序设计开发的技巧及调试方法;
5. 培养团队工作的方法和技巧。

项目任务

四轴飞行器最初是由军方研发的一种新式飞行器。随着各种传感器、单片机、电动机和电池技术的发展和普及，四轴飞行器成为航模界的新锐力量。至今，四轴飞行器已经应用到各个领域，如军事打击、公安追捕、灾害搜救、农林业调查、输电线巡查、广告宣传航拍、航模玩具等，已经成为重要的遥感平台。

以常见的航拍为例，四轴飞行器平台具有体积小、飞行稳定性高、起飞场地要求低、可携带较大负载拍摄设备、能够实现悬停拍摄等特点，非常适合此场合的使用需求，因此常出现在记录片拍摄、庆典现场拍摄、地质农业林区航拍调查等环境中。

目前应用广泛的飞行器有固定翼飞行器和单轴的直升机。与普通固定翼及单轴直升机相比，四轴飞行器机动性好，动作灵活，可以垂直起飞降落和悬停，缺点是续航时间短得多、飞行速度不快；而与单轴直升机比，四轴飞行器的机械简单，无需尾桨抵消反力矩，成本低。

国内对于四轴飞行器的研究起步较晚，但是借助于良好的环境及众多的人员努力，目前在民用领域还处于世界较先进的水平，国产多型号四轴飞行器已经形成相关产业，被广泛应用。

本项目介绍四轴飞行器的一种实现方案，重点介绍使用STC的IAP15W4K58S4来实现控制四轴飞行器的原理和用到的算法。

项目实施条件

本项目中的四轴飞行器硬件参数:

电池:1S/3.7V电池,推荐300~650mA·h左右　500mA·h以上的电池推荐安装在背面。

电机/桨:720空心杯/59mm桨。

MCU:IAP15W4K58S4@28.000MHz。

陀螺仪加速度计：MPU-6050。
无线芯片:NRF24L01。
电动机驱动 MOS 管:A03400。
升压方案:BL8530。
3.3V 稳压方案:ME6219C-33-M5G。
下载口保护:1kΩ电阻。
机架尺寸:94mm × 94mm。

进阶一　使用 RTX51 进行单片机程序的开发

【目标】

通过本内容学习和训练，能够理解操作系统实现多任务的原理，掌握使用简单的 51 操作系统 RTX51 进行单片机程序的编写方法。

【任务】

学习任务是使用操作系统的方法，编写 4 个独立的流水灯程序。要求如下:
LED0 每 1s 改变一次状态;
LED1 每 0.7s 改变一次状态;
LED2 每 0.4s 改变一次状态;
LED3 每 0.2s 改变一次状态;
当按钮按下时,关闭 LED3，使 task4 退出任务链表，LED3 不再闪烁。

【行动】

一、查一查，找一找，写一写
1.查找 51 操作系统相关资料。
2.阅读 Keil 中关于 RTX51 的说明部分。
二、说一说
1.为什么要使用操作系统进行 51 程序的开发?
2.没有主函数 main 时，程序从何处开始运行?
三、试一试
1.实际运行该程序，可以观察一下效果，与之前做过的实验有什么区别？延迟时间是由哪个参数决定的？仔细理解一下 os_wait(K_TMO,XX, 0);这个语句的作用。
2.添加 LED4 每 0.11s 改变一次状态。

【知识学习】

一、RTX51 Tiny 操作系统简介

RTX51 Tiny 是一种实时操作系统（RTOS），可以用它来建立多个任务（函数）同时执行的应用（从宏观上看是同时执行的，但从微观上看，还是独立运行的）。单片机应用系统经常有这种需求。RTOS 可以提供调度、维护、同步等功能。

实时操作系统能灵活地调度系统资源，像 CPU 和存储器，并且提供任务间的通信。RTX51 Tiny 是一个功能强大的 RTOS，且易于使用，它用于 8051 系列的微控制器。该 RTOS 最多支持 16 个任务，基于 RTX51 Tiny 构建的应用程序没有 main( )函数，是从任务 0 开始执行的。

RTX51 Tiny 的程序用标准的 C 语言构造，由 Keil C51 C 编译器编译。用户可以很容易地定义任务函数，而不需要进行复杂的栈和变量结构配置，只需包含一个指定的头文件（rtx51tny.h）。

RTX51 Tiny 使用定时器 0、定时器 0 中断和寄存器组 1。如果在程序中使用了定时器 0，则 RTX51 Tiny 将不能正常运转。可以在定时器 0 的中断服务程序后追加自己的定时器 0 中断服务程序代码（修改配置文件 Conf_tny.A51）。

二、单任务、多任务和基于 RTX51 Tiny 程序的比较

1. 单任务程序

单片机程序和标准 C 程序都是从 main 函数开始执行的，main 通常是一个无限循环，可以认为是一个持续执行的单个任务，例如：

```
void main(void)
{
while(1)
{
do_something( );  //一直循环执行 do_something 任务
        }
}
```

2. 多任务程序

许多 C 程序通过在一个循环里调用服务函数（或任务）来实现为多任务调度。下面的例子很常见，如：

```
void main(void)
{
while(1){
   key_scan( );   //键盘扫描
   do_key( );      //处理按键事件
   ctr_adj( );       //调整控制器
   }
}
```

该例中，每个函数执行一个单独的操作或任务，函数（或任务）按次序依次执行。当任务越来越多时，调度问题就被自然而然地提出来了。例如，如果 ctr_adj( )函数执行时间较长，主循环就可能需要较长的时间才能返回来执行 key_scan( )函数，导致遗漏部分按键事件。当然，可以在主循环中更频繁地调用 key_scan( )函数以纠正这个问题，但最终这个方法还是会失效。那么要如何解决这个问题呢？

3. RTX51 Tiny 程序

当使用 Rtx51Tiny 时，为每个任务建立独立的任务函数，例如：

```
void job0(void)  _task_  0
{
   os_create_task(1);   //创建任务 1
   os_create_task(2);   //创建任务 2
```

```
    os_create_task(3);   //创建任务 3
    os_delete_task(0);   //删除任务 0
}

void job1(void) _task_ 1    //键盘扫描任务
{while(1){key_scan( );}}
void job2(void) _task_ 2    //处理按键事件任务
{while(1){ do_key( );}}
void job3(void) _task_ 3    //调整控制器任务
{while(1){ctr_adj( );} }
```

该例中，每个函数定义为一个 RTX51 Tiny 任务。RTX51 Tiny 从任务 0 开始执行，在典型的应用中，任务 0 简单地建立所有其他的任务。

程序从 task 0 开始启动执行，但并非没有主函数 main()，而是该函数被包含在库文件 Rtx51tny.A51 中，如果打开该文件能够看到：

```
; Start RTX - 51 Tiny Kernal
EXTRN CODE (? C_STARTUP)
PUBLIC  MAIN
MAIN:     MOV R0,#? RTX? TASKSP? S
          MOV   @R0,SP
          MOV   A,#? RTX_MAXTASKN
          JZ   main2
          ……
```

可见，主函数还是存在的，只是用户不需要编写相关代码而已。编写自己的程序时，只需要编写任务即可。

4. 使用 RTX51 Tiny

编写 RTX51 Tiny 程序时，必须用 task 关键字对任务进行定义，并包含 RTX51TNY.H。

（1）建立 RTX51 Tiny 程序时必须遵守的原则

① 确保包含了 RTX51TNY.H 头文件。

② 不要建立 main 函数，RTX51 Tiny 有自己的 mian 函数。

③ 程序必须至少包含一个任务函数 task。

④ 中断必须有效（EA=1），在临界区如果要禁止中断时一定要小心。参见项目五进阶三。

⑤ 程序必须至少调用一个 RTX51 Tiny 库函数（像 os_wait）。否则，连接器将不包含 RTX51 Tiny 库。

⑥ Task 0 是程序中首先要执行的函数，必须在任务 0 中调用 os_create_task 函数以运行其余任务。

⑦ 任务函数 task 必须是从不退出或返回的，任务必须用 while(1)死循环，用 os_delete_task 函数停止运行的任务。

⑧ 必须在 uvison 中指定 RTX51 Tiny，或者在连接器命令行中指定。更多技术文档参见 Keil 软件知识库。

⑨ 实时或多任务应用是由一个或多个执行具体操作的任务 task 组成的，RTX51 Tiny 支持最多 16 个任务。

（2）RTX51 Tiny 程序的任务 task

任务就是一个简单的 C 函数，返回类型为 void，形式参数列表为 void，并且用_task_声明函数属性。例如：

```
void   func(void)_task_task_id
{……}
```

这里，func 是任务函数的名字，task_id 是从 0～15 的一个任务 ID 号。

下面的例子是定义函数 job0 编号为 0 的任务。该任务使一个计数器递增并不断重复。

```
void job0(void)_task_0
{
while(1)
{
Counter0++;
}
}
```

注意：

① 所有的任务都应该是无限循环，任务一定不能返回。

② 任务不能返回一个函数值，它们的返回类型必须是 void。

③ 不能对一个任务传递参数，任务的形参必须是 void。

④ 每个任务必须赋予一个唯一的，不重复的 ID。

⑤ 为了最小化 RTX51 Tiny 的存储器需求，从 0 开始对任务进行顺序编号。

（3）编译和连接

RTX51 Tiny 已经完全集成到了 C51 编译语言中，这使得生成 RTX51 Tiny 应用非常容易。

① 打开目标对话框选项（从 project 菜单选择 Options for Target）。

② 选择 Target 标签。

③ 在 Operating system 操作系统选项列表中，选择 RTX51 Tiny，如图 8-1 所示。

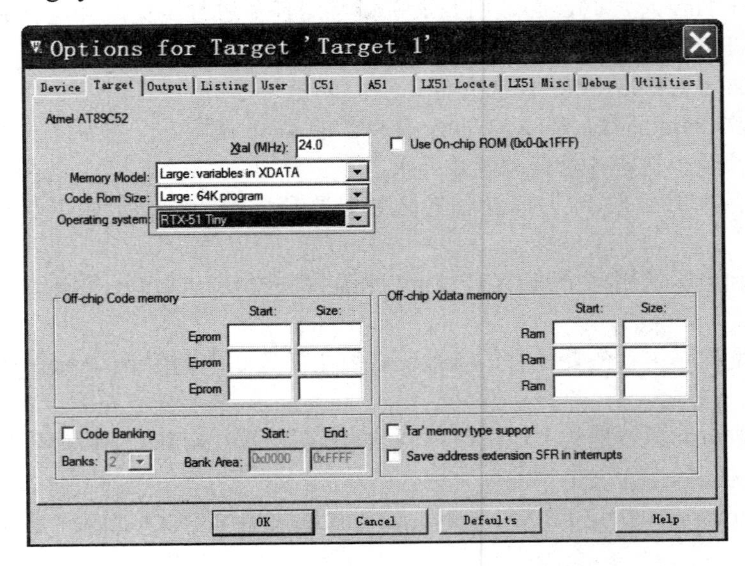

图 8-1　在 Keil 中选择使用 RTX51 操作系统

三、使用操作系统编写一个流水灯程序

RTX51 编程的本质是向连接有 LED 的 I/O 端口写入相关控制字，然后靠操作系统的定时功能，完成 LED 灯状态的转换。

下面是 LED 流水灯的程序示例：

```
/****************************************************
    task1 : LED0 每 1s 改变一次状态
    task2 ： LED1 每 0.7s 改变一次状态
    task3 ： LED2 每 0.4s 改变一次状态
    task4 ： LED3 每 0.2s 改变一次状态
****************************************************/
#include <rtx51tny.h>//这句最关键,表示使用了操作系统 rtx51
#include <reg52.h>

typedef unsigned char uchar;
typedef unsigned int   uint;

sbit LED0 = P2^0;
sbit LED1 = P2^1;
sbit LED2 = P2^2;
sbit LED3 = P2^3;

sbit KEY0 = P1^7;
void job0(void) _task_ 0
{
    LED0 = 1;
    LED1 = 1;
    LED2 = 1;
    LED3 = 1;            //关闭四个 LED

    os_create_task(1);   //创建任务 1
    os_create_task(2);   //创建任务 2
    os_create_task(3);   //创建任务 3
    os_create_task(4);   //创建任务 4
    os_create_task(5);   //创建任务 5
    os_delete_task(0);   //删除自己(task0),使 task0 退出任务链表
}
void job1(void) _task_ 1
{
    while(1)
        {
        LED0 = !LED0;
```

```
            os_wait(K_TMO, 100, 0);
/**********************************************************
等待 100 个时间片(ticks)，即 1s 配置文件。
在 ConfTny.A51 中 INT_CLOCK    EQU    10000; default is 10000 cycles 中定义时间片，时间片
意思是为每个任务分配的工作时间。这里，每个任务的工作时间是 10000 个机器周期。
如果机器周期是 1μs,那么 10000×1μs =10 ms  则一个时间片为 10ms。
这个时间值可以通过函数 os_reset_interval 进行重新设置。
**********************************************************/
    }
}

void job2(void) _task_ 2
{
while(1)
{
    LED1 = !LED1;
    os_wait(K_TMO, 70, 0);    //等待(延时)0.7s
    }
}

void job3(void) _task_ 3
{
    while(1)
{
    LED2 = !LED2;
    os_wait(K_TMO, 40, 0);    //等待(延时)0.4s
    }
}

void job4(void) _task_ 4
{
    while(1)
{
    LED3 = !LED3;
    os_wait(K_TMO, 20, 0);    //等待(延时)0.2s
    }
}

void job5(void) _task_ 5
{
    while(1)
{
```

```
            if(0 == KEY0){                    //判断按键是否按下
                LED3 = 1;
                os_delete_task(4);      //按下时关闭 LED3，使 task4 退出任务链表，
//LED3 不再闪烁
            }
        }
}
```

上面的代码实现的功能是：使 LED0 每隔 1s（不准）切换一次状态（ON/OFF），LED1 每 0.7s 切换一次状态，LED2 每 0.4s 切换一次状态，LED3 每 0.2s 切换一次状态。

四、RTX51 操作系统中任务的调度和参数的传递方法

1. RTX51 操作系统中常见的任务类型和函数类型

（1）任务 0：void job0(void) _task_ 0

任务 0 是操作系统的第一个任务，RTX51 启动后，会自动调用任务 0，其他要被执行的任务，需要在任务 0 中启动。因此在 RTX51 下编写 51 程序，必须有任务 0，否则系统会进入等待状态而挂起。

任务 0 程序编写时，要把一些初始化程序写出，同时要创建所有其他的任务（不包括中断），最多不超过 15 个。

（2）普通任务：void job (void) _task_ id

普通任务必须在任务 0 或者其他任务中被创建，任务只能先创建后使用。创建方法是：

```
os_create_task(id);  //创建任务函数。id 只能在 0～15 之间，id 号不能重复
```

删除方法是：

```
os_delete_task(id);  //删除任务函数
```

普通任务的程序结构如下：

```
void job4(void) _task_ id
{
    while(1)
{……}
}
```

（3）中断任务：void task_isrsendsignal(void)　　interrupt id

中断函数任务无需创建，只要打开相应功能的中断功能，其中端信号出现后，会自动中断原来执行的任务，转到中断任务的执行。当中断任务执行完了，会自动转回原来的断点处继续执行。中断函数中参数传递由 isr_send_signal(unsigned char taskid)完成。

（4）中断发送信号函数：char isr_send_signal(unsigned char taskid);

中断发送信号函数，参数 taskid 指定接收信号任务的任务号。发送信号函数 isr_send_signal 的返回值如果为 0，则表示信号发送成功；如果为–1，则表示指向的接收信号任务不存在。在 RTX51 实时操作系统的系统函数中，以“os_”开头的函数被普通任务专用，而以“isr_”开头的函数被 C51 的中断函数专用。

使用函数 isr_send_signal 的程序示例如下：

```
#include <RTX51TNY.h>
void task_isrsendsignal(void)  interrupt 2
```

```
{
……
isr_send_signal(4);        //向任务 4 发送信号
……
}
```

（5）清除信号标志函数：char os_clear_signal (unsigned char taskid);

清除信号标志函数 os_clear_signal 主要用于清除指定任务的信号标志，主要用于选择所定义的输出状态。参数 taskid 指向所需要清除信号标志的任务号。清除信号标志函数 os_clear_signal 的返回值如果为 0，则表示信号标志清除成功；如果为–1，则表示指向的任务不存在。使用清除信号标志函数 os_clear_signal 的程序示例如下：

```
#include <RTX51TNY.h>
void task_osclearsignal (void) _task_ 2
{
……
os_clear_signal (5);        //清除任务 5 中的信号标志
……
}
```

（6）创建任务函数：char os_create_task (unsigned char taskid);

创建任务函数 os_create_task 主要用于创建和启动指定任务号的任务。参数 taskid 指向所需要启动任务的任务号，taskid 必须与任务定义时描述的数字一致，其可取值的范围为 0～15。启动任务函数 os_create_task 的返回值如果为 0，则表示启动任务成功；如果为–1，则表示所指向的任务不存在或者任务无法启动。使用启动任务函数 os_create_task 的程序示例如下：

```
#include <RTX51TNY.h>
#include <stdio.h>
void ntask(void)      _task_ 3   //任务 3
{
……
}
void task_oscreatetask (void)     _task_ 2
{
……
If(os_create_task (3)==-1)       //启动任务 3
{……}
……
}
```

（7）删除任务函数：char os_delete_task (unsigned char taskid);

删除任务函数 os_delete_task 主要用于删除指定任务号的任务。参数 taskid 指向所需要删除任务的任务号，taskid 必须与任务定义时描述的数字一致，其可取值的范围为 0～15。删除任务函数 os_delete_task 的返回值如果为 0，则表示删除任务成功；如果为–1，则表示指向的任务不存在或者任务没有启动。使用删除任务函数 os_delete_task 的程序示例如下：

```
#include <RTX51TNY.h>
#include <stdio.h>
```

```
void task_osdeletetask (void)    _task_ 2
{
……
if(os_delete_task(4)==-1)        //删除任务 4
{……}
……
}
```

（8）当前任务号函数：char os_running_task_id (void);

当前任务号函数 os_running_task_id 主要用于获得当前运行任务的任务号，该函数的返回值表示当前任务的任务号。使用当前任务号函数 os_delete_task 的程序示例如下：

```
#include <RTX51TNY.h>
#include <stdio.h>
void task_ osrunningtaskid (void)    _task_ 2
{
unsigned char rtid;
rtid= os_running_task_id();      //调用当前任务号函数
……
}
```

（9）发送信号函数：char os_send_signal(unsigned char taskid);

发送信号函数 os_send_signal 主要用于向一个任务发送信号。参数 taskid 指向接收信号任务的任务号。发送信号函数 os_send_signal 的返回值如果为 0，则表示信号发送成功；如果为−1，则表示指向的任务不存在。使用发送信号函数 os_send_signal 的程序示例如下：

```
#include <RTX51TNY.h>
 void task_ossendsignal(void)   _task_ 3
{
……
os_send_signal(4);          //向任务 4 发送信号
……
}
```

（10）等待函数:char os_wait(unsigned char event_sel, unsigned char ticks, unsigned char dummy);

（形参至少是 1 个，也可能是 2 个、3 个）

os_wait 是 RTX51 Tiny 中的基本函数之一。它的功能是将当前任务挂起来,等待一个启动信号 event_sel,启动信号可能是普通的启动信号 K_SIG、超时信号 K_TMO、周期信号 K_IVL 或者是它们之间的组合。分别介绍如下。

① 超时信号 K_TMO：主要用于 os_wait 函数开始的时间延时，由 RTX51 Tiny 的定时器脉冲来确定持续时间。如果一个任务调用 os_wait 函数时带有 K_TMO 参数，则其将被挂起，当延时结束时将返回到 READY 状态并可以被再次运行。

② 周期信号 K_IVL ：主要用于 os_wait 函数开始的时间间隔，由 RTX51 Tiny 的定时器脉冲来确定间隔延时时间。RTX51 系统的定时器是不复位的，定时器一直处于运行状态，因此事件 K_IVL 将同样一直工作，这与 K_TMO 不同。如果某个任务需要在同步间隔内执行，则可以使用时间间隔事件 K_IVL 来完成。

③ 信号 K_SIG：信号 K_SIG 为位变量，主要用于多任务之间的通信。在 RTX51 Tiny 系统中，可以使用系统函数置位或者清除信号 SIGNAL 位。一个任务在运行前可以使用 os_wait 函数来等待信号 K_SIG 置位，如果信号 K_SIG 未置位，则该任务将不执行；如果信号 K_SIG 置位，该任务返回到 READY 状态，并可以被 RTX51 Tiny 再次执行。

例如：os_wait(k_ivl,10,0)时表示每 10 个时间片运行一次，而 os_wait(K_TMO,10,0)则表示 10 时间片，再加上程序运行时间运行 1 次。

2. RTX51 操作系统中任务的调度和进程管理

RTX51 实时多任务操作系统和标准的单进程 C51 程序的主要区别在于任务调度的方式。单进程 C51 程序主要通过函数调用或中断来实现任务调度。RTX51 多任务程序可以采用 3 种任务调度方式：循环任务调度、事件任务调度、信号任务调度。

8051 单片机的 CPU 执行时间被 RTX51 Tiny 内核划分为多个时间片，系统为每个任务分配一个时间片。在 RTX51 Tiny 系统执行时，一个任务只能在其分配的时间片内执行，然后由 RTX51 Tiny 内核切换到另一个任务执行。各个时间片的持续时间可以根据需要修改，在系统的配置文件 CONF_TNY.A51 中设置，对应的变量为 TIMESHARING。RTX51 Tiny 的配置参数(Conf_tny.a51 文件中)中有 INT_CLOCK 和 TIMESHARING 两个参数。

这两个参数决定了每个任务使用时间片的大小：INT_CLOCK 是时钟中断使用的周期数,也就是基本时间片;TIMESHARING 是每个任务一次使用的时间片数目。两者决定了一个任务一次使用的最大时间片。

如假设一个系统中 INT_CLOCK 设置为 10000,即 10ms,那么 TIMESHARING=1 时,一个任务使用的最大时间片是 10ms;TIMESHARING=2 时,任务使用最大的时间片是 20ms;TIMESHARING=5 时,任务使用最大的时间片是 50ms;当 TIMESHARING 设置为 0 时,系统就不会进行自动任务切换了,这时需要用 os_switch_task 函数进行任务切换。

（1）循环任务调度

在 RTX51 实时多任务操作系统中，使用一个定时子程序，其由单片机的硬件定时器来完成（定时器 0 的方式 3）。由这个定时子程序产生周期性的中断，用来驱动 RTX51 内核实现时间片的划分。RTX51 循环任务调度便按照预先划分的时间片来循环轮流执行多个任务。

① 先运行 RTX51 操作系统，然后启动任务 0，程序就是从 _task_ 0 这里开始执行的；

② 任务 0 中的其他任务是依次轮流执行的，每个任务的执行时间是一样的，上面的程序中，是每个任务执行 10ms；如果这个过程中有一个新的任务被创建，新任务会自动加入循环，同时增加一个时间片；如果这个过程中有任务被删除，被删除的任务会自动退出这个循环，同时减少一个时间片；可见参与执行的任务越多，每个任务被执行的时间间隔越长。

③ 如果在 10ms 时间里，某个任务只用 1ms 就够，那么程序在其他 9ms 里也会死循环执行这个任务，等 10ms 到以后，才切换到下一个任务。

④ 如果在 10ms 时间里，某个任务只执行了一部分，那么程序会在切换之前挂起（把程序断点压入堆栈），保护断点，方便下次轮到本任务执行时，从堆栈中弹出断点，保证从断点处开始执行。

⑤ 中断程序的执行。当有中断信号出现时，同样首先转到中断任务执行，当中断任务

执行完后，会继续原来的任务执行。

在 RTX51 循环任务调度程序中，不要求有 main 主函数，RTX51 内核自动从第 0 号任务开始执行。对于某些多任务程序，如果包含 main 主函数，则需要使用 os_create_task（RTX51 Tiny 系统）和 os_start_system（RTX51 FULL 系统）函数来手工启动 RTX51 实时多任务操作系统。

（2）事件任务调度

RTX51 的事件可以用来更加灵活地为各个任务分配 CPU 时间，RTX51 的事件任务调度便是使用事件来实现多任务之间切换的调度方式。在 RTX51 系统中，可以使用 os_wait 函数向多任务内核发送事件，暂停当前任务的执行，从而实现在等待指定的事件时可以执行其他的任务。见等待函数。

（3）信号任务调度

在 RTX51 实时多任务操作系统中，还提供了使用信号来完成多任务之间切换的调度方式，即 RTX51 信号任务调度。在 RTX51 系统中，使用 os_send_signal 函数向另一个任务发送信号，接收信号的任务使用 os_wait 函数等待该信号。当任务接收到信号后，便结束等待状态，开始向下执行。如果任务在使用 os_wait 函数等待接收信号之前，信号已经发送过来，那么该任务将立即继续执行，不再等待信号。

3. 任务状态

在 RTX51 Tiny 系统中支持 5 种任务状态，这 5 种状态分别如下所示。

① READY 状态：任务正在等待运行。其前面运行的任务完成后，按照 RTX51 Tiny 内核的规则开始运行处于等待状态的任务。

② RUNING 状态：任务正在运行。RTX51 Tiny 中规定，每一个时刻只能有一个任务处于正在运行状态，即 RTX51 实现的是准并行任务执行。

③ WAITING 状态：任务处于等待状态。此时，如果指定的事件发生时，任务便进入 READY 状态。

④ TIMEOUT 状态：任务被一个循环超时事件所中断，该状态与状态 READY 相似。所不同的是，TIMEOUT 状态是由 RTX51 Tiny 系统的内部循环任务切换操作产生的。

⑤ DELETED 状态：任务被删除，不执行。

4. 小结

RTX51 Tiny 系统的循环任务切换允许“准平行”地执行多个循环或者任务。所谓“准平行”，也就是各个任务并不是一直并行运行的，而是各自在其预定的时间片内运行。由于各个任务切换的时间很短，因此可以看作“并行”运行。

五、在 RTX51 下编写遥控器摇杆程序

对于飞行器的遥控器，通常人们使用的是多通道遥控方式，即同时传输多个控制信号。四轴飞行器至少由两个模拟量通道来控制油门和姿态，此时需要通过使用 A/D 转换器，来把摇杆的位置信息转换为数字信号，以便通过无线模块进行传输。遥控器的信号采集对实时性要求较高，设计上要尽量保证能够按时采集数据，防止丢失，如果使用编写自己的用户程序的方式，在某些情况下（比如无线模块传输失败，会反复重发，持续调用无线发送程序），可

能会没有按时得到摇杆位置，造成飞行器失控。要避免这个问题，在实时操作系统下进行程序的编写是不错的解决方案。

图 8-2 是遥控器上的两个摇杆电路，四路滑动变阻器，分别连接到单片机的 P1.0～P1.3。

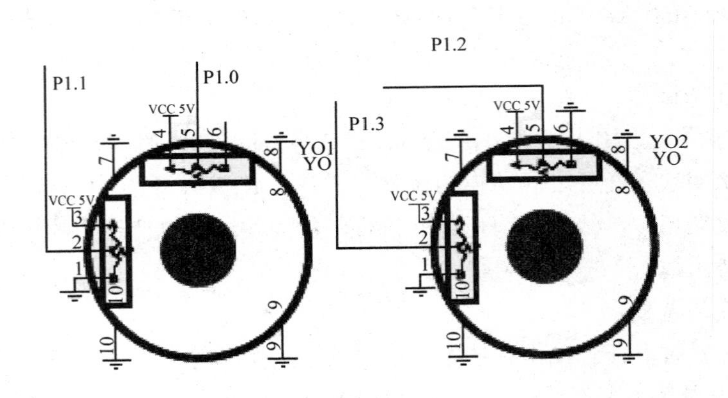

图 8-2 无线遥摇杆部分电路原理图

RTX51 下的 A/D 转换主程序：

```
#include <rtx51tny.h>
#include <STC15F2K60S2.H>
#include <AD.H>
sbit RLED=P0^5;
sbit GLED=P0^6;
sbit LKEY=P4^7;
sbit RKEY=P3^4;

volatile int idata ay,ax,by,bx;
volatile int idata cy,cx,dy,dx;
volatile float idata battery;
unsigned char idata TxBuf [20]={0};
unsigned char idata RxBuf [20]={0};
void IO_and_Init();

void AD() _task_ 0 //获取 A/D 采样数据
{
	IO_and_Init();    //初始化 I/O 口
	for(;;)
	{
  cy=getADCResult(3); //读取 4 个摇杆通道每个通道的 8 位数据，取值范围 0～255
	Delay(10);
	cx=getADCResult(2);
	Delay(10);
```

```
        dy=getADCResult(1);
        Delay(10);
        dx=getADCResult(0);
        Delay(10);
        battery=(getADCResult(4)*5.05*100)/256;    //电池电压检测通道 低于 3.7V 亮红灯
        Delay(10);
        if(battery<=370)
      {
        RLED=1;GLED=0;
        }
        else
        {
        RLED=0;GLED=1;
        }
        os_wait(K_IVL,3,0);//延时 3 个节拍
    }
    }
    void IO_and_Init()
    {
            P1M0=0x00;  //P1 设为高阻模式
            P1M1=0xFF;
            P0M0=0Xff; //其他 I/O 口设置为准双向，弱上拉模式
            P0M1=0X00;
            P2M0=0X00;
            P2M1=0X00;
            P3M0=0X00;
            P3M1=0X00;
            P4M0=0X00;
            P4M1=0X00;
            P5M0=0Xff;
            P5M1=0X00;
            LKEY=1;  //拉高按键检测 I/O 口电平，按键为低电平触发
            RKEY=1;
          adc_init();          //初始化 A/D 检测模块
   ax=getADCResult(2)-128; //记录上电时摇杆的数据作为中位修正，因为摇杆中位要为 128 即
256/2
         Delay(10);
         by=getADCResult(1)-128;
      Delay(10);
         bx=getADCResult(0)-128;          //记录回中的轴的初始位置数据
         Delay(10);
   }
```

AD.H 内容：

```
#ifndef __AD_H
#define __AD_H

//**************************A/D 寄存器定义************************************
#define ADC_POWER     0x80
#define ADC_FLAG      0x10
#define ADC_START     0x08
#define ADC_SPEEDLL 0x00
#define ADC_SPEEDL    0x20
#define ADC_SPEEDH    0x40
#define ADC_SPEEDHH 0x60

void adc_init();
uint getADCResult(char ch);

#endif
```

AD.C 内容：

```
#include <STC15F2K60S2.H>
#include <intrins.h>
#include <AD.H>

//**********************初始化 A/D 转换*******************************
void adc_init()
{
      P1ASF=0x1f;
      ADC_RES=0;
      ADC_CONTR = ADC_POWER | ADC_SPEEDLL;
      Delay(10); //适当延时
}
//**************************获得 A/D 转换的数据*************************
uint getADCResult(char ch)
{
      ADC_CONTR = ADC_POWER | ADC_SPEEDLL | ch | ADC_START;
      Delay(5);
      while (!(ADC_CONTR & ADC_FLAG));//等待转换完成
      ADC_CONTR &= ~ADC_FLAG; //关闭 ADC
      return ADC_RES;
```

}

在操作系统下编写的和正常的 A/D 转换程序区别并不大，本质都是相同的，只是把 A/D 转换函数放在启动任务中，这样单片机运行时调用 task 0，就会按照时间片进行 A/D 转换，如果只有一个任务，还看不出优势，结合后面的遥控器程序，就能够明显看到其效果。

进阶二　使用无线模块 NRF24L01 收发数据

王××同学去观看航模表演，他对遥控飞机特别感兴趣，但是他不明白遥控信号是如何产生，又如何被飞机接收到，进而按照操作者的意志完成各种动作的。

【目标】

通过本内容学习和训练，能够掌握无线模块的基本原理，数字通信接口，NRF24L01 的内部寄存器以及与单片机的连接方式，通信程序的编写方法。

【任务】

1.了解 NRF24L01 模块的基本功能，内部寄存器的使用方法。

2.了解 NRF24L01 与单片机的接口方式。

3.了解数字信号的传输原理及程序编写方法。

【行动】

一、查一查，找一找，写一写

1.到网站上查找 NRF24L01 的器件手册。

2.在手册中查找 NRF24L01 与单片机的接口定义及寄存器功能。

二、说一说

1. NRF24L01 的接口是什么类型的？

2.如何连接 NRF24L01 与单片机？

【知识学习】

一、NRF24L01 收发模块介绍

NRF24L01 是一款新型单片射频收发器件，工作于 2.4～2.5GHzISM 频段。内置频率合成器、功率放大器、晶体振荡器、调制器等功能模块。NRF24L01 功耗低，在以–6dBm 的功率发射时，工作电流也只有 9mA;接收时，工作电流只有 12.3mA，多种低功率工作模式（掉电模式和空闲模式）使节能设计更方便。

1. 模块电气特性

模块电气特性见表 8-1。

表 8-1　模块电气特性

参　数	数　值	单　位
供电电压	5	V
最大发射功率	0	dBm
最大数据传输率	2	Mbps
电流消耗（发射模式，0dBm）	11.3	mA
电流消耗（接收模式，2Mbps）	12.3	mA
电流消耗（掉电模式）	900	nA
温度范围	–40~+85	℃

2. 模块引脚说明

模块引脚说明见表 8-2。

表 8-2 模块引脚说明

管 脚	符 号	功 能	方 向
1	GND	电源地	
2	IRQ	中断输出	O
3	MISO	SPI 输出	O
4	MOSI	SPI 输入	I
5	SCK	SPI 时钟	I
6	NC	空	
7	NC	空	
8	CSN	芯片片选信号	I
9	CE	工作模式选择	I
10	+5V	电源	

3. 工作模式控制

工作模式由 CE 和 PWR_UP、PRIM_RX 两寄存器共同控制，见表 8-3。

表 8-3 工作模式控制

模 式	PWR_UP	PRIM_RX	CE	FIFO 寄存器状态
接收模式	1	1	1	—
发射模式	1	0	1[1]	数据存储在 FIFO 寄存器中，发射所有数据
发射模式	1	0	0→1[2]	数据存储在 FIFO 寄存器中，发射一个数据
待机模式 II	1	0	1	TX FIFO 为空
待机模式 I	1	—	0	无正在传输的数据
掉电模式	0	—	—	—

注：1. 进入此模式后，只要 CSN 置高，在 FIFO 中的数据就会立即发射出去，直到所有数据发射完毕，之后进入待机模式 II。

2. 正常的发射模式，CE 端的高电平应至少保持 10μs。24L01 将发射一个数据包，之后进入待机模式 I。

4. 数据和控制接口

通过以下 6 个引脚，可实现模块的所有功能：

① IRQ（低电平有效，中断输出）；

② CE（高电平有效，发射或接收模式控制）；

③ CSN（SPI 信号）；

④ SCK（SPI 信号）；

⑤ MOSI（SPI 信号）；

⑥ MISO（SPI 信号）。

通过 SPI 接口，可激活在数据寄存器 FIFO 中的数据；或者通过 SPI 命令（1 个字节长度）访问寄存器。

在待机或掉电模式下，单片机通过 SPI 接口配置模块；在发射或接收模式下，单片机通过 SPI 接口接收或发射数据。

5. SPI 指令

所有的 SPI 指令均在当 CSN 由低到高开始跳变时执行；从 MOSI 写命令的同时，MISO 实时返回 24L01 的状态值；SPI 指令由命令字节和数据字节两部分组成，表 8-4 为 SPI 命令字节。

表 8-4 SPI 命令字节

指令名称	指令格式（二进制）	字节数	操作说明
R_REGISTER	000A AAAA	1~5	读寄存器。AAAAA 表示寄存器地址
W_REGISTER	001A AAAA	1~5	写寄存器。AAAAA 表示寄存器地址，只能在掉电或待机模式下操作
R_RX_PAYLOAD	0110 0001	1~32	在接收模式下读 1~32 字节 RX 有效数据。从字节 0 开始，数据读完后，FIFO 寄存器清空
W_TX_PAYLOAD	1010 0000	1~32	在发射模式下写 1~31 字节 TX 有效数据。从字节 0 开始
FLUSH_TX	1110 0001	0	在发射模式下，清空 TX FIFO 寄存器
FLUSH_RX	1110 0010	0	在接收模式下，清空 RX FIFO 寄存器。在传输应答信号时不应执行此操作，否则不能传输完整的应答信号
REUSE_TX_PL	1110 0011	0	应用于发射端。重新使用上一次发射的有效数据，当 CE=1 时，数据将不断重新发射。在发射数据包过程中，应禁止数据包重用功能
NOP	1111 1111	0	空操作。可用于读状态寄存器

6. SPI 时序

SPI 读写时序见图 8-3。在写寄存器之前，一定要进入待机模式或掉电模式。其中，Cn——SPI 指令位；Sn——状态寄存器位；Dn——数据位（低字节在前，高字节在后；每个字节中高位在前）。

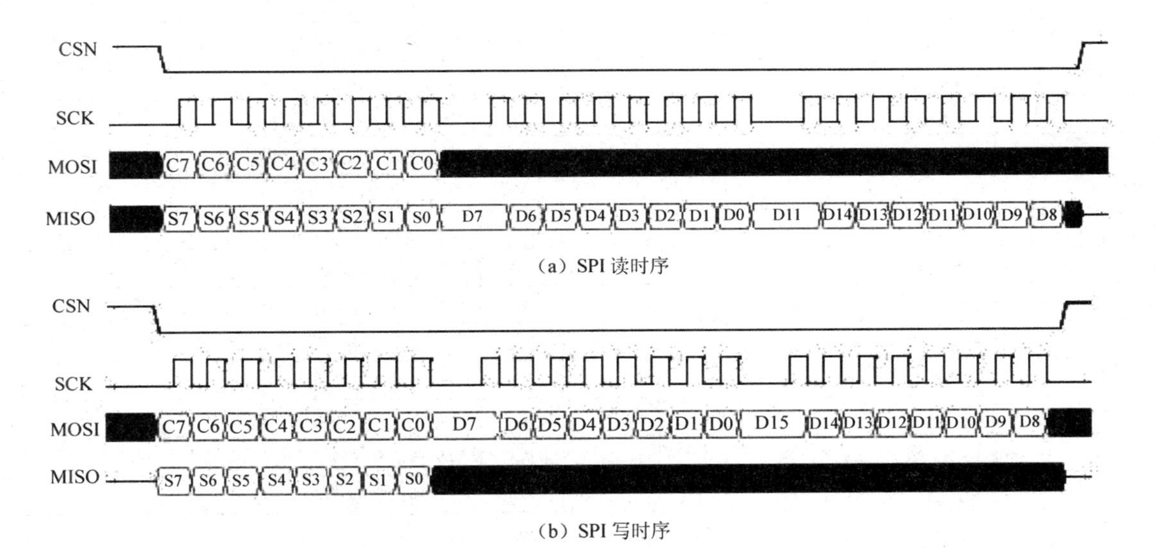

图 8-3 24L01 SPI 读写时序

7. 寄存器内容及说明

寄存器内容及说明见表 8-5。

表 8-5　寄存器内容及说明

地址（十六进制）	寄存器	位	复位值	类型	说明
00	CONFIG				配置寄存器
	Reserved	7	0	R/W	默认为 0
	MASK_RX_DR	6	0	R/W	可屏蔽中断 RX_RD 1：中断产生时对 IRQ 没影响 0：RX_RD 中断产生时，IRQ 引脚为低
	MASK_TX_DS	5	0	R/W	可屏蔽中断 TX_RD 1：中断产生时对 IRQ 没影响 0：TX_RD 中断产生时，IRQ 引脚为低
	MASK_MAX_RT	4	0	R/W	可屏蔽中断 MAX_RT 1：中断产生时对 IRQ 没影响 0：MAX_RT 中断产生时，IRQ 引脚为低
	EN_CRC	3	1	R/W	CRC 使能。如果 EN_AA 中任意一位为高，则 EN_CRC 为高
	CRCO	2	0	R/W	CRC 校验值： 0：1 字节 1：2 字节
	PWR_UP	1	0	R/W	0：掉电　　1：上电
	PRIM_RX	0	0	R/W	0：发射模式　1：接收模式
01	EN_AA Enhanced Shock Burst™				使能“自动应答”功能
	Reserved	7:6	00	R/W	默认为 00
	ENAA_P5	5	1	R/W	数据通道 5 自动应答使能位
	ENAA_P4	4	1	R/W	数据通道 4 自动应答使能位
	ENAA_P3	3	1	R/W	数据通道 3 自动应答使能位
	ENAA_P2	2	1	R/W	数据通道 2 自动应答使能位
	ENAA_P1	1	1	R/W	数据通道 1 自动应答使能位
	ENAA_P0	0	1	R/W	数据通道 0 自动应答使能位
02	EN_RXADDR				接收地址允许
	Reserved	7:6	00	R/W	默认为 00
	ERX _P5	5	0	R/W	数据通道 5 接收数据使能位
	ERX _P4	4	0	R/W	数据通道 4 接收数据使能位
	ERX _P3	3	0	R/W	数据通道 3 接收数据使能位
	ERX _P2	2	0	R/W	数据通道 2 接收数据使能位
	ERX _P1	1	1	R/W	数据通道 1 接收数据使能位
	ERX _P0	0	1	R/W	数据通道 0 接收数据使能位
03	SETUP_AW				设置地址宽度（所有数据通道）
	Reserved	7:2	000000	R/W	默认为 00000
	AW	1:0	11	R/W	接收/发射地址宽度： 00：无效 01：3 字节 10：4 字节 11：5 字节

续表

地址（十六进制）	寄存器	位	复位值	类型	说明
04	SETUP_RETR				自动重发
	ARD	7:4	0000	R/W	自动重发延时时间： 0000：250μs 0001：500μs …… 1111：4000μs
	ARC	3:0	0011	R/W	自动重发计数： 0000：禁止自动重发 0001：自动重发 1 次 …… 1111：自动重发 15 次
05	RF_CH				射频通道
	Reserved	7	0	R/W	默认为 0
	RF_CH	6:0	000001 0	R/W	设置工作通道频率
06	RF_SETUP				射频寄存器
	Reserved	7:5	000	R/W	默认为 000
	PLL_LOCK	4	0	R/W	锁相环使能，测试下使用
	RF_DR	3	1	R/W	数据传输率： 0：1Mbps 1：2Mbps
	RF_PWR	2:1	11	R/W	发射功率： 00：–18dBm 01：–12dBm 10：–6dBm 11：0dBm
	LNA_HCURR	0	1	R/W	低噪声放大器增益
07	STATUS				状态寄存器
	Reserved	7	0	R/W	默认值为 0
	RX_DR	6	0	R/W	接收数据中断位。当收到有效数据包后置 1 写“1”清除中断
	TX_DS	5	0	R/W	发送数据中断。如果工作在自动应答模式下，只有当接收到应答信号后置 1 写“1”清除中断
	MAX_RT	4	0	R/W	重发次数溢出中断。 写“1”清除中断。 如果 MAX_RT 中断产生，则必须清除后才能继续通信
	RX_P_NO	3:1	111	R	接收数据通道号： 000～101：数据通道号 110：未使用 111：RX FIFO 寄存器为空
	TX_FULL	0	0	R	TX FIFO 寄存器满标志位

续表

地址（十六进制）	寄存器	位	复位值	类型	说明
08	OBSERVE_TX				发送检测寄存器
	PLOS_CNT	7:4	0	R	数据包丢失计数器。当写 RF_CH 寄存器时，此寄存器复位。当丢失 15 个数据包后，此寄存器重启
	ARC_CNT	3:0	0	R	重发计数器。当发送新数据包时，此寄存器复位
09	CD				载波检测
	Reserved	7:1	000000	R	
	CD	0	0	R	
0A	RX_ADDR_P0	39:0	E7E7E7 E7E7	R/W	数据通道 0 接收地址。最大长度为 5 个字节
0B	RX_ADDR_P1	39:0	C2C2C 2C2C2	R/W	数据通道 1 接收地址。最大长度为 5 个字节
0C	RX_ADDR_P2	7:0	C3	R/W	数据通道 2 接收地址。最低字节可设置，高字节必须与 RX_ADDR_P1[39:8]相等
0D	RX_ADDR_P3	7:0	C4	R/W	数据通道 3 接收地址。最低字节可设置，高字节必须与 RX_ADDR_P1[39:8]相等
0E	RX_ADDR_P4	7:0	C5	R/W	数据通道 4 接收地址。最低字节可设置，高字节必须与 RX_ADDR_P1[39:8]相等
0F	RX_ADDR_P5	7:0	C6	R/W	数据通道 5 接收地址。最低字节可设置，高字节必须与 RX_ADDR_P1[39:8]相等
10	TX_ADDR	39:0	E7E7E7 E7E7	R/W	发送地址。在 ShockBurst™ 模式，设置 RX_ADDR_P0 与此地址相等来接收应答信号
11	RX_PW_P0				
	Reserved	7:6	00	R/W	默认为 00
	RX_PW_P0	5:0	0	R/W	数据通道 0 接收数据有效宽度： 0：无效 1：1 个字节 …… 32：32 个字节
12	RX_PW_P1				
	Reserved	7:6	00	R/W	默认为 00
	RX_PW_P1	5:0	0	R/W	数据通道 1 接收数据有效宽度： 0：无效 1：1 个字节 …… 32：32 个字节
13	RX_PW_P2				
	Reserved	7:6	00	R/W	默认为 00
	RX_PW_P2	5:0	0	R/W	数据通道 2 接收数据有效宽度： 0：无效 1：1 个字节 …… 32：32 个字节
14	RX_PW_P3				

续表

地址（十六进制）	寄存器	位	复位值	类型	说明
	Reserved	7:6	00	R/W	默认为00
	RX_PW_P3	5:0	0	R/W	数据通道3接收数据有效宽度： 0：无效 1：1个字节 …… 32：32个字节
15	RX_PW_P4				
	Reserved	7:6	00	R/W	默认为00
	RX_PW_P4	5:0	0	R/W	数据通道4接收数据有效宽度： 0：无效 1：1个字节 …… 32：32个字节
16	RX_PW_P5				
	Reserved	7:6	00	R/W	默认为00
	RX_PW_P5	5:0	0	R/W	数据通道5接收数据有效宽度： 0：无效 1：1个字节 …… 32：32个字节
17	FIFO_STATUS				FIFO状态寄存器
	Reserved	7	0	R/W	默认为0
	TX_REUSE	6	0	R	若TX_REUSE=1，则当CE置高时，不断发送上一数据包。TX_REUSE通过SPI指令REUSE_TX_PL设置；通过W_TX_PALOAD或FLUSH_TX复位
	TX_FULL	5	0	R	TX_FIFO寄存器满标志 1：寄存器满 0：寄存器未满，有可用空间
	TX_EMPTY	4	1	R	TX_FIFO寄存器空标志 1：寄存器空 0：寄存器非空
	Reserved	3:2	00	R/W	默认为00
	RX_FULL	1	0	R	RX FIFO寄存器满标志 1：寄存器满 0：寄存器未满，有可用空间
	RX_EMPTY	0	1	R	RX FIFO寄存器空标志 1：寄存器空 0：寄存器非空
N/A	TX_PLD	255:0	X	W	
N/A	RX_PLD	255:0	X	R	

8. 模块编程控制

（1）ShockBurst™ 发射模式

① 设置 PRIM_RX 为低。

② 通过 SPI 接口，将接收节点地址（TX_ADDR）和有效数据（TX_PLD）写入模块，写 TX_PLD 时，CSN 必须一直置低。

③ 置 CE 为高，启动发射。CE 高电平持续时间至少为 10μs。

④ ShockBurst™ 发射模式：

系统上电；

启动内部 16MHz 时钟；

数据打包；

数据发射。

⑤ 若启动了自动应答模式（ENAA_P0=1），则模块立即进入接收模式（NO_ACK 已设置）。如果接收到应答信号，则表示发射成功，TX_DS 置高且 TX FIFO 中的有效数据被移出；如果没有接收到应答信号，则自动重发（自动重发已设置）；如果自动重发次数超过最大值（ARC），MAX_RT 置高，在 TX FIFO 中的数据不被移出。当 MAX_RT 和 TX_DS 置高时，IRQ 激活。只有重新写状态寄存器（STATUS）才能关闭 IRQ。如果重发次数达到最大后，仍没有接收到应答信号，在 MAX_RT 中断清除之前，不会再发射数据。PLOS_CNT 计数器会增加，每当有一个 MAX_RT 中断产生，PLOS_CNT 计数器会增加。

⑥ 如果 CE 置低，则系统进行待机模式Ⅰ，否则发送 TX FIFO 寄存器中的下一个数据包。当 TX FIFO 中的数据发射完，CE 仍为高时，系统进入待机模式Ⅱ。

⑦ 在待机模式Ⅱ下，CE 置低，则进入待机模式Ⅰ。

（2）ShockBurst™ 接收模式

① 设置 PRIM_RX 为高，配置接收数据通道（EN_RXADDR）、自动应答寄存器（EN_AA）和有效数据宽度寄存器（RX_PW_PX）。

② 置 CE 为高，启动接收模式。

③ 130μs 后，模块检测空中信号。

④ 接收到有效的数据包后（地址匹配、CRC 检验正确），数据储存在 RX FIFO 中，RX_DR 置高。

⑤ 如果启动了自动应答功能，则发送应答信号。

⑥ MCU 置 CE 为低，进入先机模式Ⅰ。

⑦ MCU 可通过 SPI 接口将数据读出。

⑧ 模块准备好进入发射模式、接收模式或待机模式。

（3）RF 通道频率

RF 通道频率指的是 NRF24L01 所使用的中心频率，该频率范围从 2.400GHz 到 2.525GHz，以 1MHz 区分一个频点，故有 125 个频点可使用。

由参数 RF_CH 确定，公式为：$F_0 = 2400 + \text{RF\_CH}$（MHz）

NRF24L01 的程序实例，可以参照下面的遥控器中相应段落。

二、使用 NRF24L01 设计小型四通道遥控器

想要控制飞行器完成动作，首先需要设计一个遥控器，一般来说，四轴飞行器的遥控至少需要四个通道，在本项目中使用 NRF24L01 作为无线发射和接收模块。

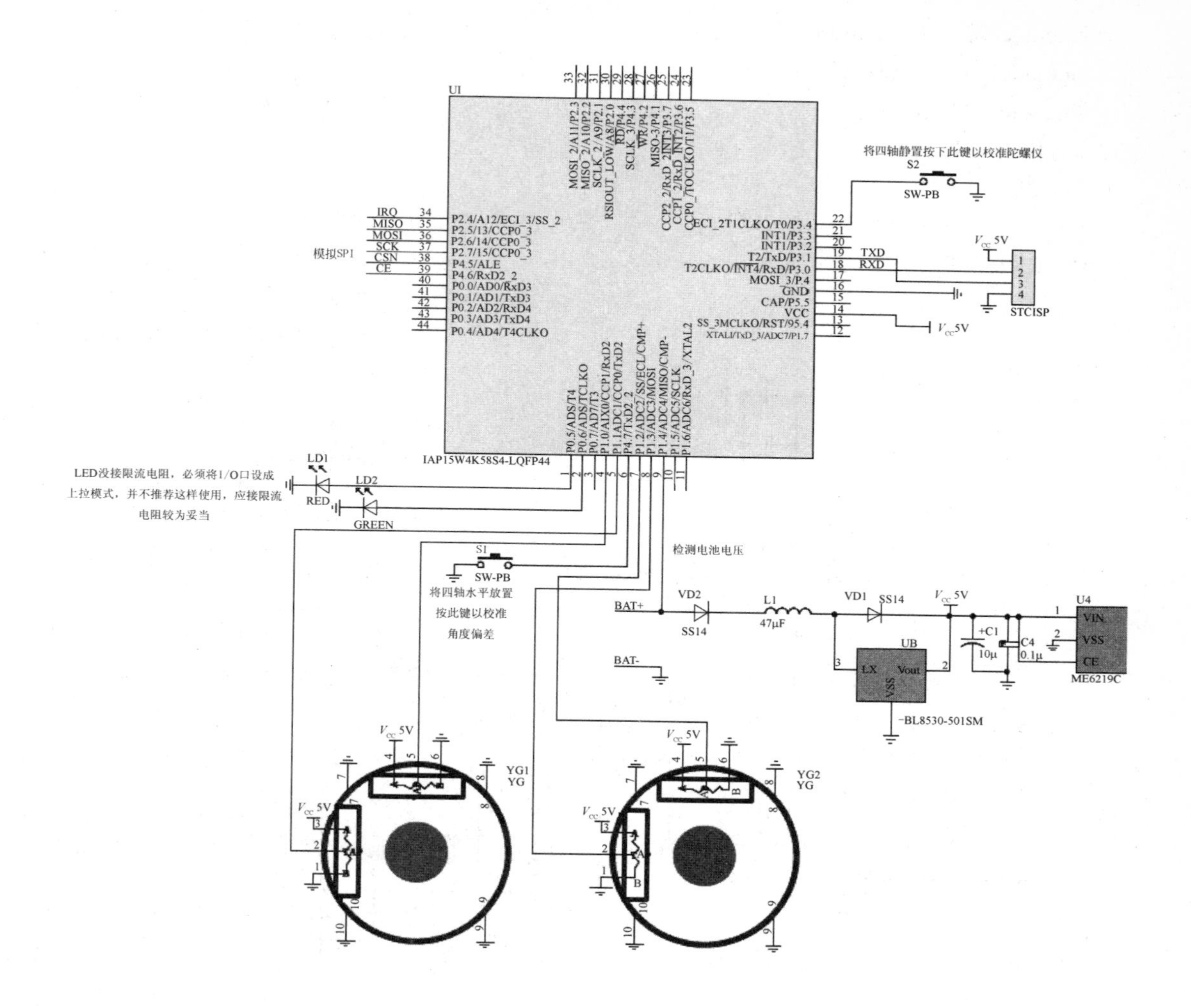

图 8-4　无线遥控器控制部分电路原理图

无线遥控器控制部分电路原理图见图 8-4，在电路中，IAP15W4K58S4-LQFP44 作为核心，完成操作杆 A/D 采样转换，同时将控制信号通过无线发射模块发射出去。

无线发射模块部分见图 8-5，NRF24L01 通过 I/O 连接到单片机，在程序的控制下，完成数据的发送。

遥控器按照使用者的习惯，一般分为左手油门和右手油门，下面程序以右手油门为例。

三、使用 NRF24L01 设计小型四通道遥控器示例程序

```
//****************************遥控器程序 Rev1.3 正式版**************************
//本程序适用于 STC 四轴右手油门
//右手上下为油门，左右为横滚
//左手上下为俯仰，左右为旋转
//MCU 工作频率 28MHz!!!
#include <rtx51tny.h>
```

```
#include <STC15F2K60S2.H>
#include <NRF24L01.H>
#include <AD.H>
sbit RLED=P0^5;
sbit GLED=P0^6;
sbit LKEY=P4^7;
sbit RKEY=P3^4;
```

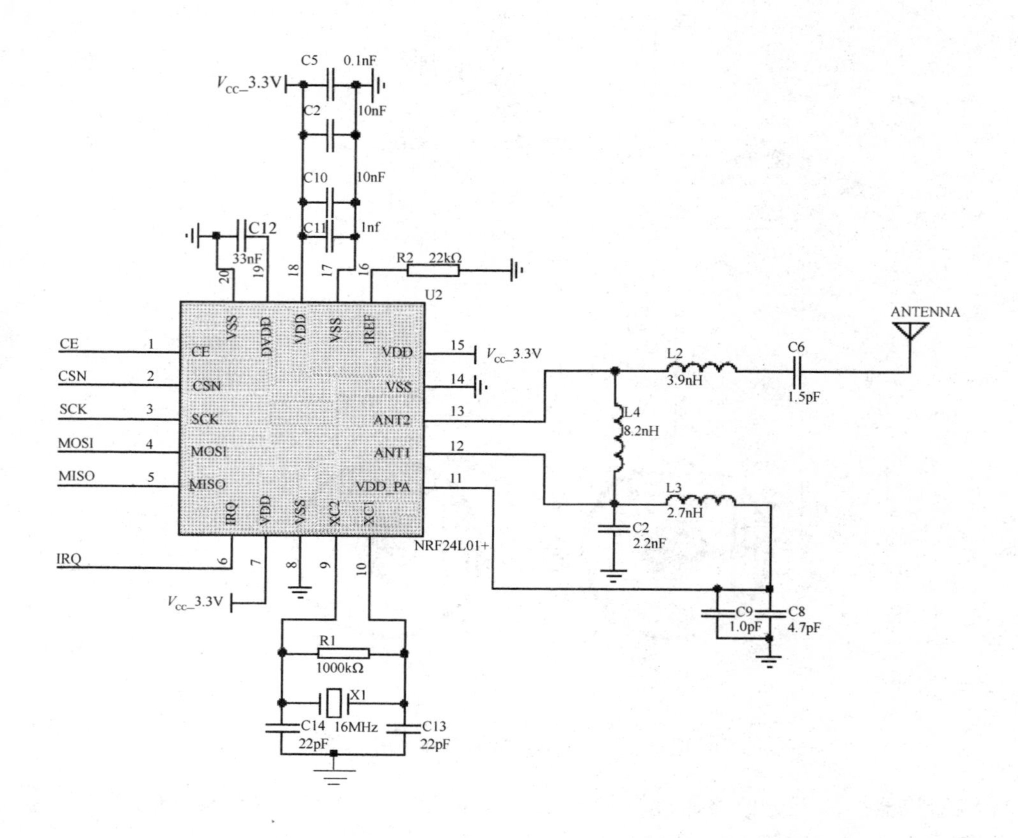

图 8-5　无线发射模块部分电路原理图

```
volatile int idata ay,ax,by,bx;
volatile int idata cy,cx,dy,dx;
volatile float idata battery;
unsigned char idata TxBuf[20]={0};
unsigned char idata RxBuf[20]={0};
void IO_and_Init();

void AD() _task_ 0 //获取 AD 采样数据
{
    IO_and_Init();    //初始化 I/O 口
```

```
        os_create_task (1);   //启动进程 1
        for(;;)
        {
    cy=getADCResult(3); //读取 4 个摇杆通道每个通道的 8 位数据，取值范围 0～255
        Delay(10);
        cx=getADCResult(2);
        Delay(10);
        dy=getADCResult(1);
    Delay(10);
        dx=getADCResult(0);
        Delay(10);
        battery=(getADCResult(4)*5.05*100)/256;    //电池电压检测通道 低于 3.7V 亮红灯
        Delay(10);
        if(battery<=370)
    {
        RLED=1;GLED=0;
        }
        else
        {
        RLED=0;GLED=1;
        }
        os_wait(K_IVL,3,0);//延时 3 个节拍
}
}
void NRF24L01()   _task_ 1
{
        while(1)
        {
         TxBuf[0]++;
         TxBuf[1]=128;
         TxBuf[2]=128;
         TxBuf[3]=128;
         if(cy<20) {goto EXIT;}//当油门拉至最低时遥控器解锁
         if(RKEY==0) {TxBuf[5]=1;} else {TxBuf[5]=0;}
         if(LKEY==0) {TxBuf[6]=1;} else {TxBuf[6]=0;}
         nRF24L01_TxPacket(TxBuf);//发送 TxBuf 数组的数据
         os_wait(K_IVL,2,0); //给一定延时让数据发送完成
        }
        EXIT:
        while(1)
        {
            if((dy-by)>=255){TxBuf[1]=255;}//用上电记录的数据对采样数据进行修正，保证摇
```

```
        杆中位时数据为 128
        else if((dy-by)<=0){TxBuf[1]=0;}
        else{TxBuf[1]=dy-by;}

        if((dx-bx)>=255){TxBuf[3]=255;}
        else if((dx-bx)<=0){TxBuf[3]=0;}
        else{TxBuf[3]=dx-bx;}

        if((cx-ax)>=255){TxBuf[2]=255;}
        else if((cx-ax)<=0){TxBuf[2]=0;}
        else{TxBuf[2]=cx-ax;}
        //油门：TxBuf[4]
    //Yaw：TxBuf[3]
    //俯仰：TxBuf[1]
    //横滚：TxBuf[2]
        TxBuf[4]=cy;//油门通道不需处理，直接发送 A/D 检测的 8 位数据即可，根据 A/D
        采样原理易知读//取的 AD 采样数据不可能为负也不可能大于 255
        if(RKEY==0) {TxBuf[5]=1;} else {TxBuf[5]=0;}
      if(LKEY==0) {TxBuf[6]=1;} else {TxBuf[6]=0;}
        TxBuf[0]++;
      nRF24L01_TxPacket(TxBuf);
        os_wait(K_IVL,2,0); //给一定延时让数据发送完成
    }
}
void IO_and_Init()
{
        P1M0=0x00;  //P1 设为高阻模式
        P1M1=0xFF;
        P0M0=0Xff; //其他 I/O 口设置为准双向，弱上拉模式
        P0M1=0X00;
        P2M0=0X00;
        P2M1=0X00;
        P3M0=0X00;
        P3M1=0X00;
        P4M0=0X00;
        P4M1=0X00;
        P5M0=0Xff;
        P5M1=0X00;
        LKEY=1;  //拉高按键检测 I/O 口电平，按键为低电平触发
        RKEY=1;
        init_NRF24L01();  //初始化无线模块
    adc_init();          //初始化 AD 检测模块
```

```
        ax=getADCResult(2)-128; //记录上电时摇杆的数据作为中位修正，因为摇杆中位要为
128 即 256/2
        Delay(10);
        by=getADCResult(1)-128;
     Delay(10);
        bx=getADCResult(0)-128;          //记录回中的轴的初始位置数据
        Delay(10);
    }
```

无线模块程序 NRF24L01.C：

```
#include <STC15F2K60S2.H>
#include <intrins.h>
#include <NRF24L01.H>

//********************************NRF24L01**********************************
#define TX_ADR_WIDTH    5          // 5 uints TX address width
#define RX_ADR_WIDTH    5          // 5 uints RX address width
#define TX_PLOAD_WIDTH  20         // 20 uints TX payload
#define RX_PLOAD_WIDTH  20         // 20 uints TX payload
uint const TX_ADDRESS[TX_ADR_WIDTH]= {0x34,0x43,0x10,0x10,0x01};    //本地地址
uint const RX_ADDRESS[RX_ADR_WIDTH]= {0x34,0x43,0x10,0x10,0x01};    //接收地址
//*************************NRF24L01 寄存器指令*******************************
#define READ_REG        0x00    // 读寄存器指令
#define WRITE_REG       0x20    // 写寄存器指令
#define RD_RX_PLOAD     0x61    // 读取接收数据指令
#define WR_TX_PLOAD     0xA0    // 写待发数据指令
#define FLUSH_TX        0xE1    // 冲洗发送 FIFO 指令
#define FLUSH_RX        0xE2    // 冲洗接收 FIFO 指令
#define REUSE_TX_PL     0xE3    // 定义重复装载数据指令
#define NOP             0xFF    // 保留
//*************************SPI(nRF24L01)寄存器地址**********************
#define CONFIG2         0x00    // 配置收发状态，CRC 校验模式以及收发状态响应方式
#define EN_AA           0x01    // 自动应答功能设置
#define EN_RXADDR       0x02    // 可用信道设置
#define SETUP_AW        0x03    // 收发地址宽度设置
#define SETUP_RETR      0x04    // 自动重发功能设置
#define RF_CH           0x05    // 工作频率设置
#define RF_SETUP        0x06    // 发射速率、功耗功能设置
#define STATUS          0x07    // 状态寄存器
#define OBSERVE_TX      0x08    // 发送监测功能
#define CD              0x09    // 地址检测
```

```
#define RX_ADDR_P0          0x0A      // 频道 0 接收数据地址
#define RX_ADDR_P1          0x0B      // 频道 1 接收数据地址
#define RX_ADDR_P2          0x0C      // 频道 2 接收数据地址
#define RX_ADDR_P3          0x0D      // 频道 3 接收数据地址
#define RX_ADDR_P4          0x0E      // 频道 4 接收数据地址
#define RX_ADDR_P5          0x0F      // 频道 5 接收数据地址
#define TX_ADDR             0x10      // 发送地址寄存器
#define RX_PW_P0            0x11      // 接收频道 0 接收数据长度
#define RX_PW_P1            0x12      // 接收频道 0 接收数据长度
#define RX_PW_P2            0x13      // 接收频道 0 接收数据长度
#define RX_PW_P3            0x14      // 接收频道 0 接收数据长度
#define RX_PW_P4            0x15      // 接收频道 0 接收数据长度
#define RX_PW_P5            0x16      // 接收频道 0 接收数据长度
#define FIFO_STATUS         0x17      // FIFO 栈入栈出状态寄存器设置
//*******************************长延时*********************************
void Delay(unsigned int s)
{
      unsigned int i;
      for(i=0; i<s; i++);
      for(i=0; i<s; i++);
}
//*********************************************************************
uint  bdata sta;    //状态标志
sbit  RX_DR    =sta^6;
sbit  TX_DS    =sta^5;
sbit  MAX_RT =sta^4;
sbit   TX_FULL =sta^0;
/**********************************************************************
/*延时函数
/**********************************************************************/
void inerDelay_us(unsigned char n)
{
      for(;n>0;n--)
            _nop_();
}
//*************************************************************
/*NRF24L01 初始化
//*************************************************************/
void init_NRF24L01(void)
{
      inerDelay_us(1200);
      CE=0;       // chip enable
```

```
        CSN=1;    // Spi   disable
        SCK=0;    //
        SPI_Write_Buf(WRITE_REG + TX_ADDR, TX_ADDRESS, TX_ADR_WIDTH);    // 写
本地地址
        SPI_Write_Buf(WRITE_REG + RX_ADDR_P0, RX_ADDRESS, RX_ADR_WIDTH); //
写接收端地址
        SPI_RW_Reg(WRITE_REG + EN_AA, 0x01);        //频道 0 自动 ACK 应答允许
        SPI_RW_Reg(WRITE_REG + EN_RXADDR, 0x01);  //允许接收地址只有频道 0
        SPI_RW_Reg(WRITE_REG + RF_CH, 0x6e);        //设置信道工作为 2.4GHz，收发必
须一致
        SPI_RW_Reg(WRITE_REG + RX_PW_P0, RX_PLOAD_WIDTH); //设置接收数据长度，
本次设置为 32 字节
        SPI_RW_Reg(WRITE_REG + RF_SETUP, 0x27);       //设置发射速率为 1MB/s，发射功
率为最大值+7dB，由于有 X2401L 功放，实际+21dbm 输出
      SPI_RW_Reg(WRITE_REG + CONFIG2, 0x5e);
    }
    void init_NRF24L012(void)
    {
        inerDelay_us(1200);
        CE=0;     // chip enable
        CSN=1;    // Spi   disable
        SCK=0;    //
        SPI_Write_Buf(WRITE_REG + TX_ADDR, TX_ADDRESS, TX_ADR_WIDTH);    //写本
地地址
        SPI_Write_Buf(WRITE_REG + RX_ADDR_P0, RX_ADDRESS, RX_ADR_WIDTH); //
写接收端地址
        SPI_RW_Reg(WRITE_REG + EN_AA, 0x01);        //频道 0 自动 ACK 应答允许
        SPI_RW_Reg(WRITE_REG + EN_RXADDR, 0x01);  //允许接收地址只有频道 0
        SPI_RW_Reg(WRITE_REG + RF_CH, 0x40);        //设置信道工作为 2.4GHz，收发必
须一致
        SPI_RW_Reg(WRITE_REG + RX_PW_P0, RX_PLOAD_WIDTH); //设置接收数据长度，
本次设置为 32 字节
        SPI_RW_Reg(WRITE_REG + RF_SETUP, 0x27);          //设置发射速率为 1MB/s，发
射功率为最大值+7dB，由于有 X2401L 功放，实际+21dbm 输出
      SPI_RW_Reg(WRITE_REG + CONFIG2, 0x5e);
    }
    /**************************************************************************
    /*函数：uint SPI_RW(uint uchar)
    /*功能：NRF24L01 的 SPI 写时序
    /*************************************************************************/
    uint SPI_RW(uint uchar)
    {
```

```
    uint bit_ctr;
    for(bit_ctr=0;bit_ctr<8;bit_ctr++) // output 8-bit
    {
        MOSI = (uchar & 0x80);              // output 'uchar', MSB to MOSI
        uchar = (uchar << 1);               // shift next bit into MSB..
        SCK = 1;                            // Set SCK high..
        inerDelay_us(12);
        uchar |= MISO;                      // capture current MISO bit
        inerDelay_us(12);
        SCK = 0;                            // ..then set SCK low again
    }
    return(uchar);                          // return read uchar
}
/*****************************************************************************
/*函数：uchar SPI_Read(uchar reg)
/*功能：NRF24L01 的 SPI 时序
*****************************************************************************/
uchar SPI_Read(uchar reg)
{
    uchar reg_val;

    CSN = 0;                    // CSN low, initialize SPI communication...
    inerDelay_us(12);
    SPI_RW(reg);                // Select register to read from..
    inerDelay_us(12);
    reg_val = SPI_RW(0);        // ..then read registervalue
    inerDelay_us(12);
    CSN = 1;                    // CSN high, terminate SPI communication

    return(reg_val);            // return register value
}
/*****************************************************************************/
/*功能：NRF24L01 读写寄存器函数
/*****************************************************************************/
uint SPI_RW_Reg(uchar reg, uchar value)
{
    uint status;

    CSN = 0;                    // CSN low, init SPI transaction
    status = SPI_RW(reg);       // select register
    SPI_RW(value);              // ..and write value to it.
    CSN = 1;                    // CSN high again
```

```
    return(status);                 // return NRF24L01 status uchar
}
/*****************************************************************************/
/*函数：uint SPI_Read_Buf(uchar reg, uchar *pBuf, uchar uchars)
/*功能: 用于读数据，reg：为寄存器地址，pBuf：为待读出数据地址，uchars：读出数据的
个数
/*****************************************************************************/
uint SPI_Read_Buf(uchar reg, uchar *pBuf, uchar uchars)
{
    uint status,uchar_ctr;

    CSN = 0;                                // Set CSN low, init SPI tranaction
    status = SPI_RW(reg);                   // Select register to write to and read status uchar

    for(uchar_ctr=0;uchar_ctr<uchars;uchar_ctr++)
        pBuf[uchar_ctr] = SPI_RW(0);

    CSN = 1;

    return(status);                         // return nRF24L01 status uchar
}
/******************************************************************************
/*函数：uint SPI_Write_Buf(uchar reg, uchar *pBuf, uchar uchars)
/*功能: 用于写数据：为寄存器地址，pBuf：为待写入数据地址，uchars：写入数据的个数
/*****************************************************************************/
uint SPI_Write_Buf(uchar reg, uchar *pBuf, uchar uchars)
{
    uint status,uchar_ctr;

    CSN = 0;                    //SPI 使能
    status = SPI_RW(reg);
    for(uchar_ctr=0; uchar_ctr<uchars; uchar_ctr++)
        SPI_RW(*pBuf++);
    CSN = 1;                    //关闭 SPI
    return(status);
}
/*****************************************************************************/
/*函数：void SetRX_Mode(void)
/*功能：数据接收配置
/*****************************************************************************/
void SetRX_Mode(void)
```

```
{
    CE=0;
    SPI_RW_Reg(WRITE_REG + CONFIG2, 0x5f);    // IRQ 收发完成中断响应，16 位 CRC，
    主接收
    CE = 1;
    inerDelay_us(1560);    //目的是为了让无线模块有足够的时间接收到数据
}
/*****************************************************************************/
/*函数：unsigned char nRF24L01_RxPacket(unsigned char* rx_buf)
/*功能：数据读取后放如 rx_buf 接收缓冲区中
/*****************************************************************************/
void nRF24L01_RxPacket(unsigned char* rx_buf)
{
    sta=SPI_Read(STATUS);
    if(RX_DR)
    {
      CE = 0;
        SPI_Read_Buf(RD_RX_PLOAD,rx_buf,TX_PLOAD_WIDTH);
    }
    SPI_RW_Reg(WRITE_REG+STATUS,sta);    //接收到数据后 RX_DR,TX_DS,MAX_PT
都置高为 1，通过写 1 来清除中断标志
    CE=1;
}
/*****************************************************************************
/*函数：void nRF24L01_TxPacket(unsigned char * tx_buf)
/*功能：发送 tx_buf 中数据
/*****************************************************************************/
void nRF24L01_TxPacket(unsigned char * tx_buf)
{
    SPI_RW_Reg(WRITE_REG+STATUS,0xff);
    SPI_RW_Reg(0xE1,0xff);
    CE=0;
    SPI_Write_Buf(WR_TX_PLOAD, tx_buf, TX_PLOAD_WIDTH);
    CE=1;
    inerDelay_us(10);    //CE 高电平大于 10μs 才能进入发射模式
}
```

AD 转换程序 AD.C：

```
#include <STC15F2K60S2.H>
#include <intrins.h>
#include <NRF24L01.H>
#include <AD.H>
```

```
//*********************初始化 A/D 转换********************************
void adc_init()
{
    P1ASF=0x1f;
    ADC_RES=0;
    ADC_CONTR = ADC_POWER | ADC_SPEEDLL;
    Delay(10); //适当延时
}
//********************获得 A/D 转换的数据*****************************
uint getADCResult(char ch)
{
    ADC_CONTR = ADC_POWER | ADC_SPEEDLL | ch | ADC_START;
    Delay(5);
    while (!(ADC_CONTR & ADC_FLAG));//等待转换完成
    ADC_CONTR &= ~ADC_FLAG; //关闭 ADC
    return ADC_RES;
}
```

头文件 NRF24L01.H：

```
#ifndef __NRF24L01_H
#define __NRF24L01_H
typedef unsigned char uchar;
typedef unsigned char uint;
sbit CE     =P4^6;
sbit CSN    =P4^5;
sbit SCK    =P2^7;
sbit MOSI   =P2^6;
sbit MISO   =P2^5;
sbit IRQ    =P2^4;
void Delay(unsigned int s);
void inerDelay_us(unsigned char n);
void init_NRF24L01(void);
void init_NRF24L012(void);
uint SPI_RW(uint uchar);
uchar SPI_Read(uchar reg);
void SetRX_Mode(void);
uint SPI_RW_Reg(uchar reg, uchar value);
uint SPI_Read_Buf(uchar reg, uchar *pBuf, uchar uchars);
uint SPI_Write_Buf(uchar reg, uchar *pBuf, uchar uchars);
void nRF24L01_RxPacket(unsigned char* rx_buf);
void nRF24L01_TxPacket(unsigned char * tx_buf);

#endif
```

头文件 AD.H：

```
#ifndef __NRF24L01_H
#define __NRF24L01_H
typedef unsigned char uchar;
typedef unsigned char uint;
sbit  CE      =P4^6;
sbit  CSN        =P4^5;
sbit  SCK     =P2^7;
sbit  MOSI       =P2^6;
sbit  MISO       =P2^5;
sbit  IRQ        =P2^4;
void Delay(unsigned int s);
void inerDelay_us(unsigned char n);
void init_NRF24L01(void);
void init_NRF24L012(void);
uint SPI_RW(uint uchar);
uchar SPI_Read(uchar reg);
void SetRX_Mode(void);
uint SPI_RW_Reg(uchar reg, uchar value);
uint SPI_Read_Buf(uchar reg, uchar *pBuf, uchar uchars);
uint SPI_Write_Buf(uchar reg, uchar *pBuf, uchar uchars);
void nRF24L01_RxPacket(unsigned char* rx_buf);
void nRF24L01_TxPacket(unsigned char * tx_buf);

#endif
```

【评估】

说出 NRF24L01 与单片机连接的具体电路方式。

【拓展】

编写一段程序，控制无线模块发送一串数据，具体内容可以是文字也可以是数据，尝试更改发送频率，使得两个接收端都能够正常接收。

进阶三　小型四轴飞行器中常见传感器用法与编程

要实现四轴飞行器的稳定飞行以及各个姿态的控制，需要实现对其姿态的感知，位置和高度的测量以及旋翼动力装置的控制。要实现操控人员对飞行器的控制，还要实现无线遥控功能。在四轴飞行器设计中飞行控制器是最基本的组成部分，因此设计飞行控制器实现对飞行器的控制是本项目的重点之一。

飞行控制器配备各种传感器，以实现对飞行器姿态、高度以及位置的测量；配备微控制器经程序设计实现控制系统核心，对传感器测量数据进行融合计算，根据姿态与位置，结合遥控量实现符合要求的控制输出；实现电动机控制接口，根据控制器运算输出对电动机转速进行控制，实现合适的转速。通过测量、运算、输出完成整个闭环控制系统。由以上分析可知，飞行控制器的硬件设计设计应包含传感器、微控制器、电动机调速系统以及电动机等。上述功能模块正常工作需要正确的供电，而锂电池只能提供 11.1V 的电压，因此还要设计合适的稳压电路模块以保证飞行控制器上各模块的正常工作。同时飞行控制器还配备有无线通信模块可以与地面站进行数据交换，在四个主轴臂安装彩色 LED 以标示飞行器姿态。传感器部分包括组成惯性测量单元的 3 个单轴电子陀螺仪传感器和 3 轴重力加速度传感器，高度计等。微控制器应满足控制器运算的速度与存储容量的要求。

根据以上分析，四轴飞行器在有限的载重基础上要实现各种复杂的控制，在系统硬件选型上应考虑低密度、低功耗、高性价比的产品。同时，在四轴飞行器设计实现阶段，要实现对飞行控制器的程序设计等，期间会有大量的调试工作；并且考虑到以后的系统升级问题，在硬件系统设计时应考虑到标准化接口设计，注意模块化设计等。四轴飞行器应在特殊环境下能够实现自主飞行。但鉴于飞行器在飞行过程中易受外界干扰影响，因此设计中应实现受控飞行与自主飞行的模式切换，使得地面操作人员能够在紧急情况下对飞行器实现控制，避免因受外界干扰使得飞行器失控而造成事故。飞行控制器配备 NRF24L01 无线模块，可以与地面控制站之间进行通信，实现地面站对飞行器的控制以及飞行过程中关键数据的传输。在受控飞行模式时，飞行器姿态与飞行路径受控于地面控制站；而在自主飞行模式时，飞行器应能够按照给定任务，自主实现飞行器的姿态的控制。

【目标】

通过本内容学习和训练，能够了解四轴飞行器常用的传感器类型，了解陀螺仪与加速度传感器在控制中的使用方法以及数据融合的作用。

【任务】

1. 了解小型四轴飞行器常用的传感器类型和基本的使用方法。
2. 掌握 I^2C 总线的数据读写程序。
3. 了解 MPU-6050 的数据处理方法。

【行动】

一、想一想，写一写

1.在本任务中，为什么要使用传感器？只依靠遥控器的信号能否完成飞行动作？

2.加速度测量和陀螺测量的共同点与区别是什么？

3.MPU-6050 如何与单片机连接？

4.如果想要飞行器获得更好的稳定性，还应该如何进行改进？

二、编一编

编写一段程序尝试使用单片机读取传感器 MPU6050 的数据并计算出三个方向的加速度。

三、画一画

画出本任务的电路图。

四、查一查

如果想要飞行器能够自主按照固定路线飞行，应该增加何种硬件才能完成？查找相关资料，看看能否添加到设计中去。

【知识学习】

一、四轴飞行器的传感器

飞行控制器上使用了各种传感器进行姿态感知与位置测量。其中三轴重力加速度传感器与三轴电子陀螺仪传感器模块组成IMU模块进行飞行器姿态的测量，空气高度传感器可以测量飞行器高度。应选择合适功能与适合飞行器工作环境的传感器进行飞行控制器的设计，同时还应考虑功耗、成本等因素。微型传感器随MEMS(微型电子机械系统)技术的发展而出现，与传统的传感器相比，它具有体积小、重量轻、成本低、功耗低、可靠性高、适于批量化生产、易于集成和实现智能化的特点。

（1）加速度传感器

加速度传感器用于测量机身相对于水平面的倾斜角度,利用了地球万有引力，把重力加速度投影到X,Y,Z轴上，测量出物体的姿势。

技术成熟的MEMS加速度计按照测量原理可分为：压电式、压阻式、电容式、谐振式、热对流式。按照加工工艺方法又可以分为体硅工艺微加速度计和表面工艺微加速度计。

（2）陀螺仪

陀螺仪的工作原理主要是利用角动量守恒原理。一个高速旋转的物体，它的转轴指向不随承载它的支架的旋转而变化，其所指的方向不容易受外力影响而改变。利用这个原理，制造一种可以保持方向的仪器，就是陀螺仪。陀螺仪在工作时其转轴工作环境阻力很小，受外力作用可以达到高达每分钟几十万转的转速，能够工作很长时间。然后用多种方法读取轴所指示的方向，并将该方向数据自动将数据信号传给控制系统。

电子式的陀螺仪采用微型电子机械技术制造，因为很难使用微型电子机械技术在硅片衬底上加工出一个旋转机构，所以其工作原理与机械式陀螺仪完全不同。电子式陀螺仪利用科里奥利力原理实现，即旋转物体在径向运动时所受到的切向力。利用旋转物体的旋转轴所指的方向在不受外力影响时的不变性，测量外力对物体的影响。跟地球万有引力和地球南北极的磁力具有固定方向性不同，旋转物体的旋转轴方向是不确定的，因而角速度传感器只能用来测量位置改变，而无法像加速度传感器和地磁传感器那样，测量出物体的绝对角度和姿势。

（3）空气高度传感器

测量高度的方法有很多种，在本项目中采用测量空气气压的方法间接测量海拔高度。气压作为一个物理量，其大小具有很深刻的物理含义，与海拔高度之间存在着密切的关系。在四轴飞行器的设计上，通常使用电子气压传感器，来测量气压，然后换算为相对高度。这个数据用来控制飞行器的飞行高度，完成悬停，定高飞行等动作。

（4）磁场传感器

地磁场传感器，也称为电子罗盘，和我们所了解的指南针一样，是利用大地磁场，来确定方向的。在四轴飞行器的控制中，如果想完成具有自主飞行能力或者自动返航功能的飞行控制器，则需要使用这样的传感器。

二、六轴传感器MPU-6050

1. 简介

MPU-6000为全球首例整合性六轴运动处理组件，相较于多组件方案，免除了组合陀螺仪与加速器时之轴间差的问题，减少了大量的包装空间。

MPU-6000的角速度全格感测范围为±250(°)/s、±500(°)/s、±1000(°)/s与±2000(°)/s，可准确追踪快速与慢速动作，并且，用户可程式控制的加速器全格感测范围为±2g、±4g、±8g与±16g。产品传输可透过最高至400kHz的IC或最高达20MHz的SPI（MPU-6050没有SPI）。

MPU-6000 可在不同电压下工作，VDD 供电电压为 2.5V±5%、3.0V±5%或 3.3V±5%，逻辑接口 VVDIO 供电为 1.8V±5%（MPU-6000 仅用 VDD）。MPU-6000 的包装尺寸 4mm×4mm×0.9mm(QFN)，在业界是革命性的尺寸。其他的特征包含内建的温度感测器、包含在运作环境中仅有±1%变动的振荡器。

2. MPU-6050 的应用

MPU-6050 的应用范围广泛，主要应用于运动感测游戏、现实增强、电子稳像 (EIS，Electronic Image Stabilization)、光学稳像(OIS，Optical Image Stabil ization)、行人导航器、“零触控”手势用户接口、智能型手机、平板装置设备、手持型游戏产品、游戏机、3D 遥控器、可携式导航设备等。

MPU-6050 引脚定义见表 8-6。

表 8-6 MPU-6050 引脚定义

引脚编号	MPU-6000	MPU-6050	引脚名称	描述
1	Y	Y	CLKIN	可选的外部时钟输入，如果不用则连到 GND
6	Y	Y	AUX_DA	I²C 主串行数据，用于外接传感器
7	Y	Y	AUX_CL	I²C 主串行时钟，用于外接传感器
8	Y		/CS	SPI 片选（O=SPI mode）
8		Y	VLOGIC	数字 I/O 供电电压
9	Y		AD0/SDO	I²C Slave 地址 LSB（AD0）；SPI 串行数据输出（SDO）
9		Y	AD0	I²C Slave 地址 LSB（AD0）
10	Y	Y	REGOUT	校准滤波电容连线
11	Y	Y	FSYNC	帧同步数字输入
12	Y	Y	INT	中断数字输出（推挽或开漏）
13	Y	Y	VDD	电源电压及数字 I/O 供电电压
18	Y	Y	GND	电源地
19，21,22	Y	Y	RESY、RESY、CLKOUT	预留，不接
20	Y	Y	CPOUT	电荷泵电容连线
23	Y		SCL/SCLK	I²C 串行时钟（SCL）；SPI 串行时钟（SCLK）
23		Y	SCL	I²C 串行时钟（SCL）
24	Y		SDA/SDI	I²C 串行数据（SDA）；SPI 串行数据输入（SDI）
24		Y	SDA	I²C 串行数据（SDA）
2,3,4,5，14,15,16,17	Y	Y	NC	不接

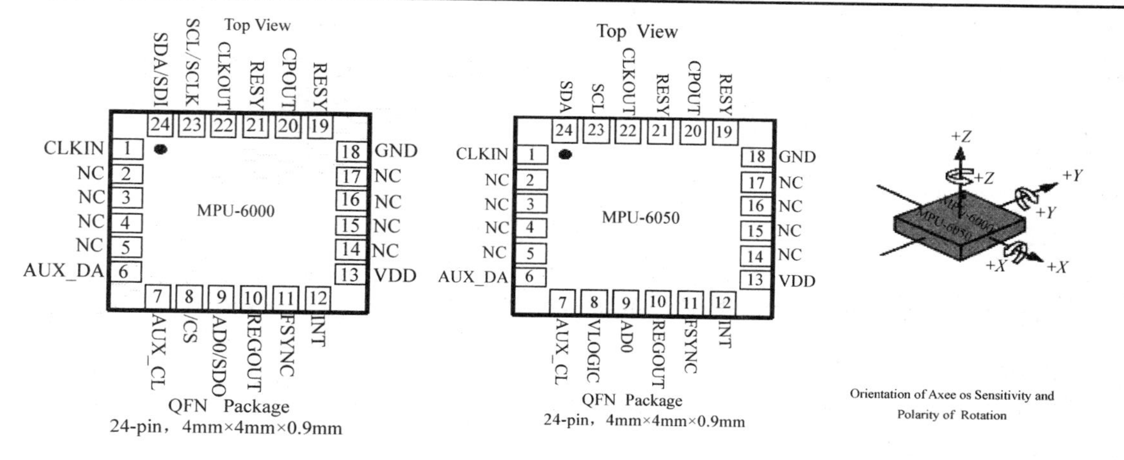

图 8-6 MPU-6050 外形

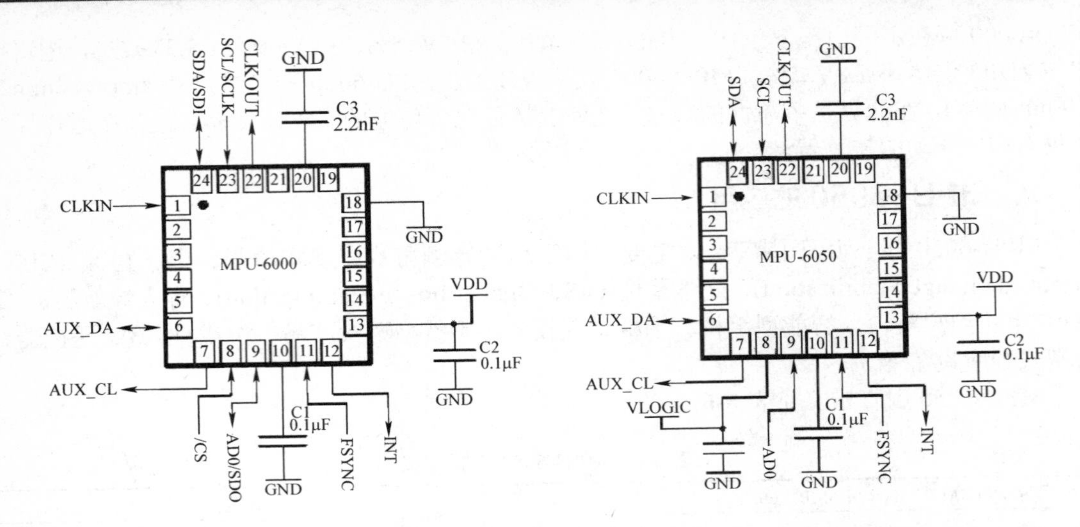

图 8-7 MPU-6050 典型应用电路

在本项目中，MPU-6050 的外形如图 8-6 所示，具体电路原理如图 8-7 所示,传感器与单片机之间使用 I^{2}C 连接。飞行控制部分传感器电路原理图如图 8-8 所示。

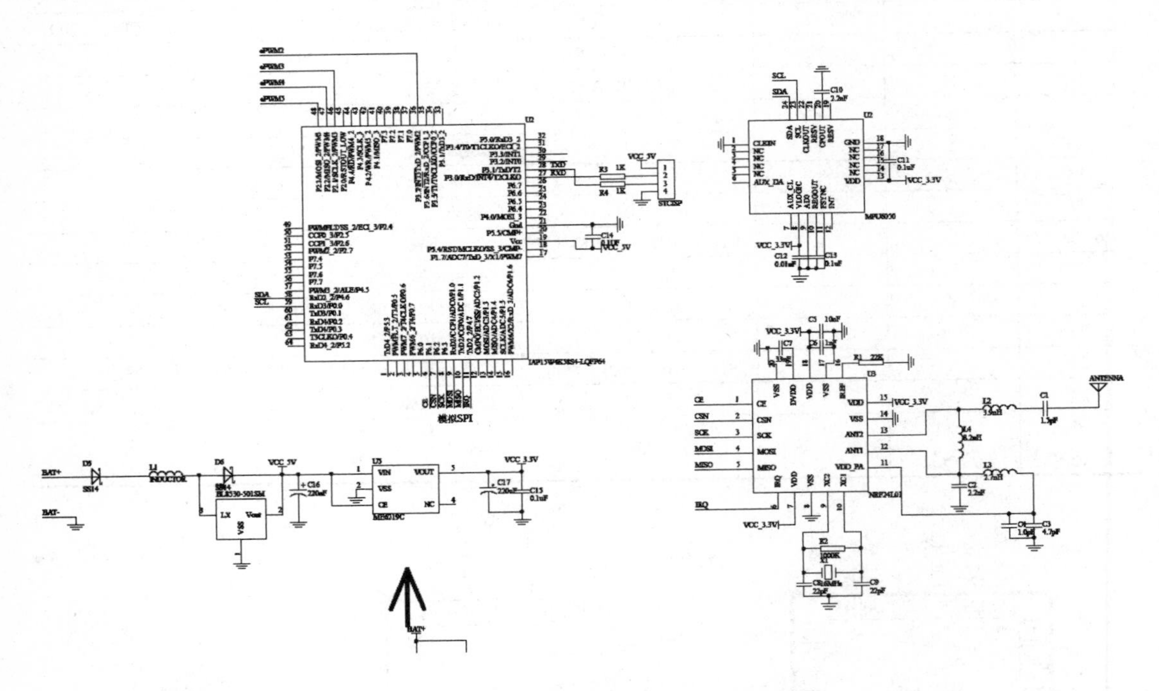

图 8-8 飞行控制部分传感器电路原理图

三、六轴传感器 MPU-6050 程序示例

MPU6050.h

```
#ifndef __MPU6050_H
#define __MPU6050_H
void    InitMPU6050();
```

```
void    Delay2us();
void    I2C_Start();
void    I2C_Stop();
bit     I2C_RecvACK();
void    I2C_SendByte(unsigned char dat);
unsigned char I2C_RecvByte();
void    I2C_ReadPage();
void    I2C_WritePage();
unsigned char Single_ReadI2C(unsigned char REG_Address);
void    Single_WriteI2C(unsigned char REG_Address,unsigned char REG_data);
int GetData(unsigned char REG_Address);

#define    SMPLRT_DIV        0x19//陀螺仪采样率，典型值：x07(125Hz)
#define    CONFIG              0x1A   //低通滤波频率，典型值：x06(5Hz)
#define    GYRO_CONFIG         0x1B     //陀螺仪自检及测量范围，典型值：x18[不自检，
（°）/s]
#define    ACCEL_CONFIG   0x1C     //加速计自检、测量范围及高通滤波频率，典型值：
x01(不自检，G，Hz)
#define    ACCEL_XOUT_H   0x3B
#define    ACCEL_XOUT_L   0x3C
#define    ACCEL_YOUT_H   0x3D
#define    ACCEL_YOUT_L   0x3E
#define    ACCEL_ZOUT_H   0x3F
#define    ACCEL_ZOUT_L   0x40
#define    TEMP_OUT_H           0x41
#define    TEMP_OUT_L     0x42
#define    GYRO_XOUT_H          0x43
#define    GYRO_XOUT_L          0x44
#define    GYRO_YOUT_H          0x45
#define    GYRO_YOUT_L          0x46
#define    GYRO_ZOUT_H          0x47
#define    GYRO_ZOUT_L          0x48
#define    PWR_MGMT_1           0x6B     //电源管理，典型值：x00(正常启用)
#define    WHO_AM_I           0x75   //I2C地址寄存器(默认数值x68，只读)
#define    SlaveAddress   0xD0     //I2C写入时的地址字节数据，+1为读取
#define IICSPEED       0x24
#endif
MPU6050.C
#include <STC15W4K60S4.H>
#include <intrins.h>
#include <MPU6050.H>
#include <NRF24L01.H>
```

```
sbit    SCL=P0^0;            //I²C时钟引脚定义    Rev8.0硬件
sbit    SDA=P4^6;            //I²C数据引脚定义
//sbit    SCL=P2^5;          //I²C时钟引脚定义    Rev7.0硬件
//sbit    SDA=P2^6;          //I²C数据引脚定义
void  InitMPU6050();         //初始化MPU-6050
void  Delay2μs();
void  I²C_Start();
void  I²C_Stop();

bit   I²C_RecvACK();

void  I²C_SendByte(uchar dat);
uchar I²C_RecvByte();

void  I²C_ReadPage();
void  I²C_WritePage();
uchar Single_ReadI²C(uchar REG_Address);                        //读取I²C数据
void  Single_WriteI²C(uchar REG_Address,uchar REG_data);        //向I²C写入数据

//I²C时序中延时设置，具体参见各芯片的数据手册 6050推荐最小3μs 但是会出问题，这里延时实际9μs左右
void Delay2μs()
{
    unsigned char i;
    i = 11;
    while (--i);
}
//****************************************
//I²C起始信号
//****************************************
void I²C_Start()
{
    SDA = 1;                      //拉高数据线
    SCL = 1;                      //拉高时钟线
    Delay2μs();                   //延时
    SDA = 0;                      //产生下降沿
    Delay2μs();                   //延时
    SCL = 0;                      //拉低时钟线
}
//****************************************
//I²C停止信号
//****************************************
```

```
void I²C_Stop()
{
    SDA = 0;                    //拉低数据线
    SCL = 1;                    //拉高时钟线
    Delay2μs();                 //延时
    SDA = 1;                    //产生上升沿
    Delay2μs();                 //延时
}
//**************************************
//I²C接收应答信号
//**************************************
bit I²C_RecvACK()
{
    SCL = 1;                    //拉高时钟线
    Delay2μs();                 //延时
    CY = SDA;                   //读应答信号
    SCL = 0;                    //拉低时钟线
    Delay2μs();                 //延时
    return CY;
}
//**************************************
//向I²C总线发送一个字节数据
//**************************************
void I²C_SendByte(uchar dat)
{
    uchar i;
    for (i=0; i<8; i++)         //8位计数器
    {
        dat <<= 1;              //移出数据的最高位
        SDA = CY;               //送数据口
        SCL = 1;                //拉高时钟线
        Delay2μs();             //延时
        SCL = 0;                //拉低时钟线
        Delay2μs();             //延时
    }
    I²C_RecvACK();
}
//**************************************
//从I²C总线接收一个字节数据
//**************************************
uchar I²C_RecvByte()
{
```

```
    uchar i;
    uchar dat = 0;
    SDA = 1;                        //使能内部上拉,准备读取数据,
    for (i=0; i<8; i++)             //8位计数器
    {
        dat <<= 1;
        SCL = 1;                    //拉高时钟线
        Delay2μs();                 //延时
        dat |= SDA;                 //读数据
        SCL = 0;                    //拉低时钟线
        Delay2μs();                 //延时
    }
    return dat;
}
//****************************************
//向I²C设备写入一个字节数据
//****************************************
void Single_WriteI²C(uchar REG_Address,uchar REG_data)
{
    I²C_Start();                    //起始信号
    I²C_SendByte(SlaveAddress);     //发送设备地址+写信号
    I²C_SendByte(REG_Address);      //内部寄存器地址,
    I²C_SendByte(REG_data);         //内部寄存器数据,
    I²C_Stop();                     //发送停止信号
}
//****************************************
//从I²C设备读取一个字节数据
//****************************************
uchar Single_ReadI²C(uchar REG_Address)
{
    uchar REG_data;
    I²C_Start();                        //起始信号
    I²C_SendByte(SlaveAddress);         //发送设备地址+写信号
    I²C_SendByte(REG_Address);          //发送存储单元地址，从开始
    I²C_Start();                        //起始信号
    I²C_SendByte(SlaveAddress+1);       //发送设备地址+读信号
    REG_data=I²C_RecvByte();            //读出寄存器数据

    SDA = 1;                            //写应答信号
    SCL = 1;                            //拉高时钟线
    Delay2μs();                         //延时
    SCL = 0;                            //拉低时钟线
```

```
    Delay2μs();                     //延时

    I2C_Stop();                     //停止信号
    return REG_data;
}

//****************************************
//初始化MPU6050
//****************************************
void InitMPU6050()
{
    Single_WriteI2C(PWR_MGMT_1, 0x00); //解除休眠状态
    Single_WriteI2C(SMPLRT_DIV, 0x07);  //陀螺仪Hz
    Single_WriteI2C(CONFIG, 0x04);          //21Hz滤波延时A8.5ms G8.3ms  此处取值应相
当注意，延时与系统周期相近为宜
    Single_WriteI2C(GYRO_CONFIG, 0x08); //陀螺仪度/s 65.5LSB/g
    Single_WriteI2C(ACCEL_CONFIG, 0x08);//加速度±4g  8192LSB/g
}
//****************************************
//合成数据
//****************************************
int GetData(uchar REG_Address)
{
    char H,L;
    H=Single_ReadI2C(REG_Address);
    L=Single_ReadI2C(REG_Address+1);
    return (H<<8)+L;    //合成数据
}
```

头文件IMU.H　该文件的功能是处理MPU-6050数据，结算出融合之后的姿态

```
#ifndef _IMU_H_
#define _IMU_H_
extern double Angle,Angley;
void IMUupdate(float gx, float gy, float gz, float ax, float ay, float az);
#endif
```

IMU.C

```
#include <STC15W4K60S4.H>
#include <IMU.H>
#include <math.H>
#define pi 3.14159265f
#define Kp 0.8f
#define Ki 0.001f
#define halfT 0.004f
```

```
float idata q0=1,q1=0,q2=0,q3=0;
float idata exInt=0,eyInt=0,ezInt=0;
void IMUupdate(float gx, float gy, float gz, float ax, float ay, float az)
{
  float idata norm;
  float idata vx, vy, vz;
  float idata ex, ey, ez;

  float idata q0q0 = q0*q0;
  float idata q0q1 = q0*q1;
  float idata q0q2 = q0*q2;
  float idata q0q3 = q0*q3;
  float idata q1q1 = q1*q1;
  float idata q1q2 = q1*q2;
  float idata q1q3 = q1*q3;
  float idata q2q2 = q2*q2;
  float idata q2q3 = q2*q3;
  float idata q3q3 = q3*q3;

  norm = sqrt(ax*ax + ay*ay + az*az);
  ax = ax /norm;
  ay = ay / norm;
  az = az / norm;

  vx = 2*(q1q3 - q0q2);
  vy = 2*(q0q1 + q2q3);
  vz = q0q0 - q1q1 - q2q2 + q3q3 ;

  ex = (ay*vz - az*vy) ;
  ey = (az*vx - ax*vz) ;
  ez = (ax*vy - ay*vx) ;

  exInt = exInt + ex * Ki;
  eyInt = eyInt + ey * Ki;
  ezInt = ezInt + ez * Ki;

  gx = gx + Kp*ex + exInt;
  gy = gy + Kp*ey + eyInt;
  gz = gz + Kp*ez + ezInt;

  q0 = q0 + (-q1*gx - q2*gy - q3*gz)*halfT;
  q1 = q1 + (q0*gx + q2*gz - q3*gy)*halfT;
```

```
  q2 = q2 + (q0*gy - q1*gz + q3*gx)*halfT;
  q3 = q3 + (q0*gz + q1*gy - q2*gx)*halfT;

  norm = sqrt(q0*q0 + q1*q1 + q2*q2 + q3*q3);
  q0 = q0 / norm;
  q1 = q1 / norm;
  q2 = q2 / norm;
  q3 = q3 / norm;

  Angle=asin(2*(q0*q2-q1*q3 ))* 57.2957795f; //  俯仰
  Angley=asin(2*(q0*q1+q2*q3 ))* 57.2957795f; //  横滚
}
```

主程序，从 MPU-6050 读取姿态数据并完成数据融合的程序：

```
//数据定义说明：
//data 51 单片机片内 RAM 最前面 128 字节 RAM  用 ACC 读写，速度最快
//idata  片内 RAM 最前面 256 字节的 RAM  包括 data  用类似指针模式访问  适合用于指针操作
//pdata  外部扩展 RAM 的前 256 字节的 RAM  不要用
//xdata  外部扩展 RAM  用 DPTR 访问
#include <STC15W4K60S4.H>
#include <intrins.h>
#include <MPU6050.H>
#include <math.h>
#include <STC15W4KPWM.H>
#include <IMU.H>
//*****************角度参数*************************************************
double Gyro_y=0,Gyro_x=0,Gyro_z=0;              //Y 轴陀螺仪数据暂存
double Accel_x=0,Accel_y=0,Accel_z=0;           //X 轴加速度值暂存
double Angle_ax=0,Angle_ay=0,Angle_az=0;        //由加速度计算的加速度(弧度制)
double Angle_gy=0,Angle_gx=0,Angle_gz=0;        //由角速度计算的角速率(角度制)
double AngleAx=0,AngleAy=0;                     //三角函数解算出的欧拉角
double Angle=0,Angley=0;                        //四元数解算出的欧拉角
double Anglezlate=0;                            //Z 轴相关
void main()
{
InitMPU6050();//初始化 MPU-6050
RxBuf[1]=128;
RxBuf[2]=128;
RxBuf[3]=128;
RxBuf[4]=0;
while(1)
{
Accel_y= GetData(ACCEL_YOUT_H);   //读取 6050 数据
```

```
        Accel_x= GetData(ACCEL_XOUT_H);
        Accel_z= GetData(ACCEL_ZOUT_H);
        Gyro_x = GetData(GYRO_XOUT_H)-g_x;
        Gyro_y = GetData(GYRO_YOUT_H)-g_y;
        Gyro_z = GetData(GYRO_ZOUT_H)-g_z;
        Last_Angle_gx=Angle_gx;              //储存上一次角速度数据
        Last_Angle_gy=Angle_gy;
        Angle_ax=(Accel_x)/8192;             //加速度处理
        Angle_az=(Accel_z)/8192;             //加速度量程 ±4g/s
        Angle_ay=(Accel_y)/8192;             //转换关系 8192LSB/g
        Angle_gx=(Gyro_x)/65.5;              //陀螺仪处理
        Angle_gy=(Gyro_y)/65.5;              //陀螺仪量程 ±500（°）/s
        Angle_gz=(Gyro_z)/65.5;              //转换关系 65.5LSB/（°）
    //*******************************四元数解算*******************************
        IMUupdate(Angle_gx*0.0174533,Angle_gy*0.0174533,Angle_gz*0.0174533,Angle_ax,Angle_ay,Angle_az);
        //0.174533 为 PI/180 目的是将角度转弧度
    //***************三角函数直接解算以供比较四元数解算精准度*****************
        AngleAx=atan(Angle_ax/sqrt(Angle_ay*Angle_ay+Angle_az*Angle_az))*57.2957795f; //后面的数字是 180/PI 目的//是弧度转角度
      AngleAy=atan(Angle_ay/sqrt(Angle_ax*Angle_ax+Angle_az*Angle_az))*57.2957795f;
    //**************X 轴指向************************************************
    }
    }
```

【评估】

1. 如果测量飞行器的高度，需要增加何种传感器，相应的硬件和软件应如何设计？
2. 如果记录航迹，相应的硬件和软件应如何设计？

【拓展】

小组讨论，市面上见到的成品四轴飞行器，对比这里设计的多了何种功能？能够增加相应的功能使得这个四轴飞行器也可以完成类似航拍和无人控制飞行。或者是否可以取消遥控器，而采用手机或电脑直接控制的方法？

进阶四　小型电动机 PID 控制方法与编程

飞行器想要起飞，必须要有动力单元，四轴飞行器则有四个螺旋桨作为动力输出，那么自然需要四个电动机作为动力源。小型四轴飞行器应该如何选择电动机，又如何对电动机进行控制呢？

【目标】

> 通过本内容学习和训练，能够了解四轴飞行器的动力电动机调速方法，以及 PID 数字调节算法在单片机上的实现。

【任务】

1. 无刷电动机的特点与调速方法。
2. PID 调节的作用与实现方法。
3. 单片机如何完成复杂的数学计算。

【行动】

一、看一看，查一查

1. 找找相关资料，了解无刷电动机与普通电动机的区别。
2. PWM 调速如何通过编写程序实现？
3. 翻一翻自动控制原理教材中关于 PID 控制的部分，回顾一下相关知识。

二、做一做，答一答

1. 把空心杯电动机连接到驱动电路上，观察其转动时速度与电压的关系。
2. 编写一段 PWM 调压程序，控制一个 LED 的亮度。
3. 分析一下，在本设计中，PID 调节中的 P、I、D 各起什么作用？

【知识学习】

一、无刷直流电动机

电机是四轴飞行器飞行控制器的执行机构，电动机将飞行控制器的输出转换为旋翼的转速，改变各旋翼的升力与反转矩，以起到调节飞行器姿态的作用。

无刷电动机是指无电刷和换向器（或集电环）的电动机，又称无换向器电动机。

无刷直流电动机由电动机主体和驱动器组成，是一种典型的机电一体化产品。 电动机的定子绕组多做成三相对称星形接法，同三相异步电动机十分相似。电动机的转子上粘有已充磁的永磁体 ，为了检测电动机转子的极性，在电动机内装有位置传感器。驱动器由功率电子器件和集成电路等构成，其功能是：接收电动机的启动、停止、制动信号，以控制电动机的启动、停止和制动；接收位置传感器信号和正反转信号，用来控制逆变桥各功率管的通断，产生连续转矩；接受速度指令和速度反馈信号，用来控制和调整转速；提供保护和显示等。

直流电动机具有响应快速、较大的启动转矩、从零转速至额定转速具备可提供额定转矩的性能，但直流电动机的优点也正是它的缺点，因为直流电动机要产生额定负载下恒定转矩的性能，则电枢磁场与转子磁场须恒维持 90°，这就要借由碳刷及整流子。碳刷及整流子在电动机转动时会产生火花、碳粉，因此除了会造成组件损坏之外，使用场合也受到限制。交流电动机没有碳刷及整流子，免维护，坚固，应用广，但特性上若要达到相当于直流电动机的性能，须用复杂控制技术才能达到。现今半导体发展迅速，功率组件切换频率加快许多，提升驱动电动机的性能。微处理机速度也越来越快，可实现将交流电动机控制置于一旋转的两轴直角坐标系统中，适当控制交流电动机在两轴电流分量，达到类似直流电动机控制并有与直流电动机相当的性能。

此外已有很多微处理机将控制电动机必需的功能做在芯片中，而且体积越来越小；像模拟/数字转换器(Analog-To-Digital Converter，ADC)、脉冲宽度调制(Pulse Wide Modulator，PWM)等。直流无刷电动机即是以电子方式控制交流电动机换相，得到类似直流电动机特性又没有直流电动机机构上缺失的一种应用。

空心杯电动机在结构上突破了传统电动机的转子结构形式，采用的是无铁芯转子，也叫空心杯型转子。这种新颖的转子结构彻底消除了由于铁芯形成涡流而造成的电能损耗，同时其重量和转动惯量大幅降低，从而减少了转子自身的机械能损耗。由于转子的结构变化而使电动机的运转特性得到了极大改善，不但具有突出的节能特点，更为重要的是具备了铁芯电动机所无法达到的控制和拖动特性。

空心杯电动机分为有刷和无刷两种，有刷空心杯电动机转子无铁芯，无刷空心杯电动机定子无铁芯。空心杯电动机主要有以下特点。

① 节能特性：能量转换效率很高，其最大效率一般在 70%以上，部分产品可达到 90%以上（铁芯电动机一般在 70%）。

② 控制特性：启动、制动迅速，响应极快，机械时间常数小于 28ms，部分产品可以达到 10ms 以内（铁芯电动机一般在 100ms 以上）；在推荐运行区域内的高速运转状态下，可以方便地对转速进行灵敏的调节。

③ 拖动特性：运行稳定性十分可靠，转速的波动很小，作为微型电动机，其转速波动能够容易地控制在 2%以内。

另外，空心杯电动机的能量密度大幅度提高，与同等功率的铁芯电动机相比，其重量、体积减轻 1/3～1/2。

在本书的实例中，考虑到四轴飞行器的体积及电源容量等因素，选用小型有刷空心杯电动机作为飞行器的主要动力源。

二、直流电动机的调速

飞行器的起飞、运动方式改变等动作，都是依靠控制器对安装在四个支架上的电动机进行调速，改变四个螺旋桨的力的方法来完成的，所以电动机的调速是首先要解决的问题。在航模等飞行器的设计上，最常用的调速方法就是脉冲宽度调制（PWM）。

脉宽调制（PWM）基本原理：控制方式就是对逆变电路开关器件的通断进行控制，使输出端得到一系列幅值相等的脉冲，用这些脉冲来代替正弦波或所需要的波形。也就是在输出波形的半个周期中产生多个脉冲，使各脉冲的等值电压为正弦波形，所获得的输出平滑且低次谐波少。按一定的规则对各脉冲的宽度进行调制，即可改变逆变电路输出电压的大小，也可改变输出频率。

例如，把正弦半波波形分成 N 等份，就可把正弦半波看成由 N 个彼此相连的脉冲所组成的波形。这些脉冲宽度相等，都等于 π/N ，但幅值不等，且脉冲顶部不是水平直线，而是曲线，各脉冲的幅值按正弦规律变化。如果把上述脉冲序列用同样数量的等幅而不等宽的矩形脉冲序列代替，使矩形脉冲的中点和相应正弦等分的中点重合，且使矩形脉冲和相应正弦部分面积（即冲量）相等，就得到一组脉冲序列，这就是 PWM 波形。可以看出，各脉冲宽度是按正弦规律变化的。根据冲量相等效果相同的原理，PWM 波形和正弦半波是等效的。对于正弦的负半周，也可以用同样的方法得到 PWM 波形。

在 PWM 波形中，各脉冲的幅值是相等的，要改变等效输出正弦波的幅值时，只要按同一比例系数改变各脉冲的宽度即可，因此在交-直-交变频器中，PWM 逆变电路输出的脉冲电压就是直流侧电压的幅值。

根据上述原理，在给出了正弦波频率，幅值和半个周期内的脉冲数后，PWM 波形各脉冲的宽度和间隔就可以准确计算出来。按照计算结果控制电路中各开关器件的通断，就可以得到所需要的 PWM 波形。

根据实际情况，选用 720 的无刷空心杯电动机和 59mm 的螺旋桨。

具体电路原理图见图 8-9（注：在电路中，有四个同样的电动机控制部分）。

三、PID 控制

飞行控制系统从传感器得到飞行姿态数据之后，要经过算法，结合遥控器信号，对电动机进行调速，才能完成相应的控制，这个算法就是 PID 调节算法（相关内容请参照自动控制原理教材中的介绍）。

PID[比例（Proportion）、积分（Integration）、微分（Differentiation）]控制器作为最早实用化的控制器已有近百年历史，现在仍然是应用最广泛的工业控制器。PID 控制器简单易懂，使用中不需精确的系统模型等先决条件，因而成为应用最为广泛的控制器。

PID 控制器由比例单元（P）、积分单元（I）和微分单元（D）组成。其输入 $e(t)$ 与输出 $u(t)$ 的关系为：

$$u(t)=K_p[e(t)+1/T_i \int e(t)dt+T_d de(t)/dt]$$

式中，积分的上下限分别是 0 和 t，因此它的传递函数为：

$$G(s)=U(s)/E(s)=K_p[1+1/(T_i s)+T_d s]$$

式中，K_p 为比例系数；T_i 为积分时间常数；T_d 为微分时间常数。

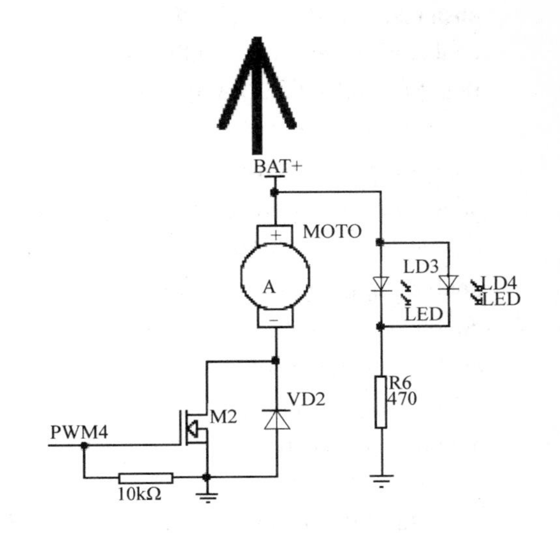

图 8-9 电动机调速控制部分电路原理图

PID 控制器用途广、使用灵活，在使用中只需要设定三个参数（K_p，T_i 和 T_d）即可。有些情况下取其中的 1～2 个单元，但比例单元必不可少。

四、飞行器控制程序示例

```
#include <STC15W4K60S4.H>
#include <intrins.h>
#include <NRF24L01.H>
#include <MPU6050.H>
#include <math.h>
#include <STC15W4KPWM.H>
#include <Timer.h>
#include <EEPROM.h>
#include <USART.h>
#include <IMU.H>
//**************************************************************************
Float   XE=0,YE=0;                    //角度人为修正，但是四轴漂移一般是硬件造成的，故不将此值写入 EEPROM，这个只是应急使用，发现漂移应连至上位机检查电动机轴是否发生弯曲，发现问题电动机及时更换
unsigned char YM=0;                   //油门变化速度控制，不这样做的话快速变化油门时四轴会失速翻转
int ich1=0,ich2=0,ich3=0,ich4=0,ich5=0,ich6=0;          //无线串口/串口相关
```

```
int speed0=0,speed1=0,speed2=0,speed3=0,V=0;        //电动机速度参数
int PWM0=0,PWM1=0,PWM2=0,PWM3=0;                    //加载至 PWM 模块的参数
int g_x=0,g_y=0,g_z=0;                              //陀螺仪矫正参数
char a_x=0,a_y=0;                                   //角度矫正参数
unsigned char TxBuf[20]={0};
unsigned char RxBuf[20]={0};
double PID_x=0,PID_y=0,PID_z=0;                     //PID 最终输出量
float FR1=0,FR2=0,FR3=0;                            //将 char 数据转存为 float 型
//*****************角度参数**************************************************
double Gyro_y=0,Gyro_x=0,Gyro_z=0;                  //Y 轴陀螺仪数据暂存
double Accel_x=0,Accel_y=0,Accel_z=0;               //X 轴加速度值暂存
double Angle_ax=0,Angle_ay=0,Angle_az=0;            //由加速度计算的加速度(弧度制)
double Angle_gy=0,Angle_gx=0,Angle_gz=0;            //由角速度计算的角速率(角度制)
double AngleAx=0,AngleAy=0;                         //三角函数解算出的欧拉角
double Angle=0,Angley=0;                            //四元数解算出的欧拉角
double Anglezlate=0;                                //Z 轴相关
double Ax=0,Ay=0;                                   //加入遥控器控制量后的角度
//****************姿态处理和 PID*********************************************
float Out_PID_X=0,Last_Angle_gx=0;//外环 PI 输出量   上一次陀螺仪数据
float Out_XP=39,Out_XI=0.01,ERRORX_Out=0;//外环 P   外环 I   外环误差积分
float  In_XP=0.4,In_XI=0.01,In_XD=11,ERRORX_In=0;//内环 P   内环 I    内环 D   内环误差积分
float Out_PID_Y=0,Last_Angle_gy=0;
float Out_YP=39,Out_YI=0.01,ERRORY_Out=0;
float In_YP=0.4,In_YI=0.01,In_YD=11,ERRORY_In=0;
float ZP=5.0,ZD=4.0;//自旋控制的 P D
int lastR0=0,ZT=0; //上一次 RxBuf[0]数据(RxBuf[0]数据在不断变动的)    状态标识
int i=0;
void Angle_Calculate() interrupt 1
{
    //if(YM<RxBuf[4]&&(RxBuf[4]-YM)<=2){YM++;YM++;}
    //else  if(YM>RxBuf[4]&&(YM-RxBuf[4])<=2){YM--;YM--;}   //防止油门变化过快而失速
    //else {YM=RxBuf[4];}
    YM=RxBuf[4];
    if(YM>100)//如果油门大于 100  即开始起飞
    {
        if(RxBuf[0]==lastR0)//如果 RxBuf[0]的数据没有收到  即失联
        {
            ZT++;  //状态标识+1
            if(ZT>128){ZT=128;}   //状态标识大于 128 即 1s 没有收到数据，失控保护
        }
```

```
        else{ZT=0;}
    }
    else{ZT=0;} //收到信号退出失控保护
    if(ZT==128){YM=101;RxBuf[1]=128;RxBuf[2]=128;} //触发失控保护 油门为 1 半少一
点，缓慢下降，俯仰横滚方向舵归中
    lastR0=RxBuf[0];
    i++;
    if(i==130){i=129;}
    Accel_y= GetData(ACCEL_YOUT_H);  //读取 6050 数据
    Accel_x= GetData(ACCEL_XOUT_H);
    Accel_z= GetData(ACCEL_ZOUT_H);
    Gyro_x = GetData(GYRO_XOUT_H)-g_x;
    Gyro_y = GetData(GYRO_YOUT_H)-g_y;
    Gyro_z = GetData(GYRO_ZOUT_H)-g_z;
    Last_Angle_gx=Angle_gx;          //储存上一次角速度数据
    Last_Angle_gy=Angle_gy;
    Angle_ax=(Accel_x)/8192;         //加速度处理
    Angle_az=(Accel_z)/8192;         //加速度量程 ±4g/s
    Angle_ay=(Accel_y)/8192;         //转换关系 8192LSB/g
    Angle_gx=(Gyro_x)/65.5;          //陀螺仪处理
    Angle_gy=(Gyro_y)/65.5;          //陀螺仪量程 ±500（°）/s
    Angle_gz=(Gyro_z)/65.5;          //转换关系 65.5LSB/（°）
//*********************************四元数解算***********************************
    IMUupdate(Angle_gx*0.0174533,Angle_gy*0.0174533,Angle_gz*0.0174533,Angle_ax,Ang
le_ay,Angle_az);
    //0.174533 为 PI/180 目的是将角度转弧度
//****************三角函数直接解算以供比较四元数解算精准度********************
    AngleAx=atan(Angle_ax/sqrt(Angle_ay*Angle_ay+Angle_az*Angle_az))*57.2957795f; //后
面的数字是 180/PI 目的是弧度转角度
   AngleAy=atan(Angle_ay/sqrt(Angle_ax*Angle_ax+Angle_az*Angle_az))*57.2957795f;
//**************X 轴指向********************************************************
    FR1=((float)RxBuf[1]-128)/7; //char 类型转存为 float 以便除法运算
    Ax=Angle-FR1-a_x;         //角度控制量加载至角度
    if(YM>20)
    {
  ERRORX_Out+=Ax;//外环积分(油门小于某个值时不积分)
    }
    else
    {
        ERRORX_Out=0; //油门小于定值时清除积分值
    }
    if(ERRORX_Out>500){ERRORX_Out=500;}
```

```
        else if(ERRORX_Out<-500){ERRORX_Out=-500;}//积分限幅
        Out_PID_X=Ax*Out_XP+ERRORX_Out*Out_XI;//外环 PI
        if(YM>20)
        {
    ERRORX_In+=(Angle_gy-Out_PID_X);   //内环积分(油门小于某个值时不积分)
        }
    else
        {
            ERRORX_In=0; //油门小于定值时清除积分值
        }
        if(ERRORX_In>500){ERRORX_In=500;}
    else if(ERRORX_In<-500){ERRORX_In=-500;}//积分限幅
        PID_x=(Angle_gy+Out_PID_X)*In_XP+ERRORX_In*In_XI+(Angle_gy-Last_Angle_gy)*I
n_XD;//内环 PID
    if(PID_x>1000){PID_x=1000;}   //输出量限幅
        if(PID_x<-1000){PID_x=-1000;}
        speed0=0-PID_x,speed2=0+PID_x;
  //**************Y 轴指向************************
        if(RxBuf[2]>=143||RxBuf[2]<=113);else{RxBuf[2]=128;}
        FR2=((float)RxBuf[2]-128)/7; //char 类型转存为 float 以便除法运算
        Ay=Angley+FR2-a_y;          //角度控制量加载至角度
        if(YM>20)
        {
    ERRORY_Out+=Ay;//外环积分(油门小于某个值时不积分)
        }
        else
        {
            ERRORY_Out=0; //油门小于定值时清除积分值
        }
        if(ERRORY_Out>500){ERRORY_Out=500;}
        else if(ERRORY_Out<-500){ERRORY_Out=-500;}//积分限幅
        Out_PID_Y=Ay*Out_YP+ERRORY_Out*Out_YI;//外环 PI
        if(YM>20)
        {
    ERRORY_In+=(Angle_gx-Out_PID_Y);   //内环积分(油门小于某个值时不积分)
        }
        else
        {
            ERRORY_In=0; //油门小于定值时清除积分值
        }
        if(ERRORY_In>500){ERRORY_In=500;}
    else if(ERRORY_In<-500){ERRORY_In=-500;}//积分限幅
```

```
        PID_y=(Angle_gx+Out_PID_Y)*In_YP+ERRORY_In*In_YI+(Angle_gx-Last_Angle_gx)*I
n_YD;//内环 PID

      if(PID_y>1000){PID_y=1000;}   //输出量限幅
        if(PID_y<-1000){PID_y=-1000;}

        speed3=0+PID_y,speed1=0-PID_y;//加载到速度参数
    //**************Z 轴指向**************************
        FR3=((float)RxBuf[3]-128)*1.5;
        Angle_gz-=FR3;
        PID_z=(Angle_gz)*ZP+(Angle_gz-Anglezlate)*ZD;
        Anglezlate=Angle_gz;
        speed0=speed0+PID_z,speed2=speed2+PID_z;
        speed1=speed1-PID_z,speed3=speed3-PID_z;
    //*****************串口及无线串口相关*******************************************
        ich1=Ax;
        ich2=Ay;
        ich3=AngleAx;      //此处可发送 6 个数据至上位机，需要发送什么数据在此处修改即可
        ich4=AngleAy;
        ich5=0;
        ich6=0;
    //*************将速度参数加载至 PWM 模块*************************************
        PWM0=(1000-YM*4+speed0);
        if(PWM0>1000){PWM0=1000;}      //速度参数控制，防止超过 PWM 参数范围 0～1000
        else if(PWM0<0){PWM0=0;}
        PWM1=(1000-YM*4+speed1);
        if(PWM1>1000){PWM1=1000;}
        else if(PWM1<0){PWM1=0;}
        PWM2=(1000-YM*4+speed2);
        if(PWM2>1000){PWM2=1000;}
        else if(PWM2<0){PWM2=0;}
        PWM3=(1000-YM*4+speed3);
        if(PWM3>1000){PWM3=1000;}
        else if(PWM3<0){PWM3=0;}
        if(YM>=10)
        {PWM(PWM1,PWM2,PWM0,PWM3);}//1203
        else
        {PWM(1000,1000,1000,1000);}
    }
    void main()
    {
```

```
PWMGO();//初始化 PWM
IAPRead();//读取陀螺仪静差
InitMPU6050();//初始化 MPU-6050
Usart_Init();//初始化串口
Time0_Init();//初始化定时器
RxBuf[1]=128;
RxBuf[2]=128;
RxBuf[3]=128;
RxBuf[4]=0;
while(1)
{
                Delay(500);
                nRF24L01_RxPacket(RxBuf);
                if(RxBuf[5]==1&&i>128)
        {
                IAP_Gyro();
                RxBuf[5]=0;
                EA=0;
                PWMCKS=0x10;
                T2L = 0xEB;
                T2H = 0xFF;
                PWM(960,960,960,960);
                Delay(60000); //校准完毕滴一声
                PWM(1000,1000,1000,1000);
                PWMCKS=0x00;
                EA=1;
                i=0;
                }
                if(RxBuf[6]==1&&i>128)
        {
                IAP_Angle();
                RxBuf[6]=0;
                EA=0;
                PWMCKS=0x10;
                T2L = 0xEB;
                T2H = 0xFF;
                PWM(960,960,960,960);
                Delay(60000);  //校准完毕滴一声
                PWM(1000,1000,1000,1000);
                PWMCKS=0x00;
                EA=1;
                i=0;
```

```
                }
        }
    }
```

项目实施

到这里已经完成了小型四轴飞行器的硬件以及软件的设计安装工作，那么是不是就可以直接让飞机起飞了呢？还不行，一个完成的系统，必须要经过调试才可以具备全部功能，尤其是飞行器类，贸然飞行，可能造成飞行器损坏、失控丢失甚至伤人事故，因此调试是重要的环节。

（1）安全事项（非常重要！）

飞行器带有高速旋转的螺旋桨，因此存在一定的安全问题，调试时要非常小心。在程序或硬件电路设计上，应该保证上电时主轴动力不会启动，带有锁定的形式，解锁后才旋转，这样才能避免造成伤害。

一般来说，成品的四轴飞行器，打开电源后，电动机调速电路会进入待机，电动机停止，由遥控器发出解锁指令，飞行控制部分收到后，控制调速电路启动电动机，保持最低转速。这样设计的好处是：首先，不会因为启动电源，螺旋桨旋转误伤操作者；其次，起始状态飞行器是完全静止的，不会失控摔落损坏。

建议在控制功能稳定前的调试过程中，飞行器的桨叶暂时先不安装，这样也更有安全性，待基本调试成功后，安装桨叶，要确认螺旋桨安装牢固，以防飞出伤人。

（2）初步调试过程

首先应该在不适用遥控器的时候进行基本功能调试，目的有以下几点：

① 确认控制部分工作正常。

② 确认电动机调速功能正常。

③ 确认螺旋桨转向正常。

第一步，连接主控单片机和计算机（通过在线编程的连线），对程序进行仿真调试，观察是否能可靠读取姿态传感器的数据，是否能够正确输出调速信号。

第二步，通过仿真，进行转速调节，测量电动机上的调速电压变化是否和设计的相符。

第三步，在电动机上安装纸制转向指示器，确保相邻的电动机转向正好相反。可以用稍硬卡纸制作成桨叶形状，涂上一定的颜色或条纹，安装在主轴上作为转向的指示。

（3）PID 调试

这里的小型四轴飞行器采用了 PID 控制，所以要对其参数进行调整。PID 调试一般原则：

a. 在输出不振荡时，增大比例增益 P。

b. 在输出不振荡时，减小积分时间常数 T_i。

c. 在输出不振荡时，增大微分时间常数 T_d。

一般步骤如下。

a. 确定比例增益 P。确定比例增益 P 时，首先去掉 PID 的积分项和微分项，一般是令 T_i=0、T_d=0（具体见 PID 的参数设定说明），使 PID 为纯比例调节。输入设定为系统允许的最大值的 60%～70%，由 0 逐渐加大比例增益 P，直至系统出现振荡；再反过来，从此时的比例增益 P 逐渐减小，直至系统振荡消失，记录此时的比例增益 P，设定 PID 的比例增益 P 为当前值的 60%～70%。比例增益 P 调试完成。

b. 确定积分时间常数 T_i。比例增益 P 确定后，设定一个较大的积分时间常数 T_i 的初值，

然后逐渐减小 T_i，直至系统出现振荡，之后再反过来，逐渐加大 T_i，直至系统振荡消失。记录此时的 T_i，设定PID的积分时间常数 T_i 为当前值的150%～180%。积分时间常数 T_i 调试完成。

c. 确定积分时间常数 T_d。积分时间常数 T_d 一般不用设定，为0即可。若要设定，与确定 P 和 T_i 的方法相同，取不振荡时的30%。

d. 系统空载、带载联调，再对PID参数进行微调，直至满足要求。

由于这里的算法比较简单，故调试难度会比较大，而且飞行器本身的调节就比较麻烦，有效的办法是将飞行器用单向轴固定，分别调节各向控制参数，或者用绳子将飞行器拴住，在空间上保证一个方向的旋转轴可自由运动，连接上位机进行仿真调试。

（4）全功能测试

经过上面的工作，飞行器已经基本具备起飞能力，可以安装螺旋桨，配合遥控器进行第一次动力试飞。需要注意的是，调试时一定要远离人群，保证飞行器周围一定范围内没有人员才可以启动。而且还需要在程序设计上进一步考虑两个问题。

第一是飞行器的状态如何观察。因为起飞后，不能带有仿真电缆，主控制器完全脱离上位机，相关数据无法观察。比较好的办法是在无线传输中增加数据回传的功能，把飞行器的姿态、PMW 调速参数等传回上位计算机，但这个实现起来比较复杂，还有个简单的办法就是在飞行器上安装指示灯，以某种实现约定的方式，显示简单的状态以便地面操作者观察。

第二是要考虑一旦某种原因，飞行器与遥控器之间的信号传输出现中断应如何处理。如果不做反应，飞行器很可能会失控飞走，造成损失或掉落伤人。在主控制器的程序编写上应该有保护部分，即失联后减速降落或悬停等待。

项目评估

至此小型四轴飞行器已经设计完成，也经过了调试和试飞，那么按照什么标准来检验飞行器的设计是否成功呢？首先，设计良好的飞行器，因为飞行控制部分电路带有姿态传感器，应该能对自身的状态进行稳定调整，也就是说，飞行器起飞后，除了上升指令外，遥控器不给出任何信号，四轴飞行器应处于平衡稳定状态，外界的扰动可以被纠正，可以把飞行器用软绳固定在空中，遥控启动，让飞行器上升，待达到某一高度（1m左右），遥控飞行器保持该高度，用手轻晃飞行器机架，加入人为干扰，设计和制作良好的飞行器，摇晃几下后会恢复平飞状态，而不出现翻转掉落或者失控等问题。

其次，通过遥控器对飞行姿态进行改变，飞行器也能大致保持稳定，比如控制四轴做出稍剧烈的转向或前进后退之类的动作，飞行器轻微晃动后，应该不会失控。

当然由于四轴本身比较小，且算法简单，不能抵抗外界的严重扰动，因此不适于在恶劣的环境中（如大风天气）飞行，也不宜在飞行中作剧烈的动作，以防失控坠毁。

项目拓展

制作完成自己的小型四轴飞行器之后，和市场上商品对比，可以发现功能上还有许多可以改进的地方。因为项目中的四轴，只有六轴姿态控制，比较单一，也可以尝试在这个飞行器上安装SPI总线的地磁场传感器，这样四轴就有了方向判断能力；增加GPS模块，就可以实现地图导航飞行和航迹记录；增加气压传感器，使飞行器能够测量飞行高度，做到定高悬停等特技动作。进一步扩展，还可以增加数字摄像头，完成控制拍摄和拍照等功能，这就需要同学们自行查找和阅读相关资料，进行完善。

附录 A　C51 库函数

C51 编译器的运行库中包含有丰富的库函数，使用库函数可以大大简化用户的程序设计工作，提高编程效率。下面介绍一些常用的库函数，如果用户使用这些库函数，必须在源程序的开始用命令“#include”将相关的头文件包含进来。

A.1　寄存器头文件

寄存器头文件 regxxx.h（如 reg51.h）中定义了 MCS-51 所有特殊功能寄存器和相应位，定义时使用的是大写字母。在 C 语言源程序文件的开始，应该把对应的头文件 regxxx.h 包含进来，在程序中就可以直接使用 MCS-51 中的特殊功能寄存器和相应的位。

A.2　字符函数

字符函数在 ctype.h 头文件中声明，下面给出部分函数。

1. 检查英文字母函数 isalpha

函数原型：extern bit isalpha(char c)
再入属性：reentrant
功能：检查参数字符是否为英文字母，是则返回 1，否则返回 0。

2. 检查英文字母、数字字符函数 isalnum

函数原型：extern bit isalnum(char c)
再入属性：reentrant
功能：检查参数字符是否为英文字母或数字字符，是则返回 1，否则返回 0。

3. 检查数字字符函数 isdigit

函数原型：extern bit isdigit(char c)
再入属性：reentrant
功能：检查参数字符是否为数字字符，是则返回 1，否则返回 0。

4. 检查小写字母函数 islower

函数原型：extern bit islower(char c)
再入属性：reentrant
功能：检查参数字符是否为小写字母，是则返回 1，否则返回 0。

5. 检查大写字母函数 isupper

函数原型：extern bit isupper(char c)

再入属性：reentrant

功能：检查参数字符是否为大写字母，是则返回 1，否则返回 0。

6. 检查十六进制数字字符函数 isxdigit

函数原型：extern bit isxdigit(char c)

再入属性：reentrant

功能：检查参数字符是否为十六进制数字字符，是则返回 1，否则返回 0。

7. 数字字符转换十六进制函数 toint

函数原型：extern char toint(char c)

再入属性：reentrant

功能：将 ASCII 字符的 0～9，A～F 转换成十六进制数，返回数字 0～F。

8. 转换小写字母函数 tolower

函数原型：extern char tolower(char c)

再入属性：reentrant

功能：将大写字母转换成小写字母，返回小写字母，如果输入的不是大写字母，则不作转换直接返回输入值。

9. 转换大写字母函数 toupper

函数原型：extern char toupper(char c)

再入属性：reentrant

功能：将小写字母转换成大写字母，返回大写字母，如果输入的不是小写字母，则不作转换直接返回输入值。

A.3 一般 I/O 函数

一般输入/输出函数在 stdio.h 头文件中声明，其中所有的函数都是通过单片机的串行口输入/输出的。在使用这些函数之前，应先对单片机的串行口进行初始化。例如串行通信的波特率 4800bit/s，晶振频率为 11.0592MHz，初始化程序段为：

```
SCON=0x52;      //设置串行口方式 1、允许接收、启动发送
TMOD=0x20;      //设置定时器 T1 以模式 2 工作
TH1=0xfa;       //设置 T1 重装初值
TR1=1;          //开 T1
```

在 stdio.h 文件中声明的输入/输出函数，都是以_getkey 和 putchar 两个函数为基础，如果需要这些函数支持其他的端口，只需修改这两个函数即可。下面给出部分函数。

1. 从串行口输入字符函数_getkey

函数原型：extern Char _getkey(void)

再入属性：reentrant

功能：从 51 单片机的串行口读入一个字符，如果没有字符输入则等待，返回值为读入的字符，不显示。

2. 从串行口输入字符并输出函数 getchar

函数原型：extern Char getchar(void)

再入属性：reentrant

功能：使用_getkey 函数从 51 单片机的串行口输入一个字符，返回值为读入的字符，并且通过 putchar

函数将字符输出。

3. 从串行口输出字符函数 putchar

函数原型：extern Char putchar(char)

再入属性：reentrant

功能：从 51 单片机的串行口输出一个字符，返回值为输出的字符。

4. 从串行口输入字符串函数 gets

函数原型：extern Char *gets(char *string,int len)

再入属性：non-reentrant

功能：从 51 单片机的串行口输入一个长度为 len 的字符串（遇到换行符结束输入），并将其存入 string 指定的位置。输入成功返回存入地址的指针，输入失败则返回 NULL。

5. 从串行口格式输出函数 printf

函数原型：extern int printf(格式控制字符串，输出参数表)

再入属性：non-reentrant

功能：该函数是以一定的格式从 51 单片机的串行口输出数值和字符串，返回值为实际输出的字符数。

6. 格式输出到内存函数 sprintf

函数原型：extern int sprintf（char *，格式控制字符串，输出参数表）

再入属性：non-reentrant

功能：该函数与 printf 函数功能相似，但数据不是输出到串行口，而是送入一个字符指针指定的内存中，并且以 ASCII 码的形式存储。

7. 从串行口输出字符串函数 puts

函数原型：extern int puts(const char *)

再入属性：reentrant

功能：该函数将字符串和换行符输出到串行口，正确返回一个非负数，错误返回 EOF。

8. 从串行口格式输入函数 scanf

函数原型：extern int scanf(格式控制字符串，输入参数表)

再入属性：non-reentrant

功能：该函数在格式控制字符串的控制下，利用 getchar 函数从串行口读入数据，每遇到一个符合格式控制串规定的值，就将它顺序地存入由参数表中指向的存储单元。每个参数都必须是指针型。正确输入其返回值为输入的项数，错误则返回 EOF。

A.4 标准函数

标准函数在 stdlib.h 头文件中声明，下面给出部分函数。

1. 字符串转换浮点数函数 atof

函数原型：float atof（void *string）

再入属性：non-reentrant

功能：该函数把字符串转换成浮点数并返回。

2. 字符串转换整型数函数 atoi

函数原型：int atoi（void *string）

再入属性：non-reentrant

功能：该函数把字符串转换成整型数并返回。

3. 字符串转换长整数函数 atol

函数原型：long atol（void *string）

再入属性：non-reentrant

功能：该函数把字符串转换成长整数并返回。

4. 申请内存函数 malloc

函数原型：void *malloc（unsigned int size）

再入属性：non-reentrant

功能：该函数申请一块大小为 size 的内存，并返回其指针，所分配的区域不初始化。如果无内存空间可用，则返回 NULL。

5. 释放内存函数 free

函数原型：void free（void xdata *p）

再入属性：non-reentrant

功能：该函数释放指针 p 所指向的区域，p 必须是以前用 malloc 等函数分配的存储区指针。

A.5 数学函数

数字函数的头文件 math.h 中声明，下面给出部分函数。

1. 求绝对值函数 cabs、abs、fabs 和 labs

函数原型：extern int abs(int i)
extern Char cabs(char i)
extern Float fabs(float i)
extern Long labs(long i)

再入属性： reentrant

功能：计算并返回 i 的绝对值。这 4 个函数除了变量和返回值类型不同之外，其功能完全相同。

2. 求平方根函数 sqrt

函数原型：extern float sqrt(float i)

再入属性： non-reentrant

功能：计算并返回 i 的平方根。

3. 产生随机数函数 rand 和 srand

函数原型：extern int rand（void）
extern void srand（int seed）

再入属性：reentrant，non-reentrant

功能：rand 函数产生并返回一个 0～32767 之间的伪随机函数；srand 用来将随机数发生器初始化成一个已知的值，对函数 rand 的相继调用将产生相同序列号的随机数。

4. 求三角函数 cos、sin 和 tan

函数原型：extern float cos(float i)
extern float sin(float i)
extern float tan(float i)

再入属性： non-reentrant

功能：3 个函数分别返回 i 的 cos、sin、tan 的函数值。3 个函数变量的范围都是 $-\pi/2$～$+\pi/2$，变量的值必须在±65535之间，否则产生一个NaN错误。

5. 求反三角函数acos、asin、atan和atan2

函数原型：extern float acos(float i)

extern float asin(float i)

extern float atan(float i)

extern float atan2(float y,float i)

再入属性：non-reentrant

功能：前3个函数分别返回i的反余弦值、反正弦值、反正切值，3个函数的值域都是–π/2～π/2。atan2返回i/j的反正切值，其值域为–π～π。

A.6 内部函数

内部函数在头文件intrins.h中声明。

1. 循环左移*n*位函数_crol_、_irol_、_lrol_

函数原型为：

unsigned char _crol_(unsigned char val,unsigned char n)

unsigned int _irol_(unsigned int val,unsigned char n)

unsigned long _irol_(unsigned long val,unsigned char n)

再入属性： reentrant，intrinsc

功能： 这些函数都是将第一个参数（无符号字符、无符号整型数、无符号长整型数）循环左移 *n* 位，返回被移动的数。

2. 循环右移*n*位函数_cror_、_iror_、_lror_

函数原型为：

unsigned char _cror_(unsigned char val,unsigned char n)

unsigned int _iror_(unsigned int val,unsigned char n)

unsigned long _lror_(unsigned long val,unsigned char n)

再入属性： reentrant，intrinsc

功能： 这些函数都是将第一个参数（无符号字符、无符号整型数、无符号长整型数）循环右移 *n* 位，返回被移动的数。

3. 空操作函数_nop_

函数原型： void _nop_(void)

再入属性： reentrant，intrinsc

功能：该函数产生一个MCS-51单片机的空操作函数。

4. 位测试函数_testbit_

函数原型： bit _testbit_(bit x)

再入属性： reentrant，intrinsc

功能：该函数产生一个MCS-51单片机的JBC指令，对字节中的一个位进行测试，如果该位为1，则返回1，并且将该位清0，如果该位为0，则直接返回0。

A.7 字符串函数

字符串函数在头文件string.h中声明，下面给出部分函数。

1. 存储器数据复制函数memcopy

函数原型：void *memcopy（void *dest，void *src，int len）

再入属性：reentrant

功能：该函数将存储区 src 中的 len 个字符复制到存储区 dest 中，返回指向 dest 的指针。如果存储区 src 和 dest 有重叠，不能保证其正确性。

2. 存储器数据复制函数 memccpy

函数原型：void *memccpy（void *dest，void *src，char cc，int len）

再入属性：non-reentrant

功能：该函数将存储区 src 中的 len 个字符复制到存储区 dest 中，如果遇到字符 cc，则把 cc 复制后就结束。对于返回值，如果复制了 len 个字符，则返回 NULL，否则返回指向 dest 中下一个字符的指针。如果存储区 src 和 dest 有重叠，不能保证其正确性。

3. 存储器数据移动函数 memmove

函数原型：void *memmove（void *dest，void *src，int len）

再入属性：reentrant

功能：该函数将存储区 src 中的 len 个字符移动到存储区 dest 中，返回指针 dest 的指针，如果存储区 src 和 dest 有重叠，也能够正确移动。

4. 存储器字符查找函数 memchr

函数原型：void *memchr（void *buf，char cc，int len）

再入属性：reentrant

功能：该函数顺序搜索存储区 buf 中前 len 个字符，查找字符 cc，如果找到，则返回指向 cc 的指针，否则返回 NULL。

5. 存储器字符比较函数 memcmp

函数原型：char memcmp（void *buf1，void *buf2，int len）

再入属性：reentrant

功能：该函数逐个字符比较存储区 buf1 和 buf2 的前 len 个字符，如果相等则返回 0，如果不等，则返回第一个不等的字符的差值（buf1 的字符减 buf2 的字符）。

6. 存储器写字符函数 menset

函数原型：void *memset（void *buf，char cc，int len）

再入属性：reentrant

功能：该函数向存储区 buf 写 len 个字符 cc，返回 buf 指针。

7. 字符串挂接函数 strcat

函数原型：char *strcat（char *dest，char *src）

再入属性：non-reentrant

功能：该函数将字符串 src 复制到 dest 的尾部，返回指向 dest 的指针。

8. *n* 个字符挂接函数 strncat

函数原型：char *strncat（char *dest，char *src，int len）

再入属性：non-reentrant

功能：该函数将字符串 src 中的前 len 个字符复制到 dest 的尾部，返回指向 dest 的指针。

9. 字符串复制函数 strcpy

函数原型：char *strcpy（char *dest，char *src）

再入属性：reentrant

功能：该函数将字符串 src 复制到 dest 中，包含结束符，返回指向 dest 的指针。

10. *n*个字符复制函数 strncpy

函数原型：char *strncpy（char *dest，char *src，int len）

再入属性：non-reentrant

功能：该函数将字符串 src 中的前 len 个字符复制到 dest 中，返回指向 dest 的指针。如果 src 的长度小于 len，则在 dest 中以 0 补齐到长度 len。

11. 字符串比较函数 strcmp

函数原型：char strcmp（char *string1，char *string2）

再入属性：reentrant

功能：该函数逐个字符比较字符串 string1 和 string2，如果相等则返回 0，如果不等，则返回第一个不等的字符的差值（string1 的字符减 string2 的字符）。

12. 字符串 *n* 个字符比较函数 strncmp

函数原型：char strncmp（char *string1，char *string2，int len）

再入属性：non-reentrant

功能：该函数逐个字符比较字符串 string1 和 string2 中的前 len 字符，如果相等则返回 0，如果不等，则返回第一个不等的字符的差值（string1 的字符减 string2 的字符）。

13. 字符串长度测量函数 strlen

函数原型：int strlen（char *src）

再入属性：non-reentrant

功能：该函数测试字符串 src 的长度，包括结束符，并将长度返回。

14. 字符串字符查找函数 strchr

函数原型：void *strchr（const char *string，char cc）

　　　　　Int strpos（const char *string，char cc）

再入属性：reentrant

功能：strchr 函数顺序搜索字符串 src 中第一次出现的字符 cc（包括结束符），如果找到，则返回指向 cc 的指针，否则返回 NULL。strpos 的功能与 strcha 相似，但返回的是 cc 在字符中出现的位置值，未找到则返回–1，第一个字符是 cc 则返回 0。

A.8　绝对地址访问函数

绝对地址访问函数在头文件 absacc.h 中声明。

1. 绝对地址字节访问函数 CBYTE、DBYTE、PBYTE、XBYTE

函数原型分别为: #define CBYTE((unsigned char volatile code *)0)

　　　　　　　　#define DBYTE((unsigned char volatile idata *)0)

　　　　　　　　#define PBYTE((unsigned char volatile pdata *)0)

　　　　　　　　#define XBYTE((unsigned char volatile xdata *)0)

功能:上述宏定义用来对 MCS-51 系列单片机的存储器空间进行绝对地址访问,可以作字节寻址。CBYTE 寻址 CODE 区，DBYTE 寻址 DATA 区，PBYTE 寻址分页 XDATA 区，XBYTE 寻址 XDATA 区。

2. 绝对地址字访问函数 CWORD、DWORD、PWORD、XWORD

函数原型分别为： #define CWORD((unsigned int volatile code *)0)

　　　　　　　　#define DWORD((unsigned int volatile idata *)0)

　　　　　　　　#define PWORD((unsigned int volatile pdata *)0)

　　　　　　　　#define XWORD((unsigned int volatile xdata *)0)

这些宏的功能与前面的宏类似，区别在于这些宏的数据类型是无符号整型 unsigned int。

附录 B　Keil C 菜单项

1. 文件（File）菜单

（1）New：创建新文件。
（2）Open：打开已有文件。
（3）Close：关闭当前文件。
（4）Save：保存当前文件。
（5）Save as…：保存并重新命名当前文件。
（6）Device Database：维护器件数据库。
（7）Print Setup…：设置打印机。
（8）Print：打印当前文件。
（9）Exit：退出系统。

2. 编辑（Edit）菜单

（1）Undo：撤销上一次操作。
（2）Redo：恢复上一次的撤销。
（3）Cut：将选中的内容剪切到剪贴板。
（4）Copy：将选中的内容复制到剪贴板。
（5）Paste：粘贴剪贴板中的内容。
（6）Indent Select Text：将选中的内容向右缩进一个制表符位，按钮为 。
（7）Unindent Select Text：将选中的内容向左移动一个制表符位，按钮为 。
（8）Toggle Bookmark：在当前行放置书签，按钮为 。
（9）Goto Next Bookmark：将光标移到下一个书签，按钮为 。
（10）Goto Previous Bookmark：将光标移到上一个书签，按钮为 。
（11）Clear All Bookmark：清除当前文件中所有的书签，按钮为 。
（12）Find…：在当前文件中查找字符串，按钮为 。
（13）Replace…：查找与替换。
（14）Find in Files…：在多个文件中查找字符串，按钮为： 。
（15）Goto Matching Brace：寻找匹配的各种括号。

3. 查看（View）菜单

（1）Status Bar：显示或隐藏状态栏。
（2）File Toolbar：显示或隐藏文件工具栏。
（3）Build Toolbar：显示或隐藏编译工具栏。
（4）Debug Toolbar：显示或隐藏调试工具栏。
（5）Project Windows：显示或隐藏工程窗口，按钮为 。
（6）Output Windows：显示或隐藏输出窗口，按钮为 。
（7）Source Browser：打开源文件浏览器窗口，按钮为 。
（8）Disassembly Windows：显示或隐藏反汇编窗口，按钮为 。
（9）Watch & Call Stack Windows：显示或隐藏观察和堆栈窗口，按钮为 。
（10）Memory Windows：显示或隐藏存储器窗口，按钮为 。
（11）Code Coverage Windows：显示或隐藏代码覆盖窗口，按钮为 CODE 。

（12）Performance Analyzer Windows：显示或隐藏性能分析窗口，按钮为。

（13）Symbol Windows：显示或隐藏符号变量窗口。

（14）Serial Windows #1：显示或隐藏串行口窗口 1，按钮为。

（15）Serial Windows #2：显示或隐藏串行口窗口 2，按钮为。

（16）Toolbox：显示或隐藏工具箱，按钮为。

（17）Periodic Windows Update：在调试运行程序时，周期刷新调试窗口。

（18）Workbook Mode：显示或隐藏工作簿窗口的标签。

（19）Option…：设置颜色、字体、快捷键和编辑器选项。

4. 工程（Project）菜单

（1）New Project…：创建一个新工程。

（2）Import μVision2 Project…：导入工程文件。

（3）Open Project：打开一个已有工程。

（4）Close Project：关闭当前工程。

（5）Components Environment and Books：设置工具书、包含文件和库文件的路径。

（6）Select Device for Target：从器件库中选择一种 CPU。

（7）Remove Groups…：从工程中删去组或文件。

（8）Option for Target…：设置对象、组或文件的工具选项，设置当前目标选项，选择当前目标，按钮为。

（9）Build Target：编译修改过的文件并生成应用，按钮为。

（10）Rebuild Target：重新编译所有的文件并生成应用，按钮为。

（11）Translate…：编译当前文件，按钮为。

（12）Stop Build：停止当前的编译过程，按钮为。

5. 调试（Debug）菜单

（1）Start/Stop Debugging：启动/停止调试模式，按钮为。

（2）Go：全速运行，按钮为。

（3）Step：跟踪运行，按钮为。

（4）Step Over：单步运行，按钮为。

（5）Step out of current function：一步执行完当前函数并返回，按钮为。

（6）Run to Cursor line：一步运行到当前光标处，按钮为。

（7）Stop Running：停止运行，按钮为。

（8）Breakpointing…：打开断点对话框。

（9）Insert/Remove Breakpoint：在当前行设置/清除断点，按钮为。

（10）Enable/Disable Breakpoint：使能/禁止当前行的断点，按钮为。

（11）Disable All Breakpoints：禁止所有断点，按钮为。

（12）Kill All Breakpoints：清除所有断点，按钮为。

（13）Show Next Statement：显示下一条指令，按钮为。

（14）Enable/Disable Trace Recording：使能/禁止跟踪记录，按钮为。

（15）View Trace Records：显示执行过的指令，按钮为。

（16）Memory Map…：打开存储空间配置对话框。

（17）Performance Analyzer…：打开性能分析设置窗口。

（18）Inline Assembly…：对某一行重新汇编，且可以修改汇编代码。

（19）Function Editor…：编辑调试函数和调试配置文件。

6. 片内外设（Peripheral）菜单

（1）Reset CPU：复位 CPU，按钮为 。
（2）Interrupt：设置/观察中断（触发方式、优先级、使能等）。
（3）I/O Ports：设置/观察各个 I/O 口。
（4）Serial：设置/观察串行口。
（5）Timer：设置/观察各个定时器/计数器。
（6）A/D Converter：设置/观察 A/D 转换器。
（7）D/A Converter：设置/观察 D/A 转换器。
这一部分的内容，与在器件数据库中选择的 CPU 的类型有关，不同的 CPU，所列内容不同。

7. 工具（Tools）菜单

（1）Setup PC-Lint…：配置 PC-Lint。
（2）Lint：用 PC-Lint 处理当前编辑的文件。
（3）Lint all C Source Files：用 PC-Lint 处理当前项目中所有的 C 文件。
（4）Setup Easy-Case…：配置 Siemens 的 Easy-Case。
（5）Star/Stop Easy-Case：启动或停止 Easy-Case。
（6）Show File（Line）：用 Easy-Case 处理当前编辑的文件。
（7）Customize Tools Menu…：将用户程序加入工具菜单。

8. 软件版本控制系统（SVCS）菜单

软件版本控制系统菜单只有以下一项。
Configure Version Control…：配置软件版本控制系统命令。

9. 视窗（Windows）菜单

（1）Cascade：以相互重叠方式排列文件窗口。
（2）Tile Horizontally：以不重叠方式水平排列文件窗口。
（3）Tile Vertically：以不重叠方式垂直排列文件窗口。
（4）Arrange Icons：在窗口的下方排列图标。
（5）Split：将当前窗口分成几个窗格。
（6）Close All：关闭所有窗口。

10. 帮助（Help）菜单

（1）μVision Help：打开 μVision 在线帮助。
（2）Open Books Window：打开电子图书窗口。
（3）Simulated Peripherals for…：显示片内外设信息。
（4）Internet Support Knowledegebase：打开互联网支持的知识库。
（5）Contact Support：联系方式支持。
（6）Check for Update：检查更新。
（7）About μVision：显示 μVision 的版本号和许可证信息。

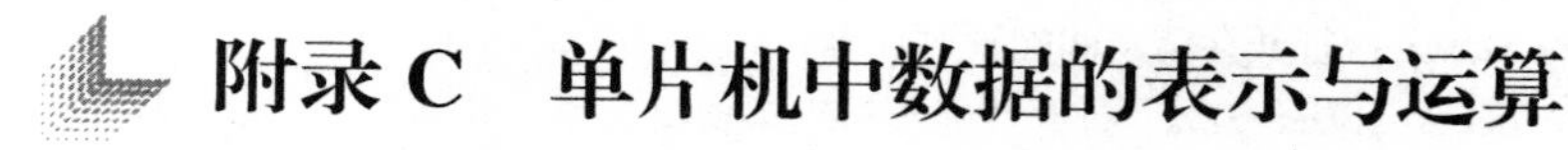

附录 C　单片机中数据的表示与运算

单片机只认得二进制数，所有机器处理的数，都要用二进制来表示；所有的字母、符号也都要用二进制编码来表示。

C.1 二进制与十六进制数

1. 进位计数制

在日常生活中，最常用的是十进制，因此先分析十进制。

（1）十进制数（用字母 D 标识，但经常省略）

一个十进制数有两个主要特点：

① 它有十个不同的数字符号，即：0、1、2、…8、9。

② 它是逢“十”进位的。

因此，同一个数字符号在不同的位置（或数位）代表的数值是不同的。例如，在 999.99 这个数中，小数点左面第一位的 9 代表个位，就是它本身的数值 9；小数点左面第二位的 9 代表十位，它的值为 9×10^1；左面第三位的 9 就代表百位，它的值为 9×10^2；而小数点右面第一位它的值就为 9×10^{-1}；右面第二位它的值就为 9×10^{-2}；……。所以，这个数可以写成：

$$999.99=9\times10^2+9\times10^1+9\times10^0+9\times10^{-1}+9\times10^{-2}$$

（2）二进制数（用字母 B 标识）

与十进制数类似，它也有两个主要特点：

① 它的数值部分，只需用两个符号 0 和 1 表示。

② 它是逢“二”进位的。例：

$1001\text{ B}=1\times2^3+1\times2^0=8+1=9$

$11011.101\text{B}=1\times2^4+1\times2^3+0\times2^2+1\times2^1+1\times2^0+1\times2^{-1}+0\times2^{-2}+1\times2^{-3}=27.625$

（3）十六进制数（用字母 H 标识）

它也有两个主要特点：

① 用 16 个不同的数码符号 0～9 以及 A、B、C、D、E、F 来表示数值，它与十进制和二进制数之间的关系如附表 C-1 所示。

② 它是逢“16”进位的。例：

$327\text{H}=3\times16^2+2\times16^1+7\times16^0=807$

$3\text{AB}.11\text{H}=3\times16^2+\text{A}\times16^1+\text{B}\times16^0+1\times16^{-1}+1\times16^{-2}=939.0664$

附表 C-1 二进制、十进制、十六进制数码对照表

十进制数	十六进制数	二进制数	十进制数	十六进制数	二进制数
0	0	0000	9	9	1001
1	1	0001	10	A	1010
2	2	0010	11	B	1011
3	3	0011	12	C	1100
4	4	0100	13	D	1101
5	5	0101	14	E	1110
6	6	0110	15	F	1111
7	7	0111	16	10	10000
8	8	1000			

2. 进位制数之间的转换

（1）二进制数转换成十进制数

这比较方便，根据二进制数的定义，只要将它按权展开相加就行。例如：

$111.101\text{B}=1\times2^2+1\times2^1+1\times2^0+1\times2^{-1}+0\times2^{-2}+1\times2^{-3}=7.625$

（2）十进制整数转换成二进制整数

用除 2 取余法。例如：

$$
\begin{array}{r|l}
2 & \underline{215} \\
2 & \underline{107} \quad \cdots\cdots 余\ 1=K_0 \\
2 & \underline{53} \quad \cdots\cdots 余\ 1=K_1 \\
2 & \underline{26} \quad \cdots\cdots 余\ 1=K_2 \\
2 & \underline{13} \quad \cdots\cdots 余\ 0=K_3 \\
2 & \underline{6} \quad \cdots\cdots 余\ 1=K_4 \\
2 & \underline{3} \quad \cdots\cdots 余\ 0=K_5 \\
2 & \underline{1} \quad \cdots\cdots 余\ 1=K_6 \\
 & 0 \quad \cdots\cdots 余\ 1=K_7
\end{array}
$$

所以 $215=K_7K_6K_5K_4K_3K_2K_1K_0$ B＝11010111B

由此可概括出把十进制整数转换为二进制整数的方法是：用 2 不断地去除要转换的十进制数，直至商为 0。每次的余数即为二进制数码，最初得到的为整数的最低位，最后得到的为最高位。

（3）十进制小数转换为二进制小数

用乘 2 取整法。如要把十进制小数 0.6875 转换为二进制小数：

$0.6875=0.K_{-1}K_{-2}\cdots K_{-m}$B

$$
\begin{array}{rl}
0.687\,5 & \\
\times \quad\quad 2 & \\
\hline
1.375\,0 & \cdots\cdots 整数部分=1=K_{-1} \\
0.375 & \\
\times \quad\quad 2 & \\
\hline
0.750 & \cdots\cdots 整数部分=0=K_{-2} \\
0.750 & \\
\times \quad\quad 2 & \\
\hline
1.500 & \cdots\cdots 整数部分=1=K_{-3} \\
0.5 & \\
\times \quad 2 & \\
\hline
1.0 & \cdots\cdots 整数部分=1=K_{-4}
\end{array}
$$

所以 $0.6875=0.K_{-1}K_{-2}K_{-3}K_{-4}$B＝0.1011B

由此可概括出十进制小数转换为二进制小数的办法是：不断用 2 去乘要转换的十进制小数，将每次所得的整数（0 或 1），依次记为 K_{-1}、K_{-2}、……。若乘积的小数部分最后能为 0，那么最后一次乘积的整数部分记为 K_{-m}。$0.K_{-1}K_{-2}\cdots K_{-m}$ 即为十进制小数的二进制表达式。但十进制小数，并不都是能用有限位的二进制小数精确表示的。则可根据精度要求取 m 位，得到十进制小数的二进制的近似表达式。

一个具有整数和小数部分的十进制数，在转换为二进制数时，只要把它分为整数和小数两部分，然后把它们分别转换为二进制表达式，最后用小数点把这两部分连起来就可以了。

（4）十六进制与二进制之间的转换

在单片机中，目前通用的字长为 8 位（也有 16 位、32 位等），则可用两位十六进制数表示，故十六进制在微型机中应用十分普遍。在十六进制与二进制之间也存在着简单而又直接的联系：用四位二进制数表示一位十六进制数。只要熟悉这个联系，十六进制与二进制之间的转换也是十分方便的。

① 十六进制转换为二进制。不论是十六进制的整数或小数，只要把每一位十六进制的数用相应的 4 位二进制数代替，就可以转换为二进制数。

例：3ABH 可转换为

所以 3ABH＝0011 1010 1011B＝11 1010 0011B

0.7A53H 可转换为

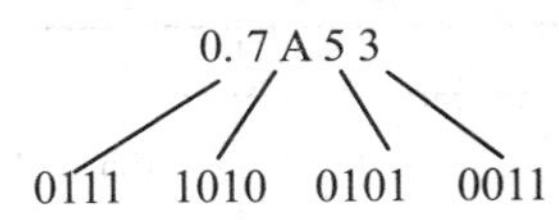

所以 0.7A53H＝0.0111 1010 0101 0011B

②二进制转换为十六进制。二进制的整数部分由小数点向左，每 4 位一分，最后不足 4 位的前面补 0；小数部分由小数点向右，每 4 位一分，最后不足 4 位的后面补 0。然后把每 4 位二进制数用相应的十六进制数代替，即可转换为十六进制数

例如：11011 1110 0011. 1001 01111B 可转换为

0001，1011，1110，0011. 1001，0111，1000

| | | | | | |

1 B E 3 9 7 8

所以 11011 1110 0011. 1001 01111B＝1BE3.978H

C.2 BCD 码、ASCII 码与汉字编码

如前所述，在单片机中表示的数、字母、符号、汉字等都要以特定的二进制码来表示，这就是二进制编码。

1. 二进制编码的十进制数

在单片机的输入和输出时通常用十进制数表示比较符合人们的习惯。1 位十进制数用 4 位二进制编码来表示，表示的方法可以很多，较常用的是 BCD 码（也称 8421BCD 码），附表 C-2 列出了一部分编码关系。

BCD 码有 10 个不同的数字符号，是逢“十”进位的，所以它是十进制数；BCD 码的每 1 位是用 4 位二进制编码来表示的，因此称为二进制编码的十进制数（BCD-Binary Codeed Decimal）。

BCD 码是比较直观的。

例如：0100 1001 0111 1000. 0001 0100 1001BCD

可以很方便地认出为 4978.149。

即只要熟悉了 BCD 的十位编码，可以很容易地实现十进制与 BCD 码之间的转换。

附表 C-2 BCD 编码表

十进制数	8421 BCD 码	十进制数	8421 BCD 码
0	0000	8	1000
1	0001	9	1001
2	0010	10	0001 0000
3	0011	11	0001 0001
4	0100	12	0001 0010
5	0101	13	0001 0011
6	0110	14	0001 0100
7	0111	15	0001 0101

但是 BCD 码与二进制之间的转换是不直接的，要先经过十进制。即 BCD 码先转换为十进制码然后转换为二进制；反之亦然。

2. 字母与字符的编码

如上所述，字母和各种字符也必须按特定的规则用二进制编码才能在单片机中表示。编码也可以有各种方式。目前在单片机中最普遍的是采用 ASCII(American Standard Code for Information Interchange 美国标准信息交换码)，编码表见附表 C-3。

附表 C-3 ASCII（美国信息交换标准代码）表

列	0	1	2	3	4	5	6	7
位 654→ ↓3210	000	001	010	011	100	101	110	111
0000	NUL	DLE	SP	0	@	P	、	p
0001	SOH	DC1	!	1	A	Q	a	q
0010	STX	DC2	”	2	B	R	b	r
0011	ETX	DC3	#	3	C	S	c	s
0100	EOT	DC4	$	4	D	T	d	t
0101	ENQ	NAK	%	5	E	U	e	u
0110	ACK	SYN	&	6	F	V	f	v
0111	BEL	ETB	’	7	G	W	g	w
1000	BS	CAN	（	8	H	X	h	x
1001	HT	EM	）	9	I	Y	i	y
1010	LF	SUB	*	:	J	Z	j	z
1011	VT	ESC	+	;	K	[	k	{
1100	FF	FS	’	<	L	\	l	|
1101	CR	GS	-	=	M	]	m	}
1110	SO	RS	.	>	N	↑	n	~
1111	SI	US	/	?	O	←	o	DEL

它是用 7 位二进制编码，故可表示 128 个字符，其中包括数码（0～9），以及 26 个英文字母等可打印的字符。从表中可看到，数码 0～9 是相应用 0110000～0111001 来表示的。因微型机通常字长为 8 位，所以通常位 7 用作奇偶校验位，但在计算机中表示时，常认其为零，故用一个字长（即一个字节）来表示一个 ASCII 字符。于是 0～9 的 ASCII 码为 30H～39H；大写字母 A～Z 的 ASCII 码为 41H～5AH。其他符号说明见附表 C-4。

附表 C-4 ASCII 码符号说明

NUL	空	VT	垂直制表
SOH	标题开始	FF	走纸控制
STX	正文结束	CR	回车
ETX	本文结束	SO	移位输出
EOT	传输结果	SI	移位输入
ENQ	询问	SP	空间
ACK	承认	DLE	数据链换码
BEL	报警符	DC1	设备控制 1
BS	退一格	DC2	设备控制 2
HT	横向列表	DC3	设备控制 3
LF	换行	DC4	设备控制 4
SYN	空转同步	NAK	否定
ETB	信息组传送结束	FS	文字分隔符
CAN	作废	GS	组分隔符
EM	纸尽	RS	记录分隔符
SUB	减	US	单元分隔符
ESC	换码	DEL	作废

3. 汉字编码

目前，计算机应用的普及和推广使得它在企业管理、办公自动化、商业、金融等方面发挥着越来越重要的作用。根据我国的国情，要求计算机能够对汉字进行处理。同样，汉字在计算机中也必须依靠二进制编码来实现。但采用8位编码来表示汉字是远远不够的。我国规定的中华人民共和国国家标准信息交换用汉字编码即国标码，采用两个7位的二进制来表示一个图形、符号和汉字。GB 2312—80中共有7445个字符符号：汉字符号6763个，其中一级汉字3755个（按汉语拼音字母顺序排列）、二级汉字3008个（按部首笔画顺序排列），非汉字符号682个（包括标点、运算符等一般符号202个、序号60个、数字0～9、大小写英文字母、汉字拼音26个、还有日文假名、希腊字母及俄文字母等）。

C.3　二进制数的加法和减法运算

一种数字系统可进行两种基本的算术运算：加法和减法。利用加法和减法，就可以进行乘法、除法以及其他数值运算。

1. 二进制加法

二进制加法的规则为：

① 0+0=0；

② 0+1=1+0=1；

③ 1+1=0　进位1；

④ 1+1+1=1　进位1。

若有两数1101B和1011B相加，则加法过程如下：

加数1	1101
加数2	+1011
和	11000

可见，两个二进制数相加，每一位有三个数——即相加的两个数以及低位的进位，用二进制的加法规则得到本位的和以及向高位的进位。

微型机中，通常字长为8位。例如：两个8位数相加

被加数	10110101
加　数	+00001111
和	11000100

2. 二进制减法

二进制减法的运算规则为：

① 0−0=0；

② 1−1=0；

③ 1−0=1；

④ 0−1=1　有借位。

例如：11000100B−00100101B，列出式子为

被　减　数	11000100
减　　　数	−00100101
差	10011111

与加法类似，每一位有三个数参加运算：本位的被减数和减数，以及低位来的借位。为了便于计算，式中列出了低位向高位的借位，在运算时先用被减数和借位相运算，得到考虑了借位以后的被减数，然后减去减数，最后可得到一位的差，以及所产生的借位。

C.4　二进制数的逻辑运算

逻辑运算都是位对位进行的，不存在进位或借位问题，即位与位之间是独立的互不相关的，因此比算术运算简单。

1. 逻辑“与”运算

逻辑“与”简称“与”运算。

运算规则：

① $0\wedge0=0$；

② $0\wedge1=1\wedge0=0$；

③ $1\wedge1=1$。

这里“∧ ”符号是逻辑“与”的运算符号。如

$$\begin{array}{r}10101011\\ \wedge\,00001111\\ \hline 00001011\end{array}$$

“与”运算可以用来将一个字的一部分屏蔽掉，本例是将一个8位字（10101011）的前4位屏蔽掉了，后4位不变。

2. 逻辑“或”运算

逻辑“或”运算简称“或”运算。它的运算规则是：

① $0\vee0=0$；

② $0\vee1=1\vee0=1$；

③ $1\vee1=1$。

这里“∨”是“或”运算符号，前两条规则和算术加法一样，但第三条规则和算术加法是不同的。如“或”运算可以用来将一个字的一部分置“1”，而其他位不变。如

$$\begin{array}{r}10101011\\ \vee\,00001111\\ \hline 10101111\end{array}$$

3. 逻辑“非”运算

逻辑“非”又称为“求反”。它的运算规则是：

① $\overline{0}=1$

② $\overline{1}=0$。

这里“0”或“1”上面的“一横”表示“非”运算，或说“求反”。微型机中通常有“求反”这样一条指令。

4. “异或”运算

“异或”运算又称为按位加，它的运算规则是：

① $0\oplus0=0$；

② $0\oplus1=1\oplus0=1$；

③ $1\oplus1=0$。

即相异出“1”，相同出“0”。这里“⊕”是“异或”运算符号。

“异或”运算可以比较出两个字节的某位数是否相同。

C.5 带符号数的表示法

1. 机器数与真值

上面提到的二进制数，没有提到符号问题，是一种无符号数的表示。但是在机器中，数显然会有正有负，那么正负符号是怎么表示的呢？通常是一个数的最高位为符号位。即若是字长为8位即D7为符号位，D6～D0为数字位。符号位用0表示正，用1表示负。如：

$$X=01011011B=+91$$

X＝11011011B＝－91

这样连同一个符号位一起作为一个数，就称为机器数；而它的数值称为机器数的真值。为了运算方便（带符号数的加减运算），在单片机中负数有三种表示法——原码、反码和补码。

2. 原码

按上所述，正数的符号位用 0 表示，负数的符号位用 1 表示。这种表示法就称为原码。

X＝＋105，[X]原＝0 1101001

X＝－105，[X]原＝1 1101001

3. 反码

正数的反码表示与原码相同，最高位为符号位，用“0”表示正，其余位为数值位。如

＋4 反码＝0000 0100

＋31 反码＝0001 1111

＋127 反码＝0111 1111

而负数的反码表示为其符号位不变，其后面的数据位按位取反而形成。例如：

－4 反码＝1111 1011

－31 反码＝1 110 0000

－127 反码＝1000 0000

＋0＝0000 0000

－0 反码＝1111 1111

8 位二进制数的反码有个缺点：“0”有两种表示法。

4. 补码

正数的补码表示与原码相同。如：

＋4 补码＝0 0 0 0 0 1 0 0

而负数的补码为它的反码加 1。如：

－4 原码＝1000 0100

－4 反码＝1111 1011

－4 补码＝1111 1100

－31 原码＝1001 1111

－31 反码＝1110 0000

－31 补码＝1110 0001

0 原码＝00000000

0 反码　＝11111111

0 补码＝00000000

5. 补码运算

当负数采用补码表示时，就可以把减法转换为加法。例如

64－10＝64＋（－10）＝64＋（－10）补码

＋64＝01000000

＋10＝00001010

－10 补码＝11110110

于是

```
  01000000        01000000
 -00001010       +11111010
 ---------       ---------
  00110110       [1]00110110
```

最高位 1 自然丢失

由于单片机的字长是有一定限制的，因此一个带符号数是有一定的范围的，在字长为 8 位用补码表示时其范围为：＋127～－128。当运算的结果超出这个表达范围时，结果就不正确了，这就称为溢出。

判断一个结果是否溢出的方法是看符号位和第 7 位（D6 位）进位情况是否相同，如果同时产生进位或同时没有进位，说明没有溢出，此时第 9 位将自然丢失或不存在；如果符号位和第 7 位（D6 位）进位情况是不相同的，此时有第 9 位说明有溢出。

上例中由于符号位和第 7 位都有进位，从第 9 位自然丢失的，故做减法与补码相加的结果是相同的。

思考与练习

1. 将下面十六进制数转换成二进制数，进而转换成十进制数。

0xD7.B　　0x15.9　　0xF9.3

2. 将下面十进制数转换成二进制数，进而转换成十六进制数。

211.125　　18.9375　　135.6875

3. 将下面十进制数用 8421BCD 码表示。

56.38　　248.5　　159.625

4. 将下面二进制数进行加、减运算。

10010110＋01011101

10010110－00101011

5. 将下面二进制数进行与、或运算。

11010101∧00001111

01101011∨00001111

6. 二进制数原码如下，请写出其反码和补码。

原码 1：01101010　　原码 2：10110101

7. 写出“1”、回车、空格的 ASCII 码。

参 考 文 献

[1] 陈海松. 单片机应用技能项目化教程. 北京：电子工业出版社，2012.

[2] 陈贵友. 单片微型计算机原理及接口技术. 北京：高等教育出版社，2012.

[3] 周国运. 单片机原理及应用（C 语言版）. 北京：中国水利水电出版社，2009.

[4] 陈贵友. 增强型 8051 单片机实用开发技术. 北京：北京航空航天大学出版社，2009.

[5] 郭天祥. 新概念 51 单片机 C 语言教程——入门、提高、拓展全攻略. 北京：电子工业出版社，2009.

[6] STC12C5A60S2 系列单片机器件手册. 2011.

[7] 陈静. 单片机应用技术项目化教程. 北京：化学工业出版社，2014.